對本書的讚譽

即使在通曉設計模式很長一段時間之後，這本書還是出乎意料地讓我看到了在 *C++* 和 *SOLID* 原則的背景下適當地使用它們的許多新面向。

—*Matthias Dörfel*，*INCHRON AG* 首席技術官

我真的很喜歡讀這本書！研究這些指導原則使我重新考慮我的程式碼，並透過應用這些指導原則來改進它。你還能要求更多嗎？

—*Daniela Engert*，*GMH Prüftechnik GmbH* 資深軟體工程師

這是我長久以來讀過的最有趣和最有用的軟體設計書之一。

—*Patrice Roy*，*Lionel-Groulx* 學院教授

從四人幫的《*Design Patterns*》改變了程式設計者思考軟體的方式以來，已經超過 *25* 年了，而這本書又改變了我對設計模式思考的方式。

—*Stephan Weller*，*Siemens Digital Industries Software*

C++ 軟體設計

高品質軟體的設計原則和模式

C++ Software Design

Design Principles and Patterns for High-Quality Software

Klaus Iglberger 著

劉超群 譯

O'REILLY

目錄

前言

在你的手中，你正拿著一本多年前我就希望擁有的 C++ 書籍。不是作為我的第一本書，不是的，而是作為在我已經消化了這種程式語言的機制，並且能夠超越 C++ 語法進行思考之後一本進階的書籍。是的，這本書必定會幫助我更理解可維護軟體的基本面向，而且我確信它也會對你有所幫助。

我為什麼寫這本書

到我真正開始鑽研這種程式語言的時候（那是在第一個 C++ 標準發佈後幾年），我幾乎已經讀遍了所有 C++ 的書籍。但是，儘管這些書中有很多很棒的內容，而且肯定能為我目前擔任 C++ 培訓師和顧問的職涯做好準備，但這些書都太專注於小的細節和具體實作，而離可維護軟體的整體情況太遠。

當時，真正關注整體情況，處理大型軟體系統開發的書非常少。其中有 John Lakos 的《*Large Scale C++ Software Design*》[1]，這是一本很好的書，但太偏重於逐字介紹依賴性管理；以及所謂的四人幫書籍，它是關於軟體設計模式的經典著作 [2]。不幸的是，多年來，這種情況並沒有真正地改變：大多數的書籍、講座、部落格等，主要關注在語言的技術和特徵——小細節和特定面向。很少有，在我看來是太少了，關注在可維護的軟體、可改變性、可擴展性和可測試性的新版本。而且如果他們試圖這樣做，非常不幸地，他們很快就會回到解釋語言機制和展示功能的常見習慣之中。

1 John Lakos，《*Large-Scale C++ Software Design*》（Addison-Wesley，1996）。

2 Erich Gamma 等人，《*Design Patterns: Elements of Reusable Object-Oriented Software*》（Addison-Wesley，1994）。

這就是我寫這本書的原因。與其他大多數書籍相比，這本書沒有花時間在技術或語言的許多特徵上，而是主要關注於軟體一般的可改變性、可擴展性和可測試性。這本書並不假裝使用新的 C++ 標準或功能會使軟體的好壞有所區別，而是清楚地展現出，對依賴性的管理才是決定性的，我們程式碼中的依賴性決定了程式的好壞。因此，這確實是 C++ 世界裡罕見的一本書，因為它專注在整體的情況：軟體設計。

關於本書

軟體設計

在我看來，好的軟體設計是每個成功軟體專案的要素。然而，不管它基本的作用是什麼，在這個主題上的文獻卻很少，關於該做什麼和如何正確做的建議也很少，為什麼呢？嗯，因為這很困難，非常困難，這可能是我們撰寫軟體時必須面對的最困難的面向。而且這是因為沒有單一「正確」的解決方案，沒有可以代代相傳給軟體開發者的「黃金」建議，它總是視情況而定。

儘管有這個限制，我還是會就如何設計好的、高品質的軟體提供建議。我將提供能幫助你更好地理解如何管理依賴性，並將你的軟體變成可以運作數十年的設計原則、設計指南和設計模式。如之前所說的，沒有什麼「黃金」建議，而且這本書也不會擁有任何終極或完美的解決方案。取而代之的，我將嘗試展示好軟體最基本層面，最重要的細節，不同設計的多樣性和利弊。我也將規劃固有的設計目標，並且演示如何用 Modern C++ 完成這些目標。

Modern C++

十多年來，我們一直在歌頌 Modern C++ 的來臨，為這個語言許多新的特徵和擴展而喝彩，並透過這樣做，建立了 Modern C++ 將幫助我們解決所有軟體相關問題的印象。在本書中不是這樣，本書不會假裝在程式碼中扔幾個智慧型指標就能使程式碼「Modern」或自動產生好的設計。此外，本書也不會將 Modern C++ 展示為各式各樣的新特性，而是會展現程式語言的哲理是如何演進，以及現今我們實作 C++ 解決方案的方式。

但當然，我們也會看到程式碼，很多的程式碼。而且當然，這本書也會使用比較新的 C++ 標準（包括 C++20）的特性。然而，它也會努力地強調設計與實作細節和使用的特性無關。新的特性不會改變關於什麼是好設計或壞設計的規則；它們只是改變了我們實作好設計的方式，它們使好設計更容易實作。因此，本書展示並且討論了實作細節，但（希望）不會在這些細節之中迷失，而是始終保持關注整體的情況：軟體設計和設計模式。

設計模式

一開始提到設計模式，你就會不經意地聯想到對物件導向程式設計和繼承階層結構的期望。是的，本書將展示許多設計模式物件導向的起源。然而，它將著重於強調，善用設計模式不是只有一種方法的事實。我將用許多不同的範例演示，設計模式的實作是如何演進和多樣化，包括物件導向程式設計、通用程式設計和函數式程式設計。本書承認沒有一種真正範例的現實，以及不要妄求只有單一的方法，一種對所有問題總是有用的解決方案。相反地，本書試圖展示 Modern C++ 到底是什麼：結合所有的範例，將它們編織成強大且持久的網，並創造出能持續數十年軟體設計的機會。

我希望證明這本書是 C++ 文獻中缺少的一塊，我希望它能像幫助我一樣盡可能地幫助你。我希望它擁有一些你一直在尋找的答案，並提供你一些你所缺少的關鍵見解。而且我也希望這本書能讓你感到一些興趣，並激勵你閱讀它所有的內容。然而，最重要的是，我希望這本書能讓你看到軟體設計的重要性，以及設計模式所發揮的作用。因為，就像你將看到的，設計模式無所不在！

誰應該讀這本書

本書對每一位 C++ 開發者都有用。它特別是為了每一位有興趣了解可維護性軟體通常的問題，並學習這些問題常見解決方案的 C++ 開發者所寫（而我假設的確是**每一位** C++ 開發者）。然而，這本書不是寫給 C++ 初學者的。事實上，本書中大多數的指導原則都需要對一般軟體開發有一定的經驗，特別是對 C++ 開發。例如，我假設你已經牢牢掌握了繼承階層結構的語言技術，並且對模板有一些經驗。然後，我就能夠在必要和適當的時候拿出相應的特徵。偶爾，我甚至會拿出一些 C++20 的特徵（特別是 C++20 的概念）。然而，由於重點是軟體設計，所以我很少會沉浸在某個特定特徵的說明上，因此如果你對某個特徵不清楚的話，請查閱你最喜歡的 C++ 語言參考資料，我只是偶爾會添加一些提醒，主要是關於常見的 C++ 慣用法（像是 5 的規則（*https://oreil.ly/fzS3f*））。

本書結構

本書分為一些章節，每一章都包含一些指導原則，而每個指導原則都專注在可維護性軟體的一個關鍵面向、或一個特定的設計模式。因此，這些指導原則代表了主要的精華，是我希望能帶給你最大價值的面向。它們的寫法是讓你可以從前到後地閱讀所有指導原則，但是因為它們只是鬆散地結合在一起，所以你也可以從吸引你注意的指導原則開始閱讀。然而，它們不是各自獨立的；因此，每個指導原則都包含了與其他指導原則必要的交叉引用，以讓你能看到所有東西都是互有關聯的。

本書編排慣例

本書中使用了以下編排慣例：

斜體字（*Italic*）

　表示新的術語、URL、電子郵寄地址、檔案名稱和檔案副檔名。中文以楷體表示。

定寬字（`Constant width`）

　用於程式列表，以及在段落中引用程式的元素，像是變數或函數名稱、資料庫、資料類型、環境變數、敘述和關鍵字等。

定寬粗體字（**`Constant width bold`**）

　顯示應該由使用者按字面意思輸入的命令或其他文字。

定寬斜體字（*`Constant width italic`*）

　顯示應該用使用者提供的值，或由上下文確定的值替換的文字。

這個圖示表示提示或建議。

這個圖示表示一般的說明。

使用範例程式

補充資料（範例程式、練習等）可在以下網站下載：*https://github.com/igl42/cpp_software_design*

如果你有技術上的問題，或在使用範例程式時遇到問題，請發送電子郵件至*bookquestions@oreilly.com*。

本書旨在協助你完成工作。一般來說，你可以在自己的程式或文件中使用本書的程式碼而不需要聯繫出版社取得許可，除非你更動了程式的重要部分。例如，使用這本書的程式段落來編寫程式不需要取得許可。但是將 O'Reilly 書籍的範例製成光碟來銷售或發布，就必須取得我們的授權。引用這本書的內容與範例程式碼來回答問題不需要取得許可。但是在產品的文件中大量使用本書的範例程式，則需要我們的授權。

我們會非常感激你在引用它們時標明出處（但不強制要求）。出處一般包含書名、作者、出版社和 ISBN。例如：「*C++ Software Design* by Klaus Iglberger (O'Reilly). Copyright 2022 Klaus Iglberger, 978-1-098-11316-2」。

如果你覺得自己使用範例程式的程度超出上述的許可範圍，歡迎隨時與我們聯繫：*permissions@oreilly.com*。

致謝

像這樣的一本書從來都不會是一個人的成就。相反的是，我必須明確地感謝以不同方式幫助我讓這本書成為事實的許多人。首先，我想對我的妻子 Steffi 表達深深的感激，她在沒有 C++ 的背景下讀完了整本書，而且照顧我們的兩個小孩，提供我將所有這些資訊寫下來所需要的安靜（我仍然無法確定這兩件事哪一個犧牲比較大）。

特別感謝我的審稿人 Daniela Engert、Patrice Roy、Stefan Weller、Mark Summerfield 和 Jacob Bandes-Storch，投入了他們寶貴的時間，透過不斷地挑戰我的解釋和例子，使本書變得更好。

非常感謝 Arthur O'Dwyer、Eduardo Madrid 和 Julian Schmidt 他們關於 Type Erasure 設計模式的意見和回饋，以及 Johannes Gutekunst 在軟體架構和文件上的討論。

此外，我要向擅長冷讀術的 Matthias Dörfel 和 Vittorio Romeo 說聲謝謝，他們在本書付印前的最後一刻協助發現不少錯誤（真的！）。

最後，但絕對不能遺漏的，非常感謝我的編輯 Shira Evans，她花了很多時間提供讓這本書更連貫、閱讀起來更有趣的寶貴建議。

第一章

軟體設計的藝術

什麼是軟體設計？你為什麼要關心它？在本章中，我將為這本軟體設計的書打好基礎。我將從總體上說明軟體設計，幫助你理解為什麼它對專案的成功非常重要，以及為什麼它是你應該做對的一件事。但是你也將看到，軟體設計很複雜，非常複雜。事實上，它是軟體開發中最複雜的部分。因此，我也會說明一些能幫助你保持在正確道路上的軟體設計原則。

在第 2 頁的「指導原則 1：理解軟體設計的重要性」中，我將著眼於整體情況上，並說明軟體是被期待會改變的。因此，軟體應該有能力應付改變。然而，說比做要容易，因為在現實中，耦合和依賴性使身為開發者的我們生活更為困難。這個問題會經由軟體設計來解決。我將介紹軟體設計是管理依賴性和抽象化的藝術——是軟體工程的一個重要部分。

在第 10 頁的「指導原則 2：為改變而設計」中，我將明確地討論耦合和依賴性，並幫助你理解如何為改變而設計，以及如何使軟體更具適應性。為了這個目標，我將介紹*單一責任原則*（*SRP*）和*不要重複自己*（*DRY*）兩個原則，這將有助於你達成這目標。

在第 22 頁的「指導原則 3：分離介面以避免人為的耦合」中，我將擴展關於耦合的討論，並特別地定位在經由介面的耦合。我也會介紹*介面隔離原則*（*ISP*），作為減少由介面造成人為耦合的一種方法。

在第 26 頁的「指導原則 4：為可測試性而設計」中，我將重點放在因人為耦合而造成的可測試性問題。特別是，我將提出如何測試一個私有成員函數的問題，並證明真正的解決方案是隨之而來的分離關注點應用。

在第 33 頁的「指導原則 5：為擴展而設計」中，我將討論一種重要的改變：擴展。就如同程式碼應該很容易改變一樣，它也應該很容易擴展。我將提供一個如何實現這目標的想法，並且將展示開放 - 封閉原則（*OCP*）的價值。

指導原則 1：理解軟體設計的重要性

如果我問你哪些程式碼屬性對你最重要，你思考之後可能會說像是可讀性、可測試性、可維護性、可擴展性、可重用性和可擴充性等屬性；而且我也完全同意。但是現在，如果我問你如何達成這些目標，這將可能是你開始列出一些 C++ 的特徵：RAII、演算法、lambda、模組等等的好機會。

特徵不是軟體設計

沒錯，C++ 提供了很多特徵，非常多！在列印出的近 2000 頁 C++ 標準中，大約有一半是用來解釋語言的機制和特徵[1]。而且從 C++11 發佈以來就明確的承諾這方面將會有更多：每三年，C++ 標準化委員都會提供我們一個新的 C++ 標準與補充的、全新的特徵。了解了這點後，對於 C++ 社群非常強調特徵和語言機制，就不會感到太大的驚訝。大多數的書籍、講座和部落格都專注在特徵、新函數庫和語言的細節上[2]。

這似乎讓人覺得特徵是關於用 C++ 撰寫程式中最重要的事情，而且對於 C++ 專案的成功至關重要。但老實說，它們並不是。無論是關於所有特徵的知識，或是對 C++ 標準的選擇，都不負有專案成功的責任。不，你不應該期望特徵會拯救你的專案。相反地：即使使用較舊的 C++ 標準，而且即使只用了可用特徵的一個子集，專案也可能會非常成功。將軟體發展中人的方面丟到一邊，對於一個專案的成功或失敗問題，更重要的是軟體的**整體結構**。這是最終負有可維護性責任的結構：它對修改程式碼、擴展程式碼和測試程式碼有多容易？如果不能輕鬆地改變程式碼、新增功能，並且因為測試的驗證而對它正確性具有信心，那麼專案就已經處於它生命週期的末期了。結構也負有專案可擴充性的責任：在專案被自己的重量壓垮之前，它能成長到多大？在踩到彼此的腳趾頭之前，有多少人可以從事於實現專案的願景？

1 但是，當然你甚至不會嘗試列印目前的 C++ 標準。你要麼使用官方 C++ 標準的 PDF 檔案（*https://oreil.ly/bZUDd*），要麼使用目前的工作草案（*https://oreil.ly/r46ta*）。然而，對於你日常大部分的工作，你可能想參考 C++ 的參考網站（*https://oreil.ly/z0tKS*）。

2 不幸地，我無法呈現任何的數字，因為我很難說我對 C++ 廣闊的領域有完整的概述。相反地，我甚至可能對我所知道的來源都沒有完整的概述！所以，請將此視為我的個人印象和我對 C++ 社群的看法，而你可能會有不同的印象。

整體結構是專案的設計，設計在專案的成功中扮演著比任何特徵都重要的角色。好的軟體主要不是指正確的使用任何特徵，而是指堅固的架構和設計。好的軟體設計可以容忍一些不好的實作決策，但不好的軟體設計不能只藉由英雄式的使用特徵（舊的或新的）來挽救。

軟體設計：管理依賴性和抽象化的藝術

為什麼軟體設計對專案的品質如此重要？假設現在所有事情都很完美，只要你的軟體中沒有任何改變，而且只要不必增加任何東西，那你就沒事。但是，這種狀態可能不會持續太久。期待某些事會有一些改變是合理的。畢竟，在軟體開發中經常發生事的就是改變。改變是我們所有問題（也是大部分我們解決方案）背後的驅動力。這就是為什麼軟體會被稱為**軟體**：因為與硬體比較，它是柔軟與可塑的。是的，**軟體**被期待能夠容易地適應千變萬化的需求。但是如同你可能知道的，在現實中這種期待可能並不總是真實的。

為了說明這一點，讓我們想像你從你的問題跟蹤系統中選擇了一個被團隊評為預期努力為 2 的問題。不管 2 在你自己的專案中表示什麼，它聽起來肯定不像是一個大的工作，所以你相信它將會很快地完成。誠心誠意地，你首先花了一些時間了解所預期的是什麼，然後你開始在某個實體 A 中做了一個改變。因為來自測試的即時回饋（你很幸運有測試！），你很快地被提醒還必須解決實體 B 中的問題。這讓人感到驚訝！你並沒有預期會牽涉到 B。不過，你還是繼續前進，無論如何都要遷就 B。然而，在一次出乎意料的、夜間的建構顯示，這會導致 C 和 D 停止工作。在繼續之前，你現在對這個問題進行深入一點的研究，發現問題的根源分散在程式碼庫的大部分範圍內。這個小的、起初看起來無辜的工作已經演變成一個大的、有潛在風險的程式碼修改[3]。你對快速地解決這個問題的信心已經消失，而且你對本週剩下時間的計劃也是如此。

也許這個故事你聽起來很熟悉，也許你甚至可以貢獻一些自己的艱苦經歷。事實上，大多數開發者都有類似的經歷，而且大多數這些經歷都有相同的問題根源。通常，這個問題可以簡化成一個字：**依賴性**。如同 Kent Beck 在他關於測試驅動開發的書中所表達的[4]：

> 依賴性是所有規模軟體開發中的關鍵問題。

3 程式碼修改是否有風險，在很大程度上可能取決於你的測試覆蓋率。好的測試覆蓋率實際上可能會吸收一些不好的軟體設計可能造成的損害。

4 Kent Beck，《*Test-Driven Development: By Example*》（Addison-Wesley，2002）。

依賴性是每個軟體開發者生存的禍根。「但當然會有依賴性，」你爭辯道。「總是會有依賴性的，否則不同的程式碼片段要如何一起工作？」當然，你是對的。不同的程式碼片段需要一起工作，而且這種互動將總是會產生某種形式的耦合。但是，雖然這是必須、不可避免的依賴性，但也有一些是因為我們缺乏對根本問題的理解，對整體情況沒有清楚的認識，或者只是沒有足夠的重視，而不小心引入的人為依賴性。當然，這些人為依賴性是有害的，它們使我們對軟體的理解、軟體的改變、增加新的功能、以及撰寫測試變得更困難。因此，將人為依賴性保持在最低限度，就算不是軟體開發者的主要工作，也會是主要工作之一。

這種最小化依賴性是軟體架構和設計的目標。用 Robert C. Martin 的話來說就是 [5]：

> 軟體架構的目標是在建構和維護所需系統時，最小化所需要的人力資源。

架構和設計是在任何專案中最小化工作努力所需要的工具。它們處理依賴性，並且經由抽象化來降低複雜性。用我自己的話說 [6]：

> 軟體設計是管理軟體元件之間相互依賴性的藝術。它的目的是最小化人為的（技術）依賴性，並且引入必須的抽象化和妥協。

是的，軟體設計是一門藝術。它不是一門科學，而且沒有一套簡單而清楚的答案 [7]。很多時候，設計的整體情況使我們困惑，而我們被軟體實體複雜的相互依賴性所淹沒。但我們試圖要處理這種複雜性，並且透過引入正確的抽象化來減少它。這樣一來，我們將細節程度保持在一個合理的水準。然而，太多時候團隊中的個別開發者可能對於架構和設計有不同的想法，我們可能無法實現自己對設計的願景，為了向前推進而被迫做出妥協。

抽象化這個術語用於不同的背景。它用於將功能和資料項目組織成資料類型和函數。但它也用於描述共同行為的建模，以及一組需求和期望的表示。在這本關於軟體設計的書中，我主要將這個術語用於後者（請參考第 2 章）。

5 Robert C. Martin，《*Clean Architecture*》（Addison-Wesley，2017）。

6 這些事實上是我自己說的，因為關於軟體設計並沒有一個單一、共同的定義。因此，你可能對什麼是軟體設計的含義有自己的定義，這非常好。但是，注意在本書，包括對設計模式的討論，都是基於我的定義。

7 先說清楚：計算機科學是一門科學（名字裡就有）。而軟體**工程**似乎是科學、工藝和藝術的混合形式。而且後者的一個面向就是軟體**設計**。

注意在前面的引言中，架構和設計這兩個術語可以互換，因為它們非常相似，而且有相同的目標；然而，它們並不一樣。如果你看一下軟體發展的三個層次，這具有差異的相似性，就會變得很清楚。

軟體發展的三個層次

軟體架構和軟體設計只是軟體發展三個層次中的兩個，它們被實作細節層次所補充。圖 1-1 提供了這三個層次的概觀。

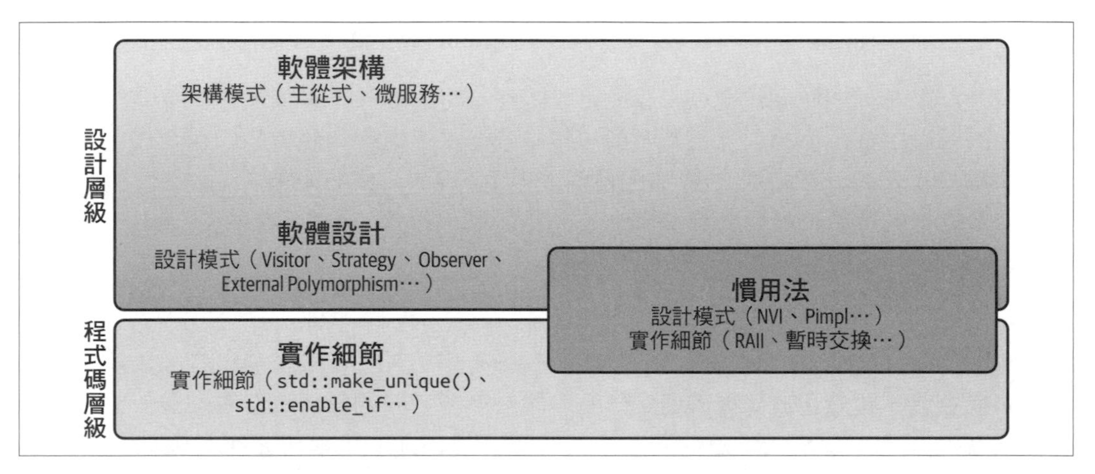

圖 1-1　軟體開發的三個層次：軟體架構、軟體設計、和實作細節，慣用法可以是設計或實作模式

為了讓你對這三個層次有感覺，讓我們從了解架構、設計和實作細節之間關係的一個現實世界例子開始。將你自己當成是一個建築師的角色。不，請不要想像自己坐在電腦前舒適的椅子上，旁邊還有一杯熱咖啡，而是想像自己在外面的建築工地上。是的，我談的是建築的建築師[8]。像這樣的建築師，你將負責房子的所有重要屬性：它與周圍環境的融入、它的結構完整性、房間的安排、管道等等。你也將負責賞心悅目的外觀和功能品質——也許是一個大客廳，廚房和餐廳之間方便的通道等等。換句話說，你將負責整個建築，那些以後很難改變的東西，但是你也會處理與建築相關的小設計面向。然而，要說出這兩者之間的區別很難：建築和設計之間的界限似乎是流動的，而且沒有明確的區分。

8　用這個比喻，我不是嘗試要暗示建築業的建築師整天在建築工地工作。很可能，這種建築師和你我這樣的人一樣，花很多時間在舒適的椅子上和電腦前。但我想你會抓到重點的。

然而，這些決定將是你責任的終點。作為一位建築師，你不用擔心冰箱、電視或其他傢俱的擺放位置。你不用處理關於圖片和其他裝飾品要放哪裡的所有枝微末節。換句話說，你不會處理這些細節；你只需確保屋主有好好生活所需要的結構。

在這個比喻中的傢俱和其他「枝微末節」對應於軟體開發中最低和最具體的層次，即實作細節；這個層次處理如何實作一個解決方案。你選擇必要的（和可用的）C++ 標準或它的任何子集，以及適當的特徵、關鍵字和使用的語言特性，並且處理像是記憶體獲取、異常安全、性能等面向。這也是**實作模式**的層次，像 `std::make_unique()` 作為**工廠函數**，`std::enable_if` 作為明確受益於 SFINAE 的循環解決方案等等 [9]。

在軟體設計中，你開始關注全域。關於可維護性、可改變性、可擴展性、可測試性和可擴充性的問題，在這個層次上更為明顯。軟體設計主要處理軟體實體的相互作用，在前面的比喻中，是由房間、門、管道和電纜的排列表示。在這個層次，你處理組件（類別、函數等）的實體和邏輯上的依賴性 [10]。這是設計模式的層次，像是 Visitor、Strategy 和 Decorator，如第 3 章所說明的，它們定義了軟體實體之間的依賴結構。這些模式，通常可以從一種語言轉換到另一種語言，幫助你將複雜的事情分解成可消化的片段。

軟體架構是三個層次中最模糊、最難用語言表示的，這是因為沒有共同、普遍接受的軟體架構定義。雖然對於架構確切是什麼可能有很多不同的看法，但有一個似乎是每個人都同意的面向：架構通常意味著重大的決策，是在你的軟體中未來最難改變的那些面向：

> 架構是你希望你能在專案早期就做出正確的決策，但並不一定會比其他的決策做得更正確 [11]。
>
> —Ralph Johnson

9 替換失敗不是錯誤（SFINAE）是一個基本的模板機制，通常用於替代 C++20 概念以約束模板。關於 SFINAE 和 `std::enable_if` 的具體說明，請參考你喜歡的與 C++ 模板相關的書籍。如果你沒有，一個很好的選擇是 C++ 模板聖經：David Vandevoorde、Nicolai Josuttis 和 Douglas Gregor 所著的《*C++ Templates: The Complete Guide*》（Addison-Wesley）。

10 對實體和邏輯依賴性管理的更多資訊，請參考 John Lakos 的「壩堤」著作，《*Large-Scale C++ Software Development*：*Process and Architecture*》（Addison-Wesley）。

11 Martin Fowler，「Who Needs an Architect?」*IEEE Software*，20，no.5（2003），11-13，*https://doi.org/10.1109/MS.2003.1231144*。

在軟體架構中，你使用像是**主從架構**、**微服務**等架構模式[12]。這些模式也處理如何設計系統、你可以改變軟體一部分而不影響任何其他部分的問題。與**軟體設計**模式類似，它們定義並解決軟體實體之間的結構和相互依賴性。然而對比於設計模式，它們通常處理的是關鍵角色，即軟體的大型實體（例如，模組和組件，而不是類別和函數）。

從這個角度看，軟體架構表示軟體方法的整體策略，而軟體設計則是使這個策略發揮作用的戰術。這描述的問題出在沒有定義所謂的「大型」，特別是微服務的出現，使得在小型實體和大型實體之間越來越難畫出一條清楚的界限[13]。

因此，架構通常被描述為專案中精湛的開發者所察覺的關鍵決策。

造成架構、設計和細節之間分隔更困難的是**慣用法**的概念。**慣用法**是循環問題常用、但針對特定語言的解決方案。因此，慣用法也表示一種模式，但它可以是一種**實作模式**，也可以是一種**設計模式**[14]。一般說來，C++ 慣用法是 C++ 社群在設計或實作上最佳的實踐。在 C++ 中，大多數慣用法都屬於實作細節的範疇。例如，例如，有一個**複製和交換慣用法**（*https://oreil.ly/hioCd*），你可能會從複製指定運算子的實作中熟知它，以及 ***RAII* 慣用法**（*https://oreil.ly/55blq*）（資源獲取是初始化——你一定對它很熟悉了；如果不是如此，請看你第二喜歡的 C++ 書籍[15]）。這些慣用法都沒有引入抽象化，也都沒有幫助解耦。儘管如此，它們對於實作好的 C++ 程式碼是不可或缺的。

我聽到你問：「你能不能說得更具體一些？RAII 不是也提供某種形式的解耦嗎？它沒有將資源管理從業務邏輯中解耦嗎？」你是對的。RAII 分離了資源管理和業務邏輯。然而，它不是藉由解耦，也就是抽象的方式完成，而是藉由封裝的方式。抽象和封裝都能幫助你使複雜的系統更容易理解和改變，但是抽象解決的是出現在軟體設計層次的問題，而封裝解決的是出現在實作細節層次的問題。這引用自維基百科的內容（*https://oreil.ly/BeFXr*）：

> 作為資源管理技術，RAII 的優點是它提供了封裝、異常安全 [...] 和局部性 [...]。提供封裝是因為資源管理邏輯只在類別中定義一次，而不是在每個呼叫的位置定義。

---

12 在 Sam Newman 的著作《*Building Microservices: Designing Fine-Grained Systems*》第 2 版（O'Reilly）中，可以找到關於微服務非常好的介紹。

13 Mark Richards 和 Neal Ford 所著的《*Fundamentals of Software Architecture: An Engineering Approach*》（O'Reilly，2020）。

14 **實作模式**這個術語最早用於 Kent Beck 的著作《*Implementation Patterns*》（Addison-Wesley）。在本書中，我用這個術語提供了與**設計模式**這個術語清楚的區別，因為**慣用法**這個術語可以指軟體設計層次或是實作細節層次的模式，我將一致地使用這個術語來指實作細節層次上的常用解決方案。

15 當然，在這本書之後的第二喜歡。如果這是你唯一的一本書，那麼你可以參考 Scott Meyers 的經典著作《*Effective C++: 55 Specific Ways to Improve Your Programs and Designs*》第三版（Addison-Wesley）。

雖然大多數慣用法屬於實作細節的範疇，但也有一些慣用法屬於軟體設計的範疇。其中兩個例子是**非虛擬介面**（*NVI*）**慣用法**和 *Pimpl* **慣用法**。這兩個慣用法是基於兩個傳統的設計模式：分別是 *Template Method* 設計模式和 *Bridge* 設計模式 [16]。它們引入了抽象化，並且幫助解耦和為了改變和擴展而設計。

專注在特徵上

如果軟體架構和軟體設計如此重要，那麼為什麼我們在 C++ 社群中會如此強烈地專注在特徵上？為什麼我們要建立 C++ 標準、語言機制和特徵對專案來說是決定性的錯覺？我認為這有三個強大的原因。首先，因為有這麼多的特徵，有時還會有複雜的細節，我們需要花很多時間來談論如何適當地使用它們全部。我們需要對哪些使用是好的以及哪些使用是壞的建立一個共識。我們作為一個社群，需要發展一種慣用法的 C++ 觀念。

第二個原因是，我們可能會把錯誤的期望放在特徵上。例如，讓我們考慮 C++20 模組。不談細節，這個特徵的確被認為是自 C++ 開始以來最大的技術革命。模組可能最終會結束將標頭檔包含到原始檔案中這種有問題和繁瑣的做法。

由於有這種可能，對這特徵的期待是巨大的。有些人甚至期待模組透過修復結構問題而拯救他們的專案。不幸的是，模組很難滿足這些期待：模組不能改善程式碼的結構或設計，而只能代表目前的結構和設計。模組不能修復設計的問題，但是它們也許能夠使缺陷成為可見。因此，模組根本不能拯救你的專案。所以，我們的確可能放了太多或錯誤的期待在特徵上。

最後，但並非最不重要的，第三個原因是，儘管有大量的特徵和它們的複雜性，但與軟體設計的複雜性相比，C++ 特徵的複雜性還算小。解釋一組給定特徵的規則，不管它們包含了多少特殊情況，都比解釋軟體實體解耦的最佳方式要容易得多。

雖然對所有與特徵相關的問題通常都有一個好的答案，但軟體設計中常見的答案是「看情況再說」。這個答案甚至可能不是缺乏經驗的證據，而是領悟到使程式碼更可維護、可改變、可擴展、可測試和可擴充的最佳方法，高度依賴於許多專案具體的因素。在許多實體之間有複雜相互作用的解耦的確可能是大家曾經面臨過最具挑戰性的工作之一：

> 設計和撰寫程式是人類的活動；忘記這一點，那一切都會失去 [17]。

---

16 Template Method 和 Bridge 設計模式是由 Erich Gamma 等人在所謂的四人幫（GoF）書籍《*Design Patterns: Elements of Reusable Object-Oriented Software*》中介紹的 23 種經典設計模式中的 2 種。本書中我不會進入 Template Method 的細節，但是你可以在包括 GoF 書籍本身在內的各種教科書中找到很好的說明。然而，我將在第 424 頁的「指導原則 28：建構 Bridge 以移除實體依賴性」中說明 Bridge 設計模式。

17 Bjarne Stroustrup，《*The C++ Programming Language*》，第三版（Addison-Wesley，2000）。

對我來說，這三個原因的結合就是為什麼我們會如此專注在特徵上。但是，請不要誤會我的意思。這並不是說特徵不重要。剛好相反，特徵很重要。是的，討論特徵並學習如何正確使用它們是必要的，但再次強調，光靠它們是無法拯救你的專案。

專注在軟體設計和設計原則上

雖然特徵很重要，而且雖然討論它們當然很好，但軟體設計更重要。軟體設計是必不可少的。我甚至主張，它是專案成功的基礎。因此，在這本書中，我將嘗試真正專注在軟體設計和設計原則上，而不是特徵。當然，我仍然會展示好的、最新的 C++ 程式碼，但我不會強力推動使用最新的和最重大的語言擴充部分[18]。在合理和有益的情況下，我會使用一些新的特徵，像是 C++20 的概念，但我不會關心 `noexcept` 或是廣泛地使用 `constexpr`[19]。反而，我將嘗試處理軟體困難的面向。大多數情況下，我將專注在軟體設計、設計決策背後的推理、設計原則、管理依賴性和處理抽象化等。

總之，軟體設計是撰寫軟體的關鍵部分。軟體開發者應該對軟體設計有很好的理解，以便寫出好的、可維護的軟體。因為畢竟，好的軟體是低成本的，而壞的軟體則是昂貴的。

指導原則 1：理解軟體設計的重要性

- 將軟體設計當成撰寫軟體的一個必不可少的部分。
- 少專注在 C++ 語言的細節，多專注在軟體設計上。
- 避免不必要的耦合和依賴性，使軟體對頻繁的改變更能適應。
- 理解軟體設計是管理依賴性和抽象化的藝術。
- 將軟體設計和軟體架構之間的界限看作是流動的。

18 很佩服 John Lakos，在他的《*Large-Scale C++ Software Development: Process and Architecture*》(Addison-Wesley) 書中有類似的主張並使用了 C++98。

19 是的，Ben 和 Jason，你們沒有看錯，我不會將所有事情視為 constexpr。參考 Ben Deane 和 Jason Turner 的文章「constexpr ALL the things」(*https://oreil.ly/Pazfb*)，CppCon 2017。

指導原則 2：為改變而設計

對好軟體基本的期望之一是它具有容易改變的能力。這個期望甚至是軟體這個字的一部分。與硬體相比，軟體被期望能夠很容易地適應改變的需求（參考第 2 頁「指導原則 1：理解軟體設計的重要性」）。然而，從你自己的經驗中，你可能會知道，往往改變程式碼並不容易。相反地，有時候一個看似簡單的改變，結果會是一個星期的努力。

分離關注點

減少人為依賴性和簡化改變的最好和成熟的解決方案之一是分離關注點。這個想法的核心是分割、隔離或提取功能片段[20]：

> 將系統分解成小的、命名良好的、可理解的部分，能使工作更快。

分離關注點背後的目的是為了更好地理解和管理複雜性，因此設計出更加模組化的軟體。這個想法可能和軟體本身一樣老舊，因此被賦予許多不同的名稱。例如，同樣的想法被 Pragmatic Programmers 稱為「正交」[21]。他們建議分割軟體的正交面向。Tom DeMarco 稱它為凝聚力[22]：

> 凝聚力是模組內各元素關聯強度的測量標準。一個高凝聚力的模組是一個敘述和資料項目的集合，因為它們之間密切相關而應該被當作一個整體處理。任何將它們分割的企圖只會造成增加耦合並且降低可讀性。

這是 *SOLID* 原則[23]中最被廣泛接受的一組設計原則，這個想法被稱為單一責任原則（*SRP*）：

> 一個類別應該只有一個改變的理由[24]。

雖然這個概念很老舊，而且通常有很多名稱，但許多試圖說明分離關注點的嘗試都會引起比回答更多的問題。對 SRP 來說更是如此。單單這個設計原則的名稱本身就引起了一

---

20 Michael Feathers，《*Working Effectively with Legacy Code*》（Addison-Wesley，2013）。

21 David Thomas 和 Andrew Hunt，《*The Pragmatic Programmer: Your Journey to Mastery*》，20 週年紀念版（Addison Wesley，2019）。

22 Tom DeMarco，《*Structured Analysis and System Specification*》（Prentice Hall，1979）。

23 SOLID 是首字母的縮寫，是接下來幾個指導原則中所描述的五個原則的縮寫：SRP、OCP、LSP、ISP 和 DIP。

24 關於 SOLID 原則的第一本書是 Robert C. Martin 的《*Agile Software Development:Principles, Patterns, and Practices*》（Pearson）。另一本較新且較便宜的書也是 Robert C. Martin 的作品《*Clean Architecture*》（Addison-Wesley）。

些問題：什麼是責任？什麼是**單一責任**？為了澄清關於 SRP 的模糊性，一個常見的嘗試如下：

> 一切都應該只做一件事。

不幸的是，這種說明很難超越出模糊性。就像**責任**這個字並沒有太多的含義，**只一件事**也無助於讓它更容易理解。

不管名稱如何，想法總是相同的：將那些真正屬於一起的事情群組起來，將不是嚴格互屬的事情分開；或者換句話說：把那些因為不同原因而改變的事情分開。藉由這樣做，你程式碼不同面向之間的人為耦合會減少，並且它會幫助你使你的軟體更能適應改變。在最好的情況下，你可以在一個確切的位置改變你軟體的一個特定面向。

人為耦合的一個例子

讓我們藉由一個程式碼例子使分離關注點更容易理解。我的確有一個很好的例子。讓我為你展示抽象的 `Document` 類別：

```
//#include <some_json_library.h>  // 潛在的實體依賴性

class Document
{
 public:
   // ...
   virtual ~Document() = default;

   virtual void exportToJSON( /*...*/ ) const = 0;  ❶
   virtual void serialize( ByteStream&, /*...*/ ) const = 0;  ❷
   // ...
};
```

這看起來像是一個對所有文件類型都非常有用的基礎類別，不是嗎？首先，有一個 `exportToJSON()` 函數（❶）。為了從文件中產生 JSON 檔案（*https://oreil.ly/YWrsw*），所有衍生類別都必須實作 `exportToJSON()` 函數。這將被證明很有用：不需要知道是某種特定的文件（我們可以想像，我們最後會有 PDF 文件、Word 文件和更多其他的文件），我們總是可以匯出 JSON 的格式。很好！其次，有一個 `serialize()` 函數（❷），這個函數讓你透過 `ByteStream` 將 `Document` 轉換成位元組。你可以將這些位元組儲存在某些持久的系統中，像是檔案或資料庫。當然，我們可以期待還有許多其他的、有用的函數可以使用，這讓我們幾乎可以在任何事情上使用這個文件。

我看到你皺眉了。不，你看起來並沒有完全相信這是好的軟體設計。這可能是因為你只是很懷疑這個例子（它看起來好得不像是真的），也可能是因為你已經學習到這種設計最後會導致問題。你可能已經經歷過，用常見的物件導向設計原則來束縛資料和對操作它們的函數，可能很容易導致不幸的耦合。我同意：儘管這個基礎類別有看起來是很好的一體化套件的事實，甚至看起來它擁有我們可能需要的一切，但這種設計很快就會導致問題。

這是糟糕的設計，因為它包含了許多依賴性。當然，有一些明顯的、直接的依賴性，例如在 `ByteStream` 類別的依賴性。然而，這種設計也促成了引入人為的依賴性，這會使後續難以修改。在這種情況下，有三種人為的依賴性，其中兩種是由 `exportToJSON()` 函數所引入的，而另一種是由 `serialize()` 函數引入。

首先，`exportToJSON()` 需要在衍生類別中實作。是的，別無選擇，因為它是一個純虛擬函數（*https://oreil.ly/1u9at*）（用序列 `=0` 表示，即所謂的**純指定器**）。因為衍生類別很可能不想帶有手動實作 JSON 匯出的負擔，它們將依賴於外部、第三方的 JSON 函數庫：*json*（*https://oreil.ly/MqB03*）、*rapidjson*（*https://oreil.ly/jNMsz*）或 *simdjson*（*https://oreil.ly/5dBzC*）。不管你為此選擇什麼函數庫，因為 `exportToJSON()` 成員函數，將使衍生的文件突然依賴於這個函數庫。而且，很可能的，只是為了一致性的理念，所有的衍生類別會依賴於同一個函數庫。因此，衍生類別不是真正的獨立；它們被人為地耦合到一個特定的設計決定中[25]。還有，在特定 JSON 函數庫的依賴性肯定會限制階層結構的重用性，因為它不再是羽量級了。而且換到另一個函數庫將會造成重大的改變，因為所有衍生類別都必須調整[26]。

當然，`serialize()` 函數會引入同種類的人為依賴性。`serialize()` 很可能也會用像是 protobuf（*https://oreil.ly/z6Kgr*）或 Boost.serialization（*https://oreil.ly/ySJLk*）等第三方函數庫來實作。這相當程度地惡化了依賴性的情況，因為它引入了兩個正交的、不相關的設計面向（即 JSON 匯出和序列化）之間的耦合，一個面向的改變可能會造成另一個面向的改變。

在最壞的情況下，`exportToJSON()` 函數可能會引入第二個依賴性。在 `exportToJSON()` 呼叫中預期的引數，可能會意外地反映了所選 JSON 函數庫的一些實作細節。在這種情況下，最後換到另一個函數庫可能會造成 `exportToJSON()` 函數的簽章改變，這隨後將造成所有呼叫者的改變。因此，在所選 JSON 函數庫上的依賴性可能會意外地比預期的還要更廣泛。

25 不要忘記，藉由外部函數庫所做的設計決定可能會影響你自己的設計，這顯然會增加耦合。

26 這包括其他人可能撰寫的類別，也就是你無法控制的類別。而且，其他的人對這種改變也不會感到高興。因此，這個改變可能**真的**很難。

第三種依賴性是由 serialize() 函數引入的。由於這個函數，從 Document 衍生的類別依賴於文件如何被序列化的全域決策。我們使用什麼格式？我們是使用小的位元組順序還是大的位元組順序？我們是否必須添加位元組表示 PDF 檔案或 Word 檔案的資訊？如果是的話（我認為這非常有可能），我們要如何表示這樣的文件？是否借助於一個整數值？例如，我們可以為這個目的使用一個列舉[27]：

```
enum class DocumentType
{
   pdf,
   word,
   // ... 可能有更多的文件類型
};
```

對序列化這種方法非常常見。然而，如果在 Document 類別的實作中使用這種低階的文件表示法，我們會意外地結合所有不同種類的文件。每個衍生類別都會隱含地知道所有其他的 Document 類型。因此，增加一種新的文件種類會直接影響所有現存的文件類型。這將是一個嚴重的設計缺陷，再一次，因為這將使改變更困難。

不幸的是，Document 類別促成了許多不同種類的耦合。所以不行，Document 類別不是一個好類別設計的例子，因為它不容易改變。相反地，它很難改變，因此是違反 SRP 的很好例子：從 Document 衍生的類別和 Document 類別的使用者有很多原因改變，因為我們已經在一些正交的、不相關的面向之間建立了強大的耦合。總之，衍生類別和文件的使用者可能會因為以下的任何原因而改變：

- exportToJSON() 函數的實作細節因為與所用的 JSON 函數庫上的直接依賴關係而改變
- exportToJSON() 函數的簽章因為底層實作改變而改變
- Document 類別和 serialize() 函數因為與 ByteStream 類別上的直接依賴關係而改變
- serialize() 函數的實作細節因為與實作細節的直接依賴關係而改變
- 所有類型的文件都因為與 DocumentType 列舉上的直接依賴關係而改變

很明顯地，這種設計促進了更多的改變，而且每一個改變都很難。當然，在一般的情況下，還有額外的正交面向被人為地在文件內耦合的危險，這將進一步增加做出改變的複雜性。另外，這些改變中的部分絕對不會侷限在程式碼庫中的某一個地方。特別是，對 exportToJSON() 和 serialize() 實作細節的改變不會只侷限於一個類別，而可能會發生在所有種類的文件（PDF、Word 等）。因此，一個改變會影響到整個程式碼庫的大部分地方，這就引起了維護的風險。

27 列舉似乎是一個明顯的選擇，但當然還有其他的選擇。最後，我們需要一組已經取得共識的數值，這些數值代表以位元組表示的不同文件格式。

邏輯耦合相對於實體耦合

耦合並不限於邏輯耦合，也會擴展到實體耦合，圖 1-2 說明了這種耦合。讓我們假設在我們架構的低層次有一個 User 類別，它需要使用放在架構較高層次的文件。當然，User 類別直接依賴於 Document 類別，這是一個必要的依賴性——一個給定問題的固有依賴性。因此，它不應該是我們所擔憂的。然而，Document 對所選 JSON 函數庫的（潛在的）實體依賴關係和在 ByteStream 類別的直接依賴關係，造成了 User 對 JSON 函數庫和 ByteStream 間接的、過渡的依賴關係，這些都放在我們架構的最高層次。在最壞的情況下，這意味著對 JSON 函數庫或 ByteStream 類別的改變會對 User 有影響。希望這是很容易可以看出是一種人為的，而不是有意的依賴性：User 不應該依賴 JSON 或序列化。

> 我應該明確地指出，Document 在所選擇的 JSON 函數庫存有潛在的實體依賴性。如果 <Document.h> 標頭檔包括任何來自所選擇 JSON 函數庫的標頭檔（如第 11 頁「人為耦合的一個例子」開始程式碼片段所示），例如因為 exportToJSON() 函數期待某些基於這函數庫的引數，那麼在這函數庫上就有明顯的依賴性。但是，如果介面可以適當地從這些細節中抽取出來，而且 <Document.h> 標頭檔不包括任何來自 JSON 函數庫的事物，那這實體依賴性就有可能避免。因此，這取決於依賴性抽象化的程度。

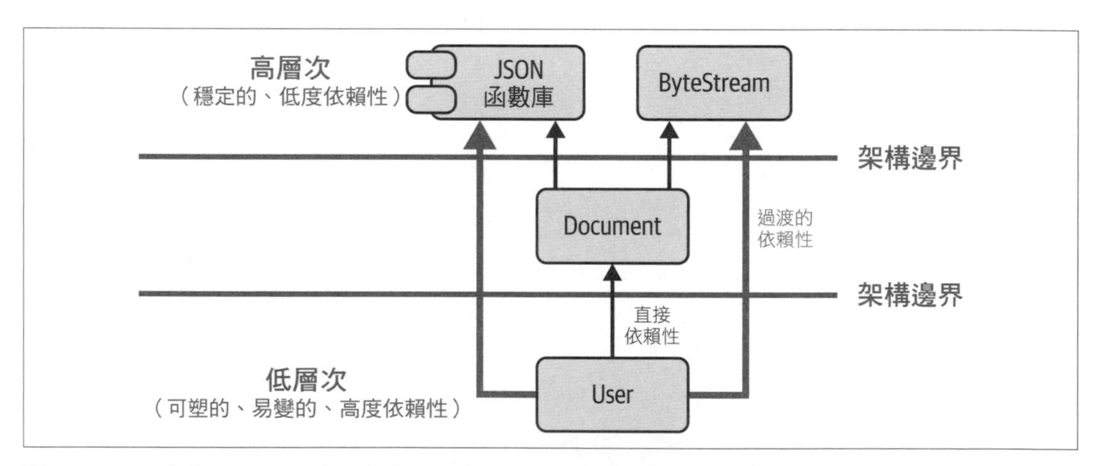

圖 1-2　User 與像 JSON 和序列化的正交面向之間強烈的過渡、實體的耦合

「高層次，低層次——現在我很困惑，」你發出抱怨。是的，我知道這兩個術語通常會造成一些困惑。所以，在我們繼續之前，讓我們對高層次和低層次的術語取得一致意見。這兩個術語的起源與我們在**統一模組化語言**（*UML*）（*https://oreil.ly/s0ID2*）中畫圖的方式有關：我們認為穩定的功能出現在頂部，在高層次上；經常變化的功能，因此被認為是易變的或可塑的，出現在底部，也就是低層次。不幸的是，當我們繪製架構時，我們經常試圖顯示事物是如何相互依存的，所以最穩定的部分會出現在架構的底部。當然，這也造成了一些困惑。不管事物是如何畫出，只需要記住這些術語：**高層次**指的是你架構中穩定的部分，而**低層次**指的是那些經常改變或更可能改變的面向。

回到問題上：SRP 建議我們應該把關注點和不是真正屬於的事物，也就是非黏性的（有黏性的）事物分開。換句話說，它建議我們將因為不同原因而改變的事物分離成**變動點**。圖 1-3 顯示了如果我們將 JSON 和序列化面向隔離到分離的關注點時的耦合情況。

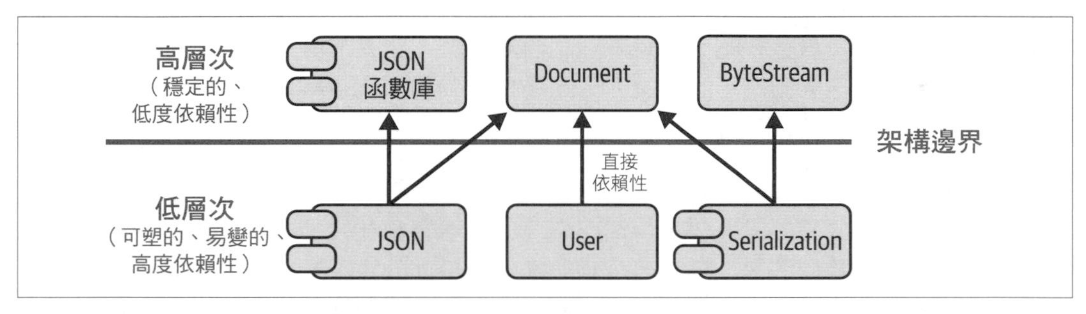

圖 1-3 遵守 SRP 以解決 `User`、JSON 和序列化之間的人為耦合

基於這個建議，`Document` 類別用以下的方式重構：

```
class Document
{
 public:
   // ...
   virtual ~Document() = default;

   // 不再有「exportToJSON()」和「serialize()」函數。
   // 只有非常基本的文件操作，這不會
   // 引起強烈耦合，其餘不變。
   // ...
};
```

JSON 和序列化面向只是非 `Document` 類別基本的功能部分。`Document` 類別應該僅僅表示不同種類文件的最基本操作。所有正交的面向都應該被分開。這將使改變相當容易。例如，透過將 JSON 面向隔離到一個分離的變動點和新的 `JSON` 組件，那從一個 JSON 函數庫換到另一個將只影響這一個組件。這種改變可以在一個地方完成，並且與所有其他的、正交的面向隔離發生。而藉由一些 JSON 函數庫也比較容易支援 JSON 的格式。另外，文件如何序列化的任何改變將只影響程式碼中的一個組件：新的 `Serialization` 組件。還有，`Serialization` 將充當一個能夠隔離的、容易改變的變動點，這將是最佳的情況。

在你最初對 `Document` 的例子感到失望之後，我可以再次看到你顯得較為高興。也許你臉上甚至有「我就知道！」的笑容。然而，你還沒有完全地滿意。「是的，我同意分離關注點的一般想法。但是，我必須如何建構我的軟體來分離關注點呢？我必須做什麼以使它有作用？」這是一個很好的問題，但這問題有很多答案，我將在接下來的章節中討論。然而，第一也是最重要的一點是識別一個變動點，也就是在你的程式碼中預期會改變的某些面向。這些變動點應該被提取、隔離和包裝起來，這樣在這些變動點上就不再有任何依賴性，這最後將有助於使改變更容易。

「但這仍然只是表面上的建議！」我聽到你說，而你是對的。不幸的是，沒有單一的答案，而且沒有簡單的答案。這要視情況而定，但我承諾會在後續的章節中提供許多關於如何分離關注點的具體答案。畢竟，這是一本軟體設計的書，也就是說，是一本管理依賴性的書。作為一個小小的預告，在第 3 章，我將對這個問題介紹一個一般和實用的方法：設計模式。在這種想法下，我將顯示如何用不同的設計模式來分離關注點。例如，我想到了 *Visitor*、*Strategy* 和 *External Polymorphism* 等設計模式。所有這些模式都有不同的強處和弱點，但它們會引入某種抽象化以幫助你減少依賴性的共同特性。此外，我承諾將仔細觀察在現代 C++ 中如何實作這些設計模式。

我將在第 107 頁的「指導原則 16：用 Visitor 來擴展操作」中介紹 Visitor 設計模式，在第 134 頁的「指導原則 19：用 Strategy 來隔離事物如何完成」中介紹 Strategy 設計模式。External Polymorphism 設計模式將是第 271 頁的「指導原則 31：為非干擾性執行期使用 External Polymorphism」的主題。

不要重複自己

可改變性還有第二個重要的面向。為了說明這個面向，我將介紹另一個例子：一個專案的階層結構。圖 1-4 提供了這種階層結構的圖像。

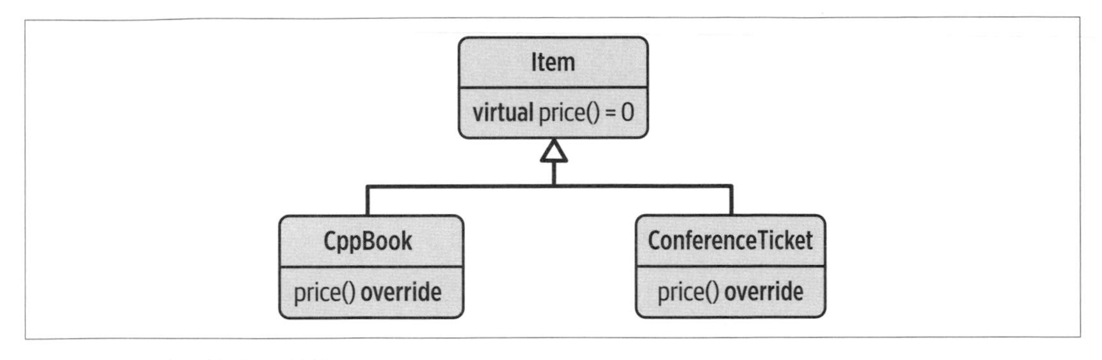

圖 1-4　Item 類別的階層結構

在這個階層結構的頂端是 Item 基礎類別：

```
//---- <Money.h> ----------------

class Money { /*...*/ };

Money operator*( Money money, double factor );
Money operator+( Money lhs, Money rhs );


//---- <Item.h> ----------------

#include <Money.h>

class Item
{
 public:
   virtual ~Item() = default;
   virtual Money price() const = 0;
};
```

Item 基礎類別代表有價格標籤（由 Money 類別表示）的任何一種項目的抽象化。經由 price() 函數，你可以查詢價格。當然，有很多可能的項目，但是為了說明的目的，我們將自己限制在 CppBook 和 ConferenceTicket 二項：

```
//---- <CppBook.h> ----------------

#include <Item.h>
#include <Money.h>
#include <string>

class CppBook : public Item
{
```

```
  public:
    explicit CppBook( std::string title, std::string author, Money price )  ❸
       : title_( std::move(title) )
       , author_( std::move(author) )
       , priceWithTax_( price * 1.15 )  // 15% tax rate
    {}

    std::string const& title() const { return title_; }       ❹
    std::string const& author() const { return author_; }     ❺

    Money price() const override { return priceWithTax_; }   ❻

  private:
    std::string title_;
    std::string author_;
    Money priceWithTax_;
};
```

CppBook 類別的建構函數期望得到一個字串形式的標題和作者，以及一個 Money 形式的價格（❸）[28]。除此之外，它只允許你用 title()、author() 和 price() 函數（❹、❺和❻）存取標題、作者和價格。但是，price() 函數有點特殊：很明顯地，書籍需要納稅。因此，書籍原來的價格需要根據給定的稅率調整。在這個例子中，我假設想像的稅率為 15%。

ConferenceTicket 類別是 Item 的第二個例子：

```
//---- <ConferenceTicket.h> ----------------

#include <Item.h>
#include <Money.h>
#include <string>

class ConferenceTicket : public Item
{
  public:
    explicit ConferenceTicket( std::string name, Money price )  ❼
       : name_( std::move(name) )
       , priceWithTax_( price * 1.15 )  // 15% 稅率
    {}
```

28 你可能對這個建構函數明確地使用 explicit 關鍵字感到奇怪。那麼你也可能注意到，核心指導原則 C.46（*https://oreil.ly/1DPsA*）建議對單一引數建構函數預設使用 explicit。這確實是很好且高度推薦的建議，因為它可以避免無意的、潛在的不受歡迎的轉換。雖然沒有那麼有價值，但相同的建議除了對不執行轉換的複製和移動建構函數以外，對所有其他建構函數也是合理的。至少它不會有害。

```
    std::string const& name() const { return name_; }

    Money price() const override { return priceWithTax_; }

  private:
    std::string name_;
    Money priceWithTax_;
};
```

ConferenceTicket 和 CppBook 類別非常相似，但是在建構函數（❼）中預期只有會議名稱和價格。當然，你可以分別用 name() 和 price() 函數存取名稱和價格。然而，最重要的是，對 C++ 會議的價格也是需要納稅。因此，我們再次根據想像的 15% 稅率調整原始價格。

在可以使用這個功能下，我們可以繼續往下並且在 main() 函數中建立幾個 Item：

```
#include <CppBook.h>
#include <ConferenceTicket.h>
#include <algorithm>
#include <cstdlib>
#include <memory>
#include <vector>

int main()
{
   std::vector<std::unique_ptr<Item>> items{};

   items.emplace_back( std::make_unique<CppBook>("Effective C++", 19.99) );
   items.emplace_back( std::make_unique<CppBook>("C++ Templates", 49.99) );
   items.emplace_back( std::make_unique<ConferenceTicket>("CppCon", 999.0) );
   items.emplace_back( std::make_unique<ConferenceTicket>("Meeting C++", 699.0) );
   items.emplace_back( std::make_unique<ConferenceTicket>("C++ on Sea", 499.0) );

   Money const total_price =
      std::accumulate( begin(items), end(items), Money{},
         []( Money accu, auto const& item ){
            return accu + item->price();
         } );

   // ...

   return EXIT_SUCCESS;
}
```

在 `main()` 中，我們建立了幾個項目（兩本書和三場會議），並計算出所有項目的總價[29]。當然，總價將包括想像的 15% 稅率。

這聽起來是個好的設計。我們已經把特定種類的項目分開，並且能夠改變每個項目的價格是如何單獨計算的。似乎，我們已經履行了 SRP，並且提取和隔離了變動點。當然，會有更多的項目：還會有很多。而它們所有都將確保正確地考慮到適用的稅率。很好！現在，雖然這個 `Item` 階層結構會讓我們高興一陣子，但不幸的是這個設計有一個顯著的缺陷。我們今天可能沒有意識到它，但在遠處總是會有一個隱約的陰影，這就是軟體中問題的強硬對手：變化。

如果因為某種原因稅率發生變化，會發生什麼？如果 15% 的稅率被降低到 12% 呢？或者提高到 16% 呢？我仍然可以聽到從最初設計被交付到程式碼庫的那天開始的爭論。「不，這永遠不會發生！」呃，就算是最意想不到的事情也可能發生。例如，在德國，2021 年稅率半年內從 19% 降至 16%。當然，這意味著我們必須改變程式碼庫中的稅率。我們在哪裡應用這個改變呢？在目前的情況下，這個改變幾乎會影響從 `Item` 類別衍生的每一個類別。這改變將遍佈整個程式碼庫。

像 SRP 建議分離變動點一樣，我們應該注意不要在整個程式碼庫中複製資訊。就像所有事物都應該有個單一的責任（一個改變的理由）一樣，每個責任應該在系統中只存在一次。這個想法通常被稱為「*不要重複自己*」（DRY）原則。這個原則建議我們不要在很多地方複製一些關鍵資訊——而是設計系統使得我們可以只在一個地方進行改變。在最佳的情況下，稅率應該確切地在一個地方表示，讓你能夠容易地改變。

通常，SRP 和 DRY 原則可以很好地一起工作。遵循 SRP 往往也導致遵循 DRY，反之也是如此。然而，有時候遵循這兩個原則需要一些額外的步驟。我知道你渴望知道這些額外的步驟是什麼，以及如何解決這個問題，但在這個時間點上，指出 SRP 和 DRY 大約的概念就足夠了。我承諾會重提這個問題，並且說明如何解決它（參考第 337 頁的「指導原則 35：使用 Decorator 分層添加客製化的階層結構」）。

29 你可能意識到我挑選了我經常參加的三個會議的名稱：CppCon（*https://cppcon.org*）、Meeting C++（*http://meetingcpp.com*），以及 C++ on Sea（*https://cpponsea.uk*）。然而，還有更多的 C++ 會議。舉一些例子：ACCU（*https://accu.org/conf-main/main*）、Core C++（*https://corecpp.org*）、pacific++（*https://www.pacificplusplus.com*）、CppNorth（*https://cppnorth.ca*）、emBO++（*https://www.embo.io*）和 CPPP（*https://cppp.fr*）。會議是保持 C++ 最新資訊的重要而且有趣的方式。對於任何即將舉行的會議，務必查看標準 C++ 基金會的首頁（*https://isocpp.org*）。

避免過早的分離關注點

在這一點上，我希望已經說服你，遵循 SRP 和 DRY 是非常合理的想法。你甚至是如此盡心盡力地計劃把所有事物——所有的類別和函數——分割成最微小的功能單元。畢竟，這是目標，對嗎？如果這是你現在所想的，請停止！做個深呼吸，再做一次。然後請仔細聆聽 Katerina Trajchevska 的智慧[30]：

> 不要嘗試實現 *SOLID*，用 *SOLID* 來實現可維護性。

SRP 和 DRY 都是你實現更好的可維護性和簡化改變的工具，它們並不是你的目標。雖然從長遠來看兩者都是最重要的，但如果對於哪種改變會影響你沒有很清楚的想法，就將實體分割可能會適得其反。為改變而設計通常支持一種特定的改變，但不幸的是可能會使其他種類的改變更困難。這哲理是通常所謂的 *YAGNI*（你不會需要它）原則（*https://oreil.ly/Gu7u9*）的一部分，它對於不要過度工程化提出警告（參考第 33 頁的「指導原則 5：為擴展而設計」）。如果你有確定的計劃，如果你知道期待什麼種類的改變，那麼應用 SRP 和 DRY 使這種改變變簡單。然而，如果你不知道期待什麼種類的改變，那麼不要猜測——只要等待。等到你知道對於期待什麼種類的改變有清晰的想法，然後再重構以使改變盡可能簡單。

不要忘了，容易改變事物的一個面向是有適當的單元測試，讓你確認這種改變不會破壞預期的行為。

總之，在軟體中改變是可預期的，因此為改變而設計是至關重要的。分離關注點與最少化複製，使你能夠容易地改變事物，而不必擔心破壞其他的正交面向。

指導原則 2：為改變而設計

- 期待軟體的改變。
- 為容易改變而設計，並使軟體更有適應性。
- 避免結合不相關的、正交的面向，以避免耦合。
- 要了解耦合會增加改變的可能性，並使改變更困難。

---

30 Katerina Trajchevska，「Becoming a Better Developer by Using the SOLID Design Principles」（*https://oreil.ly/cwo8Y*），Laracon EU，2018 年 8 月 30-31 日。

- 遵循單一責任原則（SRP）分離關注點。
- 遵循不要重複自己（DRY）原則，以使複製最少化。
- 如果你對於接下來的改變不確定，要避免過早的抽象化。

指導原則 3：分離介面以避免人為的耦合

讓我們重提第 10 頁的「指導原則 2：為改變而設計」中 `Document` 的例子。我知道，現在你可能覺得你已經看了足夠的文件，但是相信我，我們還沒有完成。這裡仍然有一個重要的耦合面向需要解決。這一次我們不專注在 `Document` 類別中的個別函數，而是專注在整個介面上：

```
class Document
{
 public:
   // ...
   virtual ~Document() = default;

   virtual void exportToJSON( /*...*/ ) const = 0;
   virtual void serialize( ByteStream& bs, /*...*/ ) const = 0;
   // ...
};
```

隔離介面以分離關注點

`Document` 需要衍生類別來處理 JSON 的匯出和序列化。雖然從文件的觀點看，這似乎是合理的（畢竟*所有*的文件都應該是可匯出為 JSON 和可序列化），但不幸的是，這造成了另一種的耦合。想像以下的使用者程式碼：

```
void exportDocument( Document const& doc )
{
   // ...
   doc.exportToJSON( /* 傳遞需要的引數 */ );
   // ...
}
```

`exportDocument()` 函數的唯一目的，是將指定的文件匯出為 JSON 格式。換句話說，`exportDocument()` 函數不負責將文件序列化，也不負責 `Document` 必須提供的其他方面。儘管如此，作為 `Document` 介面定義的結果，由於將許多正交的面向耦合在一起，`exportDocument()` 函數依賴的不只是 JSON 匯出而已。所有這些依賴性都是不必要的和人為的，改變其中任何一個——例如，`ByteStream` 類別或 `serialize()` 函數的簽章——都對 `Document` 的*所有*使用者有影響，甚至是對那些不需要序列化的使用者也有影響。對於包括 `exportDocument()` 函數在內的任何改變，**所有的**使用者，都需要重新編譯、重新測試，而在最壞的情況下還要重新部署（例如，如果在分開的函數庫中交付）。然而，如果 `Document` 類別被另一個函數擴展，例如，匯出到另一種文件類型，同樣的事情也會發生。在 `Document` 中耦合愈多的正交功能，問題就會愈大：任何改變都可能帶來在整個程式碼庫中造成連鎖反應的危險。這的確很可悲，因為介面應該有助於解耦，而不是引入人為的耦合。

這種耦合是因為違反了介面隔離原則（ISP），也就是 *SOLID* 首字母縮寫中的 *I* 所造成：

> 客戶不應該被迫依賴於他們沒有使用的方法[31]。

ISP 建議透過隔離（解耦）介面來分離關注點。在我們的例子中，應該有兩個分開的介面代表 JSON 匯出和序列化的兩個正交面向：

```
class JSONExportable
{
 public:
   // ...
   virtual ~JSONExportable() = default;

   virtual void exportToJSON( /*...*/ ) const = 0;
   // ...
};

class Serializable
{
 public:
   // ...
   virtual ~Serializable() = default;

   virtual void serialize( ByteStream& bs, /*...*/ ) const = 0;
   // ...
};

class Document
```

31 Robert C. Martin，《*Agile Software Development: Principles, Patterns, and Practices*》。

```
    : public JSONExportable
    , public Serializable
{
 public:
    // ...
};
```

這種分開並沒有使 Document 類別被廢棄。相反地，Document 類別仍然代表了加諸所有文件的要求。然而，現在這種關注點的分離使你能夠將依賴性減少到只有實際上需要的函數集合。

```
void exportDocument( JSONExportable const& exportable )
{
   // ...
   exportable.exportToJSON( /* 傳遞需要的引數 */ );
   // ...
}
```

在這種形式下，藉由只依賴於隔離的 JSONExportable 介面，exportDocument() 函數不再依賴於序列化功能，且因此不再依賴於 ByteStream 類別。因此，介面的隔離有助於減少耦合度。

「但這不就是分離關注點嗎？」你問。「這不就是另一個 SRP 的例子嗎？」是的，的確如此。我同意，我們基本上已經辨識了兩個正交的面向，分開它們，且因此將 SRP 應用到 Document 介面。因此，我們可以說，ISP 和 SRP 是相同的。或者至少 ISP 是 SRP 的一個特例，因為 ISP 的重點在介面上。這種態度似乎是社群中普遍的觀點，而且我也同意。然而，我仍然認為談論 ISP 是有價值的。儘管事實上 ISP 可能只是一個特例，但我認為它是一個重要的特例。不幸的是，將不相關的、正交的面向聚集到一個介面上，通常是非常誘人的。把不同的面向耦合成一個介面，甚至可能會發生在*你身上*。當然，我絕不會暗示你是故意這樣做的，而是無意間、偶然發生的；我們通常不會太注意這些細節。當然，你會爭辯說：「我絕不會這樣做。」但是，在第 134 頁「指導原則 19：用 Strategy 來隔離事物如何完成」中，你將看到一個可能會說服你這種情況是多容易發生的例子。由於之後要更改介面可能非常困難，我相信提高對介面這個問題的察覺是值得的。由於這個原因，我沒有放棄 ISP，而是將它視為是 SPR 的一個重要且值得注意的案例。

使對模板引數的需求最少化

儘管看起來 ISP 只適用於基礎類別，而且雖然 ISP 大多是透過物件導向程式設計的方式引入，但將介面引入的依賴性最小化的一般想法，也可以應用到模板上。例如，考慮 `std::copy()` 函數：

```
template< typename InputIt, typename OutputIt >
OutputIt copy( InputIt first, InputIt last, OutputIt d_first );
```

在 C++20 中，我們可以用概念表示這個需求：

```
template< std::input_iterator InputIt, std::output_iterator OutputIt >
OutputIt copy( InputIt first, InputIt last, OutputIt d_first );
```

`std::copy()` 預期會有一對輸入迭代器作為要複製的範圍，以及一個輸出迭代器作為目標範圍。它明確地要求輸入迭代器和輸出迭代器，因為它不需要任何其他的操作。因此，它將對傳遞引數的需求最小化了。

讓我們假設 `std::copy()` 需要 `std::forward_iterator`，而不是 `std::input_iterator` 和 `std::output_iterator`：

```
template< std::forward_iterator ForwardIt, std::forward_iterator ForwardIt >
OutputIt copy( ForwardIt first, ForwardIt last, ForwardIt d_first );
```

這不幸地將限制 `std::copy()` 演算法的有效性。我們不再能夠從輸入串流中複製，因為它們通常不提供多通道的保證，也不讓我們寫入。這是很不幸的。然而，專注在依賴性上，`std::copy()` 現在將依賴它不需要的操作和需求。而且傳遞給 `std::copy()` 的迭代器將被迫提供額外的操作，所以 `std::copy()` 將對它們強加依賴性。

這只是一個假設的例子，但它說明了介面中分離關注點是多麼重要。很明顯地，解決方案是將輸入和輸出能力實現為分開的面向。因此，在分離關注點而且應用了 ISP 之後，依賴性就顯著地減少了。

指導原則 3：分離介面以避免人為的耦合

- 要意識到，耦合也會影響到介面。
- 遵循介面隔離原則（ISP）以分離介面中的關注點。
- 將 ISP 當成是單一責任原則（SRP）的一個特例。
- 了解 ISP 有助於繼承階層結構和模板。

指導原則 4：為可測試性而設計

如同在第 2 頁的「指導原則 1：理解軟體設計的重要性」中所探討的，**軟體是會改變的**，它預期會改變。但是，每一次你改變軟體中的某些事物，你就冒了可能破壞其他事物的風險。當然，這不是故意的，而是意外的，儘管你盡了最大的努力，但風險總是存在。然而，作為一個有經驗的開發者，你不會因此而失眠。讓風險存在——你不在乎。你有一些東西可以保護你不會意外地破壞其他事物，一些可以保持風險最小化的東西：你的測試。

測試的目的是為了能夠斷言，儘管不斷地改變事物，你軟體所有的功能仍然能夠運作。所以很明顯地，測試是你的保護層，是你的救生衣。測試是必不可少的！然而，首先你必須要撰寫測試程式。而且為了撰寫測試程式和設定這個保護層，你的軟體需要是可測試的：你的軟體必須是以可能的，而且在最好的情況下甚至可能**很容易地**添加測試的方式而撰寫。這就將我們帶到了這個指導原則的核心：軟體應該為可測試性而設計。

如何測試一個私有成員函數

「我當然有測試，」你爭辯道。「每個人都應該有測試，這是常識，不是嗎？」我完全同意。而且我相信你的程式碼庫已經配備了一個合理的測試套件[32]。但令人驚訝的是，儘管每個人都同意需要測試，但並不是每一個軟體程式碼片段撰寫時心中都會有這個體認[33]。事實上，很多程式碼很難測試，而且有時候這僅僅是因為程式碼不是為了能測試而設計。

提供你一個概念，我給你一個挑戰。仔細考慮下面這個 `Widget` 類別。`Widget` 擁有一個偶爾需要被更新的 `Blob` 物件集合。為了更新的目的，`Widget` 提供了 `updateCollection()` 成員函數，我們現在認為這個函數很重要而需要為它寫一個測試。我給你的挑戰是：你要如何測試 `updateCollection()` 成員函數？

```
class Widget
{
   // ...
 private:
   void updateCollection( /* 更新集合所需要的一些引數 */ );
```

32 如果你沒有合適的測試套件，那麼你有工作要做了，我是認真的。一個非常有條理的參考是來自 CppCon 2020，Ben Saks 對單元測試的演講，「Back to Basics: Unit Tests」（*https://oreil.ly/VBo9X*）。第二個將你思緒圍繞在測試，特別是測試驅動開發主題的非常好的參考資料是 Jeff Langr 的著作《*Modern C{plus}{plus} Programming with Test-Driven Development*》（O'Reilly）。

33 我知道，「每個人都同意」很不幸地遠遠偏離現實。如果你需要證明認真的測試還沒有發展到每一個專案和每一個開發者，看一下來自 OpenFOAM 問題跟蹤器的這個問題（*https://oreil.ly/NuEua*）。

```
        std::vector<Blob> blobs_;
        /* 潛在的其他資料成員 */
    };
```

我認為你立刻就能看到真正的挑戰：updateCollection() 成員函數在類別的私有部分宣告。這意味著從外部無法直接存取，因此沒有直接測試它的方法。所以花些時間想想這點…

「它是私有的，是的，但這仍然不是什麼挑戰。我有多種方法可以做到這一點，」你說。我同意，你可以嘗試多種方法。所以，請繼續吧。你衡量了你的選擇，然後提出你的第一個想法：「好吧，最簡單的方法是透過內部呼叫 updateCollection() 函數的一些其他公開成員函數來測試這個函數。」這聽起來是一個有趣的想法。讓我們假設，當有新的 Blob 加入到集合中時，集合需要更新。呼叫 addBlob() 成員函數會觸發 updateCollection() 函數：

```
class Widget
{
 public:
   // ...
   void addBlob( Blob const& blob, /*...*/ )
   {
      // ...
      updateCollection( /*...*/ );
      // ...
   }

 private:
   void updateCollection( /* 更新集合所需要的一些引數 */ );

   std::vector<Blob> blobs_;
   /* 潛在的其他資料成員 */
};
```

雖然這聽起來是一件合理的事情，但如果可能的話，這也是你應該避免的事情。你所建議的是所謂的**白箱測試**。白箱測試知道一些函數內部的實作細節，並且根據這些知識執行測試。這就引入了測試程式碼在產品程式碼實作細節上的依賴性。這方法的問題是軟體會改變，程式碼會改變，細節也會改變。例如，在未來的某個時間點，addBlob() 函數可能被重寫，所以它不再更新集合了。如果發生了這種情形，你的測試就不再能執行它被撰寫時所要做的工作。你會失去 updateCollection() 測試，甚至可能還沒有意識到失去它。因此，白箱測試是有風險的，就像你應該避免和減少產品程式碼中的依賴性一樣（參考第 2 頁的「指導原則 1：理解軟體設計的重要性」），你也應該避免你的測試和產品程式碼細節之間的依賴性。

我們真正需要的是**黑箱測試**。黑箱測試對內部實作細節不做任何假設，而只是測試預期的行為。當然，如果你改變了一些東西，這種測試也會中斷，但如果是一些實作細節改變，它應該不會中斷——只有在預期行為改變時才會中斷。

「好的，我懂你的意思，」你說。「但是你並沒有建議將 `updateCollection()` 函數公開，是嗎？」不，放心，這不是我的建議。當然，有時候這可能是合理的方法，但在我們的案例中，我懷疑這真的是一個明智之舉。`updateCollection()` 函數不應該只是為了好玩而呼叫。它應該只在有充分的理由、在正確的時間、以及可能是為了保持某種不變性下被呼叫。這是我們不應該委託給使用者的事情。所以不，我不認為這個函數會是 `public` 部分的好候選者。

「好的，很好，只是核對一下。那麼讓我們簡單地讓測試成為 `Widget` 類別的一個 `friend` 類別。這種方式它就能完全地存取，並且可以暢通無阻地呼叫 `private` 成員函數」：

```
class Widget
{
   // ...
 private:
   friend class TestWidget;

   void updateCollection( /* 更新集合所需要的一些引數 */ );

   std::vector<Blob> blobs_;
   /* 潛在的其他資料成員 */
};
```

是的，我們可以增加一個 `friend` 類別。讓我們假設有一個 `TestWidget` 測試裝置物，包含 `Widget` 類別的所有測試。我們可以讓這個測試裝置物成為 `Widget` 類別的 `friend`。雖然這聽起來像是另一種合理的方法，但不幸的是，我必須再次掃興。是的，從技術上看這可以解決問題，但是從設計的觀點來看，我們只是再次引入了一個人為的依賴性。透過主動改變產品程式碼來引入 `friend` 宣告，現在產品程式碼了解了測試程式碼。雖然測試程式碼當然應該了解產品程式碼（這就是測試程式碼的重點），但產品程式碼卻不必要了解測試程式碼。這引入了一個循環的依賴性，這是一個不幸的、人為的依賴性。

「你聽起來好像這是世界上最糟糕的事情。它真的那麼糟糕嗎？」嗯，有時候這可能的確是一個合理的解決方案，它絕對是一個簡單而快速的解決方案。然而，因為現在我們有時間討論所有的選擇，所以肯定會有某些東西比增加 `friend` 更好。

我不想讓事情變得更糟，但在 C++ 中，我們沒有很多 friend 類別或函數。是的，我知道，這聽起來很悲傷和孤獨，但我當然指的是關鍵字 friend：在 C++ 中，friend 不是你的朋友。原因是 friend 會引入耦合，大多數是人為的耦合，而我們應該避免耦合。當然，對於好的 friend，像是隱藏的朋友（*https://oreil.ly/Lu6rq*）是你不能沒有的 friend，或者像是密鑰慣用法（*https://oreil.ly/qEN0m*）的 friend 習慣用法等，可以有例外。測試更像是社群媒體上的朋友，所以將測試宣告為 friend 聽起來不是一個好的選擇。

「好的，那麼讓我們從 private 換到 protected，讓測試成為 Widget 類別的衍生類別，」你建議。「以這種方式，測試將獲得對 updateCollection() 函數的完全存取權」：

```
class Widget
{
   // ...
 protected:
   void updateCollection( /* 更新集合所需要的一些引數 */ );

   std::vector<Blob> blobs_;
   /* 潛在的其他資料成員 */
};

class TestWidget : private Widget
{
   // ...
};
```

好吧，我必須承認，從技術上看這種方法是可行的。然而，你建議用繼承解決這個問題的事實告訴我，我們肯定要談到關於繼承的意義以及如何適當地使用它。引用兩位務實程式設計者的話[34]：

> 繼承很少是答案。

因為我們很快就會聚焦在這個主題上，我只想說，感覺上我們濫用繼承的唯一原因是為了獲得對非公開成員函數的存取。我很確定這不是為什麼繼承會被發明的原因。使用繼承來獲得對類別 protected 部分的存取，就像是用火箭筒處理應該非常簡單的事情。畢竟，這與讓函數 public 幾乎是一樣的，因為每個人都可以輕易地存取。似乎我們真的沒有將這個類別設計成容易地測試。

34 David Thomas 和 Andrew Hunt，《*The Pragmatic Programmer: Your Journey to Mastery*》。

「快點說吧，我們還能做什麼？還是你真的要我使用前置處理器，並且將所有的 private 標記定義為 public？」：

```
#define private public

class Widget
{
   // ...
 private:
   void updateCollection( /* 更新集合所需要的一些引數 */ );

   std::vector<Blob> blobs_;
   /* 潛在的其他資料成員 */
};
```

好吧，讓我們深呼吸一下。雖然最後一種方法似乎很有趣，但是記住我們現在已經離開了合理引數的範圍[35]。如果我們認真地考慮使用前置處理器私自存取 Widget 類別的 private 部分，那麼一切都完了。

真正的解決方案：分離關注點

「那麼好吧，我應該做什麼來測試 private 成員函數呢？你已經放棄了所有的選項。」不，不是所有的選項。我們還沒有討論到我在第 10 頁的「指導原則 2：為改變而設計」中強調的一種設計方法：分離關注點。我的方法是從類別中抽取出 private 成員函數，並使它成為程式碼庫中的一個獨立實體。在這種情況下，我比較喜歡的方案是將成員函數抽取為自由函數：

```
void updateCollection( std::vector<Blob>& blobs
                     , /* 更新集合所需要的一些引數 */ );

class Widget
{
   // ...
 private:
   std::vector<Blob> blobs_;
   /* 潛在的其他資料成員 */
};
```

所有對前面那個成員函數的呼叫都可以用呼叫自由的 updateCollection() 函數取代，只需要將 blobs_ 作為函數第一個引數。另外，如果有一些狀態附加在這個函數上，我們就以另一個類別的形式抽取它。無論是哪種方式，我們將產出的程式碼設計得很容易，甚至是很簡單的，以便測試：

35 我們甚至可能已經進入了未定義行為的可怕領域。

```
namespace widgetDetails {

class BlobCollection
{
 public:
   void updateCollection( /* 更新集合所需要的一些引數 */ );

 private:
   std::vector<Blob> blobs_;
};

} // widgetDetails 命名空間

class Widget
{
   // ...
 private:
   widgetDetails::BlobCollection blobs_;
   /* 其他資料成員 */
};
```

「你不是認真的吧！」你驚呼。「這不是所有選項中最糟糕的嗎？我們不是人為地將兩件屬於同一事物的東西分開嗎？而且 SRP 不是告訴我們，我們應該把屬於一起的事物放在一起嗎？」嗯，我不這麼認為。剛好相反，我堅決地相信只有現在我們才是遵循 SRP：SRP 指出，我們應該隔離那些不屬於一起的事物，那些因為不同原因而改變的事物。無可否認地，乍看之下，似乎 `Widget` 和 `updateCollection()` 是屬於一起的，因為畢竟 `blob_` 資料成員偶爾會需要更新。然而，`updateCollection()` 函數沒有適當可測試性的事實，清楚地表示設計還不合適：如果需要明確測試的任何事物還不能測試，那就不合適了。為什麼讓我們生活變得如此困難，把要測試的函數隱藏在 `Widget` 類別的 `private` 部分呢？既然測試在變化的情況下扮演著關鍵角色，那麼測試就表示了另一種幫助決定什麼事物是屬於一起的方式。如果 `updateCollection()` 函數重要到我們要獨立地測試它，那麼很明顯地它的改變是為了 `Widget` 以外的原因而改變，這表示 `Widget` 和 `updateCollection()` 並不屬於一起。基於 SRP，`updateCollection()` 函數應該從類別中抽取出來。

「但這不是違背了封裝的想法嗎？」你問。「你不會敢拒絕接受封裝吧。我認為封裝非常重要！」我同意，它是非常重要的，根本上就是這樣！然而，封裝只是分離關注點的另一個原因。如 Scott Meyers 在他的著作《*Effective C++*》中宣稱的，從類別中抽取出函數是邁向增加封裝的一個步驟。依據 Meyers 的說法，你一般來說應該喜歡非成員的非 friend 函數更勝於成員函數 [36]。這是因為類別的每個成員函數都可以完全存取類別中的每個成員，甚至是 private 成員。但是，在抽取的形式中，updateCollection() 函數被限制為只是 Widget 類別的 public 介面，而且不能存取 private 成員。因此，這些 private 成員變得更加封裝。注意，同樣的論點對抽取 BlobCollection 類別也成立：BlobCollection 類別不能接觸到 Widget 類別的非公開成員，因此 Widget 也變得更加封裝。

藉由分離關注點和抽取出這功能片段，你現在獲得了一些好處。首先，如剛才所討論的，Widget 類別變得比較封裝，比較少的成員可以存取 private 成員。第二，抽取出的 updateCollection() 函數很容易，甚至很簡單，而且可以測試。你甚至不需要 Widget，而可以用傳遞 std::vector<Blob> 作為第一個引數（不是任何成員函數隱含的第一個引數，即 this 指標），或是呼叫 public 成員函數。第三，你不需要在 Widget 類別中改變任何其他面向：只要在需要更新集合的時候簡單地將 blobs_ 成員傳遞給 updateCollection() 函數就可以了，不需要增加任何其他的 public 讀取器。而且，可能是最重要的，你現在可以獨立地改變這個函數，而不需要處理 Widget。這表示你已經減少了依賴性。雖然在最初設定中，updateCollection() 函數與 Widget 類別（是的，this 指標）會緊密地耦合，但我們現在已經切斷了這些束縛。updateCollection() 函數現在是一個獨立的服務，它甚至可以被重複使用。

我可以看出你仍然有一些疑問。也許你擔心這意味著你不應該再有任何成員函數。不，要清楚的是，我並沒有建議你從類別中抽取出每一個成員函數。我只建議你仔細看看那些需要測試但被放在類別 private 部分的函數。還有，你可能想知道，這對於無法以自由函數形式抽取的虛擬函數要如何工作。好吧，對這方面並沒有快速的答案，但這是我們將在本書中以許多不同方式處理的事情。我的目標始終是減少耦合和增加可測試性，甚至是藉由分離虛擬函數來完成。

總之，不要用人為耦合和人為邊界阻礙你的設計和可測試性。為可測試性而設計，分離關注點，釋放你的函數！

36 你可以在 Scott Meyers 的著作《*Effective C++*》中第 23 項找到這個很有說服力的論點。

指導原則 4：為可測試性而設計

- 了解測試是你的保護層，避免意外地破壞事物。
- 記住測試是必不可少的，而可測試性也是如此。
- 為了可測試性的緣故，將關注點分離。
- 考慮需要測試的 `private` 成員函數被放錯地方。
- 偏好非成員、非 `friend` 函數多於成員函數。

指導原則 5：為擴展而設計

關於改變軟體，有一個重要的面向我還沒有強調：可擴展性。可擴展性應該是你設計的主要目標之一。因為，坦白說，如果你無法再對你的程式碼添加新功能，那麼你的程式碼就已經達到它生命期的終點了。因此，增加新的功能──擴展程式碼──是最基本引人關注的性質。為了這個原因，可擴展性的確應該是你的主要目標之一，而且也是好軟體設計的驅動因素。

開放 - 封閉原則

不幸的是，為擴展而設計並不是不費力氣就能得到，或是用魔法可以實現的東西。不是的，在設計軟體的時候你必須明確地將可擴展性納入考慮。我們已經在 10 頁的「指導原則 2：為改變而設計」中看到了一個單純文件序列化方法的例子。在那個背景下，我們使用了有純虛擬 `serialize()` 函數的 `Document` 基礎類別：

```
class Document
{
 public:
   // ...
   virtual ~Document() = default;

   virtual void serialize( ByteStream& bs, /*...*/ ) const = 0;
   // ...
};
```

因為 serialize() 是一個純虛擬函數，它需要被包括 PDF 類別在內的所有衍生類別實作：

```
class PDF : public Document
{
 public:
   // ...
   void serialize( ByteStream& bs, /*...*/ ) const override;
   // ...
};
```

到目前為止一切都還算順利。令人關注的問題是：我們要如何實作 serialize() 成員函數？一個要求是，在稍後的時間點上，我們要能夠將位元組轉換回一個 PDF 實體（我們想將位元組反序列化回到 PDF）。為了這個目的，儲存位元組所表示的資訊是必要的。在第 10 頁的「指導原則 2：為改變而設計」中，我們用列舉完成了這件事：

```
enum class DocumentType
{
   pdf,
   word,
   // ... 可能有更多的文件類型
};
```

這個列舉現在可以被所有衍生類別用來將文件的類型放在位元組串流的開始位置。這樣，在反序列化的期間，很容易地可以偵測出儲存的是哪種類型文件。令人遺憾地，這種設計選擇最後成為了不恰當的決策。有了這個列舉，我們意外地耦合了所有種類的文件：PDF 類別知曉 Word 格式。當然，對應的 Word 類別也知曉 PDF 格式。是的，你是對的——它們不知道實作細節，但是它們仍然知道彼此。

這種耦合情況說明於圖 1-5。從架構的觀點看，DocumentType 列舉與 PDF 和 Word 類別位於同一個層次，這兩種類型的文件都使用（且因此依賴於）DocumentType 列舉。

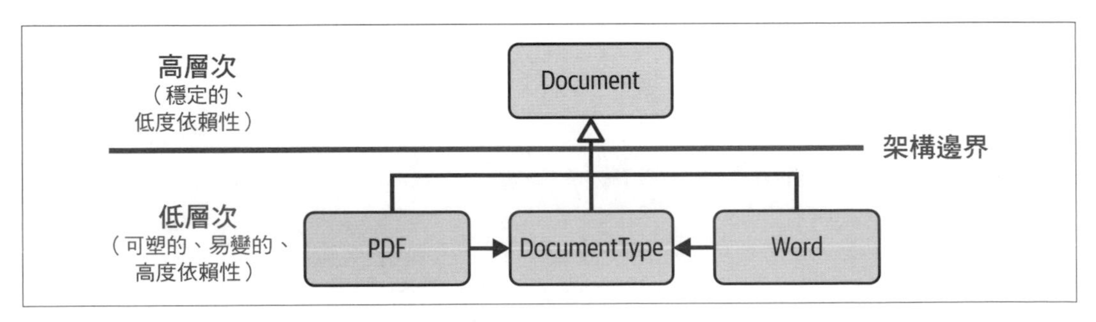

圖 1-5　不同文件類型藉由 DocumentType 列舉的人為耦合

如果我們嘗試擴展功能，這樣做的問題就會變得很明顯。除了 PDF 和 Word 以外，我們現在也想要支援簡單的 XML 格式。理想的情況下，所有我們必須做的是將 XML 類別增加為從 Document 類別衍生的類別。但不幸的是，我們也必須改寫 DocumentType 列舉：

```
enum class DocumentType
{
   pdf,
   word,
   xml,   // 新的 document 類型
   // ... 可能有更多的文件類型
};
```

這改變至少會造成所有其他檔案類型（PDF、Word 等）重新編譯。現在你可能只是聳聳肩膀並想：「哦，好吧！它只是需要重新編譯。」好吧，注意我說的是*至少*。在最壞的情況下，這種設計會顯著地限制其他人擴展程式碼——也就是說，增加新種類的文件——因為不是每個人都能擴展 DocumentType 列舉。不，感覺上這種耦合是不對的。PDF 和 Word 應該完全不知道新的 XML 格式。它們不應該看到或感覺到任何事物，甚至不應該重新編譯。

這個例子的問題可以作為違反了開放 - 封閉原則（OCP）的說明。OCP 是 SOLID 原則的第二項，它建議我們設計軟體時，應該讓它很容易執行必要的擴展[37]：

> 軟體工件（類別、模組、函數等）應該為擴展而開放，但對修改封閉。

OCP 告訴我們，應該能夠擴展我們的軟體（為擴展而開放）。然而，擴展應該容易，而且在最好的情況下，可能只是增加新的程式碼。換句話說，我們不應該修改現有的程式碼（對修改封閉）。

在理論上，擴展應該很容易：我們只需要增加新的衍生類別 XML。這個新的類別不需要修改任何其他程式碼片段。不幸的是，serialize() 函數會人為地耦合不同種類的文件，而且需要修改 DocumentType 列舉。反過來這修改又影響了其他類型的 Document，這正好是 OCP 建議所反對的。

幸運的是，我們已經在 Document 例子中看到了如何實現這目標的解決方案。在這種情況下，正確該做的事是分離關注點（參考圖 1-6）。

37 Bertrand Meyer，《*Object-Oriented Software Construction*》，第二版（Pearson，2000）。

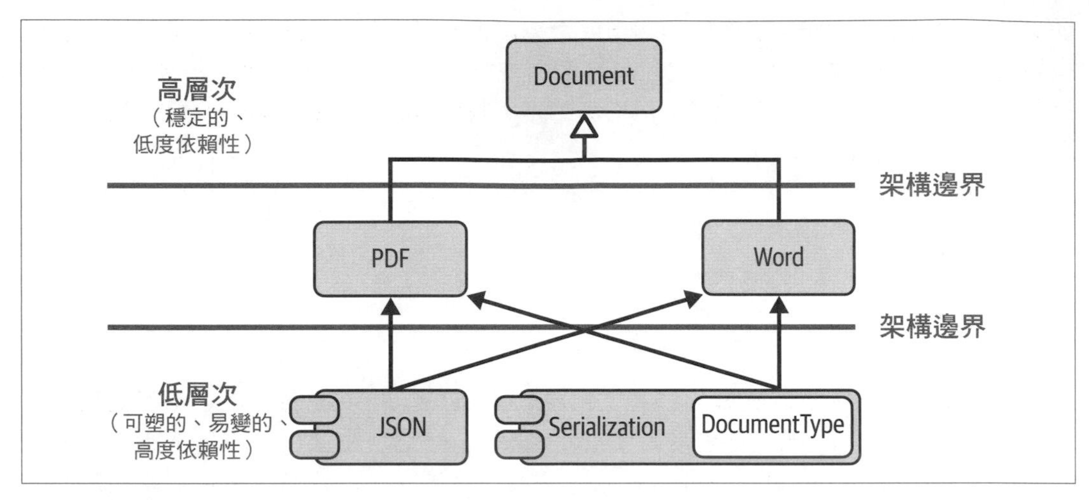

圖 1-6　分離關注點解決了違反 OCP

透過分離關注點，將真正互屬的事物群組在一起，在不同種類文件之間的意外耦合就會消失。所有處理序列化的程式碼現在都適當地群組在 Serialization 組件內，它邏輯上可以位於架構的另一個層次。Serialization 依賴於所有類型的文件（PDF、Word、XML 等），但沒有一種文件類型依賴於 Serialization。另外，沒有一種文件意識到任何其他類型的文件（理當如此）。

「等一下！」你說。「在序列化的程式碼中，我們仍然需要列舉，不是嗎？否則我要如何儲存關於被儲存位元組表示的是什麼資訊？」我很高興你觀察到這個。是的，在 Serialization 組件內，我們仍然（很可能）需要類似 DocumentType 列舉的東西。但是，透過分離關注點，我們已經適當地解決了這個依賴性問題。不同類型的文件都不再依賴於 DocumentType 列舉。所有依賴性的箭頭現在都從低層次（Serialization 組件）指向高層次（PDF 和 Word）。而且這個屬性對一個適當的、好的架構而言是必須的。

「但是增加一種新的檔案類型呢？這不需要修改 Serialization 組件嗎？」同樣的，你完全正確。儘管如此，這沒有違反 OCP，OCP 建議我們不應該修改同一架構層次或更高層次上現有的程式碼。然而，你無法控制或阻止在較低層次上的修改。Serialization **必須**依賴於所有類型的文件，因此**必須**為每一種新類型的文件改寫。為了這個原因，Serialization 必須放在我們架構中較低的層次（一般考慮是**依賴層**）。

如第 10 頁的「指導原則 2：為改變而設計」中所討論的，這個例子的解決方案是分離關注點。因此，顯示出似乎真正的解決方案是遵循 SRP。為了這個原因，有一些認為 OCP 不是一個獨立的原則，而是與 SRP 相同的批評聲音。我承認我了解這種推理。經常，分離關注點已經導致了想要的可擴展性。這是我們會在本書中體驗多次的事情，特別是當我們談到設計模式的時候。因此，SRP 和 OCP 是相關的，或甚至是相同的，這是不言而喻的。

另一方面，在這個例子中，我們已經看到有一些關於 OCP 具體的、架構上的考慮，這是我們在討論 SRP 時還沒有考慮到的。另外，如同我們將在第 96 頁的「指導原則 15：為增加類型或操作而設計」中所體驗的，我們經常要對我們想要擴展什麼，以及要如何擴展它做出明確的決策。這個決策會顯著地影響我們如何應用 SRP，以及我們軟體設計的方法。因此，OCP 似乎比 SRP 對擴展更有體認，而且對擴展的決策更有意識。因此，它也許比 SRP 的事後想法多一點。或者說也許它只是看情況再說[38]。

不管怎樣，這個例子不容質疑地表明，在軟體設計中應該明確地考慮可擴展性，而且以特定方式擴展我們軟體的願望，是需要分離關注點很好的跡象。重要的是要了解軟體將如何被擴展，確定這樣的**客製化點**，並靠設計使這種擴展可以很容易地執行。

編譯期可擴展性

`Document` 的例子可能會給人有所有這些設計上的考慮都適用於執行期多型的印象。不，絕對不是：相同的考慮和相同的論點也適用於編譯期的問題。為了說明這一點，我現在會從標準函數庫中拿出一些例子。當然，你能夠擴展標準函數庫是最有吸引力的。是的，你應該**使用**標準函數庫，但也鼓勵你以它為基礎並增加你自己的功能片段。為了這個原因，標準函數庫被設計成具有可擴展性。但有趣的是，它並沒有使用基礎類別，而主要是以函數多載、模板和（類別）模板特殊化為基礎。

透過函數多載而擴展的一個好例子是 `std::swap()` 演算法。從 C++11 開始，`std::swap()` 就以下面的方式定義：

```
namespace std {

template< typename T >
void swap( T& a, T& b )
{
   T tmp( std::move(a) );
   a = std::move(b);
   b = std::move(tmp);
}

} // std 命名空間
```

38 「看情況再說！」這個答案當然會滿足 OCP 最強烈的批評者。

由於 std::swap() 被定義為一個函數模板，你可以在任何類型上使用它：像是 int 和 double 的基本類型，或像是 std::string 的標準函數庫類型，當然還有你自己的類型。然而，可能有一些類型需要特別注意，有些類型不能或不應該藉由 std::swap() 交換（例如，因為它們不能被有效地移動），但仍然可以藉由不同的方式有效地交換。但是，我們仍然期待數值類型可以被交換，這也陳述在核心指導原則 C.83（*https://oreil.ly/Peqhm*）中[39]：

> 對於類似數值的類型，考慮提供一個 noexcept 交換函數。

在這種情況下，你可以為你自己的類型多載 std::swap()：

```
namespace custom {

class CustomType
{
   /* 實作需要特殊形式的交換 */
};

void swap( CustomType& a, CustomType& b )
{
   /* 為了交換二個「CustomType」類型實體的特殊實作 */
}

} // custom 命名空間
```

如果正確的使用 swap()，這個自訂的函數在二個 CustomType 的實體上執行特殊種類的交換操作[40]：

```
template< typename T >
void some_function( T& value )
{
   // ...
   T tmp( /*...*/ );

   using std::swap;     // 使編譯器能夠考慮用 std::swap
                        // 啟動後續的呼叫
   swap( tmp, value );  // 交換兩個值；由於是不合格的呼叫，
                        // 以及多虧了 ADL，這將呼叫「custom::swap()」
   // ...               // 假如「T」是「CustomType」
}
```

39 C++ 核心指導原則（*https://oreil.ly/PGze4*）是社群為了撰寫優良程式而蒐集和認可的一套指導原則所做出的努力。它們最能代表什麼是慣用的 C++ 的常識。你可以在 GitHub（*https://oreil.ly/PGze4*）上找到這些指導原則。

40 ADL 首字母縮寫指的是引數依賴性查找，請參考 CppReference（*https://oreil.ly/lRSZD*）或我在 CppCon 2020 演講（*https://oreil.ly/3f7Zo*）中的介紹。

很明顯地，std::swap() 被設計成一個**客製化點**，讓你可以插入新的定制類型和行為。在標準函數庫中所有的演算法同樣也是如此。例如，考慮 std::find() 和 std::find_if()：

```
template< typename InputIt, typename T >
constexpr InputIt find( InputIt first, InputIt last, T const& value );

template< typename InputIt, typename UnaryPredicate >
constexpr InputIt find_if( InputIt first, InputIt last, UnaryPredicate p );
```

藉由模板引數以及隱含的對應概念，std::find() 和 std::find_if()（就如同所有其他的演算法）讓你能夠使用自己的（迭代器）類型來執行搜尋。此外，std::find_if() 還允許你定制如何處理元素比較。因此，這些函數絕對是為了擴展和客製化而設計的。

最後一種**客製化點**是模板特殊化。例如，這種方法被 std::hash 類別模板所使用。假設 CustomType 來自於 std::swap() 的例子，我們可以明確地使 std::hash 特殊化：

```
template<>
struct std::hash<CustomType>
{
   std::size_t operator()( CustomType const& v ) const noexcept
   {
      return /*...*/;
   }
};
```

std::hash 的設計使你對任何自訂類型都能夠適應它的行為。最值得注意的是，你不需要修改任何現有的程式碼；只要提供這種單獨的特殊化就足以適應特殊的需求。

幾乎整個標準函數庫都是為了擴展和客製化而設計的。然而，這不應該令人感到驚訝，因為標準函數庫應該表示你架構中最高的層次之一。因此，標準函數庫不能依賴於你程式碼中任何的事物，但你可以完全依賴於標準函數庫。

避免過早的為擴展而設計

C++ 標準函數庫是為擴展而設計的一個好例子。希望它能提供你可擴展性有多重要的感覺。然而，儘管可擴展性很重要，但這並不意味著你應該自動地、未審慎思考地，只是為了保證未來的可擴展性，而為每一個可能的實作細節提供基礎類別或模板。就如同你不應該過早的分離關注點，你也不應該過早的設計可擴展性。當然，如果你對你的程式碼將如何發展有很好的想法，那麼繼續前進並照著這想法設計它當然好。然而，記住 YAGNI 原則：如果你不知道程式碼將如何發展，那麼等待可能是明智的，而不是期待一個永遠不會發生的擴展。也許下一個擴展會給你關於未來擴展的想法，這讓你能夠重構程式碼，使後續的擴展更容易。不然的話，你可能會遇到偏好一種擴展但卻使得其他種類的擴展更加困難的問題（例如，參考第 96 頁的「指導原則 15：為增加類型或操作而設計」）。如果可能的話，你應該避免這樣的事情。

總之，為擴展而設計是為改變而設計的一個重要部分。因此，要明確地特別注意那些預期會擴展的功能片段，並且設計程式碼，使擴展更容易。

指導原則 5：為擴展而設計

- 擁護容易擴展程式碼的設計。
- 遵循開放 - 封閉原則（OCP），保持程式碼為擴展而開放，但對修改是封閉的。
- 借助於基礎類別、模板、函數多載或模板特殊化等方式，為程式碼的增加而設計。
- 如果你對於下一次的增加還不確定，應避免過早的抽象化。

第二章

建構抽象化的藝術

抽象化在軟體設計和軟體架構中扮演著至關重要的角色。換句話說，好的抽象化是管理複雜性的關鍵。沒有它們，很難想像能有好的設計和適當的架構。儘管如此，建構好的抽象化且很好地使用它們卻是困難得令人吃驚。事實證明，建構和使用抽象化有很多奧妙之處，因此感覺更像是一門藝術，而不是一門科學。本章將探討抽象化的含義和建構它們的藝術。

在第 42 頁的「指導原則 6：遵循抽象化預期的行為」中，我們將討論抽象化的目的。我們也會談論抽象化代表了一組要求和期望的事實，以及為什麼遵循抽象化預期的行為如此重要。在這個背景下，我將介紹另一個設計原則，即 *Liskov 替換原則*（LSP）。

在第 50 頁的「指導原則 7：了解基礎類別和概念之間的相似性」中，我們將比較兩個最常使用的抽象化：基礎類別和概念。你將理解，從語義的觀點看，這兩種方法非常相似，因為它們都能夠表示預期的行為。

在第 54 頁的「指導原則 8：理解多載集合的語義要求」中，我將擴大關於語義要求的討論，並談到第三種抽象化：函數多載。你會明白，作為多載集合的一部分，所有的函數也會有一個預期的行為，因此也必須遵循 LSP。

在第 60 頁的「指導原則 9：注意抽象化的所有權」中，我將專注在抽象化的架構含義。我將說明架構是什麼，以及從架構的高層次和低層次我們期待什麼。我也會顯示，從架構的觀點看，*只是*引入一個抽象化來解決依賴性是不夠的。為了說明這一點，我將介紹*依賴反轉原則*（DIP），這是關於如何藉由抽象化建構一個架構的重要建議。

在第 71 頁的「指導原則 10：考慮建置一個架構文件」中，我們將談談關於架構文件的好處。如果你還沒有想到這方面的話，希望這能激勵你創置一個。

指導原則 6：遵循抽象化預期的行為

解耦軟體的一個關鍵面向，因此也是軟體設計的一個關鍵面向，就是引入抽象化。因為這個原因，你會預期這是相對直接、容易做的事情。不幸的是，事實證明，建立抽象化是困難的。

為了展示我的意思，讓我們看一個例子。為了這個目的，我已經挑選了一個傳統的例子。很有可能，你早就知道這個例子。如果是這樣的話，請隨意地略過它。但是，如果你不熟悉這個例子，那麼這可能會讓你大開眼界。

違反預期的例子

讓我們從一個 Rectangle 基礎類別開始：

```
class Rectangle
{
 public:
   // ...
   virtual ~Rectangle() = default;  ❶

   int getWidth() const;  ❸
   int getHeight() const;

   virtual void setWidth(int);  ❹
   virtual void setHeight(int);

   virtual int getArea() const;  ❺
   // ...

 private:
   int width;  ❷
   int height;
};
```

首先，這個類別被設計成基礎類別，因為它提供了一個虛擬的解構函數（❶）。從語義上講，Rectangle 表示不同種類矩形的抽象化；而從技術上講，你可以經由一個指向 Rectangle 的指標銷毀一個衍生類型的物件。

其次，Rectangle 類別有兩個資料成員：width 和 height（❷）。這是意料之中的，因為一個矩形有兩個邊長，分別用 width 和 height 表示。getWidth() 和 getHeight() 成員函數可以用來查詢這兩個邊長（❸），而且經由 setWidth() 和 setHeight() 成員函數，我們可以設定 width 和 height（❹）。必須注意的是，我們可以單獨地設定這兩個值；也就是說，我們可以設定 width 而不必修改 height。

最後，有一個 getArea() 成員函數（❺）。getArea() 計算矩形的面積，這當然是藉由回傳 width 和 height 的乘積而實現。

當然，可能還有更多的功能，但這裡所給的成員是這個例子最重要的。實際上，這似乎是個相當好的 Rectangle 類別。很明顯地，我們有了一個好的開始。但是，當然還有更多。例如，有一個 Square 類別：

```
class Square : public Rectangle  ❻
{
 public:
   // ...
   void setWidth(int) override;  ❼
   void setHeight(int) override;  ❽

   int getArea() const override;  ❾
   // ...
};
```

Square 類別公開繼承於 Rectangle 類別（❻）。這似乎很合理：從數學的觀點看，正方形似乎是特殊的矩形[1]。

Square 很特別，從意義上說它只有一個邊長。但是 Rectangle 基礎類別有兩個長度：width 和 height。由於這個原因，我們必須確保 Square 的不變性總是被保留下來。在這個有兩個資料成員和兩個讀取器函數的實作中，我們必須確保兩個資料成員總是有相同的值。因此，我們覆寫了 setWidth() 成員函數來設定 width 和 height（❼）；我們還覆寫了 setHeight() 成員函數來設定 width 和 height（❽）。

一旦我們這樣做了，一個 Square 將總是有相同的邊長，而且 getArea() 函數將總是回傳一個正方形的正確面積（❾）。很好！

讓我們好好使用這兩個類別。例如，我們可以考慮一個轉換不同種類矩形的函數：

```
void transform( Rectangle& rectangle )  ❿
{
   rectangle.setWidth ( 7 );  ⓫
   rectangle.setHeight( 4 );  ⓬
```

1 我在幾年前的一次培訓課程上，被「溫柔地」提醒，從數學的觀點看，正方形不是矩形而是菱形。每當我想到那個講座時，我的膝蓋仍然在顫抖。因此，我特意說「似乎是」而不是「是」，以表示像我這樣未注意到的人可能有的單純印象。

```
    assert( rectangle.getArea() == 28 );  ⓭

    // ...
}
```

transform() 函數透過對非 const（❿）的參照取得任何種類的 Rectangle。這很合理，因為我們想改變給定的矩形。改變矩形的第一個可能方法是透過 setWidth() 成員函數將 width 設定為 7（⓫）。然後我們可以經由 setHeight() 成員函數將矩形的 height 改成 4（⓬）。

此刻，我主張你有一個隱含的假設。我非常確定你假設矩形的面積是 28，當然，因為 7 乘 4 是 28。這是一個我們可以透過判定（⓭）來檢驗的假設。

唯一缺少的事情是實際呼叫 transform() 函數，這就是我們要在 main() 函數中所做的：

```
int main()
{
   Square s{};  ⓮
   s.setWidth( 6 );

   transform( s );  ⓯

   return EXIT_SUCCESS;
}
```

在 main() 函數中，我們建置了一個特殊種類的矩形：Square（⓮）[2]。這個正方形被傳送給 transform() 函數，這當然是有效的，因為對 Square 的參照可以隱含地轉換為對 Rectangle 的參照（⓯）。

如果我問你，「會發生什麼事？」我很肯定你會回答：「assert() 失敗了！」是的，的確，assert() 會失敗。傳給 assert() 的運算式將評估為 false，而 assert() 將以 SIGKILL 信號終止處理過程。好吧，這的確很不幸。所以讓我們做一個事後的剖析：為什麼 assert() 會失敗？我們在 transform() 函數中的期望是，我們可以單獨地改變矩形的寬度和高度。這個期望明確地用對 setWidth() 和 setHeight() 兩個函數的呼叫表示。然而，出乎意料地，這特殊種類的矩形並不允許這樣做：為了保持自己的不變性，Square 類別必須總是確保兩邊的長度相等。因此，Square 類別已經違反了這個期望。這種在抽象化中對期望的違反是違反了 LSP。

2 不是數學上的，而是在這個實作中的。

Liskov 替換原則

LSP 是 SOLID 原則中的第三項，而且牽涉到行為子類型，也就是抽象化的預期行為。這個設計原則是因 Barbara Liskov（*https://oreil.ly/XkNi4*）而命名，她最初在 1988 年提出這個原則，並且在 1994 年與 Jeannette Wing 一起闡明了這個原則[3]：

> 子類型要求：讓 $\varphi(x)$ 是一個關於 T 類型物件 x 的可證明的屬性，則 $\varphi(y)$ 對於 S 類型物件 y 應該是真的，其中 S 是 T 的一個子類型。

這個原則制定了我們通常所謂的 *IS-A*（*https://oreil.ly/isoda*）關係。這種關係，即抽象化中的期望，在子類型中**必須遵循**。這包括了以下的屬性：

- 先決條件在子類型中不能被強化：子類型在函數中的期望不能超過父類型所表達的，這將違反抽象化中的期望：

```
struct X
{
   virtual ~X() = default;

   // 先決條件：這函數接受所有大於 0 的「i」
   virtual void f( int i ) const
   {
      assert( i > 0 );
      // ...
   }
};

struct Y : public X
{
   // 先決條件：這函數接受所有大於 10 的「i」。
   // 這將加強先決條件；1 到 10 之間的數字
   // 將不再被允許。這違反了 LSP 的行為！
   void f( int i ) const override
   {
      assert( i > 10 );
      // ...
   }
};
```

- 在子類型中不能弱化後置條件：子類型在離開一個函數時的保證不能亞於父類型的保證。而且，這也違反了抽象化中的期望：

---

3 LSP 是由 Barbara Liskov 於 1988 年的論文「Data Abstraction and Hierarchy」（*https://oreil.ly/Z9lu1*）中首次提出。1994 年，Barbara Liskov 和 Jeannette Wing 在「A Behavioral Notion of Subtyping」（*https://oreil.ly/ic7N3*）論文中對它做了重新制定。由於她的工作，Barbara Liskov 在 2008 年獲得了圖靈獎。

```
struct X
{
   virtual ~X() = default;

   // 後置條件：這函數只回傳大於 0 的值
   virtual int f() const
   {
      int i;
      // ...
      assert( i > 0 );
      return i;
   }
};

struct Y : public X
{
   // 後置條件：這函數可以回傳任何值。
   // 這將弱化後置條件；負數和 0 將
   // 被允許。這違反了 LSP ！
   int f( int i ) const override
   {
      int i;
      // ...
      return i;
   }
};
```

- 在子類型中函數回傳的類型必須是**共變的**：子類型的成員函數可以回傳本身是父類型中對應成員函數回傳類型的子類型，這個屬性在 C++ 中有直接的程式語言支援。然而，子類型不能回傳父類型中對應函數回傳類型的任何父類型：

```
struct Base { /*... 一些虛擬函數，包括解構函數 ...*/ };
struct Derived : public Base { /*...*/ };

struct X
{
   virtual ~X() = default;
   virtual Base* f();
};

struct Y : public X
{
   Derived* f() override;  // 共變的回傳類型
};
```

• 子類型中的函數參數必須是**反變的**：在成員函數中，子類型可以接受父類型對應成員函數中函數參數的父類型。這個屬性在 C++ 中沒有直接的程式語言支援。

```
struct Base { /*... 一些虛擬函數，包括解構函數 ...*/ };
struct Derived : public Base { /*...*/ };

struct X
{
   virtual ~X() = default;
   virtual void f( Derived* );
};

struct Y : public X
{
   void f( Base* ) override;  // 反變的函數參數；
                              // 在 C++ 中不支援。因此函數
                              // 沒有覆寫，但編譯會失敗。
};
```

• 父類型的不變性在子類型中必須保留：關於父類型狀態的任何期望，在對包括子類型成員函數在內的任何成員函數的所有呼叫前後都必須始終有效。

```
struct X
{
   explicit X( int v = 1 )
      : value_(v)
   {
      if( v < 1 || v > 10 ) throw std::invalid_argument( /*...*/ );
   }

   virtual ~X() = default;

   int get() const { return value_; }

 protected:
   int value_;  // 不變的：必須在 [1..10] 範圍內
};

struct Y : public X
{
 public:
   Y()
      : X()
   {
      value_ = 11;  // 打破了不變性：在建構函數之後，value_
                    // 超出了預期範圍。一個很好的理由去
                    // 適當地封裝不變性並遵循
```

```
            // 核心指導原則 C.133：避免受保護的資料。
    }
};
```

在我們的例子中，對 Rectangle 的期望是可以單獨地改變兩邊的長度，或者更正式地說，在呼叫 setHeight() 之後，getWidth() 的結果不會改變。這個期望對任何一種矩形都很直覺。然而，Square 類別本身引入了所有的邊長始終必須相等的不變性，否則 Square 就不能正確地表示我們對正方形的想法。但是藉由保護它自己的不變性，Square 不幸地違反了基礎類別中的期望。因此，Square 類別未能實現 Rectangle 類別中的期望，而且這個例子中的階層結構並未表示出 IS-A 關係。因此，Square 不能被用在所有預期是 Rectangle 的地方。

「但正方形不也是矩形嗎？」你問。「這不也是正確地表示出幾何關係嗎？[4]」是的，正方形和矩形之間可能是有幾何的關係，但在這個例子中，繼承關係被打破了。這個例子證明，數學上的 IS-A 關係確實與 LSP 的 IS-A 關係不同。雖然在幾何學中，正方形始終是一個矩形，但在計算機科學中，它的確取決於實際的介面，因此取決於期望。只要有兩個獨立的 setWidth() 和 setHeight() 函數，Square 就總是違反這個預望。「我明白了，」你說。「在幾何學上，沒有人會聲稱正方形在改變了它的寬度之後仍然是一個正方形，對嗎？」正是如此。

這個例子也證明，繼承不是一個自然或直覺的特徵，而是一個困難的特徵。就如同在開始所說明的，建置抽象化很困難。每當你使用繼承的時候，你**必須**確保在基礎類別中的所有期望都被實現，而且衍生類型的行為也如預期。

對 Liskov 替換原則的批評

像較早說明的，有些人認為 LSP 實際上並不像 Barbara Liskov 的研討會論文「Data Abstraction and Hierarchy」中所描述的，而且子類型的觀念是有缺陷的。這是對的：我們通常不會用衍生物件代替基礎物件，而是將衍生物件當成基礎物件。然而，Liskov 聲明的字面和嚴格地解釋，在我們日常建置的各種抽象化中並沒有扮演任何角色。在她們 1994 年的論文「A Behavioral Notion of Subtyping」中，Barbara Liskov 和 Jeannette Wing 提出了**行為子類型**這個術語，這是今天對 LSP 普遍的共識。

4 如果你對於正方形是菱形有強烈的意見，請原諒我！

其他人認為，因為有違反 LSP 行為的潛在可能，基礎類別並不能達到抽象化目的。理由是，使用程式碼也會依賴於衍生類型的（錯誤）行為，這個論點不幸地顛覆了一切。基礎類別**確實**代表了抽象化，因為呼叫程式碼能夠並且應該只依賴於這個抽象化的**預期**行為。就是這種依賴性導致了違反 LSP 的程式設計錯誤。不幸的是，有時候人會試圖透過引入特殊的解決方法來修復 LSP 違規問題：

```
class Base { /*...*/ };
class Derived : public Base { /*...*/ };
class Special : public Base { /*...*/ };
// ... 潛在更多的衍生類別

void f( Base const& b )
{
   if( dynamic_cast<Special const*>(&b) )
   {
      // ... 做一些「特殊」的事情，知道「特殊」的行為是不同的
   }
   else
   {
      // ... 做預期的事情
   }
}
```

這種解決方法的確會在衍生類型的行為中引入依賴性，而且是非常不幸的依賴性！這應該永遠被認為是違反 LSP 的，而且是非常糟糕的實踐[5]。這並不能當成反對基礎類別抽象屬性的一般論點。

需要好的和有意義的抽象化

為了適當地解耦軟體實體，我們可以指望我們的抽象化具有根本的重要性，這一點至關重要。如果沒有有意義的抽象化讓身為程式碼人類讀者的我們完全理解，我們就無法寫出強健和可靠的軟體。因此，遵循 LSP 對軟體設計的目的是至關重要的。然而，清楚且明確的傳達抽象化的期望也是一個重要的部分。在最好的情況下，這是發生在軟體本身上的（自我文件碼），但它也意味著適當的抽象化文件。作為一個好的例子，我推薦 C++ 標準中的迭代器概念文件（*https://oreil.ly/OBpAg*），它清楚地列出了包括先決條件和後置條件在內的期望行為。

5 但是，在足夠大的程式碼庫中，你很有機會發現至少有一個這種弊病的例子。依據我的經驗，這通常是沒有時間重新思考和調整抽象化的結果。

指導原則 6：遵循抽象化預期的行為

- 理解抽象化代表一組需求和期望。
- 遵循 Liskov 替換原則（LSP），堅持抽象化的預期行為。
- 確保衍生類別遵循它基礎類別的預期行為。
- 傳達對一個抽象化的期望。

指導原則 7：了解基礎類別和概念之間的相似性

在第 42 頁的「指導原則 6：遵循抽象化預期的行為」中，我可能建立了這樣的印象：LSP 只關心繼承階層結構和基礎類別。為了確保不至於堅持這種印象，請允許我明確地指出，LSP 不侷限於動態（執行期）多型和繼承階層結構。相反地，我們同樣可以在靜態（編譯期）多型和模板程式碼上應用 LSP。

為了強調這點，讓我問你一個問題：以下兩段程式碼片段之間有什麼差別？

```
//==== Code Snippet 1 ====

class Document
{
 public:
   // ...
   virtual ~Document() = default;

   virtual void exportToJSON( /*...*/ ) const = 0;
   virtual void serialize( ByteStream&, /*...*/ ) const = 0;
   // ...
};

void useDocument( Document const& doc )
{
   // ...
   doc.exportToJSON( /*...*/ );
   // ...
}


//==== Code Snippet 2 ====
```

```
template< typename T >
concept Document =
   requires( T t, ByteStream b ) {
      t.exportToJSON( /*...*/ );
      t.serialize( b, /*...*/ );
   };

template< Document T >
void useDocument( T const& doc )
{
   // ...
   doc.exportToJSON( /*...*/ );
   // ...
}
```

我很確定你第一個答案是，第一段程式碼片段顯示了使用動態多型的解決方案，而第二段程式碼片段顯示了靜態多型。是的，很棒！還有呢？好的，沒錯，語法當然也不同。好吧，我明白了，我應該更精準地問我的問題：這兩種解決方案在**語義上**有哪些不同？

嗯，如果你想一想，那麼你可能會發現，從語義的觀點看，這兩種解決方案的確非常相似。在第一段程式碼片段中，`useDocument()` 函數只工作於 `Document` 基礎類別衍生的類別。因此，我們可以說，這函數只工作於遵循 `Document` 抽象化期望的類別。在第二段程式碼片段中，`useDocument()` 函數只工作於實作 `Document` 概念的類別。換句話說，這函數只工作於遵循 `Document` 抽象期望的類別。

如果你現在有似曾相識的感覺，那麼我所選擇的詞希望能引起你的共鳴。是的，在這兩段程式碼片段中，`useDocument()` 函數只工作於遵循 `Document` 抽象期望的類別。因此，儘管事實如此，第一段程式碼片段是基於執行期的抽象化，而第二個函數代表了編譯期的抽象化，而從語義的觀點看，這兩個函數非常類似。

基礎類別和概念都代表了一組要求（語法要求，但也包括語義要求）。因此，兩者都代表了對預期行為的正式描述，從而表示和傳達對呼叫程式碼期望的方法。因此，概念可以被視為是基礎類別的等同物，即靜態的對應物。而且從這個觀點看，考慮模板程式碼的 LSP 也很有道理。

「我才不吃這一套，」你說。「我聽說 C++20 的概念不能表達語義！[6]」好吧，對此我只能用明確的是和不是來回答。是的，C++20 的概念不能夠完全地表達語義，這是對的；但在另一方面，概念仍然表達了預期的行為。例如，考慮 `std::copy()` 演算法的 C++20 形式[7]：

```
template< typename InputIt, typename OutputIt >
constexpr OutputIt copy( InputIt first, InputIt last, OutputIt d_first )
{
   while( first != last ) {
      *d_first++ = *first++;
   }
   return d_first;
}
```

`std::copy()` 演算法期望會有三個引數。前兩個引數代表需要被複製元素的範圍（**輸入範圍**）。第三個引數代表我們需要複製到的第一個元素（**輸出範圍**）。一般的預期是，**輸出範圍**足夠容納所有來自**輸入範圍**內的元素。

還有更多的期望是透過迭代器類型名稱隱含地表示：`InputIt` 和 `OutputIt`。`InputIt` 表示**輸入迭代器**類型。C++ 標準指出了這種迭代器類型的所有期望，像是可以使用（不）相等比較、可以用前置和後置遞增運算子（`operator++()` 和 `operator++(int)`）來遍歷一個範圍的能力、以及可以用解除參照運算子（`operator*()`）存取元素的能力。另一方面，`OutputIt` 表示**輸出迭代器**類型。在這方面，C++ 標準也明確指出了所有預期的操作。

`InputIt` 和 `OutputIt` 可能不是 C++20 的概念，但它們表示了相同的想法：這些命名的模板參數不只是提供你一個關於需要哪種類型的想法，它們也表達了預期的行為。例如，我們期望 `first` 後續的增量最終會產生 `last`。如果任何給定的具體迭代器類型都沒有這樣的行為，`std::copy()` 將不會如預期般地工作。這將違反預期的行為，所以也違反了 LSP[8]。因此，`InputIt` 和 `OutputIt` 都表示了 LSP 的抽象化。

注意，因為概念表示了 LSP 的抽象化，也就是一組要求和期望，它們也受限於**介面隔離原則**（ISP）（參考第 22 頁的「指導原則 3：分離介面以避免人為的耦合」）。就像你在基礎類別形式（像是「介面」類別）的需求定義上應該分離關注點一樣，當定義概念時

---

6 這的確是一個經常討論的主題。你可以在 foonathan 的部落格（*https://oreil.ly/HiJP9*）中找到非常好的摘要。

7 在 C++20 中，`std::copy()` 最終是 `constexpr`，但是還沒有使用 `std::input_iterator` 和 `std::output_iterator` 概念。它仍然基於輸入和輸出迭代器的正式描述；參考 LegacyInputIterator（*https://oreil.ly/9vsvC*）以及 LegacyOutputIterator（*https://oreil.ly/ZcJeU*）。

8 不，很不幸地，這不會是編譯期的錯誤。

也應該分離關注點。標準函數庫的迭代器透過相互建構來做到這一點，因此允許你選擇想要的需求層次：

```
template< typename I >
concept input_or_output_iterator =
  /* ... */;

template< typename I >
concept input_iterator =
   std::input_or_output_iterator<I> &&
   /* ... */;

template< typename I >
concept forward_iterator =
   std::input_iterator<I> &&
   /* ... */;
```

因為命名的模板參數和 C++20 的概念都有相同目的，並且都表示了 LSP 的抽象化，從現在開始，在所有後續的指導原則中，我將用**概念**這個術語來表示它們。因此，用**概念**這個術語，我將指的是表示一組要求的任何方式（在大多數情況下是模板引數，但有時候甚至會更廣泛）。如果我想特別地指出這兩個中的一個，我將明確地指出。

總之，任何一種抽象化（動態和靜態）都代表了一組有預期行為的要求。這些期望需要透過具體的實作來實現。因此，LSP 清楚地代表了對所有種類 IS-A 關係基本的指導原則。

指導原則 7：了解基礎類別和概念之間的相似性

- 在動態和靜態多型上應用 Liskov 替換原則（LSP）。
- 考慮將概念（包括 C++20 的特徵和 C++20 之前的命名模板引數）當成基礎類別的靜態等同物。
- 當使用模板時，遵循概念的預期行為。
- 傳達對一個概念的期望（特別是對 C++20 之前的命名模板引數）。

指導原則 8：理解多載集合的語義要求

在第 42 頁的「指導原則 6：遵循抽象化預期的行為」中，我介紹了 LSP，並希望下了一個強力的論點：**每個**抽象化都代表了一組語義要求！換句話說，抽象化表示需要被履行的預期行為。否則，你（很可能）會有問題。在第 50 頁的「指導原則 7：了解基礎類別和概念之間的相似性」中，我將 LSP 的討論擴大到概念，並且證明了 LSP 可以而且也應該被應用到靜態抽象化中。

然而，這件事還沒有結束。如前所述：**每個**抽象化都代表了一組要求。還有一種抽象化我們還沒有考慮到，儘管它很強大，但卻不幸經常被忽略，因此我們在討論中不應該忘記它：函數多載。「函數多載？你是說一個類別可以有一些相同名稱的函數？」是的，一點沒錯。你可能已經體會到它的確是一個相當強大的特徵。例如，想一想 `std::vector` 內的兩個多載 `begin()` 成員函數：會根據你是否有一個 `const` 或非 `const` 的向量，而挑選對應的多載；你甚至不會注意到。非常強大！但老實說，這不算是一個真正的抽象化。雖然多載成員函數很方便，而且很有幫助，但我想的是不同種類的函數多載，是真正代表抽象化形式的多載：自由函數。

自由函數的力量：編譯期的抽象化機制

緊挨著概念，透過自由函數多載的函數代表了第二種編譯期抽象化：基於一些給定的類型，編譯器從一組相同名稱的函數中找出要呼叫的函數，這就是我們所謂的**多載集合**。這是一個非常多用途和強大的抽象化機制，具有很多很多重大的設計特點。首先，你可以在任何類型中增加自由函數：你可以為 `int`、`std::string`、以及任何其他類型增加自由函數：非干擾性地增加。試著用一個成員函數試試看，你會發現這根本行不通。增加成員函數是干擾性的，你不能在不具有成員函數的類型，或不能修改的類型中增加任何東西。因此，自由函數完美地實踐了開放 - 封閉原則（OCP）的精神：你可以藉由簡單地增加程式碼來擴展功能，而不需要修改已經存在的程式碼。

這給你一個顯著的設計優點。例如，考慮以下的程式碼例子：

```
template< typename Range >
void traverseRange( Range const& range )
{
   for( auto pos=range.begin(); pos!=range.end(); ++pos ) {
      // ...
   }
}
```

traverseRange() 函數在已知的 range 內執行傳統的、以迭代器為基礎的迴圈。為了獲取迭代器，它呼叫 range 上的 begin() 和 end() 成員函數。雖然這段程式碼可以在大量的容器類型上工作，但對內建的陣列卻無法作用：

```
#include <cstdlib>

int main()
{
   int array[6] = { 4, 8, 15, 16, 23, 42 };

   traverseRange( array );  // 編譯錯誤！

   return EXIT_SUCCESS;
}
```

這段程式碼將不能編譯，因為編譯器會抗議對所給的陣列類型缺少了 begin() 和 end() 成員函數。「這不就是為什麼我們應該避免使用內建陣列而改用 std::array 嗎？」我完全同意：你應該改用 std::array。這在核心指導原則 SL.con.1（*https://oreil.ly/FRrfz*）中也有很好的說明：

> 寧可用 *STL* 陣列或向量取代 *C* 陣列。

然而，雖然這是個很好的做法，但不要忽略了 traverseRange() 函數的設計問題：traverseRange() 根據 begin() 和 end() 成員函數來限制自己。因此，它在 Range 類型上產生了一個人為的要求，即支援成員函數 begin() 和 end() 的，並且用這個限制了它自己的適用能力。然而，有一個簡單的解決方案，一個使函數可以更廣泛應用的簡單方法：建構在自由的 begin() 和 end() 函數的多載集合上[9]：

```
template< typename Range >
void traverseRange( Range const& range )
{
   using std::begin;  // 為了呼叫不合格的 begin() 和 end()
   using std::end;    //   用宣告使 ADL 生效

   for( auto pos=begin(range); pos!=end(range); ++pos ) {
      // ...
   }
}
```

9 自由的 begin() 和 end() 函數是 *Adapter* 設計模式的一個例子；更多的細節請參考第 190 頁的「指導原則 24：將 Adapter 用於標準化介面」。

這個函數仍然在做之前相同的事情，但在這種形式下，它不會透過任何人為的要求限制自己。事實上，是沒有限制：任何類型都可以有自由的 begin() 和 end() 函數，或者，如果缺少的話，可以非干擾性地配備一個。因此，這個函數在任何種類的 Range 上都可以作用，而且如果某些類型不符合要求，也不需要修改或多載。它可以適用的範圍更廣泛，它是真正的泛型 [10]。

然而，自由函數還有更多的優點。如同在第 26 頁的「指導原則 4：為可測試性而設計」中已經討論過的，自由函數是分離關注點實踐單一責任原則（SRP）非常出色的技術。透過在類別之外實作一個操作，你會自動地減少這類別對這個操作的依賴性。從技術上看，這立即變得很清楚，因為與成員函數相比，自由函數沒有 this 指標這個隱含的第一個引數。同時，也促使了這個函數成為獨立的、隔離的服務，可以被許多其他類別善加使用。因此，你提升了重用並減少了重複，這非常非常好地遵循了「不要重複自己」（DRY）原則的想法。

這好處在 Alexander Stepanov 的心血結晶──「Standard Template Library」（STL）中有很好的證明 [11]。STL 哲學中的一部分是鬆散耦合不同的功能片段，並透過將關注點分離為自由函數來促進重用。這就是為什麼容器和演算法在 STL 中是兩個獨立的概念：在概念上，容器不知道關於演算法的事，而演算法也不知道關於容器的事。它們之間的抽象化是透過允許你以似乎無限的方式結合這兩者的迭代器完成。這是一個真正卓越的設計。或者用 Scott Meyers 的話來說 [12]：

> [標準模板] 函數庫代表了高效率和可擴展設計的突破，對這點從來都不會有疑問。

「但是關於 std::string 呢？std::string 帶有許多成員函數，包括了許多演算法。」你提出了一個很好的觀點，但更多的是在反例的意義上。今天，社群同意 std::string 的設計不好。它的設計促成了耦合、重複和增大：在每個新的 C++ 標準中，都有一些新的、額外的成員函數。且增大意味著修改以及後續意外地改變某些事物的風險，這是你在設計中想要避免的風險。然而，在為它的辯護上，std::string 不是原始 STL 的一部分，它不是與 STL 容器（std::vector、std::list、std::set 等）一起設計的，而是後來才改寫到 STL 的設計中。這就說明了為什麼它和其他的 STL 容器不同，而且沒有完全分享它們出色的設計目標。

---

10 這就是為什麼以範圍為基礎的 for 迴圈建置在自由的 begin() 和 end() 函數上。

11 Alexander Stepanov 和 Meng Lee，「The Standard Template Library」（*https://oreil.ly/vgm61*），1995 年 10 月。

12 Scott Meyers，《*Effective STL: 50 Specific Ways to Improve Your Use of the Standard Template Library*》(Addison-Wesley Professional，2001)。

自由函數的問題：在行為上的期望

顯然地，自由函數對泛型程式設計異常強大，而且非常重要。它們在 STL 的設計和整個 C++ 標準函數庫的設計中扮演著重要角色，它是建立在這個抽象化機制的力量之上[13]。然而，只有在一組多載函數遵循一組規則和某些期望的時候，所有這些力量才會有作用；只有在遵循 LSP 的時候它才能作用。

例如，讓我們想像你已經撰寫了自己的 `Widget` 類型，並想為它提供一個自訂的 `swap()` 運算：

```
//---- <Widget.h> ----------------

struct Widget
{
   int i;
   int j;
};

void swap( Widget& w1, Widget& w2 )
{
   using std::swap;
   swap( w1.i, w2.i );
}
```

你的 `Widget` 只需要是稱為 `i` 和 `j` 簡單 `int` 值的包裝器，你提供對應的 `swap()` 函數作為伴隨的自由函數。而且你透過只交換 `i` 值而不交換 `j` 值來實作 `swap()`。進一步想像，你的 `Widget` 類型會被其他開發者使用，也許是一位溫和的同事。在某些時候，這位同事會呼叫 `swap()` 函數：

```
#include <Widget.h>
#include <cstdlib>

int main()
{
   Widget w1{ 1, 11 };
   Widget w2{ 2, 22 };

   swap( w1, w2 );
```

---

13 自由函數的確是一種非常有價值的設計工具。為了舉一個例子，請允許我敘述一段簡短的經歷。你可能知道 Martin Fowler 的著作《*Refactoring: Improving the Design of Existing Code*》(Addison-Wesley)，這本書可以說是專業軟體開發的經典之一。該書第一版於 2012 年出版，提供了 Java 程式設計的實例。該書的第二版於 2018 年發佈，但有趣的是改用 JavaScript 重寫。做這樣選擇的原因之一是，任何具有類似 C 語法的程式語言都被認為對大多數讀者來說更容易消化。然而，另一個重要的原因是，與 Java 不同，JavaScript 提供了自由函數，Martin Fowler 認為這是解耦和分離關注點非常重要的工具。沒有這個功能，你在完成重構目標上的彈性就會受到限制。

```
    // Widget w1 包含 (2,11)
    // Widget w2 包含 (1,22)

    return EXIT_SUCCESS;
}
```

當 swap() 運算之後，w1 的內容不是 (2,22) 而是 (2,11) 時，你能想像你同事會有多驚訝嗎？多麼出乎意料的只有物件的一部分被調換？你能想像你同事在除錯了一個小時後有多沮喪嗎？如果他不是一位溫和的同事，又會發生什麼事呢？

很明顯地，swap() 的實作未履行 swap() 函數的期望。很明顯地，任何人都會預期這個物件的整個可觀察狀態被交換了。很明顯地，對這函數會有行為上的期望。因此，如果你完全相信多載集合，你立刻且不可避免地受制於多載集合的預期行為。換句話說，你必須遵循 LSP。

「我看到了這個問題，我明白了。我保證遵循 LSP，」你說。這很好，這是一個值得尊敬的目的。問題是，可能並不總是完全清楚預期的行為是什麼，特別是對於散佈在大型程式碼庫中的多載集合，關於所有的期望和所有的細節你可能並不知道。因此，有時候即使你意識到了這個問題並且注意了，你可能仍然不會做「正確」的事情。這就是社群中一些人所擔心的：將可能違反 LSP 的功能添加到多載集合中不受限制的能力[14]。如前所述，很容易會這樣做。任何人，在任何地方，都可以增加自由函數。

一如既往，每一種方法和每一種解決方案都有優點，也有缺點。一方面，利用多載集合的力量是非常有利的；但另一方面，做正確的事情也可能很困難。核心指導原則 C.162（*https://oreil.ly/IyZwR*）和核心指導原則 C.163（*https://oreil.ly/8VWH1*）也表達了同一件事情的兩個面向：

> 大致相同的多載運算。
>
> —核心指導原則 C.162

> 只對大致相同的運算執行多載。
>
> —核心指導原則 C.163

14 在 *Cpp.Chat* 的第 83 集（*https://cpp.chat/83*）中可以找到這方面很棒的討論，其中 Jon Kalb、Phil Nash 和 Dave Abrahams 討論了從 C++ 學到的經驗，以及如何將它們應用在 Swift 程式設計語言的開發中。

然而 C.162 表示了對語義相同的函數有相同名稱的好處，而 C.163 則表示對語義不相同的函數使用相同名稱的問題。每個 C++ 開發者都應該意識到這兩條指導原則之間的張力。此外，為了遵循期望的行為，每個 C++ 開發者都被建議應該注意現有的多載集合（`std::swap()`、`std::begin()`、`std::cbegin()`、`std::end()`、`std::cend()`、`std::data()`、`std::size()` 等），並且了解常見的命名慣例。例如，`find()` 這個名稱應該只有在一個元素範圍內執行線性搜尋的函數上使用。對於執行二元搜尋的任何函數，`find()` 這個名稱會引起錯誤的期望，而且不會傳達這個範圍需要排序的先決條件。當然，`begin()` 和 `end()` 的名稱應該始終履行回傳一對可用於遍歷一個範圍迭代器的期望，它們不應該開始或結束某種過程；這項工作由 `start()` 和 `stop()` 函數執行比較好 [15]。

「嗯，我同意所有這些觀點，」你說。「但是，我主要是使用虛擬函數，而且因為這些函數不能用自由函數實作，所以我不能真正使用這些關於多載集合的建議，對嗎？」也許會令你感到驚訝，但這個建議仍然適用於你。因為最終目標是減少依賴性，而且因為虛擬函數可能造成相當多的耦合，所以目標之一也將是「釋放」這些耦合。事實上，在後續的許多指導原則中，也許最為凸顯的是在第 134 頁的「指導原則 19：用 Strategy 來隔離事物如何完成」和第 271 頁的「指導原則 31：為非干擾性執行期使用 External Polymorphism」，我將把如何可以但又不侷限於自由函數的形式抽取和分離虛擬函數講清楚。

總之，函數多載是一種強大的編譯期抽象化機制，你不應該低估它。特別是，泛型程式設計大量地使用了這種能力。然而，不要太輕視這種能力：記住，就像基礎類別和概念一樣，多載集合代表了一組語義要求，因此會受限於 LSP。多載集合的預期行為必須遵循，否則事情將不能做好。

指導原則 8：理解多載集合的語義要求

- 注意，函數多載是編譯期的抽象化機制。
- 記住，對多載集合內的函數行為是有期望的。
- 注意現有的名稱和慣例。

15 正如 Kate Gregory 說的，「Naming Is Hard: Let's Do Better.」這是她在 CppCon 2019（*https://oreil.ly/TLuqb*）上強烈推薦的演講題目。

指導原則 9：注意抽象化的所有權

如在第 10 頁的「指導原則 2：為改變而設計」指出的，改變是軟體開發中的常態，你的軟體應該為改變做好準備，處理改變的基本要素之一是引入抽象化（參考第 42 頁的「指導原則 6：遵循抽象化預期的行為」）。抽象化有助於減少依賴性，因此使軟體更容易單獨地改變細節。然而，引入抽象化要比只是增加基礎類別或模板有更多東西。

依賴反轉原則

Robert Martin 也表達了對抽象化的需要[16]：

> 最有彈性的系統是那些原始程式碼的依賴性只涉及到抽象化，而不是具體化。

這段智慧陳述通常稱為依賴反轉原則（DIP），是 SOLID 原則的第五項。簡單地說，對於依賴性，它建議你應該依賴抽象化，而不是具體的類型或實作細節。注意這句話沒有談到任何有關繼承階層結構的事，而只是提到一般的抽象化。

來看看圖 2-1[17] 所顯示的情況。想像你正在實作一台自動提款機（ATM）的邏輯。ATM 提供了幾種操作：你可以領錢、存入現金和轉帳。因為所有這些操作都是處理真實的錢，所以它們應該完全成功執行，或如果發生任何錯誤，應中止操作並將所有的更改復原。這種行為（要麼 100% 成功，要麼完全回溯）就是我們通常所說的交易。因此，我們可以引入一個名為 `Transaction` 的抽象化。所有的抽象化（`Deposit`、`Withdrawal`、和 `Transfer`）都繼承自 `Transaction` 類別（由 UML 的繼承箭頭描述）。

所有交易都需要銀行客戶透過使用者介面輸入資料。這個使用者介面由 `UI` 類別提供，它提供了許多不同的函數來查詢輸入的資料：`requestDepositAmount()`、`requestWithdrawalAmount()`、`requestTransferAmount()`、`informInsufficientFunds()`、以及可能更多的函數。當這三個抽象化需要資訊時都直接呼叫這些函數。這種關係用小的實心箭頭描繪，表示這些抽象化依賴於 `UI` 類別。

雖然這種設置可能在一段時間內有效，但你訓練有素的眼睛可能已經發現了一個潛在的問題：如果某些事情改變了會發生什麼事？例如，如果一個新的交易被加入系統中會發生什麼事？

---

16 Robert C. Martin，《*Clean Architecture*》（Addison-Wesley，2017）。

17 這個例子取自 Robert Martin 的著作《*Agile Software Development: Principles, Patterns, and Practices*》（Prentice Hall，2002）。Martin 用這個例子說明介面隔離原則（ISP），為了這個原因，他沒有深入有關抽象化所有權問題的細節，我將嘗試填補這個空隙。

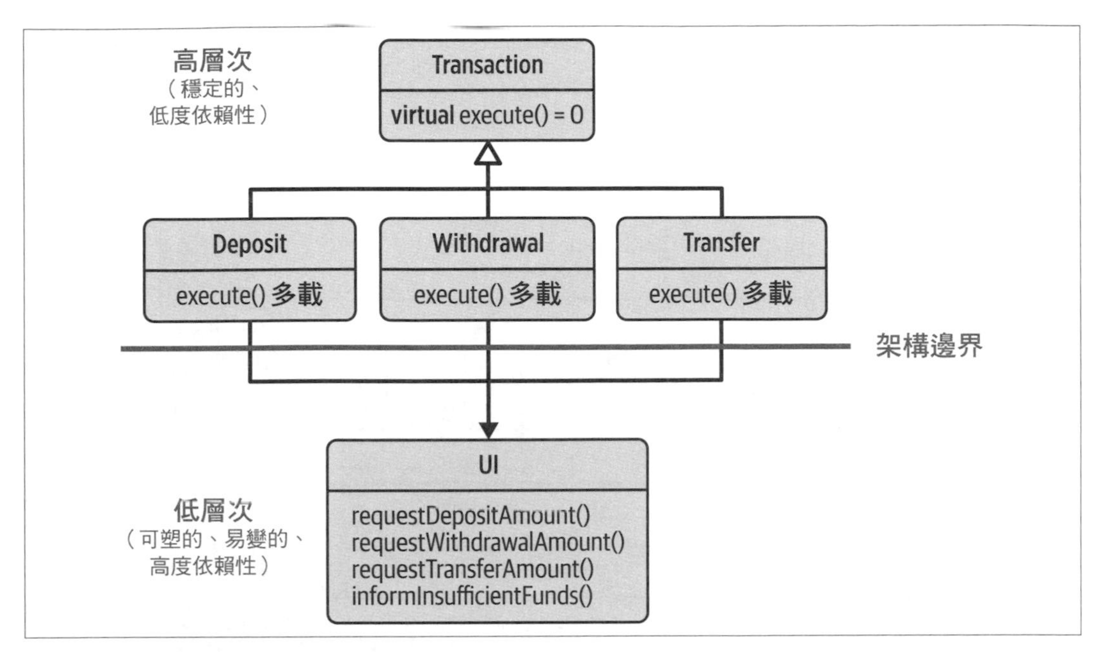

圖 2-1　在幾個交易和一個使用者介面之間初始強烈的依賴性關係

讓我們假設必須為 VIP 客戶增加一個 `SpeedTransfer` 交易。這可能需要我們用一些新的函數（例如 `requestSpeedTransferAmount()` 和 `requestVIPNumber()`）改變和擴展 `UI` 類別。反過來，這也會影響所有其他的交易，因為它們直接依賴於 `UI` 類別。在最好的情況下，這些交易只需要單純的重新編譯和重新測試（這仍然需要花時間！）；在最壞的情況下，如果它們是以單獨的共享函數庫交付的話，可能必須要重新部署。

所有這些額外努力的根本原因是一個已經破碎的架構，所有交易都經由對 `UI` 類別具體依賴而間接地相互依賴。而從架構的觀點看，這是一個非常不幸的情況：交易類別位於我們架構的高層次，而 `UI` 類別位於低層次。在這個例子中，高層次依賴於低層次，這是錯的：在一個恰當的架構中，應該倒置這種依賴性[18]。

由於對使用者介面類別的依賴，所有交易都間接地相互依賴。此外，我們架構的高層次依賴於低層次。這的確是一個相當不幸的情況，一個我們應該妥善解決的情況。「但是這很簡單！」你說。「我們只是引入了一個抽象化！」這正是 Robert Martin 在他的陳述中所表達的：我們需要引入一個抽象化，以便不依賴 `UI` 類別的具體實作。

18 如果你認為 `Transaction` 類別可以在更高的層次上，你是對的。你已經為自己贏得了一個紅利點！但是在這個例子的剩餘部分，我們不需要這個額外的層次，因此我將忽略它。

然而，單一的抽象化不能解決這個問題，這三種交易仍然是間接地耦合。不，如圖 2-2 所示，我們需要三個抽象化：每個交易一個[19]。

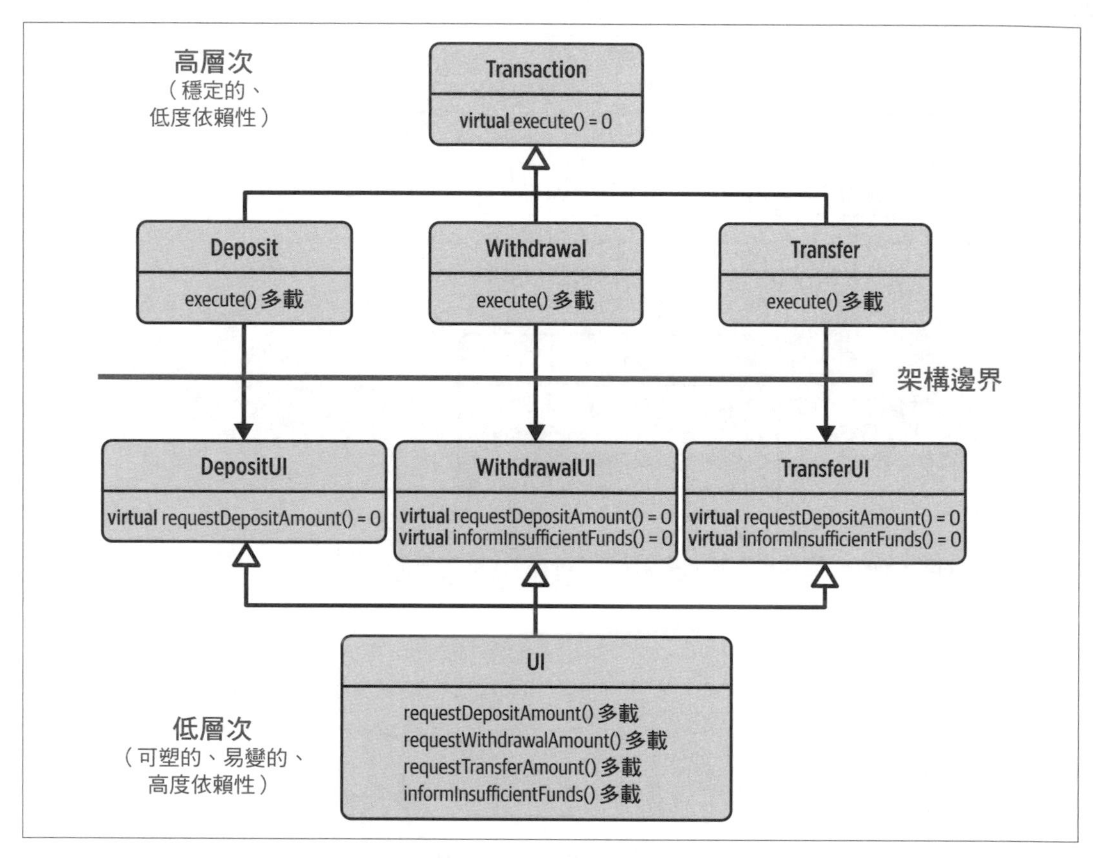

圖 2-2 在幾個交易和一個使用者介面之間寬鬆的依賴性關係

透過引入 `DepositUI`、`WithdrawalUI` 和 `TransferUI` 類別，我們打破了這三個交易之間的依賴關係。這三個交易不再依賴於具體的 `UI` 類別，而是依賴於一個表示相關交易真正需要的那些操作的羽量級抽象化。如果我們現在引入 `SpeedTransfer` 交易，我們也可以引入 `SpeedTransferUI` 抽象化，所以其他交易都不會被 `UI` 類別中引入的改變所影響。

19 如果你對兩個 `informInsufficientFunds()` 函數有疑惑：是的，藉由在使用者介面類別中的單一實作，來實現**這兩個**虛擬函數（即，來自 `WithdrawalUI` 的函數和來自 `TransferUI` 的函數）是可能的。當然，這只有在這兩個函數表示相同的期望，從而可以作為一個來實現下才會有好的效果。然而，如果它們表示不同的期望，那麼你就將面臨**連體嬰問題**（請參考 Herb Sutter 著作《*More Exceptional C++: 40 New Engineering Puzzles, Programming Problems, and Solutions*》（Addison-Wesley）中的第 26 項）。對於我們的例子，讓我們假設我們可以用簡單的方法處理這兩個虛擬函數。

「哦，是的，我明白了！這樣我們就實踐了三個設計原則！」你聽起來很感動。「我們已經引入了一個抽象化，以減少使用者介面實作細節的依賴性。這一定是 DIP。而且，我們遵循了 ISP，並且移除了不同交易之間的依賴關係。作為一個獎勵，我們也好好地將真正屬於一起的事物群組起來，這就是 SRP，對嗎？太棒了！讓我們慶祝一下！」

等等，等等…在開你最好的香檳酒慶祝解決這個依賴性問題之前，讓我們更仔細地看看這個問題。所以，是的，你對了，藉由將 UI 類別的關注點分開，我們遵循了 ISP 的規定。透過將它分離成三個客戶端特定的介面，我們已經解決了三個交易之間依賴的情況，這的確是 ISP，非常好！

不幸的是，我們還沒有解決架構的問題，所以不是，我們沒有遵循 DIP（還沒有）。但我明白這種誤解：它看起來彷彿我們已經反轉了依賴關係。圖 2-3 顯示，我們確實引入了反轉的依賴關係：不再是依賴於具體的 UI 類別，我們現在改依賴於抽象化。

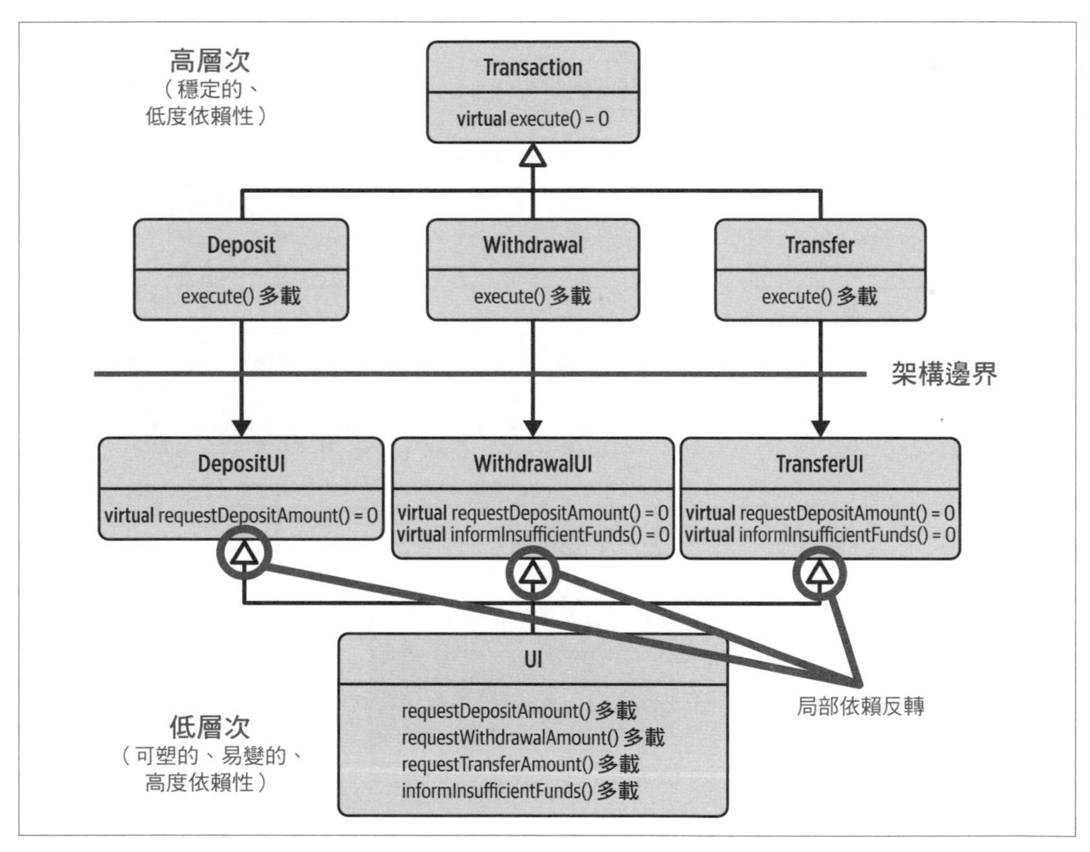

圖 2-3　被三個抽象的 UI 類別引入的局部依賴反轉

然而，我們所引入的是局部依賴反轉。是的，只是局部反轉，而不是全域的反轉。從架構的觀點看，我們仍然有從高層次（我們的交易類別）到低層次（我們的 UI 功能）的依賴關係。所以不行，只引入一個抽象化是不行的。考慮在哪裡引入抽象化也很重要。Robert Martin 用以下兩點表達了這件事[20]：

1. 高層次模組不應該依賴低層次的模組；兩者都應該依賴於抽象化。
2. 抽象化不應該依賴於細節；細節應該依賴於抽象化。

第一點清楚地表示了架構的一個基本屬性：高層次，也就是軟體的穩定部分，不應該依賴於低層次，也就是實作細節。這種依賴性應該是顛倒的，也就是說，低層次應該依賴於高層次。幸運的是，第二點給了我們實現如何辦到的想法：我們把三個抽象化指定給高層次。圖 2-4 說明了當我們考慮抽象化是高層次一部分時的依賴關係。

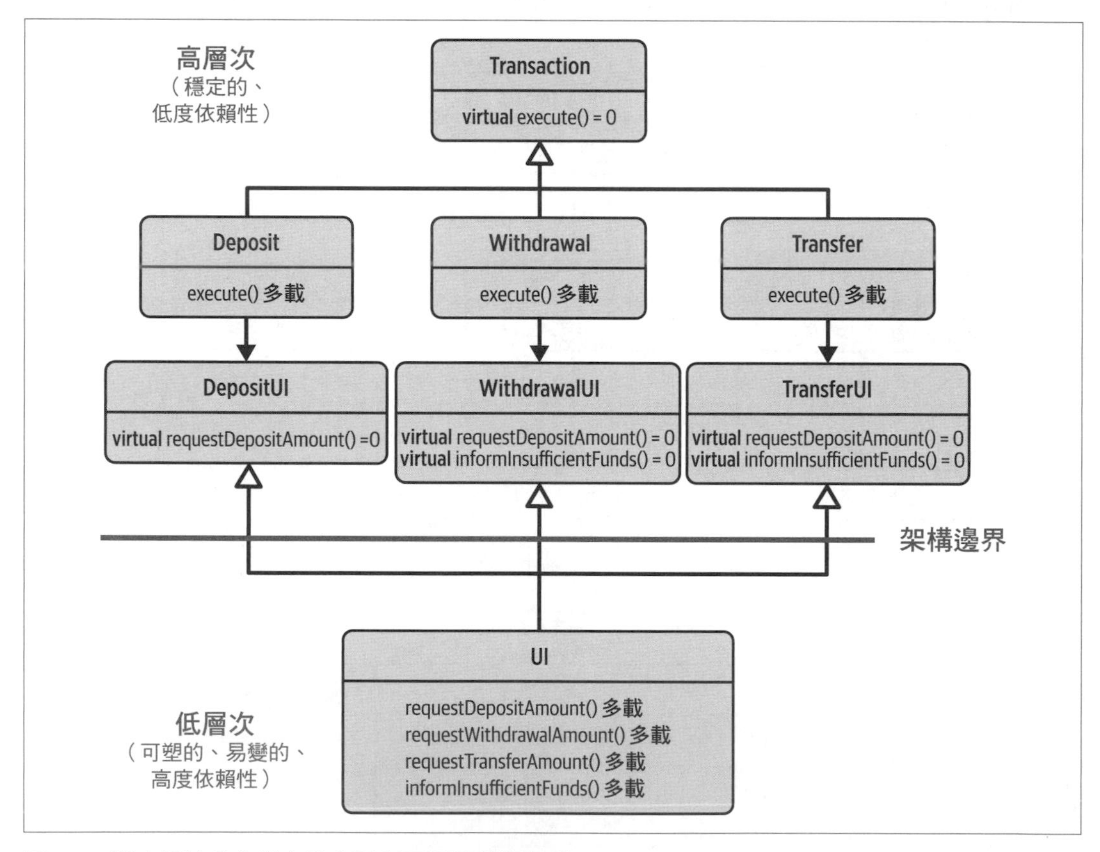

圖 2-4　藉由將抽象化指定給高層次而反轉依賴關係

20 Martin，《*Clean Architecture*》。

藉由將抽象化指定給高層次，並使高層次成為抽象化的所有者，我們真正遵循了 DIP：現在所有的箭頭都是從低層次指向高層次。現在我們確實有了一個適當的架構。

「等一下！」你看起來有些迷惑。「就這樣了？我們所需要做的只是架構邊界狀態的轉換？」好吧，這很可能要比只是一個狀態轉換好很多。這可能會造成 `UI` 類別的依賴標頭檔案從一個模組移到另一個模組，也會完全重新安排依賴的包含敘述。這不只是狀態的轉換——它是所有權的重新分配。

「但是現在我們不再把屬於一起的事物群組起來，」你爭辯著。「現在使用者介面的功能分散在兩個層次。這不是違反 SRP 嗎？」不，不是的。剛好相反，只有在把抽象化指定給高層次之後，現在我們才正確地遵循 SRP。不是 `UI` 類別屬於一起，而是交易類別和依賴的 `UI` 抽象化應該被群組在一起。只有在這種方式下，我們才能將依賴關係引導到正確的方向；只有在這種方式下，我們才會有一個架構。因此，為了正確地反轉依賴關係，抽象化*必須*由高層次擁有。

外掛程式架構中的依賴反轉

如果我們考慮圖 2-5 所描述的情況，也許這個事實會更說得通。想像你已經建置了下一代的文字編輯器。這個新文字編輯器的核心由左邊的 `Editor` 類別表示。為了確保這個文字編輯器能夠成功運作，你想要確認粉絲社群能夠參與開發。因此，你成功的一個重要因素是社群具有以外掛程式形式添加新功能的能力。然而，從架構的觀點看，最初的設定存有相當大的缺陷，而且很難滿足你的粉絲社群：`Editor` 直接依賴於具體的 `VimModePlugin` 類別。因為 `Editor` 類別是架構高層次的一部分，你應該將它視為是自己的領域，而 `VimModePlugin` 是架構低層次的一部分，是你粉絲社群的領域。因為 `Editor` 直接依賴於 `VimModePlugin`，而且因為這實際上意味著你的社群可以隨心所欲地定義他們的介面，所以你將必須為每個新的外掛程式改變編輯器。儘管你很喜歡在你的心血結晶上工作，但你能奉獻給用於改寫不同種類外掛程式的時間只有那麼多。不幸的是，你的粉絲社群很快就會感到失望，並且遷移到另一個文字編輯器。

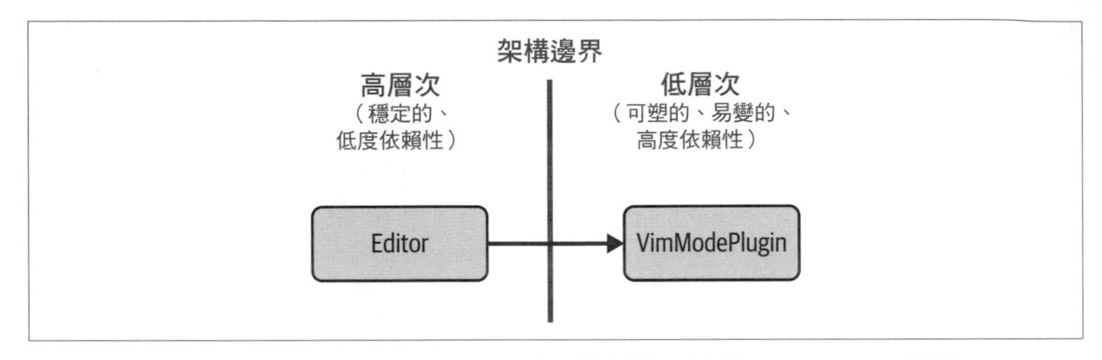

圖 2-5　破碎的外掛程式架構：高層次的 Editor 類別依賴於低層次的 VimModePlugin 類別

當然，這不應該發生。在給定的 **Editor** 例子中，讓 **Editor** 類別依賴所有具體的外掛程式的確不是一個好主意。反而，你應該取用抽象化，例如，以 **Plugin** 基礎類別的形式。現在 **Plugin** 類別表示所有種類外掛程式的抽象化。然而，在架構的低層次引入抽象化是沒有意義的（參考圖 2-6）。你的 **Editor** 仍然會依賴於你粉絲社群的一時興起。

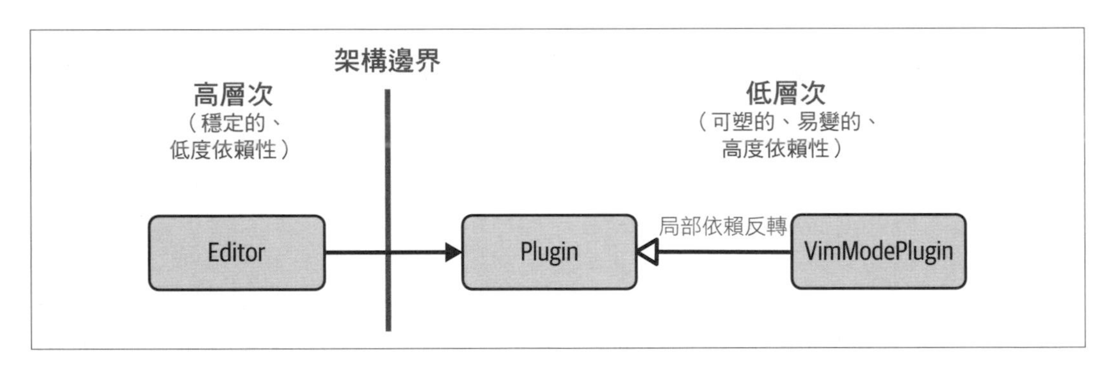

圖 2-6　破碎的外掛程式架構：高層次的 Editor 類別依賴於低層次的 Plugin 類別

當檢視原始程式碼時，這種錯誤的依賴性也變得很明顯：

```
//---- <thirdparty/Plugin.h> ----------------

class Plugin { /*...*/ };  // 定義對外掛程式的要求


//---- <thirdparty/VimModePlugin.h> ----------------

#include <thirdparty/Plugin.h>

class VimModePlugin : public Plugin { /*...*/ };
```

```
//---- <yourcode/Editor.h> ---------------

#include <thirdparty/Plugin.h>  // 錯誤的依賴性方向！

class Editor { /*...*/ };
```

建立正確的外掛程式架構的唯一方法，是將抽象化指定給高層次。這個抽象化**必須**屬於你，而不是屬於你的粉絲社群。圖 2-7 展示這種方式解決了架構的依賴性，並且將你的 `Editor` 類別從對外掛程式的依賴中解放出來。因為依賴關係被適當地顛倒了，所以這方式解決了 DIP，因為抽象化屬於高層次，所以也解決了 SRP。

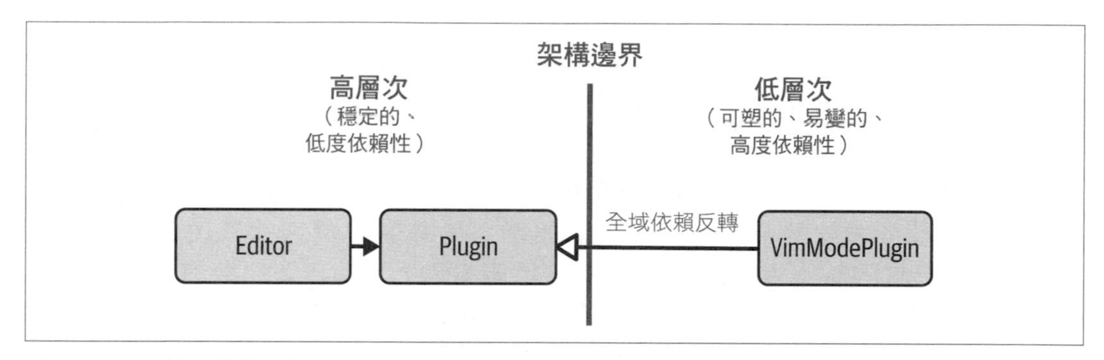

圖 2-7　正確的外掛程式架構：低層次的 `VimModePlugin` 類別依賴於高層次的 `Plugin` 類別

檢視原始程式碼顯示出，依賴性的方向已經固定了：`VimModePlugin` 依賴於你的程式碼，而不是反過來：

```
//---- <yourcode/Plugin.h> ---------------

class Plugin { /*...*/ };  // 定義對外掛程式的要求


//---- <yourcode/Editor.h> ---------------

#include <yourcode/Plugin.h>

class Editor { /*...*/ };


//---- <thirdparty/VimModePlugin.h> ---------------

#include <yourcode/Plugin.h>  // 正確的依賴性方向

class VimModePlugin : public Plugin { /*...*/ };
```

再次的，為了得到適當的依賴反轉，抽象化必須由高層次擁有。在這個背景下，`Plugin` 類別代表了需要被所有外掛程式履行的一組要求（請再參考第 42 頁的「指導原則 6：遵循抽象化預期的行為」）。`Editor` 定義了並且擁有這些要求。它並不依賴於它們。反而，不同的外掛程式依賴於這些要求。這就是依賴反轉。因此，DIP 不只是與抽象化的引入有關，也與這個抽象化的所有權有關。

經由模板反轉依賴性

到目前為止，我可能給了你 DIP 只關注繼承階層結構和基礎類別的印象。然而，依賴性反轉也可以透過模板實現。但是，在這個背景下，也自動地解決了所有權的問題。讓我們考慮 `std::copy_if()` 的演算法作為一個例子。

```
template< typename InputIt, typename OutputIt, typename UnaryPredicate >
OutputIt copy_if( InputIt first, InputIt last, OutputIt d_first,
                  UnaryPredicate pred );
```

這個 `copy_if()` 演算法也遵循 DIP。依賴性反轉是透過 `InputIt`、`OutputIt` 和 `UnaryPredicate` 等概念實現，這三個概念表示需要經由呼叫程式碼履行在傳遞迭代器和述詞上的要求。藉由透過概念指定這些要求，也就是藉由擁有這些概念，`std::copy_if()` 使其他程式碼依賴於它自己，而不是它自己依賴於其他程式碼。這種依賴性結構描繪在圖 2-8 中：容器和述詞都依賴於由對應演算法所表示的要求。因此，如果我們考慮標準函數庫內的架構，那麼 `std::copy_if()` 是架構中高層次的一部分，而容器和述詞（函數物件、lambda 等）是架構中低層次的一部分。

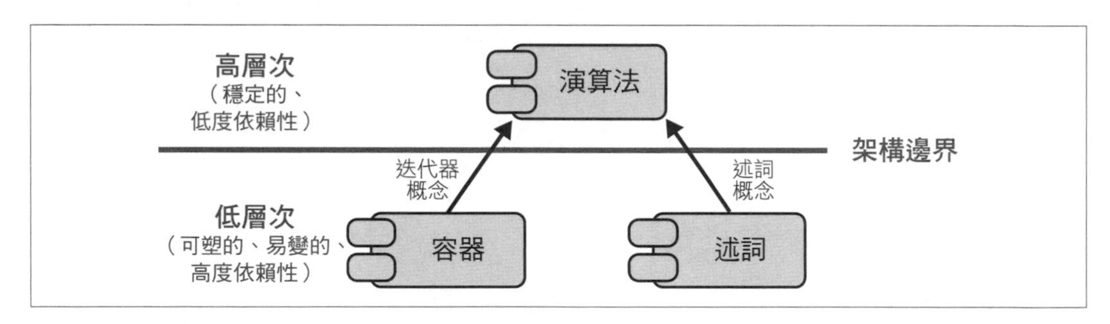

圖 2-8　STL 演算法的依賴性結構

經由多載集合反轉依賴性

繼承階層結構和概念不是反轉依賴性的唯一方法。任何一種抽象化都能做到。因此，多載集合也能夠讓你遵循 DIP，這不應該會令你感到驚訝。就如你在第 54 頁的「指導原則 8：理解多載集合的語義要求」中看過的，多載集合代表了一種抽象化，因此也代表了一組語義的要求和期望。儘管與基礎類別和概念相比，它不幸的並沒有明確描述這些要求的程式碼。但是如果這些要求被你架構中更高的層次擁有，你就能夠實現依賴性反轉。例如，考慮以下的 `Widget` 類別模板：

```
//---- <Widget.h> ---------------

#include <utility>

template< typename T >
struct Widget
{
   T value;
};

template< typename T >
void swap( Widget<T>& lhs, Widget<T>& rhs )
{
   using std::swap;
   swap( lhs.value, rhs.value );
}
```

`Widget` 擁有一個未知類型 `T` 的資料成員。儘管事實上 `T` 是未知的，但透過建立在 `swap()` 函數語義的期望上，能夠為 `Widget` 實作一個自訂的 `swap()` 函數。只要對 `T` 的 `swap()` 函數遵循 `swap()` 函數所有的期望，並遵從 LSP[21]，這個實作就能運作：

```
#include <Widget.h>
#include <assert>
#include <cstdlib>
#include <string>

int main()
{
   Widget<std::string> w1{ "Hello" };
   Widget<std::string> w2{ "World" };

   swap( w1, w2 );

   assert( w1.value == "World" );
```

21 我知道你在想什麼。然而，在你遇到一個「Hello World」的例子之前，這只是時間的問題。

```
    assert( w2.value == "Hello" );

    return EXIT_SUCCESS;
}
```

因此，類似於衍生類別所做的，`Widget` 的 `swap()` 函數本身也遵守這些期望，並添加到多載集合內。`swap()` 多載集合的依賴性結構如圖 2-9 所示。因為對多載集合的要求或期望是架構中高層次的一部分，而且因為 `swap()` 的任何實作都依賴於這些期望，依賴性是從低層次向高層次運作，因此這種依賴關係被正確地顛倒了。

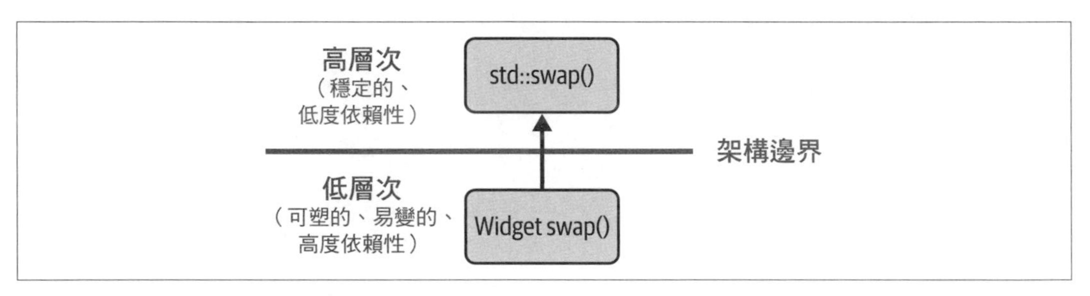

圖 2-9　`swap()` 多載集合的依賴性結構

依賴反轉原則相對於單一責任原則

如我們所看到的，DIP 是透過適當地指定所有權，和適當地將真正互屬的事物群組而履行。從這個觀點看，將 DIP 視為 SRP 的另一個特例（類似於 ISP），聽起來很合理。然而，希望你能看到，DIP 不只是這樣而已。相對於 SRP，因為 DIP 非常關注架構的觀點，我認為它是建立適當的全域依賴性結構的一個重要建議。

總之，為了建立一個有正確依賴性結構的適當架構，注意抽象化的所有權是至關重要的。因為抽象化代表了在實作上的要求，它們應該是高層次的一部分，以引導所有的依賴關係都朝向高層次。

> **指導原則 9：注意抽象化的所有權**
>
> - 記住在一個適當的架構中，低層次的實作細節依賴於高層次的抽象化。
> - 遵循依賴反轉原則（DIP），並將抽象化指定給架構的高層次。
> - 確保抽象化由高層次擁有，而不是由低層次。

指導原則 10：考慮建置一個架構文件

讓我們聊一下你的架構。讓我從一個非常簡單的問題開始：你有架構文件嗎？有任何總結你架構重點和基本決策，以及顯示高層次、低層次以及它們之間依賴關係的計劃或描述嗎？如果你的回答是有，那麼你就可以隨意地略過這個指導原則，繼續看下一個。然而，如果你的答案是沒有，那麼讓我再問幾個接續的問題。你有**持續集成**（CI）環境嗎？你使用自動化測試嗎？你有使用靜態程式碼分析工具嗎？所有回答都是肯定的？很好，還有希望。唯一剩下的問題是：為什麼你沒有架構文件？

「噢，拜託，不要大驚小怪。少了架構文件又不會是世界末日！畢竟，我們很敏捷的，我們可以很快地改變事物！」想像我是完全地面無表情，然後是一聲長歎。好吧，老實說，我就怕這是你的解釋。不幸的這是我經常聽到的。這裡可能有一個誤解：快速改變事物的能力並不是敏捷方法論的重點。遺憾的是，我必須告訴你，你的回答沒有任何意義。你也可以只回答「畢竟，我們喜歡巧克力！」或「畢竟，我們把胡蘿蔔掛在脖子上！」。為了說明我的意思，我將很快地總結敏捷方法論的要點，然後再說明為什麼你應該花時間在架構文件上。

敏捷方法有助於快速改變事物的期望是相當普遍的。然而，如同最近幾位作者所澄清的，敏捷方法主要的，也可能是唯一的重點，是快速地獲得回饋[22]。在敏捷方法中，整個軟體開發的過程都是圍繞著它：快速地回饋是因為商業實踐（像是計劃、小規模發佈和驗收測試），快速地回饋是因為團隊實踐（像是集體所有權、CI 和每日站立會議），快速地回饋是因為技術實踐（像是測試驅動開發、重構和結對程式設計）。然而，與大家所想像的不同，快速地回饋並不意味著你可以快速而且輕鬆地改變你的軟體。當然，儘管快速地回饋是快速地知道什麼是必須要做的關鍵，但是只有在好的軟體設計和架構下，你才能獲得快速改變軟體的能力。這兩者可以幫你脫離改變事物艱巨工作的困境；快速地回饋只告訴你某些事物被打壞了。

「好的，你是對的。我明白你的意思——關注好的軟體設計和架構很重要。但是架構文件的重點是什麼？」我很高興我們達成一致，而且這也是一個很好的問題，我也看到我們取得了進展。為了說明架構文件的目的，讓我給你另一個架構的定義[23]：

22 例如，敏捷宣言的簽署者之一 Robert C. Martin 在他的著作《*Clean Agile*：*Back to Basics*》（Pearson）中提到這個重點。第二個很好的總結是由 Bertrand Meyer 在《*Agile! The Good, the Hype and the Ugly*》（Springer）中提出。最後，你也可以參考 James Shore 的《*The Art of Agile Development*》（O'Reilly）第二版。關於濫用敏捷一詞的一個很好的討論是 Dave Thomas 在 GOTO 2015 中的「Agile Is Dead」（*https://oreil.ly/LJZN1*）所介紹的。

23 引自 Martin Fowler，「Who Needs an Architect?」*IEEE Software* 20，no.5（2003），11-13，*https://doi.org/10.1109/MS.2003.1231144*。

> 在大多數成功的軟體專案中，從事專案開發工作的專家對於系統設計有一個共同的理解。這種共同的理解被稱為「架構」。
>
> —Ralph Johnson

Ralph Johnson 將**架構**描述為對程式碼庫的共同理解——全域視野。讓我們假設沒有架構文件，就沒有任何東西可以總結出全貌——程式碼庫的全域視野。我們也假設，關於程式碼庫的架構你認為你有一個非常清晰的想法。那麼，這裡也有幾個問題：你的團隊中有多少位開發者？你確定所有這些開發者都熟悉你頭腦中的架構嗎？你確定他們都共享相同的願景嗎？你確定他們都能幫助你在**同一個方向**前進？

如果你的答案是肯定的，那麼你可能還沒有抓到重點。每個開發者都有不同的經驗和稍微不同的術語是相當確定的：每個開發者看到的程式碼都不一樣，對目前的架構也有稍微不同的想法，這也是相當確定的。而這種對事情的現狀有稍微不同的看法，可能會導致對未來稍微不同的願景。雖然這在短時間內可能不會馬上顯現出來，但從長遠看，很有機會會發生令人意想不到的事、誤會、錯誤的闡釋，這正是架構文件的意義所在：將想法、願景和基本決策整合在一個地方的共同文件；有助於維護和傳達架構的狀態，而且有助於避免任何的誤解。

這份文件也保留了想法、願景和決策。想像你的一個主要軟體架構，你程式碼庫架構背後的智囊之一，離開了公司。如果沒有一份含有基本決策的文件，這種人力的損失也將造成你程式碼庫基本資訊的損失。因此，你將在架構的願景上失去一致性，而且更重要的是，將失去適應或改變架構決策的一些信心。沒有新的員工能夠取代這些知識和經驗，也沒有人能夠從程式碼中抽取出所有這些資訊。因此，程式碼將變得更僵化，更為「世襲」。這促成了用值得懷疑的結果去重寫大部分程式碼的決策，因為新的程式碼起初會缺少很多舊程式碼的智慧[24]。因此，沒有架構文件，你長期的成功將危在旦夕。

如果我們看一下建築工地對於結構有多麼慎重地對待，架構文件的價值就很明顯了。沒有一個所有人都同意的計劃，建造甚至不能開工。或者讓我們想像如果沒有計劃會發生什麼事。「嘿，我說過車庫應該在房子的左邊！」「但我是把它建在房子的左邊。」「是的，但我的意思是我的左邊，而不是你的左邊！」

這正是透過投入時間在架構文件中可以避免的那種問題。「是的，是的，你是對的，」你承認，「但是這樣的文件有**太多**的工作。而且反正所有這些資訊都在程式碼中，它會隨著程式碼而改寫，同時文件**很快地**就會過時！」好吧，如果你有做對的話就不會。

---

24 你可能知道 *Joel on Software* 部落格（*https://www.joelonsoftware.com*）的作者，也是 Stack Overflow 的創建者之一，Joel Spolsky 將從頭開始重寫一大段程式碼的決策稱為「任何公司都可能犯的最糟糕策略錯誤」（*https://oreil.ly/ndLhY*）。

架構文件不應該很快地過時，因為它應該主要地反映你程式碼庫的全貌。它不應該包含那些確實可能經常改變的枝微末節；相反，它應該包含整體結構、關鍵部分之間的聯繫以及主要的技術決策。所有這些東西都不預期會改變（雖然我們都同意，「不預期會改變」並不意味著它們不會改變：畢竟，軟體是預期會改變的）。是的，你是正確的：當然，這些細節也是程式碼的一部分。畢竟，程式碼包含了所有的細節，因此可以說是代表了最終的事實。然而，如果這些資訊不容易得到，是被隱藏在眾目睽睽之下，並且需要經由考古學般的努力才能抽取出來，那就無濟於事了。

在開始的時候，我也意識到，建置架構文件的工作聽起來像是一個很大的工程，有巨大的工作量。我所能做的就是鼓勵你以某種方式開始。起初，你不必要把你架構的所有內容記錄下來，而也許只是從最基本的結構決策開始。有些工具早已經可以使用這些資訊，來比較你假設的架構狀態和它實際的狀態[25]。隨著時間的推移，可以加入越來越多的架構資訊、文件，甚至可以藉由工具測試，這會為整個團隊導致越來越多普遍的、既有的智慧。

「但我如何保持文件是最新的？」你問。當然，你必須維護這份文件，整合新的決策，更新舊的決策等等。但是，因為這份文件應該只包含不會經常改變方面的資訊，所以應該不需要不斷地去接觸和重構它。每隔一到兩週安排一次高階開發者的簡短會議，討論架構是否改變以及如何演化就足夠了。因此，很難想像這份文件會成為開發過程中的瓶頸。在這方面，將這份文件想成是銀行存款的保險箱：當你需要的時候，擁有過去所有累積的決策，並保持資訊的安全，這是非常珍貴的，但你不會天天都開啟它。

總之，擁有一份架構文件的好處遠遠大於風險和工作。架構文件應該被視為是任何專案的必不可少的組成部分，以及是維護和傳達工作的必要部分。它應該被認為與 CI 環境或自動測試同等重要。

指導原則 10：考慮建置一個架構文件

- 理解架構文件是用於維護和傳達架構目前的狀態。
- 使用工具來支援和幫助你根據預期狀態測試架構的目前狀態。

25 為了這個目的，一個可能工具是 Axivion 套件（*https://oreil.ly/32kue*）。你從定義模組間的架構邊界開始，這可以用工具檢查是否維護了架構的依賴性；另一個具有這種能力的工具是 Sparx Systems Enterprise（*https://oreil.ly/1oC3Y*）。

第三章

設計模式的目的

Visitor、*Strategy*、*Decorator*，這些都是我們將在後續章節中處理的設計模式的名稱。然而，在仔細檢視這些設計模式之前，我應該提供你關於設計模式一般目的的概念。因此，在本章我們首先將看一下設計模式的基本屬性，以及你為什麼會想了解並使用它們。

在第 2 頁的「指導原則 1：理解軟體設計的重要性」中，我已經使用了**設計模式**這個術語，並解釋了在軟體開發的哪個層次上使用它們。然而，我還沒有詳細解釋什麼**是**設計模式。這將是第 76 頁的「指導原則 11：了解設計模式的目的」的主題：你將了解設計模式有一個表示目的的名稱，引入了一個有助於軟體實體解耦的抽象化，並且經過了多年的驗證。

在第 80 頁的「指導原則 12：提防設計模式的誤解」中，我將專注在討論關於設計模式的一些誤解，並解釋什麼**不是**設計模式。我將試圖說服你，設計模式與實作細節無關，而且也不表示對普通問題的特定語言解決方案。我也會盡我所能的展示，它們並不侷限於物件導向的程式設計，也不侷限於動態多型。

在第 87 頁的「指導原則 13：設計模式無處不在」中，我將證明要避免設計模式很難。它們無處不在！你將了解到，尤其是 C++ 標準函數庫中充滿了設計模式，並且善加利用了它們的長處。

在第 91 頁的「指導原則 14：使用設計模式的名稱傳達目的」中，我將說明，設計模式的部分長處是透過使用它的名稱傳達目的的能力。因此我將展示，透過使用設計模式的名稱，你可以在你的程式碼中增加多少資訊和意義。

指導原則 11：了解設計模式的目的

你之前很可能聽說過關於設計模式的事，也很可能在程式設計生涯中使用過其中一些。設計模式不是新的東西：至少從 1994 年四人幫（GoF）發佈他們設計模式的書籍開始，它們就已經存在了[1]，雖然總是會有些批評者，但它們的特殊價值在整個軟體行業中已經被認可。然而，儘管設計模式存在已久而且重要，儘管具有所有的知識和累積的智慧，但對它們還是有很多誤解，尤其是在 C++ 社群。

要有效地使用設計模式，第一步你需要了解設計模式是什麼。設計模式：

- 有一個名稱
- 帶有一個目的
- 引入一個抽象化
- 已經被證明

設計模式有一個名稱

首先，設計模式有一個名稱。雖然這聽起來非常明顯和應該的，但它的確是設計模式的基本屬性。假設我們兩個人一起從事於一個專案，任務是找到一個問題的解決方案。想像我告訴你：「我將使用 *Visitor* 解決這個問題。[2]」這不只是告訴你我所理解的真正問題是什麼，而且也提供你關於我所提出的那種解決方案的準確概念。

設計模式的名稱讓我們可以在很高的層次上溝通，並且用很少的文字交換很多資訊：

> 我：為這件事我會用 Visitor。
>
> 你：我不知道，我想過用 Strategy。
>
> 我：是的，你可能有道理。但是因為我們必須經常擴展操作，我們也許應該考慮使用 Decorator。

1 四人幫簡稱 GoF，常用來參考 Erich Gamma、Richard Helm、Ralph E. Johnson 和 John Vlissides 四位作者以及他們在設計模式上的書籍：《*Design Patterns: Elements of Reusable Object-Oriented Software*》（Prentice Hall）。幾十年後，GoF 的書仍然是設計模式的參考書。在本書其餘的部分，我將提到 GoF 的書籍、GoF 模式，或者特有的、物件導向的 GoF 風格。

2 如果你還不知道 *Visitor* 設計模式，不用擔心，我將在第 4 章介紹這個模式。

只是透過使用 *Visitor*、*Strategy* 和 *Decorator* 這些名稱，我們就討論了程式碼庫的演進，並且描述了我們在未來幾年內期望事情會如何改變和擴展[3]。沒有這些名稱，我們將很難表示我們的想法：

> 我：我想我們應該建立一個，讓我們可以在不需要一再修改現有的類型下擴展操作的系統。
>
> 你：我不知道。與其是新的操作，我期望會經常增加新的類型。所以我更喜歡能讓我輕鬆增加類型的解決方案。但是為了減少對可以預期的實作細節的耦合，我建議藉由引入變動點以從現有類型中提取實作細節的方式。
>
> 我：是的，你可能有道理。但是，因為我們必須經常擴展操作，我們也許應該考慮，用我們可以很容易建立和很容易重用一個給定實作的方式設計系統。

你看到差別了嗎？你**感覺到**差別了嗎？沒有名稱，我們必須明確地談論更多的細節。顯然地，只有在我們共享設計模式的相同理解時，這種精確的溝通才有可能。這就是為什麼了解設計模式以及談論它們是如此重要。

設計模式帶有一個目的

藉由使用設計模式的名稱，你可以簡潔地表示你的目的，並且限制可能的誤解，這就導致設計模式的第二個屬性：目的。設計模式的**名稱**傳達了它的**目的**。如果你使用設計模式的名稱，你就隱含地指出了什麼是你認為的問題和什麼是你認為的解決方案。

希望你意識到，在我們小小的轉換中，我們沒有談到任何一種實作。我們沒有談到實作的細節、任何特徵、任何特定的 C++ 標準，我們甚至沒有談到任何特定的程式設計語言。而且，請不要認為透過給你設計模式的名稱，我就隱含地告訴你如何實作這個解決方案。這不是設計模式的意義所在。相反地：這個名稱應該告訴你關於我所提出的結構，關於我計劃如何管理依賴關係，以及關於我期望系統如何演進。這就是目的。

事實上，許多設計模式都有類似的結構。在 GoF 書籍中，許多設計模式看起來非常相似，這當然會引起很多困惑和疑問。例如，從結構上看，在 Strategy、*Command* 和 *Bridge* 設計模式之間似乎沒有差別[4]。然而，它們的目的卻非常不同，因此你會用它們解決不同的問題。就如你在後續章節的多個例子中會看到的，幾乎你總是有許多不同的實作方式可以選擇。

---

3 Strategy 設計模式將在第 5 章詳細解釋，Decorator 設計模式將在第 9 章說明。

4 我只提到我將在後續章節中解釋的設計模式（請參考第 5 章中的 Strategy 和 *Command* 設計模式，以及在第 242 頁的「指導原則 28：建構 Bridge 以移除實體依賴性」中的 *Bridge* 設計模式），但還有一些設計模式也共享相同的結構。

設計模式引入了一個抽象化

設計模式總是提供某些方法，透過引入某種抽象化以減少依賴性。這意味著設計模式總是關注於管理軟體實體之間的相互作用和軟體的解耦部分。例如，考慮圖 3-1 中原來是 GoF 設計模式之一的 Strategy 設計模式。不用太深入細節，Strategy 設計模式以 `Strategy` 基礎類別的形式引入了一個抽象化。這個基礎類別將 `Strategy` 使用者（架構中高層次的 `Context` 類別）與具體策略（架構中低層次的 `ConcreteStrategyA` 和 `ConcreteStrategyB`）的實作細節中解耦。因此，Strategy 履行了設計模式的屬性[5]。

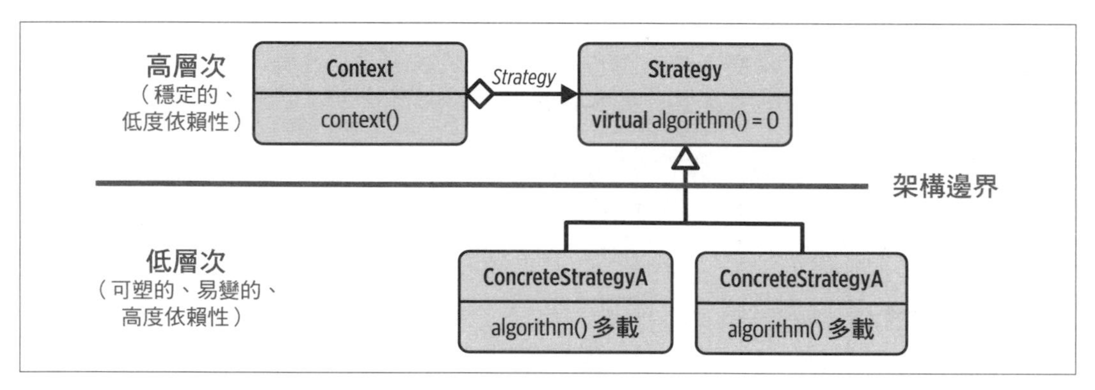

圖 3-1　GoF Strategy 的設計模式

一個類似的例子是 *Factory Method* 設計模式（另一個 GoF 設計模式；參考圖 3-2）。*Factory Method* 的目的是從特定產品的建置中解耦。為了這個目的，它以 `Product` 和 `Creator` 基礎類別的形式引入了兩個抽象化，它們在架構上位於高層次。用 `ConcreteProduct` 和 `ConcreteCreator` 類別給出的實作細節，位於架構的低層次。有了這種架構的結構，*Factory Method* 也有資格作為一種設計模式：它有名稱，有解耦的目的，並且引入了抽象化。

注意由設計模式所引入的抽象化，不必要是透過基礎類別引入的，就如我將在後續章節中展示的，這種抽象化可以透過許多不同的方式引入。例如，利用模板或簡單地透過函數多載。再次，設計模式並不意味著任何特定的實作。

5　如果你不熟悉 Strategy 設計模式，放心，在第 5 章將提供更多的資訊，包括一些程式碼實例。

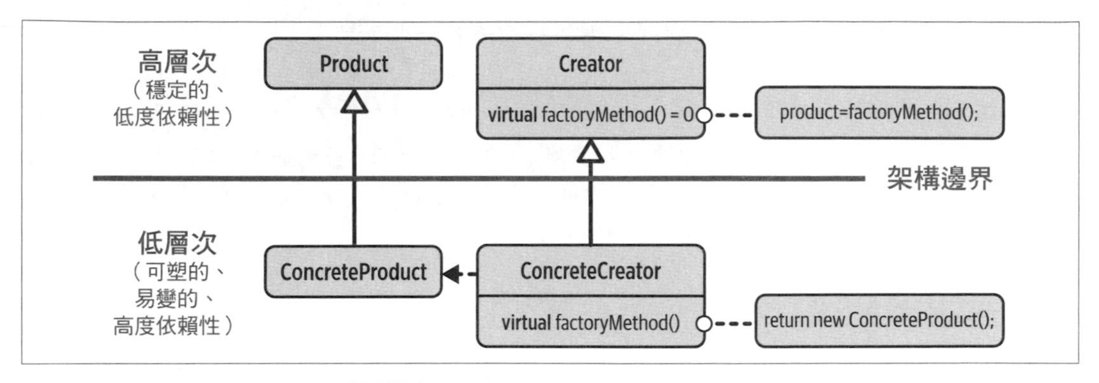

圖 3-2　GoF Factory Method 設計模式

作為一個反例，讓我們考慮 `std::make_unique()` 函數：

```
namespace std {

template< typename T, typename... Args >
unique_ptr<T> make_unique( Args&&... args );

} // std 命名空間
```

在 C++ 社群中，我們經常把 `std::make_unique()` 函數當成**工廠函數**來談論。要注意的是，雖然**工廠函數**這個術語給人有 `std::make_unique()` 是 *Factory Mathod* 設計模式例子的印象，但這種印象是不正確的。一個設計模式透過引入一個抽象化來幫助你解耦，它讓你定制以及推遲實作細節。特別是，*Factory Mathod* 設計模式是為了物件實例化目的引入一個**客製化點**。`std::make_unique()` 沒有提供這種**客製化點**：如果你使用 `std::make_unique()`，對你所要求的類型，你知道你將得到一個 `std::unique_ptr`，而且這個實例將利用 `new` 建立：

```
// 這將透過呼叫「new」來建立一個「Widget」
auto ptr = std::make_unique<Widget>( /* 一些 Widget 引數 */ );
```

因為 `std::make_unique()` 沒有提供任何定制這種行為的方法，它無法幫助減少實體之間的耦合，因此它不能達到設計模式的目的[6]。儘管如此，`std::make_unique()` 是一個對特定問題遞迴的解決方案。換句話說，它是一個模式。然而，它並不是一種**設計模式**，而是一種**實作模式**。它是一個封裝實作細節（在本例中，生成 `Widget` 的實例）普遍的解決方案，但它並沒有從你得到的東西或它是如何被建立的之中抽取出來。因此，它是**實作細節**層次的一部分，但不是**軟體設計**層次的一部分（參考圖 1-1）。

6　這可能是一個有爭議的例子。因為我了解 C++ 社群，我知道你可能會有不同的意見。然而，我支持我的觀點：由於它的定義，`std::make_unique()` 無法解耦軟體實體，因此在軟體設計的層次上沒有發揮作用，所以它只是一個實作細節（但是一個有價值且有用的細節）。

抽象化的引入是將軟體實體相互解耦，也是為改變和擴展而設計的關鍵。在 std::make_unique() 函數模板中沒有抽象化，因此你沒有辦法擴展它的功能（你甚至不能適當地多載或特殊化）。相比之下，*Factory Mathod* 設計模式確實從建立了什麼和這個東西是如何建立的之中（包括實例化前後的動作）提供了抽象化。由於這種抽象化，你在以後將能夠撰寫新的工廠，而不需要改變現有的程式碼。因此，這設計模式幫助你解耦和擴展軟體，而 std::make_unique() 只是一種實作模式。

已經被證明的設計模式

最後但並非最不重要的，這些年來設計模式已經被證明了。四人幫並沒有蒐集所有可能的解決方案，只蒐集了在不同程式碼庫中通常用於解決相同問題的解決方案（儘管可能會有不同的實作方式）。因此，一個解決方案在形成模式之前必須多次證明它的價值。

總之：設計模式是一個經過證明的、命名的解決方案，它表示一個非常具體的目的。它引入了某種抽象化，有助於軟體實體的解耦，因此有助於管理軟體實體之間的相互作用。就像我們應該用*設計*這個術語來表示管理依賴性和解耦的藝術（參考第 2 頁的「指導原則 1：理解軟體設計的重要性」），我們應該準確而有意的使用*設計模式*這個術語。

指導原則 11：了解設計模式的目的

- 理解設計模式是有解耦目的，經過證明的、命名的解決方案。
- 了解設計模式引入了某種抽象化。
- 記住，設計模式是以軟體設計為目標，也就是說，幫助管理依賴關係。
- 意識到設計模式和實作模式之間的差異。

指導原則 12：提防設計模式的誤解

上一節專注於解釋設計模式的目的：名稱、目的和某種形式抽象化的結合，以解耦軟體實體。然而，就如理解設計模式*是*什麼很重要一樣，理解設計模式*不是*什麼也很重要。不幸的是，關於設計模式有幾個常見的誤解：

- 有些人把設計模式當作一個目標，當作實現良好軟體品質的保證。
- 有些人主張，設計模式是基於特定的實作，因此是特定語言的慣用法。
- 有人說，設計模式侷限於物件導向的程式設計和動態多型。
- 有些人認為設計模式已經過時了，甚至是廢棄的。

這些誤解並不令人驚訝，因為我們很少談論設計，反而是專注在特徵和語言機制（參考第 2 頁的「指導原則 1：理解軟體設計的重要性」）。因為這個原因，我將在這個指導原則中揭穿前三個誤解，並將在下一節處理第四個。

設計模式不是一個目標

有些開發者喜歡設計模式。他們對設計模式是如此著迷，以致於不管是否合理，他們都試圖透過設計模式解決他們所有的問題。當然，這種思維方式潛在地增加了程式碼的複雜性，並且降低了可理解性，這可能會被證明是適得其反。因此，這種過度的使用設計模式可能會造成其他開發者的挫折感，導致設計模式在總體上的壞名聲，或甚至會抵制模式一般的想法。

更明確地說：設計模式*不是*目標，而是實現目標的方法。它們可能是解決方案的一部分，但不是目標。就如同 Venkat Subramaniam 所說的：如果你早上起床時心裡想「今天我要用什麼設計模式？」，那麼這就是你忽略設計模式目的的明顯徵兆[7]。使用越多的設計模式並不會得到獎勵或獎章。設計模式不應該增加複雜性，而是應該減少複雜性。程式碼應該變得更簡單，更容易理解，而且更容易改變和維護，這僅僅是因為設計模式應該有助於解決依賴關係，並建立一個更好的結構。如果使用設計模式會導致更高的複雜性，並且對其他開發者造成問題，那麼它很明顯地不是正確的解決方案。

我只是想要說清楚：我不是告訴你不要使用設計模式，我只是告訴你不要過度使用它們，就像我告訴你不要過度使用任何其他的工具一樣，這總是和問題有關。例如，只要你的問題是釘子，那榔頭就是一個好工具。一旦你的問題變成了螺絲釘，那榔頭就變成有些粗糙的工具[8]。要正確地使用設計模式，就要知道什麼時候使用它們，以及什麼時候不用它們，牢牢地掌握它們，了解它們的目的和結構屬性，以及明智地應用它們，是非常的重要。

---

7 Venkat Subramaniam 和 Andrew Hunt，《*Practices of an Agile Developer*》（The Pragmatic Programmers，LLC，2017）。

8 好吧，在某些「工作」的定義中，它有作用。

設計模式與實作細節無關

關於設計模式最常見的誤解之一是，它們是基於特定的實作。這包括了設計模式或多或少是特定語言的慣用法。這種誤解很容易理解，因為許多設計模式，特別是 GoF 模式，通常是以物件導向的觀點提出的，並且是用物件導向的例子說明。在這樣的背景下，容易會弄錯特定模式的實作細節，並認為兩者是相同的。

幸運的是，也很容易證明設計模式和實作細節、任何特定語言的特徵或任何 C++ 標準無關。讓我們看看相同設計模式的不同實作；沒錯，我們將從傳統的、物件導向版本的設計模式開始。

考慮以下的場景：我們想畫一個給定的形狀[9]。這程式碼片段透過一個圓來展示，當然也可以是任何其他種類的形狀，像是正方形或三角形。為了繪圖的目的，`Circle` 類別提供了 `draw()` 成員函數：

```
class Circle
{
 public:
   void draw( /*...*/ );  // 以某些圖形函數庫的項目實作
   // ...
};
```

現在看來不言而喻，你需要實作 `draw()` 函數。不用進一步考慮，你可能會透過像是 OpenGL、Metal、Vulcan 或任何其他圖形函數庫等常見的圖形函數庫來實作。然而，如果 `Circle` 類別本身提供了 `draw()` 功能的實作，這將是一個很大的設計缺陷：透過直接實作 `draw()` 函數，你將對你所選擇的圖形函數庫引入一個強烈耦合。這會伴隨著幾個缺點：

- 對於 `Circle` 每一個可能的應用，你總是需要圖形函數庫是可用的，即使你可能對圖形不感興趣而只是需要它作為一個幾何基元。
- 對圖形函數庫的每一個改變，在 `Circle` 類別上都會有影響，導致必要的修改、重新測試、重新部署等。
- 將來換到另一個函數庫，將表示除了平順轉換以外的一切。

9 我知道你正在想：「你不是認真的吧！外面有那麼多有趣的例子，但你卻選擇了書中最古老、最無聊的例子！」好吧，我承認這個挑選可能不是最令人興奮的例子。但是，我仍然有用這個例子的兩個好理由。首先，這個場景是如此的眾所周知，我可以假設沒有人在理解上會有困難。這意味著每個人都應該能夠聽從我關於軟體設計的論點。其次，讓我們同意，在計算機科學中，用一個形狀或動物的例子開始算是一種傳統。當然，我也不想讓傳統主義者失望。

這些問題都有一個共同的來源：在 `Circle` 類別中直接實作 `draw()` 函數違反了**單一責任原則**（SRP；參考第 10 頁的「指導原則 2：為改變而設計」）。這個類別將不再因為單一的原因而改變，而且會強烈地依賴於這個設計決策。

對這個問題，傳統的物件導向解決方案是抽取出關於如何畫圓的決策，並且藉由基礎類別為它引入一個抽象化。引入這樣的**變動點**是 Strategy 設計模式的效果（參考圖 3-3）[10]。

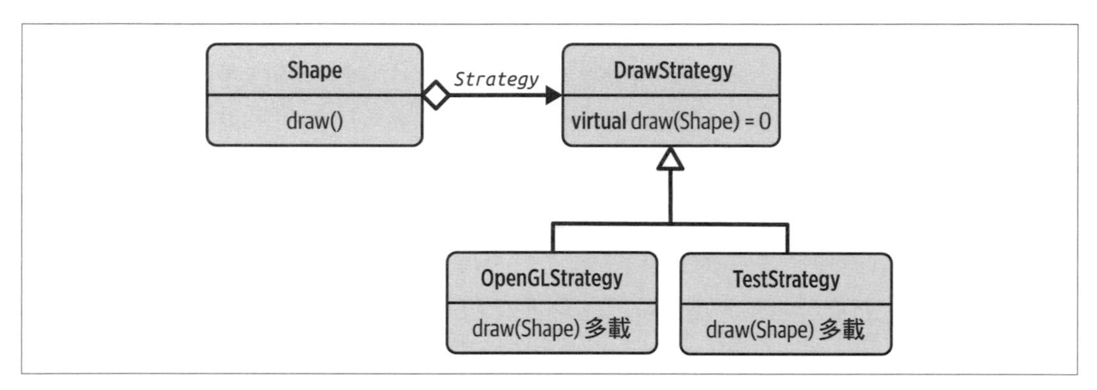

圖 3-3　應用於畫圓的 Strategy 設計模式

Strategy 設計模式的目的是定義一個演算法家族，並且封裝每一個演算法，因此使它們可以互換。Strategy 讓演算法的改變獨立於使用它的客戶。透過引入 `DrawStrategy` 基礎類別，讓容易改變給定 `Circle` 的 `draw()` 實作變得可能。這也使得每個人，不只是你，在不修改現有程式碼的情況下能夠實作新的繪圖行為，並從外部注入到 `Circle` 中。這就是我們通常所說的**依賴性注入**：

```
#include <Circle.h>
#include <OpenGLStrategy.h>
#include <cstdlib>
#include <utility>

int main()
{
   // ...

   // 為圓建立所想要的繪圖策略。
   auto strategy =
      std::make_unique_ptr<OpenGLStrategy>( /* OpenGL-specific arguments */ );
```

10 第 5 章將提供 *Strategy* 設計模式完整且徹底的介紹。

```
    // 將策略注入到圓內；圓不需要知道
    // 關於策略的具體種類，但可以在不知道的情況下
    // 透過「DrawStrategy」抽象化來使用它。
    Circle circle( 4.2, std::move(strategy) );
    circle.draw( /*...*/ );

    // ...

    return EXIT_SUCCESS;
}
```

這種方法就不同的繪圖行為而言極大地提高了靈活性：它在特定函數庫和其他實作細節上析出所有依賴性的因數，因此使程式碼更容易改變和擴展。例如，現在很容易為測試目的提供一個特殊的實作（即 TestStrategy）。這表明，改善後的靈活性對設計的可測試性有非常正面的影響。

Strategy 設計模式是傳統的 GoF 設計模式之一。因此，它經常被稱為物件導向的設計模式，而且經常被認為需要一個基礎類別。然而，Strategy 的目的並不限於物件導向的程式設計。就像可能會為了抽象化而使用基礎類別一樣，這只是因為依靠模板參數可能會容易些：

```
template< typename DrawStrategy >
class Circle
{
 public:
   void draw( /*...*/ );
};
```

在這種形式下，決定如何畫圓是發生在編譯期：不再是在執行期撰寫一個基礎類別 DrawStrategy 並傳遞指向 DrawStrategy 的指標，繪圖的實作細節是透過 DrawStrategy 模板引數提供。注意，雖然模板參數允許你從外部注入實作細節，但 Circle 仍然不依賴於任何實作細節。因此，你仍然必須從使用的圖形函數庫中將 Circle 類別解耦。然而與執行期的方法相比，每次 DrawStrategy 改變時，你都必須重新編譯。

雖然基於模板的解決方案真的從根本上改變了這個例子的屬性（即沒有基礎類別和虛擬函數，沒有執行期決定，沒有單一的 Circle 類別，但對每個具體的 DrawStrategy 都有一個 Circle 類型），它仍然完美地實現了 Strategy 設計模式的目的。因此，這證明設計模式並不侷限於特殊的實作或特定的抽象化形式。

設計模式不侷限於物件導向的程式設計或動態多型

讓我們考慮 Strategy 設計模式的另一個使用案例：來自 <numeric> 標頭檔的標準函數庫 accumulate() 函數模板：

```
std::vector<int> v{ 1, 2, 3, 4, 5 };
auto const sum =
   std::accumulate( begin(v), end(v), int{0} );
```

預設情況下，std::accumulate() 加總指定範圍內所有的元素。第三個引數指定了和的初始值。因為 std::accumulate() 使用這引數的類型作為回傳類型，所以這引數的類型被明確地強調為 int{0}，而不只是 0，以避免有隱約的誤解。然而，加總元素只是冰山一角：如果你需要，你可以利用提供第四個引數給 std::accumulate() 而指定元素是如何累加。例如，你可以使用來自 <functional> 標頭檔中的 std::plus 或 std::multiplies：

```
std::vector<int> v{ 1, 2, 3, 4, 5 };
auto const sum =
   std::accumulate( begin(v), end(v), int{0}, std::plus<>{} );
auto const product =
   std::accumulate( begin(v), end(v), int{1}, std::multiplies<>{} );
```

透過第四個引數，std::accumulate() 可以用於任何類型的歸約運算，因此第四個引數表示歸約運算的實作。像這樣，它使我們能夠透過從外部注入歸約應該如何作用的細節來改變實作。std::accumulate() 不依賴於單一的、特定的實作，而是可以由任何人依據特定目的進行定制。這確切地代表了 Strategy 設計模式的目的 [11]。

std::accumulate() 從 Strategy 設計模式的通用形式中汲取力量。沒有改變這種行為的能力，它就只能在非常有限的使用案例中發揮作用。基於 Strategy 設計模式，可能會有無窮無盡的使用數量 [12]。

std::accumulate() 的例子證明，設計模式，甚至是傳統的 GoF 模式，並不束縛於某個特殊的實作，另外也不侷限於物件導向程式設計。顯然地，這些模式的許多目的對於像是函數式或泛型程式設計的其他範例也很有用 [13]。因此，設計模式也不限於動態多型。反而：設計模式對靜態多型也作用得很好，而且可以與 C++ 模板結合使用。

---

11 你可能（正確地）注意到，即使沒有第四個引數，你也可以透過為給定類型提供一個自訂的加法運算子（即 operator+()）來改變累加如何的工作。然而，這只是有限的用法。雖然你可以為使用者定義的類型提供一個自訂的加法運算子，但不能為基本類型（像是例子中的 int）提供自訂的加法運算子。另外，對加法運算（像是字串的串接或相關運算）以外的其他東西定義 operator+() 是非常有問題的。因此，依賴加法運算子在技術上和語義上都會受到限制。

12 Ben Deane 在 CppCon 2016 的演講「std::accumulate: Exploring an Algorithmic Empire」（*https://oreil.ly/P8qpA*），展示了歸功於第四個引數的 std::accumulate() 有多麼強大，令人印象深刻。

13 關於 STL 演算法與它函數式程式設計傳統的更多資訊，請參考 Ivan Cukic 在《*Functional Programming in C++*》（Manning）中出色優秀的介紹。

為了進一步強調這點，並向你顯示 Strategy 設計模式的另一個例子，考慮 `std::vector` 和 `std::set` 類別模板的宣告：

```
namespace std {

template< class T
        , class Allocator = std::allocator<T> >
class vector;

template< class Key
        , class Compare = std::less<Key>
        , class Allocator = std::allocator<Key> >
class set;

} // std 命名空間
```

標準函數庫中的所有容器（除了 `std::array` 之外）都提供你指定自訂分配器的機會。對於 `std::vector` 的情況，它是第二個模板引數，而對於 `std::set`，它是第三個引數。所有來自容器的記憶體需求都透過給定的分配器處理。

透過為分配器揭露模板引數，標準函數庫容器提供你從外部定制記憶體分配的機會。它們讓你能夠定義演算法的家族（在前面的例子中，是為了記憶體獲取的演算法），並且封裝每一個演算法，因此使它們可以互換。所以，你可以從使用它的客戶端（在這裡是指容器）獨立地改變這演算法[14]。

在讀過這個描述之後，你應該認可 Strategy 設計模式。在這個例子中，Strategy 再次基於靜態多型，並透過模板引數實作。很明顯地，Strategy 並不侷限於動態多型。

雖然設計模式一般不侷限於物件導向的程式設計或動態多型顯然是事實，但我仍然應該明確地指出，有一些設計模式的目的是針對減緩物件導向程式設計中的通常問題（例如，*Visitor* 和 *Prototype* 設計模式）[15]。當然，也有些設計模式專注於函數式程式設計或泛型程式設計（例如，**奇異遞迴模板模式** [CRTP] 和 *Expression Template*）[16]。雖然大多數設計模式不是以範例為中心，而且它們的目的可以用在各式各樣的實作，但有些設計模式更為具體。

---

14 對這形式的 Stragegy 設計模式的另一個常用的名稱是**策略導向的設計**；請參考第 134 頁的「指導原則 19：用 Strategy 來隔離事物如何完成」。

15 我將在第 4 章中說明 *Visitor* 設計模式，並在第 263 頁的「指導原則 30：應用 Prototype 進行抽象複製操作」中解釋 *Prototype* 設計模式。

16 我再次向你推薦 Ivan Cukic 對《*Functional Programming in C++*》的介紹。*CRTP* 設計模式將是第 217 頁的「指導原則 26：使用 CRTP 來引入靜態類型分類」中的主題。關於基於模板模式的 *Expression Template* 的資訊，請查詢 C++ 模板參考：David Vandevoorde、Nicolai Josuttis、和 Douglas Gregor 的《*C++ Templates: The Complete Guide*》（Addison-Wesley）。

在接下來的章節中，你會看到這兩種的例子。你會看到有非常普遍目的的一些設計模式，因此有普遍的用處。此外，你還會看到更為特殊的範例，因此在它們目標領域之外將沒有用處的一些設計模式。儘管如此，它們都有設計模式共同的主要特點：名稱、目的和某種形式的抽象化。

總之：設計模式不侷限於物件導向程式設計，也不侷限於動態多型。更具體地說，設計模式不是關於特殊的實作，它們也不是特定語言的慣用法。反而，它們完全專注在以具體方式解耦軟體實體的目的上。

> **指導原則 12：提防設計模式的誤解**
>
> - 把設計模式當成解決設計問題的工具，而不是目標。
> - 注意，設計模式不侷限於物件導向的程式設計。
> - 記住，設計模式不侷限於動態多型。
> - 理解設計模式不是特定語言的慣用法。

指導原則 13：設計模式無處不在

前一節已經證明，設計模式不侷限於物件導向的程式設計或動態多型，它們不是特定語言的慣用法，也不是關於特殊的實作。儘管如此，由於這些常見的誤解，以及我們不再認為 C++ 是唯一的物件導向程式設計語言，有些人甚至聲稱設計模式已經過時或廢棄了 [17]。

我想你現在看起來有點懷疑了。「廢棄的？這是不是有點誇張了？」你問。嗯，不幸的是沒有。說一個小小的經歷故事，在 2021 年初，我很榮幸的在一個德國 C++ 使用者群組中發表關於設計模式的虛擬演講。我主要的目的是解釋什麼是設計模式，以及它們今天非常廣泛地被使用。在演講中，我感覺好極了，我因為自己能幫助他人看到有關設計模式所有好處的使命而振奮，我確實盡了最大努力讓每個人看到設計模式的知識所帶來的光明。儘管如此，演講發表在 YouTube 上幾天後，一個使用者對演講的評論是：「真的假的？ 2021 年還在討論設計模式？」

17 我認為，自從 1989 年模板的第一個實作被加到語言中的那一刻起，C++ 就已經是一個多範例的程式設計語言。隨著 1994 年將標準模板函數庫（STL）的一部分加入標準函數庫，模板對這語言的影響變得非常清晰。從那時起，C++ 就提供了物件導向、函數式和泛型的能力。

我非常希望你現在正搖頭表示不相信。是的，我也不相信，尤其是顯示在 C++ 標準函數庫中有數百個設計模式的例子之後。不，設計模式既沒有過時，也沒有被廢棄。這完全錯了。為了證明設計模式仍然很有活力和關係重大，讓我們考慮在 C++ 標準函數庫中更新的分配器功能。看以下的程式碼例子，它使用了來自 std::pmr（多型記憶體資源）命名空間的分配器：

```
#include <array>
#include <cstddef>
#include <cstdlib>
#include <memory_resource>
#include <string>
#include <vector>

int main()
{
   std::array<std::byte,1000> raw;  // 注意：沒有初始化  ❶

   std::pmr::monotonic_buffer_resource
      buffer{ raw.data(), raw.size(), std::pmr::null_memory_resource() };  ❷

   std::pmr::vector<std::pmr::string> strings{ &buffer };  ❸

   strings.emplace_back( "String longer than what SSO can handle" );
   strings.emplace_back( "Another long string that goes beyond SSO" );
   strings.emplace_back( "A third long string that cannot be handled by SSO" );

   // ...

   return EXIT_SUCCESS;
}
```

這個例子展示了如何用 std::pmr::monotonic_buffer_resource（*https://oreil.ly/E40Dn*）作為分配器，將所有記憶體分配重新定向到一個預先定義的位元組緩衝區。最初，我們以 std::array（❶）的形式建立一個 1000 位元組的緩衝區。這個緩衝區作為記憶體來源，透過傳遞對第一個元素的指標（經由 raw.data()）和緩衝區大小（經由 raw.size()），提供給 std::pmr::monotonic_buffer_resource（❷）。

monotonic_buffer_resource 的第三個引數表示一個備份分配器，它用於 monotonic_buffer_resource 耗盡記憶體的情況下。因為在這種情況下我們不需要額外的記憶體，所以我們使用 std::pmr::null_memory_resource() 函數，它提供了一個指向總是分配失敗的標準分配器的指標。這意味著你可以隨心所欲地要求，但是由 std::pmr::null_memory_resource() 回傳的分配器在你要求記憶體時總是會拋出一個異常。

建立的緩衝區被當成分配器傳給 strings 向量，它現在將從初始位元組緩衝區（❸）獲取所有的記憶體。此外，因為向量將分配器轉發給它的元素，即使是我們透過 emplace_back() 函數添加，而且因為太長而無法依靠**小字串優化**（*SSO*）的三個字串，也將從位元組緩衝區獲得所有記憶體。因此，在整個例子中沒有用到動態記憶體；所有的記憶體都將從位元組陣列中取得[18]。

乍看之下，這個例子不像需要任何設計模式才能工作。然而，這個例子中使用的分配器功能至少用了四種不同的設計模式：Template Method 設計模式、Decorator 設計模式、Adapter 設計模式、以及（再次）Strategy 設計模式。

如果算上 *Singleton* 模式，甚至有五種設計模式：null_memory_resource() 函數（❷）是按照 *Singleton* 模式實作的[19]：它回傳一個對靜態存儲期間物件的指標，用來保證這個分配器最多只有一個實例。

來自 pmr 命名空間的所有 C++ 分配器，包括 null_memory_resource() 回傳的和 monotonic_buffer_resource 分配器，都衍生自 std::pmr::memory_resource 基礎類別。如果你檢視 memory_resource 類別的定義，就會顯露出第一種設計模式：

```
namespace std::pmr {

class memory_resource
{
 public:
   // ... 一個虛擬解構函數、一些建構函數和指定運算子

   [[nodiscard]] void* allocate(size_t bytes, size_t alignment);
   void deallocate(void* p, size_t bytes, size_t alignment);
   bool is_equal(memory_resource const& other) const noexcept;

 private:
   virtual void* do_allocate(size_t bytes, size_t alignment) = 0;
   virtual void do_deallocate(void* p, size_t bytes, size_t alignment) = 0;
   virtual bool do_is_equal(memory_resource const& other) const noexcept = 0;
};

} // std::pmr 命名空間
```

18 **小字串優化**（*SSO*）是對小字串的常見優化。不用經由提供的分配器在堆積上分配動態記憶體，字串將少量的字元直接存儲到字串的堆疊部分。因為一個字串通常在堆疊中佔據 24 到 32 個位元組（這不是 C++ 標準的要求，而是 std::string 常見實作的屬性），任何超過 32 個位元組的字串就需要進行堆積分配。這就是所給三個字串的情況。

19 *Singleton* 是原來 23 個 GoF 設計模式之一。但我將在第 368 頁的「指導原則 37：將 Singleton 當成實作模式對待，而不是設計模式」中盡我所能地說服你，*Singleton* 實際上不是一種設計模式，而是一種實作細節。為了這個原因，我將不把 *Singleton* 當作設計模式，而簡單地當成實作模式。

你可能注意到，這個類別 public 部分的三個函數在這個類別的 private 部分有虛擬的對應物。鑑於公開的 allocate()、deallocate() 和 is_equal() 函數代表這個類別面向使用者的介面，而 do_allocate()、do_deallocate() 和 do_is_equal() 函數代表衍生類別的介面。這種關注點的分離是**非虛擬介面**（*NVI*）慣用法的一個例子，它本身是 *Template Method* 設計模式的例子[20]。

我們隱含使用的第二個設計模式是 Decorator 設計模式[21]。Decorator 幫助你建立一個階層式分層的分配器，並將一個分配器的功能包裝和擴展到另一個分配器。這個想法在以下敘述中變得更加清楚：

```
std::pmr::monotonic_buffer_resource
   buffer{ raw.data(), raw.size(), std::pmr::null_memory_resource() };
```

透過將 null_memory_resource() 函數回傳的分配器傳給 monotonic_buffer_resource，我們裝飾了它的功能。每當我們透過 allocate() 函數向 monotonic_buffer_resource 要求記憶體時，它可以將呼叫轉發給它的備份分配器。這樣一來，我們可以實作許多不同種類的分配器，而這些分配器反過來又可以輕鬆地組合在一起，形成一個有不同層次分配策略的完整記憶體子系統。這種組合和功能片段的重複使用是 Decorator 設計模式的強項。

你可能已經注意到，在這個例子的程式碼中我們使用了 std::pmr::vector 和 std::pmr::string。我認為你該記得，std::string 只是 std::basic_string<char> 類型的別名。知道了這一點，就可能不會驚訝 pmr 命名空間中的兩個類型也只是類型別名：

```
namespace std::pmr {

template< class CharT, class Traits = std::char_traits<CharT> >
using basic_string =
   std::basic_string< CharT, Traits,
                      std::pmr::polymorphic_allocator<CharT> >;

template <class T>
using vector =
   std::vector< T, std::pmr::polymorphic_allocator<T> >;

} // std::pmr 命名空間
```

20 不幸的是，我不會在本書談到 *Template Method* 設計模式。這並不是因為它不重要，只是單純地因為篇幅有限。更多的細節請參考 GoF 書籍。

21 我將在第 9 章提供 Decorator 設計模式的完整介紹。

這些類型別名仍然參考常規的 `std::vector` 和 `std::basic_string` 類別，但不再揭露分配器的模板參數了。反而，它們採用 `std::pmr::polymorphic_allocator` 作為分配器。這是 Adapter 設計模式的一個例子 [22]。Adapter 的目的是幫助你把兩個不合適的介面接合在一起。在這情況下，`polymorphic_allocator` 有助於在傳統的 C++ 分配器所需要的傳統靜態介面，以及 `std::pmr::memory_resource` 所需要的新動態分配器介面之間傳送。

在我們例子中使用的第四種也是最後一種設計模式，仍然是 Strategy 設計模式。透過揭露分配器的模板引數，像 `std::vector` 和 `std::string` 的標準函數庫容器讓你有機會從外部定制記憶體分配。這是 Strategy 設計模式的靜態形式，而且與定制演算法的目的相同（參考第 80 頁的「指導原則 12：提防設計模式的誤解目的」）。

這個例子令人印象深刻地證明，設計模式根本完全沒有被廢棄。仔細觀察，我們會發現它們無處不在：任何一種抽象化和任何解耦軟體實體並引入靈活性和可擴展性的企圖，都很可能是基於某種設計模式。因為這個原因，了解不同的設計模式，並理解它們的目的，以便在必要和適當的時候辨識和應用它們，肯定是有幫助的。

指導原則 13：設計模式無處不在

- 理解任何一種抽象化和任何解耦的企圖都可能表示一種已知的設計模式。
- 學習有關不同的設計模式，並理解它們解耦的目的。
- 必要時請根據設計模式的目的應用它們。

指導原則 14：使用設計模式的名稱傳達目的

在前兩節中，你學到了什麼是設計模式，什麼不是，以及設計模式無處不在。你也學到了，每個設計模式都有名稱，它表達了一個清晰、簡潔和明確的目的。因此，這個名稱帶有意義 [23]。透過設計模式的名稱，你可以表達問題是什麼，以及你已經選了哪種解決方案來解決這個問題，而且你可以描述程式碼預期會如何演進。

22 Adapter 設計模式將是第 190 頁的「指導原則 24：將 Adapter 用於標準化介面」的主題。

23 好的名稱總是帶有意義。這就是為什麼它們在根本上如此重要。

例如，考慮標準函數庫的 accumulate() 函數：

```
template< class InputIt, class T, class BinaryOperation >
constexpr T accumulate( InputIt first, InputIt last, T init,
                        BinaryOperation op );
```

第三個模板參數被命名為 BinaryOperation。雖然這確實傳達了傳遞的可呼叫函數需要接受兩個引數的事實，但這個名稱沒有傳達參數的目的。為了更清楚地表達這個目的，考慮稱它為 BinaryReductionStrategy：

```
template< class InputIt, class T, class BinaryReductionStrategy >
constexpr T accumulate( InputIt first, InputIt last, T init,
                        BinaryReductionStrategy op );
```

Reduction 這個術語和 *Strategy* 這個名稱，對每個 C++ 程式師都帶有意義。因此，你現在已經更清楚地抓住並表達了你的目的：這參數使二元運算的**依賴性注入**成為可能，它允許你指定歸約運算如何工作。因此，這參數解決了客製化的問題。儘管如此，就如你將在第 5 章看到的，Strategy 設計模式傳達出對運算的某些期望。你只能指定歸約運算如何的工作；但你不能重新定義 accumulate() 做什麼。如果這是你想要表達的事情，你應該使用 *Command* 設計模式的名稱 [24]：

```
template< class InputIt, class UnaryCommand >
constexpr UnaryCommand
   for_each( InputIt first, InputIt last, UnaryCommand f );
```

std::for_each() 演算法讓你對一個範圍內的元素應用任何種類的一元運算。要表示這個目的，第二個模板參數可以被稱為 UnaryCommand，它明確地表示出對這個操作（幾乎）沒有期望。

來自標準函數庫的另一個例子顯示了設計模式的名稱可以帶給一段程式碼多少價值：

```
#include <cstdlib>
#include <iostream>
#include <string>
#include <variant>

struct Print
{
   void operator()(int i) const {
      std::cout << "int: " << i << '\n';
   }
   void operator()(double d) const {
      std::cout << "double: " << d << '\n';
```

24 我將在第 5 章中與 Strategy 設計模式一起說明 *Command* 設計模式。

```
    }
    void operator()(std::string const& s) const {
       std::cout << "string: " << s << '\n';
    }
};

int main()
{
    std::variant<int,double,std::string> v{};  ❶

    v = "C++ Variant example";  ❷

    std::visit(Print{}, v);  ❸

    return EXIT_SUCCESS;
}
```

在 `main()` 函數中，我們為 `int`、`double` 和 `std::string` 這三個選項建立了 `std::variant`（❶）。在下一行敘述中，我們指定了一個 C 式樣的字串文字，它將被轉換為變數內的 `std::string`（❷）。然後我們透過 `std::visit()` 函數和 `Print` 函數物件列印出變數的內容（❸）。

注意 `std::visit()` 函數的名稱，這個名稱直接提到 *Visitor* 設計模式，因此清楚地表示出它的目的：你能夠將任何運算應用於包含在變數實例中類型的封閉集合[25]。還有，你也可以非干擾性地擴展這個運算集合。

你看，使用設計模式的名稱比用任意名稱帶有更多的資訊。儘管如此，這不應該意味著命名很容易[26]。一個名稱應該主要幫助你在特定的背景下理解程式碼。如果設計模式的名稱在這方面可以幫助到你，那麼就考慮包含設計模式的名稱來表達你的目的。

指導原則 14：使用設計模式的名稱傳達目的

- 使用設計模式的名稱來傳達解決方案的目的。
- 使用設計模式的名稱來提高可讀性。

25 *Visitor* 設計模式，包括用 `std::variant` 的現代實作，將是我們第 4 章的重點。

26 命名很難，就如同 Kate Gregory 在 CppCon 2019 被高度推薦的演講「Naming Is Hard: Let's Do Better」（*https://oreil.ly/nyeOv*）中的恰當評論。

第四章

Visitor 設計模式

本章全部的重點在 *Visitor* 設計模式。如果你已經聽說過 Visitor 設計模式，甚至在自己的設計中使用過，你可能想知道為什麼我會選擇 Visitor 作為第一個要詳細說明的設計模式。是的，Visitor 絕對不是最迷人的設計模式之一。但是，它絕對可以證明當實作設計模式的時候你有很多的選擇，以及這些實作可以有多麼不一樣的好例子。它也將作為一個宣傳現代 C++ 優勢的有效例子。

在第 96 頁的「指導原則 15：為增加類型或操作而設計」中，我們首先談到了在動態多型領域中進行時需要做出的基本設計決策：專注在類型或操作上。在這個指導原則中，我們也會談論程式設計範例內在的優勢和劣勢。

在第 107 頁的「指導原則 16：用 Visitor 來擴展操作」中，我將介紹 Visitor 設計模式。我將說明它擴展操作而不是類型的目的，並展示傳統 Visitor 模式的優點和缺點。

在第 116 頁的「指導原則 17：考慮用 std::variant 實作 Visitor」中，你將熟悉 Visitor 設計模式的現代實作。我將介紹 `std::variant`，並說明這個特殊實作的許多優點。

在第 127 頁的「指導原則 18：謹防非循環 Visitor 的性能」中，我將為你介紹**非循環 *Visitor***。乍看之下，這種方法似乎解決了 Visitor 模式的一些基本問題，但仔細觀察，我們將發現執行期的開銷可能會取消這種實作的資格。

指導原則 15：為增加類型或操作而設計

對你來說，動態多型這個術語可能聽起來像是有很大的自由。這可能與你還是孩子時的感覺相似：無盡的可能性，不受限制！好吧，你已經長大了，並且面對現實：你不可能擁有一切，而且總是要做出選擇的。不幸的是，動態多型也是如此。儘管事實上它聽起來像是完全的自由，但卻有一個限制性的選擇：你想要擴展類型還是操作？

為了理解我的意思，讓我們回到第 3 章的情景：我們想畫一個給定的形狀[1]。我們堅持使用動態多型，而且在最初的嘗試中，我們用良好的舊程序式程式設計來實作這個問題。

程序式解決方案

第一個標頭檔 Point.h 提供了一個相當簡單的 Point 類別。這主要是用來使程式碼完整，但也給了我們正在處理二維圖形的想法：

```
//---- <Point.h> ----------------

struct Point
{
   double x;
   double y;
};
```

第二個概念上的標頭檔 Shape.h 被證明更引人關注：

```
//---- <Shape.h> ----------------

enum ShapeType  ❶
{
   circle,
   square
};

class Shape  ❷
{
 protected:
   explicit Shape( ShapeType type )
      : type_( type )  ❺
   {}

 public:
   virtual ~Shape() = default;  ❸
```

1 我可以看到你在翻白眼！「哦，又是那個無聊的例子！」但請考慮略過第 3 章的讀者，他們現在很高興可以在沒有關於情景冗長的說明下閱讀本節。

```
    ShapeType getType() const { return type_; }  ❻

 private:
    ShapeType type_;  ❹
};
```

首先，我們引入了 ShapeType 列舉，目前它列出了 circle 和 square 兩個列舉器（❶）。顯然地，我們最初只處理了圓形和正方形。其次，我們引入 Shape 類別（❷）。考慮到受保護的建構函數和虛擬的解構函數（❸），你可以預期 Shape 應該是充當基礎類別，但這不是關於 Shape 令人驚訝的細節：Shape 有一個 ShapeType 類型的資料成員（❹），這個資料成員透過建構函數（❺）初始化，並且可以透過 getType() 成員函數（❻）查詢。顯然地，一個 Shape 用 ShapeType 列舉的形式儲存了它的類型。

使用 Shape 基礎類別的一個例子是 Circle 類別：

```
//---- <Circle.h> ----------------

#include <Point.h>
#include <Shape.h>

class Circle : public Shape  ❼
{
 public:
   explicit Circle( double radius )
      : Shape( circle )  ❽
      , radius_( radius )
   {
      /* 檢查所給的半徑是否有效 */
   }

   double radius() const { return radius_; }
   Point  center() const { return center_; }

 private:
   double radius_;
   Point center_{};
};
```

Circle 公開地繼承自 Shape（❼），而且因為 Shape 缺少預設的建構函數，因此需要初始化基礎類別（❽）。因為它是一個圓，它使用 circle 列舉器作為給建構函數的引數。

如之前所說的，我們想要畫出形狀。因此，我們為圓引入了 draw() 函數。因為我們不想與任何繪圖的實作細節結合得太緊密，draw() 函數會在概念上的標頭檔 DrawCircle.h 中宣告，並且在對應的原始檔案中定義：

```
//---- <DrawCircle.h> ----------------

class Circle;

void draw( Circle const& );


//---- <DrawCircle.cpp> ----------------

#include <DrawCircle.h>
#include <Circle.h>
#include /* 一些圖形函數庫 */

void draw( Circle const& c )
{
   // ... 實作畫圓的邏輯
}
```

當然，不是只有圓形。如同 square 列舉器所指出的，也有 Square 類別：

```
//---- <Square.h> ----------------

#include <Point.h>
#include <Shape.h>

class Square : public Shape  ❾
{
 public:
   explicit Square( double side )
      : Shape( square )  ❿
      , side_( side )
   {
      /* 檢查所給的邊長是否有效 */
   }

   double side  () const { return side_; }
   Point  center() const { return center_; }

 private:
   double side_;
   Point center_{};  // 或任何角，如果你喜歡
};
```

```
//---- <DrawSquare.h> ----------------

class Square;

void draw( Square const& );


//---- <DrawSquare.cpp> ----------------

#include <DrawSquare.h>
#include <Square.h>
#include /* 一些圖形函數庫 */

void draw( Square const& s )
{
   // ... 實現畫正方形的邏輯
}
```

Square 類別看起來非常類似 Circle 類別（❾）。主要的差別是，Square 用 square 列舉器（❿）初始化它的基礎類別。

有了可以使用的圓形和正方形，我們現在想要畫出不同形狀的整個向量。為了這個原因，我們引入了 drawAllShapes() 函數：

```
//---- <DrawAllShapes.h> ----------------

#include <memory>
#include <vector>
class Shape;

void drawAllShapes( std::vector<std::unique_ptr<Shape>> const& shapes );   ⓫


//---- <DrawAllShapes.cpp> ----------------

#include <DrawAllShapes.h>
#include <Circle.h>
#include <Square.h>

void drawAllShapes( std::vector<std::unique_ptr<Shape>> const& shapes )
{
   for( auto const& shape : shapes )
   {
      switch( shape->getType() )  ⓬
      {
         case circle:
```

```
            draw( static_cast<Circle const&>( *shape ) );
            break;
         case square:
            draw( static_cast<Square const&>( *shape ) );
            break;
      }
   }
}
```

drawAllShapes() 以 std::unique_ptr<Shape> 的形式接收一個形狀向量（⓫）。對基礎類別的指標必須持有不同種類的具體形狀，特別是 std::unique_ptr，透過 *RAII* **慣用法**自動管理這些形狀。在這個函數內，我們從遍歷向量開始繪出每一個形狀。不幸的是，在這個時間點上我們只有 Shape 指標。因此，我們必須透過 getType() 函數好好地詢問每個形狀（⓬）：你是什麼類型的形狀？如果形狀的回答是 circle，我們就知道必須把它當成 Circle 畫出，並執行對應的 static_cast。如果形狀的回答是 square，就把它當成 Square 畫出。

我可以感覺到，對於這個解決方案你不是特別滿意。但在談論它的缺點之前，讓我們先研究一下 main() 函數：

```
//---- <Main.cpp> ----------------

#include <Circle.h>
#include <Square.h>
#include <DrawAllShapes.h>
#include <memory>
#include <vector>

int main()
{
   using Shapes = std::vector<std::unique_ptr<Shape>>;

   // 建立一些形狀
   Shapes shapes;
   shapes.emplace_back( std::make_unique<Circle>( 2.3 ) );
   shapes.emplace_back( std::make_unique<Square>( 1.2 ) );
   shapes.emplace_back( std::make_unique<Circle>( 4.1 ) );

   // 繪出所有形狀
   drawAllShapes( shapes );

   return EXIT_SUCCESS;
}
```

它能運作！有了這個 main() 函數，程式碼透過編譯並畫出了三個形狀（兩個圓和一個正方形）。這不是很棒嗎？是很棒，但它不能阻止你發出不滿的咆哮。「多原始的解決方案啊！不只是 switch 對不同種類形狀之間的區別是糟糕的選擇，而且它也沒有預設的情況！是誰想出了這個瘋狂的主意，用一個無作用域的列舉來編碼形狀類型？[2]」你懷疑地看向我…

好吧，我可以理解你的反應。但讓我們更詳細地分析一下這個問題。讓我猜想：你記得第 33 頁的「指導原則 5：為擴展而設計」，而且你現在想一下如果要增加第三種形狀，你需要做些什麼事。首先，你必須擴展列舉。例如，我們必須增加新的 triangle 列舉器（⓭）：

```
enum ShapeType
{
   circle,
   square,
   triangle  ⓭
};
```

注意，這個增加不只對 drawAllShapes() 函數中的 switch 敘述有影響（它現在確實不完整），而且也對所有從 Shape（Circle 和 Square）衍生的類別產生影響。這些類別依賴於列舉，因為它們依賴於 Shape 基礎類別，也直接使用列舉。因此，改變列舉將造成你所有的原始程式碼檔案重新編譯。

這應該讓你感覺是一個嚴重的問題，而且它的確是的。問題的核心是列舉中所有形狀類別和函數的直接依賴關係，對列舉的任何改變都會造成相關聯的檔案需要重新編譯的連鎖效應。很明顯地，這直接違反了開放 - 封閉原則（OCP）（參考第 33 頁的「指導原則 5：為擴展而設計」）。這似乎不對：增加一個 Triangle 不應該導致 Circle 和 Square 類別的重新編譯。

然而，還有更多。除了實際撰寫 Triangle 類別（這一點我留給你的想像），你還必須更新 switch 敘述來處理三角形（⓮）：

```
void drawAllShapes( std::vector<std::unique_ptr<Shape>> const& shapes )
{
   for( auto const& shape : shapes )
   {
      switch( shape->getType() )
      {
```

2 從 C++11 開始，我們就有了有作用域的列舉（*https://oreil.ly/EP4eR*），因為 enum 類別的語法有時候也被稱為**類別列舉**，可以由我們支配。例如，這可以幫助編譯器更好地警告有不完整的 switch 敘述。如果你發現了這個不完善的地方，就為自己贏得了一個加分點了！

```
            case circle:
               draw( static_cast<Circle const&>( *shape ) );
               break;
            case square:
               draw( static_cast<Square const&>( *shape ) );
               break;
            case triangle:  ⓮
               draw( static_cast<Triangle const&>( *shape ) );
               break;
         }
      }
   }
```

我可以想像你的抗議：「複製和貼上！重複！」是的，在這種情況下，開發者很可能會使用複製和貼上來實作這個新的邏輯。這太方便了，因為新的情況與之前的兩個情況非常相似。而事實上，這也指出了設計是可以改進的。然而，我看到了一個更嚴重的缺陷：我認為在一個更大的程式碼庫中，這不會是唯一的 switch 敘述。相反地，還會有其他需要更新的敘述。有多少個？成打？50 個？超過百個？而你要如何找到這些呢？好吧，所以你認為編譯器會幫助你做這件工作。是的，也許會有 switch，但是如果還有 if-else-if 串接呢？然後，在這更新的馬拉松之後，當你認為你已經完成了，你要如何保證你已經真正地更新了所有必要的部分？

是的，我能理解你的反應，以及為什麼你不喜歡用這樣的程式碼：這種對類型明確的處理是維護的噩夢。套用 Scott Meyers 的話[3]：

> 這種基於類型的程式設計在 C 語言中已經有悠久的歷史，關於它我們所知道的事情是，它產生的程式基本上是不可維護的。

物件導向的解決方案

所以讓我問：你曾經怎麼做？你會如何實作形狀的繪製？好吧，我可以想像你曾經使用過物件導向的方法。這意味著你會拿掉列舉，並且在 Shape 基礎類別中增加一個純虛擬的 draw() 函數。用這種方式，Shape 就不再需要記住它的類型：

```
//---- <Shape.h> ----------------

class Shape
{
 public:
   Shape() = default;
```

3 Scott Meyers，《*More Effective C++：35 New Ways to Improve Your Programs and Designs*》，項次 31（Addison-Wesley，1995）。

```
   virtual ~Shape() = default;

   virtual void draw() const = 0;
};
```

鑒於這個基礎類別，現在衍生類別只需要實作 draw() 成員函數（⓯）：

```
//---- <Circle.h> ----------------

#include <Point.h>
#include <Shape.h>

class Circle : public Shape
{
 public:
   explicit Circle( double radius )
      : radius_( radius )
   {
      /* 檢查所給的半徑是否有效 */
   }

   double radius() const { return radius_; }
   Point  center() const { return center_; }

   void draw() const override;  ⓯

 private:
   double radius_;
   Point center_{};
};


//---- <Circle.cpp> ----------------

#include <Circle.h>
#include /* 一些圖形函數庫 */

void Circle::draw() const
{
   // ... 實現畫圖的邏輯
}


//---- <Square.h> ----------------

#include <Point.h>
#include <Shape.h>
```

```
class Square : public Shape
{
 public:
   explicit Square( double side )
      : side_( side )
   {
      /* 檢查所給的邊長是否有效 */
   }

   double side  () const { return side_; }
   Point  center() const { return center_; }

   void draw() const override;  ⓯

 private:
   double side_;
   Point center_{};
};


//---- <Square.cpp> ----------------

#include <Square.h>
#include /* 一些圖形函數庫 */

void Square::draw() const
{
   // ... 實現畫正方形的邏輯
}
```

一旦虛擬的 draw() 函數到位並被所有衍生類別實作，它就可以用來重構 drawAllShapes() 函數：

```
//---- <DrawAllShapes.h> ----------------

#include <memory>
#include <vector>
class Shape;

void drawAllShapes( std::vector< std::unique_ptr<Shape> > const& shapes );


//---- <DrawAllShapes.cpp> ----------------

#include <DrawAllShapes.h>
#include <Shape.h>
```

```
void drawAllShapes( std::vector< std::unique_ptr<Shape> > const& shapes )
{
   for( auto const& shape : shapes )
   {
      shape->draw();
   }
}
```

我可以看到你放鬆而且又開始笑了。這真的很好，更乾淨了。雖然我理解你偏好這個解決方案，而且你想在這個舒適區內呆久一點，不幸的是我必須指出一個缺點。沒錯，這個解決方案可能也伴隨著一個缺點。

正如本節介紹中所指出的，用物件導向的方法，我們現在能夠非常容易地增加新的類型。我們所要做的就是撰寫一個新的衍生類別，我們不需要修改或重新編譯任何現有的程式碼（main() 函數除外），這完全地履行了 OCP 的要求。然而，你是否注意到，我們不再能夠輕易地增加操作了？例如，假設我們需要一個虛擬的 serialize() 函數將 Shape 轉換為位元組，我們要怎樣才能在不修改現有程式碼下增加這個操作呢？任何人要如何在不觸及 Shape 基礎類別下輕鬆地增加這個操作？

不幸的是，這已經再也不可能了。我們現在處理的是操作的**封閉集合**，這意味著相較而言我們在加法操作上違反了 OCP。要增加一個虛擬函數，需要修改基礎類別，所有的衍生類別（圓形、正方形等）都需要實作這個新的函數，儘管可能永遠都不會呼叫這個函數。總之，相較而言在增加類型上，物件導向的解決方案履行了 OCP 的要求，但是在操作上卻違反了它。

我知道你認為我們已經永遠拋開了程序式解決方案，但是讓我們再回頭看一下。在程序式的方法中，增加新的操作實際上非常簡單。例如，新的操作可以用自由函數或獨立類別的形式增加。這不需要修改 Shape 基礎類別或任何衍生類別。因此，在程序式的解決方案中，我們在增加操作上已經履行了 OCP 要求。但是，就如我們所看到的，程序式解決方案在增加類型方面違反了 OCP 要求。因此，它似乎是物件導向解決方案的反向，也就是說是另一種方式。

注意在動態多型的設計選擇

這個例子的重點是，當使用動態多型時會有設計的選擇：你可以透過固定操作的數量以輕鬆地增加類型，或是透過固定類型的數量來輕鬆地增加操作。因此，OCP 會有兩個維度：在設計軟體的時候，關於你期望哪種擴展必須做出有意識地決策。

物件導向程式設計的強處是容易增加新的類型，但它的弱點是增加操作會變得更加困難。程序式程式設計的強處是容易增加操作，但是增加類型就很痛苦了（表 4-1）。這依據你的專案而定：如果你預期會經常增加新的類型，而不是操作，那你應該爭取採用 OCP 解決方案，它將操作當成**封閉集合**，並把類型當成**開放集合**。如果你預期將增加操作，那你應該努力採用程序式的解決方案，它將類型當成**封閉集合**，將操作當成**開放集合**處理。如果你做了正確的選擇，你將節省你和你同事的時間，而且擴展將會感覺自然和容易[4]。

表 4-1　不同程式設計範例的強處和弱點

程式設計範例	強處	弱點
程序式程式設計	增加操作	增加（多型）類型
物件導向程式設計	增加（多型）類型	增加操作

要意識到這些強處：根據你對程式碼庫將如何演進的期望為基礎，選擇正確的方法來設計擴展。不要忽視弱點，也不要讓自己陷入不幸的維護地獄。

我想，在這個時候，你會想知道是否有可能有兩個**開放集合**。好吧，盡我所知，這並非不可能，但通常不切實際。舉個例子，在第 127 頁的「指導原則 18：謹防非循環 Visitor 的性能」中，我將告訴你，性能可能會受到顯著的影響。

因為你可能是基於模板程式設計和類似編譯期努力的粉絲，我也應該明確地指出，靜態多型沒有相同的限制。在動態多型中，設計軸（類型和操作）之一需要固定，而在靜態多型中，在編譯期這兩個資訊都是可用的。因此，這兩個面向都可以很容易地擴展（如果你做得對的話）[5]。

4　注意，開放和封閉集合的數學概念（*https://oreil.ly/nt4f4*）是完全不相同的。

5　作為靜態多型設計的一個例子，認真思考一下標準模板函數庫（STL）的演算法。你可以很容易地增加新的操作，即演算法，但也可以很容易地增加可以被複製、排序等的新類型。

指導原則 15：為增加類型或操作而設計

- 意識到不同程式設計範例的強處和弱點。
- 利用一個範例的強處，但避免它的弱點。
- 理解在動態多型中增加類型或操作之間的選擇。
- 當你主要想增加類型時，偏好物件導向的解決方案。
- 當你主要想增加操作時，偏好程序式 / 函數式的解決方案。

指導原則 16：用 Visitor 來擴展操作

在前一節中，你看到了物件導向程式設計（OOP）的強處是增加類型，而它的弱點是增加操作。當然，OOP 對這個弱點是有解答的：Visitor 設計模式。

Visitor 設計模式是四人幫（GoF）描述的經典設計模式之一。它的重點是允許你經常增加操作而不是類型。允許我用前面小玩意的例子來說明 Visitor 設計模式：繪製形狀。

在圖 4-1 中，你看到 `Shape` 的階層結構。`Shape` 類別是一定數量具體形狀的基礎類別。在這個例子中，只有 `Circle` 和 `Square` 這兩個類別，但當然可以有更多的形狀。另外，你可能會想到 `Triangle`、`Rectangle` 或 `Ellipse` 等類別。

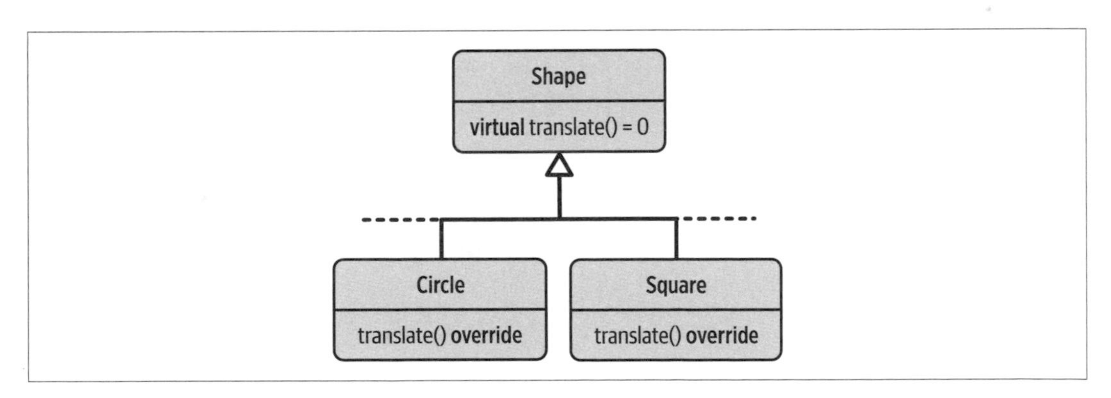

圖 4-1　一個有兩個衍生類別（`Circle` 和 `Square`）形狀階層結構的 UML 表示法

設計問題分析

我們假設你確信你已經有了所有你需要的形狀。也就是說，你認為形狀的集合是一個**封閉集合**。但是，你缺少的是額外的操作。例如，你缺少一個旋轉這些形狀的操作。另外，你想把形狀序列化，也就是說，你想把形狀的實例轉換成位元組。當然，你還想要繪製形狀。此外，你想讓任何人都能增加新的操作。因此，你期望一個操作的**開放集合**[6]。

現在每個新的操作都需要你在基礎類別中插入一個新的虛擬函數。不幸的是，這用各種不同的方法都會帶來麻煩。最明顯的是，不是每個人都能在 Shape 基礎類別中增加虛擬函數。例如，我就不能簡單地著手做並改變你的程式碼。因此，這種方法將無法符合每個人都能增加操作的期望。雖然你已經可以看到這是最終否定的裁決，讓我們仍然更詳細地分析虛擬函數的問題。

如果你決定使用純虛擬函數，你就必須在每個衍生類別中實作這個函數。對於你自己的衍生類型，你可以把它當成只是一點額外工作而不予以理會。但是你也可能會對其他透過繼承 Shape 基礎類別建立形狀的人造成些額外的工作[7]。而這是非常可以預料到的事，因為這是 OOP 的強處：任何人都可以輕鬆地增加新類型。既然這是意料中的事情，那麼它可能是不使用純虛擬函數的一個理由。

作為一種選擇，你可以引入一個常規的虛擬函數，也就是一個有預設實作的虛擬函數。雖然對 `rotate()` 函數的預設行為聽起來像是非常合理的想法，但對 `serialize()` 函數的預設實作聽起來就沒那麼容易了。我承認，關於如何實作這樣的函數我必須要認真地思考。你現在可以建議預設是直接拋出一個異常；然而，這意味著衍生類別必須再次實作缺少的行為，而且這將是一個偽裝的純虛擬函數，或者明白的違反 Liskov 替換原則（參考第 42 頁的「指導原則 6：遵循抽象化預期的行為」）。

無論哪種方式，在 Shape 基礎類別中增加新的操作都很困難，或甚至是根本不可能的。根本原因是，增加虛擬函數違反了 OCP 的要求。如果你真的需要經常增加新的操作，那麼你應該在設計上讓擴展操作容易些。這就是 Visitor 設計模式所嘗試要辦到的。

6 做預測總是很困難的，但我們通常對我們的程式碼庫將如何演進有一個相當好的想法。如果對於事情將如何發展你沒有想法的話，你應該等待第一個改變或擴展發生，然後從中學習，並做出更有見識的決定。這一理念是眾所周知的 YAGNI 原則（*https://oreil.ly/stXoI*）的一部分，它警告你不要過度工程化；另外請參考第 10 頁的「指導原則 2：為改變而設計」。

7 我可能會不高興，甚至有一點不滿，但應該不會生氣。但你的其他同事呢？最糟糕的情況是，下一次有團隊燒烤活動時你可能會被排除在外。

Visitor 設計模式的說明

Visitor 設計模式的目的是為了能夠增加操作。

Visitor 設計模式

目的：「表示在一個物件結構的元素上執行的操作。Visitor 可以讓你在不改變它所操作元素的類別下定義一個新的操作。[8]」

除了 `Shape` 階層結構以外，我現在在圖 4-2 的左側引入 `ShapeVisitor` 階層結構。`ShapeVisitor` 基礎類別代表了形狀操作的抽象化。因為這個原因，你可以認為 `ShapeOperation` 可能是這個類別更好的名稱。然而，應用第 91 頁的「指導原則 14：使用設計模式的名稱傳達目的」是有益的，Visitor 這個名稱將幫助其他人理解這個設計。

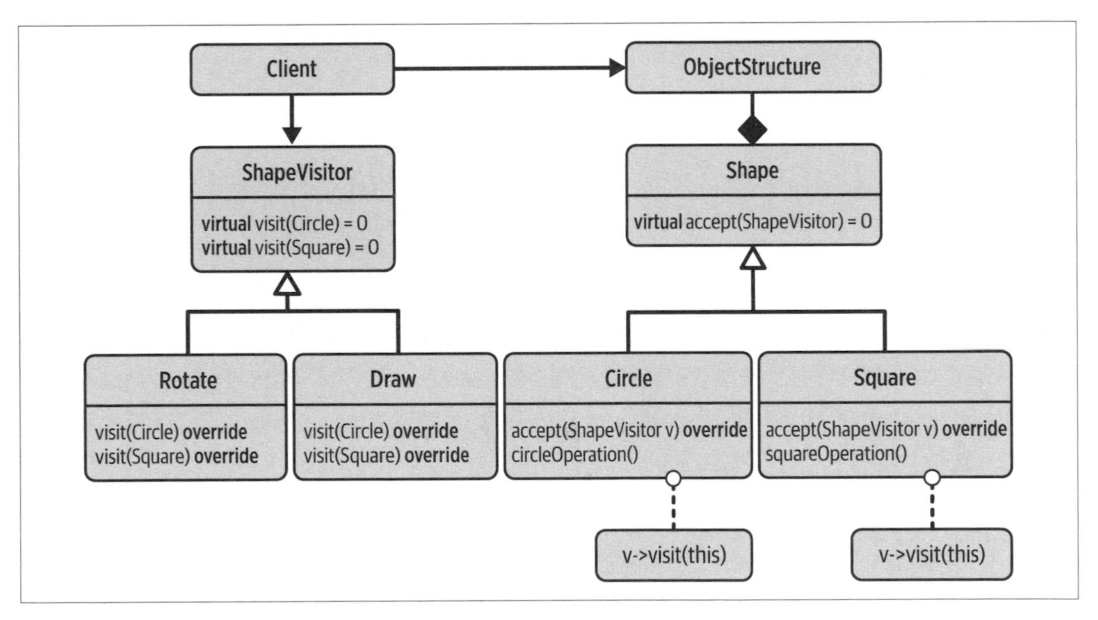

圖 4-2 Visitor 設計模式的 UML 表示法

`ShapeVisitor` 基礎類別為 `Shape` 階層結構中的每個具體形狀提供了一個純虛擬的 `visit()` 函數：

8 Erich Gamma 等人，《*Design Patterns*：*Elements of Reusable Object-Oriented Software*》。

```
class ShapeVisitor
{
 public:
   virtual ~ShapeVisitor() = default;

   virtual void visit( Circle const&, /*...*/ ) const = 0;  ❶
   virtual void visit( Square const&, /*...*/ ) const = 0;  ❷
   // 可能有更多的 visit() 函數，每個具體形狀一個
};
```

在這個例子中，Circle 有一個 visit() 函數（❶），Square 也有一個（❷）。當然，可以有更多的 visit() 函數——例如，一個用於 Triangle，一個用於 Rectangle，一個用於 Ellipse——因為這些也是 Shape 基礎類別的衍生類別。

有了 ShapeVisitor 基礎類別之後，你現在可以輕鬆地增加新的操作。為了增加操作你所需要做的就是增加新的衍生類別。例如，要能夠旋轉形狀，你可以引入 Rotate 類別，並實作所有 visit() 函數。要能夠繪製形狀，所有你要做的就是引入一個 Draw 類別：

```
class Draw : public ShapeVisitor
{
 public:
   void visit( Circle const& c, /*...*/ ) const override;
   void visit( Square const& s, /*...*/ ) const override;
   // 可能有更多的 visit() 函數，每個具體形狀一個
};
```

而且你可以考慮引入多個 Draw 類別，每個你需要支援的圖形函數庫一個。你可以很容易地做到這件事，因為你不需要修改任何**現有的程式碼**。只需要透過增加**新的程式碼**來擴展 ShapeVisitor 的階層結構。因此，這種設計對增加操作而言滿足了 OCP 的要求。

為了完全理解 Visitor 的軟體設計特點，理解 Visitor 設計模式為什麼能夠實現 OCP 就很重要。最初的問題是，每一個新的操作都需要改變 Shape 基礎類別。Visitor 將增加操作視為一個**變動點**。透過抽取出這個變動點，即藉由將它變成單獨的類別，你就遵循了單一責任原則（SRP）：Shape 不需要為每個新的操作改變。這避免了 Shape 階層結構的頻繁修改，並且能夠輕易地增加新的操作。因此，SRP 成為了 OCP 的推手。

要在形狀上使用訪客（從 ShapeVisitor 基礎類別衍生的類別），你現在必須在 Shape 階層結構中增加最後一個函數：accept() 函數（❸）[9]：

---

9 accept() 是 GoF 書籍中使用的名稱。在 Visitor 設計模式的背景下，它是一個傳統的名稱。當然，你可以隨意使用任何其他名稱，像是 apply()。但是在你重新命名之前，請想想第 91 頁「指導原則 14：使用設計模式的名稱傳達目的」中的建議。

```
class Shape
{
 public:
   virtual ~Shape() = default;
   virtual void accept( ShapeVisitor const& v ) = 0;  ❸
   // ...
};
```

accept() 函數在基礎類別中是當作純虛擬函數引入，因此必須在每個衍生類別中實作（❹和❺）：

```
class Circle : public Shape
{
 public:
   explicit Circle( double radius )
      : radius_( radius )
   {
      /* 檢查所給的半徑是否有效 */
   }

   void accept( ShapeVisitor const& v ) override { v.visit( *this ); }  ❹

   double radius() const { return radius_; }

 private:
   double radius_;
};


class Square : public Shape
{
 public:
   explicit Square( double side )
      : side_( side )
   {
      /* 檢查所給的邊長是否有效 */
   }

   void accept( ShapeVisitor const& v ) override { v.visit( *this ); }  ❺

   double side() const { return side_; }

 private:
   double side_;
};
```

accept() 的實作很容易；但是，它只需要根據具體 Shape 的類型，在給定的訪客上呼叫對應的 visit() 函數。這可以透過將 this 指標當作引數傳給 visit() 完成。因此，accept() 的實作在每個衍生類別中都一樣，但是因為 this 指標的類型不同，在給定的訪客中它將觸發不同的多載 visit() 函數。因此，Shape 基礎類別不能提供預設的實作。

這個 accept() 函數現在可以用在你需要執行操作的地方。例如，drawAllShapes() 函數用 accept() 來繪製給定形狀向量中的所有形狀：

```
void drawAllShapes( std::vector<std::unique_ptr<Shape>> const& shapes )
{
   for( auto const& shape : shapes )
   {
      shape->accept( Draw{} );
   }
}
```

增加了 accept() 函數後，你現在能夠用操作輕鬆地擴展你的 Shape 階層結構。你現在已經為操作的**開放集合**進行了設計，了不起！然而，不會有萬靈丹，也不會有總是有效的設計。每種設計都有優點，但也會有缺點。所以在你開始慶祝之前，我應該告訴你 Visitor 設計模式的缺點，以提供你它的全貌。

分析 Visitor 設計模式的缺點

不幸的是，Visitor 設計模式離完美還有段距離。這應該是意料中的，考慮到 Visitor 是對 OOP 固有弱點的一種變通辦法，而不是建立在 OOP 的強處上。

第一個缺點是實作彈性低。如果你思考一下 Translate 訪客的實作，這缺點就很明顯了。Translate 訪客需要將每個形狀的中心點移動一個給定的偏移量。為了這樣做，Translate 需要為每個具體的 Shape 實作一個 visit() 函數。特別是對於 Translate，你可以想像這些 visit() 函數的實作如果不是完全相同的話，也會非常類似：平移一個圓形和平移一個正方形沒有什麼不同。儘管如此，你還是需要撰寫所有的 visit() 函數。當然，你會從 visit() 函數中抽取出邏輯，並在第三者、單獨的函數中實作，以根據 DRY 原則將重複最少化[10]。但不幸的是，基礎類別所強加的嚴格要求，並沒有給你將這些 visit() 函數作為一個函數實作的自由，這結果就是一些陳詞濫調的程式碼：

10 抽取邏輯到一個單一的函數確實是明智的，原因是改變：如果你以後需要更新實作，你不會想要多次執行改變。這就是 DRY（不要重複自己）原則的想法。所以請記住第 10 頁的「指導原則 2：為改變而設計」。

```
class Translate : public ShapeVisitor
{
 public:
   // 平移圓形和平移正方形之間的差別在哪裡？
   // 你仍然要實作所有的虛擬函數 ...
   void visit( Circle const& c, /*...*/ ) const override;
   void visit( Square const& s, /*...*/ ) const override;
   // 可能有更多的 visit() 函數，每個具體形狀一個
};
```

一個沒有彈性類似的實作是 visit() 函數的回傳類型。函數回傳什麼是由 ShapeVisitor 基礎類別決定的，衍生類別不能改變這件事。通常的做法是將結果儲存在訪客中，待以後再存取它。

第二個缺點是，使用了 Visitor 設計模式，增加新類型變得很困難。在此之前，我們假設你已經確定有了所有你將需要的形狀。這個假設現在已經變成限制。在 Shape 階層結構中增加一個新的形狀需要更新整個 ShapeVisitor 階層結構：你必須將新的純虛擬函數加到 ShapeVisitor 基礎類別中，而且這個虛擬函數必須被所有衍生類別實作。當然，這也伴隨著我們之前討論過的所有缺點。特別是，你將強迫其他開發者更新他們的操作[11]。因此，Visitor 設計模式需要類型的**封閉集合**，作為交換，它提供操作的**開放集合**。

這個限制的根本原因是在 ShapeVisitor 基礎類別、具體形狀（Circle、Square 等）和 Shape 基礎類別之間有循環的依賴關係（參考圖 4-3）。

ShapeVisitor 基礎類別依賴於具體的形狀，因為它為每個形狀提供了一個 visit() 函數。具體的形狀依賴於 Shape 基礎類別，因為它們必須滿足基礎類別的所有期望和需求。而 Shape 基礎類別由於 accept() 函數而依賴於 ShapeVisitor 基礎類別。因為這種循環依賴關係，我們現在能夠很容易地增加新的操作（因為依賴關係反轉，所以是在我們架構的較低層次上），但我們不能再輕易地增加類型（因為這必須發生在我們架構的高層次上）。因為這個原因，我們稱傳統的 Visitor 設計模式為***循環的 Visitor***。

11 考慮一下風險：團隊的燒烤活動可能會將你終身排除在外。

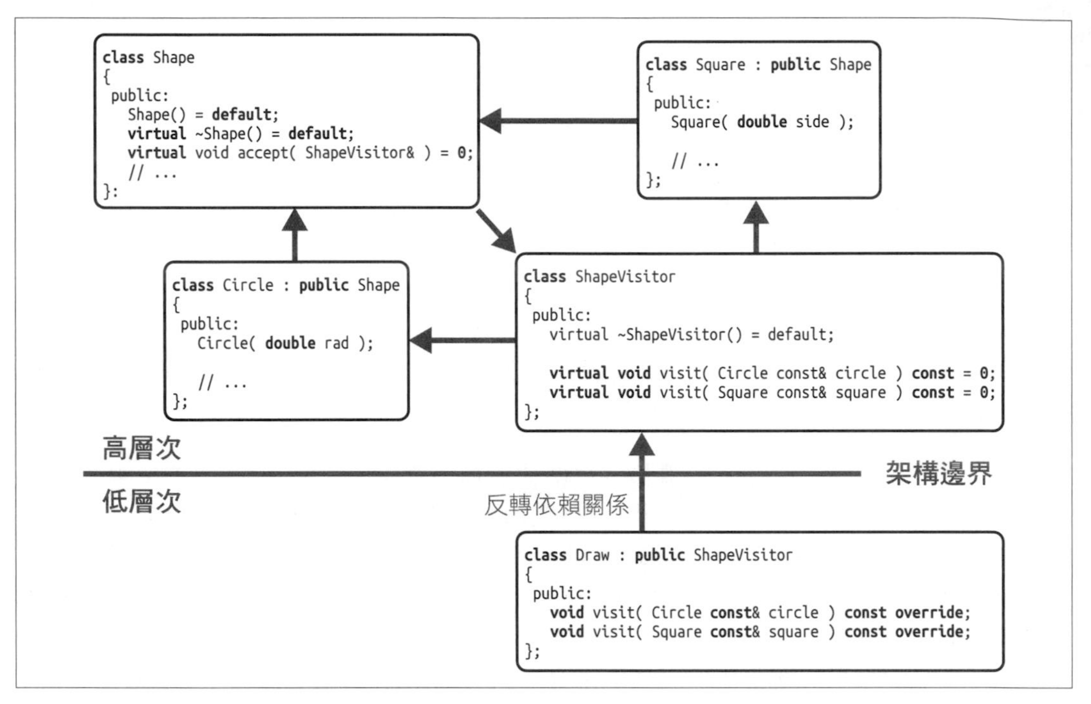

圖 4-3　Visitor 設計模式的依賴關係圖

第三個缺點是訪客的干擾性質。要在現有的階層結構中增加一個訪客，你需要在這階層結構的基礎類別中增加虛擬的 `accept()`。雖然這通常是可行的，但它仍然受到在現有階層結構增加純虛擬函數的通常問題影響（參考第 96 頁的「指導原則 15：為增加類型或操作而設計」）。然而，如果不能增加 `accept()` 函數，那這種形式的 Visitor 就不是一個選項。如果是這種情況，不用擔心：我們將在第 116 頁的「指導原則 17：考慮用 std::variant 實作 Visitor」中看到另一種非干擾形式的 Visitor 設計模式。

第四個儘管一般公認是比較隱蔽的缺點，就是 `accept()` 函數被衍生類別繼承。如果有人後來又增加了一層衍生類別（這個人也可能是你），而忘記了多載 `accept()` 函數，那訪客將被應用到錯誤的類型。而且不幸的是，關於這點你不會得到任何警告，這只是對增加新類型變得更困難的更多證據。對這點一個可能的解決方案是將 `Circle` 和 `Square` 類別宣告為 `final`，然而這將限制未來的擴展。

「哇，有那麼多的缺點。還有嗎？」是的，不幸的是還有兩個。當我們考慮到對每一個操作現在需要呼叫兩個虛擬函數的時候，第五個缺點就很明顯了。最初，我們不知道操作的類型或是形狀的類型。第一個虛擬函數是 accept() 函數，傳遞給它一個抽象的 ShapeVisitor，accept() 函數現在解決了形狀的具體類型。第二個虛擬函數是 visit() 函數，傳遞給它的是一個具體類型的 Shape，visit() 函數現在解決了操作的具體類型。不幸的是，這種所謂的**雙重分派**不是自由的。相反地，在效率上，你應該認為 Visitor 設計模式是相當慢的，在下一個指導原則中我將提供一些性能的數據。

在談論性能的時候，我也應該提到另外兩個對性能有負面影響的面向。首先，我們通常會個別地分配每一個形狀和訪客。考慮以下這個 main() 函數：

```
int main()
{
   using Shapes = std::vector< std::unique_ptr<Shape> >;

   Shapes shapes;

   shapes.emplace_back( std::make_unique<Circle>( 2.3 ) );  ❻
   shapes.emplace_back( std::make_unique<Square>( 1.2 ) );  ❼
   shapes.emplace_back( std::make_unique<Circle>( 4.1 ) );  ❽

   drawAllShapes( shapes );

   // ...

   return EXIT_SUCCESS;
}
```

在這個 main() 函數中，所有的分配都是透過 std::make_unique()（❻、❼和❽）發生的。這些又多又小的分配耗費了自己的執行時間，而且從長遠來看會造成記憶體片段儲存[12]。還有，記憶體可能會以一種不利的、對快取不友善的方式安排。因此，我們通常使用指標與產生的形狀和訪客共事。所產生的間接性使得編譯器更難執行任何的優化，並且會在性能基準中顯露。然而，老實說，這不是一個 Visitor 特有的問題，但這兩個面向在一般的 OOP 中相當常見。

Visitor 設計模式的最後一個缺點是，經驗已經證明這種設計模式很難完全理解和維護。這是一個相當主觀的缺點，但是兩個階層錯綜複雜的相互作用常常讓人感覺更像是負擔，而不是真正的解決方案。

12 當你使用封裝了對 new 的呼叫，而不是一些特殊用途分配方案的 std::make_unique() 時，記憶體片段儲存的可能性更大。

總之，Visitor 設計模式是 OOP 的解決方案，它允許輕鬆擴展操作而不是類型。這是透過以 `ShapeVisitor` 基礎類別的形式引入抽象化而實現，它使你能夠在另一組類型上增加操作。雖然這是 Visitor 獨特的強處，但不幸的是，它也伴隨著一些不足：由於對基礎類別的需求有強列的耦合，在兩個繼承階層中的實作都不夠彈性，性能也相當差，而且 Visitor 固有的複雜性使它成為相當不受歡迎的設計模式。

如果您現在還沒有決定是否使用傳統的 Visitor，花點時間閱讀下一節。我將向你展示實作 Visitor 的另一種方法——一種更可能會讓你滿意的解決方案。

> **指導原則 16：用 Visitor 來擴展操作**
>
> - 記住，在現有的繼承階層結構中增加新的操作是很困難。
> - 應用具有能夠輕易增加操作目的的 Visitor 設計模式。
> - 意識到 Visitor 設計模式的缺點。

指導原則 17：考慮用 std::variant 實作 Visitor

在第 107 頁的「指導原則 16：用 Visitor 來擴展操作」中，我向你介紹了 Visitor 設計模式。我想你並沒有立刻愛上它：雖然 Visitor 確實有一些獨特的特性，但它也是相當複雜的設計模式，有一些強烈的內部耦合和性能缺點。不，絕對不要愛上它！然而，不用擔心，傳統的形式不是實作 Visitor 設計模式的唯一方法。這一節中，我想要介紹一種實作 Visitor 的不同方法。而且我確信，這種方法將更符合你的喜好。

std::variant 簡介

在本章的開頭，我們談論了不同範例（OOP 相對於程序式程式設計）的強處和弱點。特別是，我們談到了程序式程式設計在現有類型集合中增加新操作上特別出色的事實。因此，不是試圖要在 OOP 中尋找變通辦法，而是要如何利用程序式程式設計的強處？不，別擔心，我當然不是建議回到我們最初的解決方案，那種方法實在太容易出錯。反而，我是在談 `std::variant`：

```
#include <cstdlib>
#include <iostream>
#include <string>
#include <variant>
```

```
struct Print ⑩
{
   void operator()( int value ) const
      { std::cout << "int: " << value << '\n'; }
   void operator()( double value ) const
      { std::cout << "double: " << value << '\n'; }
   void operator()( std::string const& value ) const
      { std::cout << "string: " << value << '\n'; }
};

int main()
{
   // 建立一個包含初始化為「int」0 的預設變數
   std::variant<int,double,std::string> v{}; ①

   v = 42;         // 將「int」42 指定給變數 ②
   v = 3.14;       // 將「double」3.14 指定給變數 ③
   v = 2.71F;      // 指定一個「float」，它被提升為「double」 ④
   v = "Bjarne";   // 將字串「Bjarne」指定給變數 ⑤
   v = 43;         // 將「int」43 指定給變數 ⑥

   int const i = std::get<int>(v);  // 直接存取這個值 ⑦

   int* const pi = std::get_if<int>(&v);  // 直接存取這個值 ⑧

   std::visit( Print{}, v );  // 應用 Print 訪客 ⑨

   return EXIT_SUCCESS;
}
```

因為你可能還沒有被介紹過 C++17 的 `std::variant`，請允許我簡要地向你介紹一下，以防萬一。一個變數代表了一些選項中的一個。程式碼例子中 `main()` 函數開始的變數可以包含一個 `int`、一個 `double` 或是一個 `std::string`（①）。注意我說的是**或**：一個變數只能包含這三個選項中的一個。它決不是其中的幾個，而且在通常情況下，它應該不會什麼都不包含。為了這個原因，我們把變數稱為**總和類型**：可能的狀態集合是選項可能狀態的和。

預設的變數也不是空的，它以第一個選項預設值初始化。在這個例子中，預設的變數包含值為 0 的整數。要改變變數的值很簡單：你可以直接指定新的值。例如，我們可以指定值 42，這就意味著變數儲存了一個值為 42 的整數（②）。如果我們後續指定值 3.14，那麼變數將儲存值為 3.14 的 `double`（③）。如果你想要指定值的類型不是可能的選項之一，會採用通常的轉換規則。例如，如果你想指定 `float`，根據常規的轉換規則，它將被提升為 `double`（④）。

為了儲存這些選項，變數提供了足夠的內部緩衝區以容納選項中最大的值。在我們的情況中，最大的選項是 std::string，它通常需要 24 到 32 個位元組（這取決於用於實作的標準函數庫）。因此，當你指定字串文字「Bjarne」時，變數首先將清除先前的值（沒有什麼可做的；它只是一個 double），然後，因為它是唯一可作用的選項，會在它自己的緩衝區內適當的地方建構 std::string（❺）。當你改變主意並指定整數 43 時（❻），變數將透過它的解構函數正確地銷毀 std::string，並為整數重新使用這個內部緩衝區。妙極了，不是嗎？變數是類型安全的，並且總是被正確地初始化。我們還能要求什麼呢？

好吧，你當然想用變數裡面的值做些什麼。如果我們只是將值儲存，那就沒有任何的用處。不幸的是，你不能簡單地將變數指定給任何其他的值（例如，一個 int），以取回你的值。不，要存取值就稍微有些複雜。有一些方法可以存取儲存的值，最直接的方法是用 std::get()（❼）。用 std::get() 你可以查詢特定類型的值，如果變數包含這個類型的值，它將回傳一個對它的參照；如果沒有，它會拋出 std::bad_variant_exception。這似乎是一個相當粗魯的回應，因為你已經問得很好了。但是當變數沒有假裝持有它實際沒有的值時，我們也許應該感到高興，至少它很誠實。在 std::get_if()（❽）的形式中，有一個更好的方法。與 std::get() 相比，std::get_if() 不是回傳一個參照，而是回傳一個指標。如果你要求 std::variant 目前不持有的類型，它不會拋出異常，而是回傳 nullptr。然而，還有第三種方法，一種對我們目的特別引人關注的方法：std::visit()（❾）。std::visit() 讓你在儲存的值上執行任何的操作，或者更精確地說，它讓你傳遞一個自訂的訪客以對類型**封閉集合**的儲存值執行任何操作。聽起來很熟悉吧？

我們作為第一個引數傳遞的 Print 訪客（❿）必須為每一個可能的選項提供一個函數呼叫運算子（operator()）。在這個例子中，是透過提供三個 operator() 實現：int 一個、double 一個、以及 std::string 一個。特別值得注意的是，Print 不需要繼承任何基礎類別，而且也沒有任何虛擬函數。因此，對任何需求都沒有強烈的耦合。如果我們想要的話，我們也可以把 int 和 double 的函數呼叫運算子收合成一個，因為 int 可以被轉換成 double：

```
struct Print
{
   void operator()( double value ) const
      { std::cout << "int or double: " << value << '\n'; }
   void operator()( std::string const& value ) const
      { std::cout << "string: " << value << '\n'; }
};
```

雖然我們目前對於應該偏好哪個版本的問題並不是特別感興趣，但你會注意到我們有很多實作的彈性。只有一個非常鬆散的耦合，基於不論確定的形式為何，每一個選項都需要是一個 operator() 的協定。我們不再有強迫我們以非常具體方式做事的 Visitor 基礎類別。對選項我們也沒有任何基礎類別：我們可以自由地使用像是 int 和 double 的基本類型，以及像是 std::string 的任意類別類型。而也許最重要的是，任何人都可以輕鬆地增加新的操作，不需要修改現有的程式碼。有了這些，我們可以主張這是一個程序式的解決方案，它就是比最初用基礎類別容納鑑別器的基於列舉的方法要更優雅。

作為一種基於值、非干擾性的解決方案，重構形狀繪製

有了這些屬性，std::variant 就完全地適合我們繪圖的例子。讓我們用 std::variant 重新實作形狀繪製。首先，我們重構 Circle 和 Square 類別：

```
//---- <Circle.h> ----------------

#include <Point.h>

class Circle
{
 public:
   explicit Circle( double radius )
      : radius_( radius )
   {
      /* 檢查所給的半徑是否有效 */
   }

   double radius() const { return radius_; }
   Point  center() const { return center_; }

 private:
   double radius_;
   Point center_{};
};


//---- <Square.h> ----------------

#include <Point.h>

class Square
{
 public:
   explicit Square( double side )
      : side_( side )
   {
      /* 檢查所給的邊長是否有效 */
   }

   double side  () const { return side_; }
```

```
        Point  center() const { return center_; }

     private:
        double side_;
        Point center_{};
    };
```

Circle 和 Square 都顯著地簡化了：不再有 Shape 基礎類別，不再需要實作任何虛擬函數 —— 特別是 accept() 函數。因此，這種 Visitor 方法是非干擾性的：這種形式的 Visitor 可以很容易地加到現有的類型中！而且不需要為任何即將發生的操作準備這些類別，我們可以完全專注在按這兩個類別的原樣實作它們：幾何基元。

然而，重構中最漂亮的部分是實際使用 std::variant：

```
//---- <Shape.h> ----------------

#include <variant>
#include <Circle.h>
#include <Square.h>

using Shape = std::variant<Circle,Square>;  ⓫


//---- <Shapes.h> ----------------

#include <vector>
#include <Shape.h>

using Shapes = std::vector<Shape>;  ⓬
```

因為我們的類型**封閉集合**是形狀集合，變數現在將包含 Circle 或 Square。而什麼是代表形狀類型集合抽象化的好名稱呢？嗯… Shape（⓫）。現在 std::variant 不再是從實際形狀類型中抽取出來的基礎類別，而是獲得了這項工作。如果這是你第一次看到，你可能會感到很驚訝。但等一下，還有更多：這也意味著我們現在可以對 std::unique_ptr 置之不理。記住：我們使用（智慧型）指標的唯一原因是讓我們能夠在同一個向量中儲存不同種類的形狀。但是現在 std::variant 讓我們能夠做同樣的事情，我們可以簡單地將變數物件存到一個向量內（⓬）。

有了這個功能之後，我們可以撰寫形狀的自訂操作。我們仍然對繪製形狀有興趣。為了這個目的，我們現在實作 Draw 訪客：

```
//---- <Draw.h> ----------------

#include <Shape.h>
```

```
#include /* 一些圖形函數庫 */

struct Draw
{
   void operator()( Circle const& c ) const
      { /* ... 實作畫圓的邏輯 ... */ }
   void operator()( Square const& s ) const
      { /* ... 實作畫正方形的邏輯 ... */ }
};
```

我們再次遵循了為每個選項實作一個 `operator()` 的期望：`Circle` 一個、`Square` 一個。但是這一次我們有了選擇。我們不需要實作任何基礎類別，因此也不需要多載任何虛擬函數。因此，不需要為任何一個選項確切地實作一個 `operator()`。雖然在這個例子中，有兩個函數感覺上是合理的，但我們可以選擇將兩個 `operator()` 合併成一個函數。對於操作回傳的類型我們也有選擇，我們可以局部地決定應該回傳什麼，而不是由獨立於具體操作的基礎類別來做全域性的決定。有彈性的實作、鬆散的耦合，非常好！

最後一塊的拼圖是 `drawAllShapes()` 函數：

```
//---- <DrawAllShapes.h> ----------------

#include <Shapes.h>

void drawAllShapes( Shapes const& shapes );


//---- <DrawAllShapes.cpp> ----------------

#include <DrawAllShapes.h>

void drawAllShapes( Shapes const& shapes )
{
   for( auto const& shape : shapes )
   {
      std::visit( Draw{}, shape );
   }
}
```

重構 `drawAllShapes()` 函數以使用 `std::visit()`。在這個函數中，現在我們將應用 `Draw` 訪客於所有儲存在一個向量中的變數。

`std::visit()` 的工作是為你執行必要的類型調度。如果給定的 `std::variant` 包含 `Circle`，它將為圓呼叫 `Draw::operator()`；否則，它將為正方形呼叫 `Draw::operator()`。如果你願意，你也可以用 `std::get_if()` 手動實作同樣的調度：

```
void drawAllShapes( Shapes const& shapes )
{
   for( auto const& shape : shapes )
   {
      if( Circle* circle = std::get_if<Circle>(&shape) ) {
         // ... 繪製圓形
      }
      else if( Square* square = std::get_if<Square>(&shape) ) {
         // ... 繪製正方形
      }
   }
}
```

我知道你在想什麼：「廢話！為什麼我要這樣做？這將造成和基於列舉解決方案一樣的維護噩夢」。我完全同意你：從軟體設計的觀點看，這是一個糟糕的想法。但我不得不承認，在本書的背景下，（有時候）這樣做可能有一個很好的理由：性能。我知道，現在我已經激起你的興趣，但是，因為反正我們幾乎準備談論性能了，讓我將這個討論推遲幾個段落。我承諾，我會回來討論這件事。

有了所有這些細節之後，我們終於可以重構 `main()` 函數了。但實際要做的工作並不多：與其透過 `std::make_unique()` 建立圓形和正方形，不如直接建立圓形和正方形，並且將它們增加到向量中。這要歸功於變數的非顯式建構函數，它允許隱式的轉換任何選項：

```
//---- <Main.cpp> ----------------

#include <Circle.h>
#include <Square.h>
#include <Shapes.h>
#include <DrawAllShapes.h>

int main()
{
   Shapes shapes;

   shapes.emplace_back( Circle{ 2.3 } );
   shapes.emplace_back( Square{ 1.2 } );
   shapes.emplace_back( Circle{ 4.1 } );

   drawAllShapes( shapes );

   return EXIT_SUCCESS;
}
```

這種基於值的解決方案的最終結果非常令人著迷：根本沒有基礎類別、沒有虛擬函數、沒有指標、沒有手動的記憶體分配。事情盡可能的簡單明瞭，而且很少有陳詞濫調的程式碼。此外，儘管程式碼看起來與之前的解決方案非常不一樣，但架構的屬性是相同的：每個人都能在不需要修改現有的程式碼下增加新的操作（參考圖 4-4）。因此，在增加操作上，我們仍然滿足了 OCP 的要求。

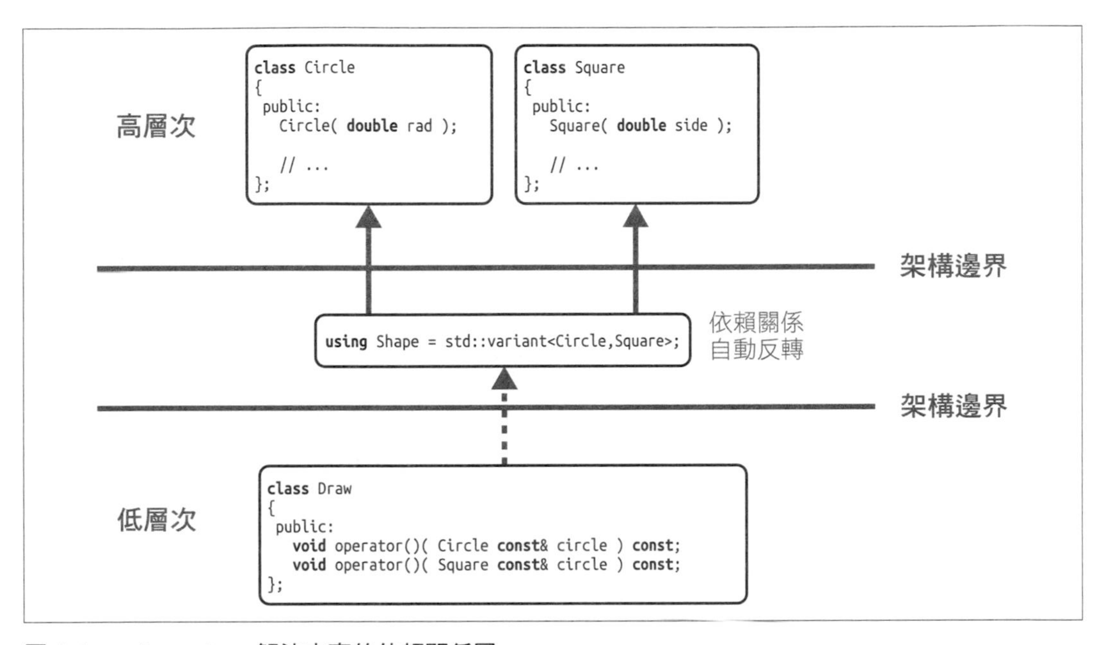

圖 4-4　`std::variant` 解決方案的依賴關係圖

如前所述，這種 Visitor 方法是非干擾性的。從架構的觀點看，與傳統的 Visitor 相比，這給了你另一個顯著的優勢。如果你比較傳統 Visitor 的依賴關係圖（參考圖 4-3）與 `std::variant` 解決方案的依賴關係圖（參考圖 4-4），你會看到 `std::variant` 解決方案的依賴關係圖有第二個架構邊界。這意味著 `std::variant` 和它的選項之間沒有循環的依賴關係。我應該重複這點以強調它的重要性：`std::variant` 和它的選項之間沒有循環的依賴關係！這看似一個小小的細節，實際上卻是個巨大的架構優勢；巨大的！舉個例子，你可以在毫無事前準備下快速建立一個以 `std::variant` 為基礎的抽象化：

```
//---- <Shape.h> ----------------

#include <variant>
#include <Circle.h>
#include <Square.h>
```

```
using Shape = std::variant<Circle,Square>;  ⓭


//---- <SomeHeader.h> ---------------

#include <Circle.h>
#include <Ellipse.h>
#include <variant>

using RoundShapes = std::variant<Circle,Ellipse>;  ⓮


//---- <SomeOtherHeader.h> ---------------

#include <Square.h>
#include <Rectangle.h>
#include <variant>

using AngularShapes = std::variant<Square,Rectangle>;  ⓯
```

除了我們早已經建立的 Shape 抽象化以外（⓭），你也可以為所有圓的形狀建立 std::variant（⓮），而且你還可以為所有有角的形狀建立 std::variant（⓯），這兩者都和 Shape 抽象化差很多。你可以很容易地做到這點，因為不需要從多個 Visitor 基礎類別衍生。相反地，形狀類別將不會受到影響。因此，事實上 std::variant 解決方案是非干擾性的，並具有最高的架構值！

性能基準

我知道你現在的感受。是的，這就是一見鍾情的感覺。但信不信由你，還有更多。有一個主題我們還沒有討論到，是對每個 C++ 開發者來說都很寶貴的主題，當然那就是性能。雖然這不是一本真正關於性能的書，但仍然值得一提的是，你不必擔心 std::variant 的性能問題。我早已經向你保證過它很快。

然而，在我向你展示基準測試結果之前，讓我對基準測試做一些評論。性能——唉。不幸的是，性能總是一個困難的主題。總是會有人抱怨性能。為了這個原因，我很樂意完全跳過這個主題。但是，又會有其他人抱怨缺少性能的值，唉。好吧，看起來總是會有一些抱怨，而且因為結果實在是好到不容錯過，我就展示一些基準測試的結果：但是有兩個條件：第一，你不能認為它們是代表絕對真理的定量值，而它們只是指明正確方向的定性值。第二，你不會因為我沒有使用你最喜歡的編譯器、編譯標誌、或 IDE，而在我的房子前發起抗議。答應嗎？

你：點頭，並且發誓不會再抱怨這些瑣事！

好的，很好，那麼表 4-2 提供你基準測試的結果。

表 4-2　不同 Visitor 實作的基準測試結果

Visitor 實作	GCC 11.1	Clang 11.1
傳統的 Visitor 設計模式	1.6161 s	1.8015 s
物件導向的解決方案	1.5205 s	1.1480 s
列舉解決方案	1.2179 s	1.1200 s
`std::variant`（含有 `std::visit()`）	1.1992 s	1.2279 s
`std::variant`（含有 `std::get_if()`）	1.0252 s	0.6998 s

要理解這些數據的意義，我應該提供你多一點背景。為了使場景更真實，我不只使用了圓形和正方形，而且還使用了矩形和橢圓。然後我在 10,000 個隨機建立的形狀中執行了 25,000 次操作。我沒有畫這些圖形，而是透過亂數向量更新中心點[13]。這是因為這種平移操作非常物廉價美，並讓我能更好地展示所有這些解決方案固有的開銷（像是間接性和虛擬函數呼叫的開銷）。一個像 `draw()` 昂貴的操作，會掩蓋了這些細節，而且可能會給人所有方法都很類似的印象。我同時使用了 GCC 11.1 和 Clang 11.1，對於這兩個編譯器，我只增加了 `-O3` 和 `-DNDEBUG` 編譯標誌。我使用的平台是 8 核心 Intel Core i7、3.8 GHz 主記憶體 64 GB 的 macOS Big Sur（11.4 版）。

從基準測試結果中了解到的最主要資訊是，變數解決方案遠比傳統的 Visitor 解決方案更有效率。這應該不會讓人驚訝：由於雙重調度，傳統的 Visitor 實作包含了許多間接性，因此也很難優化。另外，形狀物件的記憶體佈局也很完美：與包括基於列舉的解決方案在內的其他所有解決方案相比，所有的形狀都儲存在記憶體連續的位址，這是你所能選擇的對快取最友善的佈局。第二個主要資訊是，`std::variant` 就算不是令人驚訝的高效率，也確實相當有效率了。然而，令人驚訝的是，效率在很大程度上取決於我們是使用 `std::get_if()` 還是 `std::visit()`（我承諾還會回到這個問題上）。GCC 和 Clang 在使用 `std::visit()` 時都產生了更緩慢的程式碼。我認為 `std::visit()` 在這個時間點上還沒有被完美地實作和優化。但是，如我之前所說的，性能總是很困難，而且我不會試圖對這個謎團有更深入的冒險[14]。

13 我確實使用了亂數向量，透過 `std::mt19937` 和 `std::uniform_real_distribution` 來建立，但只是對自己事後證明 GCC 11.1 的性能沒有改變，Clang 11.1 也只有輕微的變化。顯然，建立亂數它本身並不特別昂貴（至少在我的機器上）。因為你承諾將這些視為定性的結果，所以我們的結果應該還不錯。

14 還有其他開源的 `variant` 替代實作。Boost 函數庫（*https://www.boost.org*）提供了兩種實作：Abseil（*https://oreil.ly/FTtxY*）提供了變數的實作，而看看 Michael Park（*https://oreil.ly/EXCYj*）的實作也有收益。

最重要的是，std::variant 的巧妙沒有被糟糕的性能數據搞砸。相反的，性能結果有助於強化你與 std::variant 新發現的關係。

分析 std::variant 解決方案的缺點

雖然我不想危及這種關係，但我認為我有責任指出如果你使用基於 std::variant 的解決方案，你將必須處理的幾個缺點。

第一，我應該再次指出一個明顯的問題：作為類似 Visitor 設計模式並基於程序式程式設計的解決方案，std::variant 也專注於提供操作的**開放集合**。缺點是，你將必須處理類型的**封閉集合**。增加新的類型將導致與我們在第 96 頁的「指導原則 15：為增加類型或操作而設計」中基於列舉的解決方案，所經歷過的問題非常類似。首先，你必須更新變數本身，這可能會觸發所有使用這個變數類型程式碼的重新編譯（還記得更新列舉嗎？）。另外，你還必須更新所有的操作，並為新的替代選項增加可能缺少的 operator()。好的是，如果缺少這些運算子中的一個，編譯器會發出抱怨。不好的是，編譯器將不會產生一個好看的、易讀的錯誤訊息，而是更接近於所有與模板相關的錯誤資訊中最極端的訊息。總之，它真的感覺很像我們之前在基於列舉解決方案上的經驗。

你應該記住的第二個潛在問題是，你應該避免把大小差很多的類型放在一個變數中。如果至少有一個替代選項比其他的大很多，你可能會浪費許多空間來儲存許多小的替代選項。這將對性能有負面影響。解決方法是不要直接儲存大的替代選項，而是透過 *Proxy* 物件或使用 *Bridge* 設計模式，將它們儲存在指標後面[15]。當然，這將引入一個間接性，也要付出性能代價。與儲存不同大小的值相比，這在性能上是否是一個缺點，是你必須做的基準測試。

最後但同樣重要的是，你應該始終意識到變數可以透露很多資訊的事實。雖然它表示執行期的抽象化，但所包含的類型仍然是清楚可見的。這可能會建立對變數的實體依賴關係，也就是說，當修改其中一個替代選項的類型時，你可能必須重新編譯任何相關的程式碼。再一次，解決的辦法還是用儲存指標或 *Proxy* 物件，這樣可以隱藏實作細節。不幸的是，這也會影響性能，因為很多性能的裨益來自編譯器對細節的認知並據以優化它們。因此，在性能和封裝之間總是會有一個妥協。

儘管有這些缺點，但扼要地說，std::variant 被證明是基於 OOP 的 Visitor 設計模式極好的替代品。它大大地簡化了程式碼，幾乎移除了所有陳詞濫調的程式碼，並封裝了難

15 *Proxy* 模式是 GoF 設計模式中的另一個，遺憾的是，由於篇幅有限我在本書中並沒有涵蓋。但是，我將詳細說明 *Bridge* 設計模式；請參考第 242 頁的「指導原則 28：建構 Bridge 以移除實體依賴性」。

看和維護密集的部分，而且還具有優越的性能。另外，`std::variant` 被證明是對設計模式是與目的有關，而不是與實作細節有關這個事實的好例子。

> **指導原則 17：考慮用 std::variant 實作 Visitor**
>
> - 理解傳統 Visitor 和 `std::variant` 之間架構的類似性。
> - 意識到 `std::variant` 與物件導向 Visitor 解決方案相比的優勢。
> - 使用 `std::variant` 的非干擾性特性，在不需事前準備下建立抽象化。
> - 記住 `std::variant` 的缺點，並且在不合適的時候避免使用它。

指導原則 18：謹防非循環 Visitor 的性能

如你在第 96 頁「指導原則 15：為增加類型或操作而設計」中所看到的，當使用動態多型時你必須做出決定：你可以支援**類型**的開放集合或**操作**的開放集合，但你不能同時擁有兩者。好吧，我更具體地說，據我所知，同時擁有這兩者實際上並非不可能，而是通常不切實際。為了證明，讓我介紹 Visitor 設計模式的另一種變體：*非循環 Visitor*[16]。

在第 107 頁的「指導原則 16：用 Visitor 來擴展操作」中，你看到 Visitor 設計模式的關鍵角色之間有一種循環依賴關係：`Visitor` 基礎類別依賴於形狀的具體類型（`Circle`、`Square` 等），形狀的具體類型依賴於 `Shape` 基礎類別，而 `Shape` 基礎類別依賴於 `Visitor` 基礎類別。由於這種循環的依賴關係將所有這些關鍵角色鎖在架構的一個層次上，因此很難對 Visitor 增加新的類型。非循環 Visitor 的想法是要打破這種依賴關係。

圖 4-5 顯示非循環 Visitor 的 UML 圖。與 GoF Visitor 相比，雖然在圖的右邊只有很小的差異，但在左邊卻有一些根本上的改變。最重要的是，`Visitor` 基礎類別被分割成幾個基礎類別：`AbstractVisitor` 基礎類別和每個形狀具體類型的一個基礎類別（在這個例子中，`CircleVisitor` 和 `SquareVisitor`）。所有訪客都必須繼承自 `AbstractVisitor` 基礎類別，但現在也可以選擇繼承自特定形狀的訪客基礎類別。如果一個操作想要支援圓形，它就繼承自 `CircleVisitor` 基礎類別並實作 `Circle` 的 `visit()` 函數；如果它不想支援圓形，它只需不繼承自 `CircleVisitor`。

16 對非循環 Visitor 模式發明者的更多資訊，參考 Robert C. Martin 的《*Agile Software Development: Principles, Pattern and Practices*》（Pearson）。

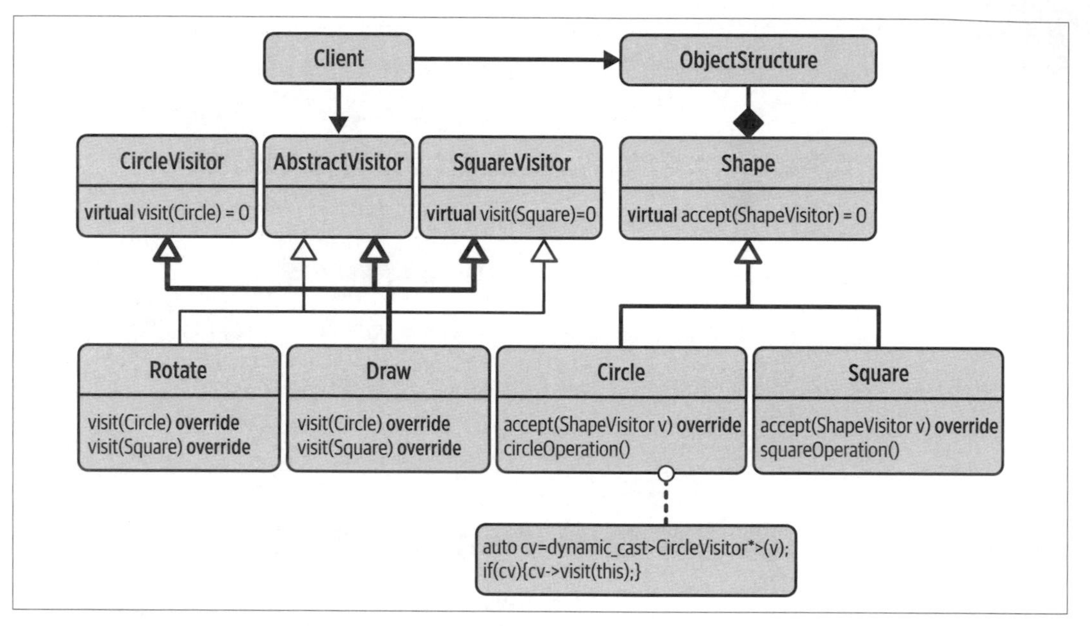

圖 4-5　非循環 Visitor 的 UML 表示法

以下程式碼片段顯示了 `Visitor` 基礎類別的可能實作：

```
//---- <AbstractVisitor.h> ----------------

class AbstractVisitor  ❶
{
 public:
   virtual ~AbstractVisitor() = default;
};


//---- <Visitor.h> ----------------

template< typename T >
class Visitor  ❷
{
 protected:
   ~Visitor() = default;

 public:
   virtual void visit( T const& ) const = 0;
};
```

AbstractVisitor 基礎類別除了是有虛擬解構函數（❶）的空基礎類別外，就沒有什麼了，沒有其他必要的函數。如你將看到的，AbstractVisitor 只作為識別訪客的一般標籤，而且本身不需要提供任何操作。在 C++ 中，我們傾向以類別模板的形式實作特定形狀的訪客基礎類別（❷）。Visitor 類別模板在特定形狀類型上參數化，並為這個特定形狀引入了純虛擬的 visit()。

在我們 Draw 訪客的實作中，我們現在將繼承自三個基礎類別：AbstractVisitor，以及因為我們想要同時支援 Circle 和 Square，所以從 Visitor<Circle> 和 Visitor<Square> 繼承：

```
class Draw : public AbstractVisitor
           , public Visitor<Circle>
           , public Visitor<Square>
{
 public:
   void visit( Circle const& c ) const override
      { /* ... 實作繪圓的邏輯 ... */ }
   void visit( Square const& s ) const override
      { /* ... 實作繪正方形的邏輯 ... */ }
};
```

這種實作的選擇打破了循環的依賴關係。如圖 4-6 所展示的，架構的高層次不再依賴於具體的形狀類型。形狀（Circle 和 Square）和操作現在都在架構邊界的低層次。我們現在可以同時增加類型和操作兩者。

此刻，你非常懷疑地且幾乎是帶有指責地看著我。我不是說過，同時擁有這兩者是不可能的嗎？很明顯地，這是可能的，對嗎？好吧，我再次強調，我並沒有宣稱這是不可能的，我只是說這可能不太實際。現在你已經看到了非循環 Visitor 的優點，讓我告訴你這種方法的缺點。

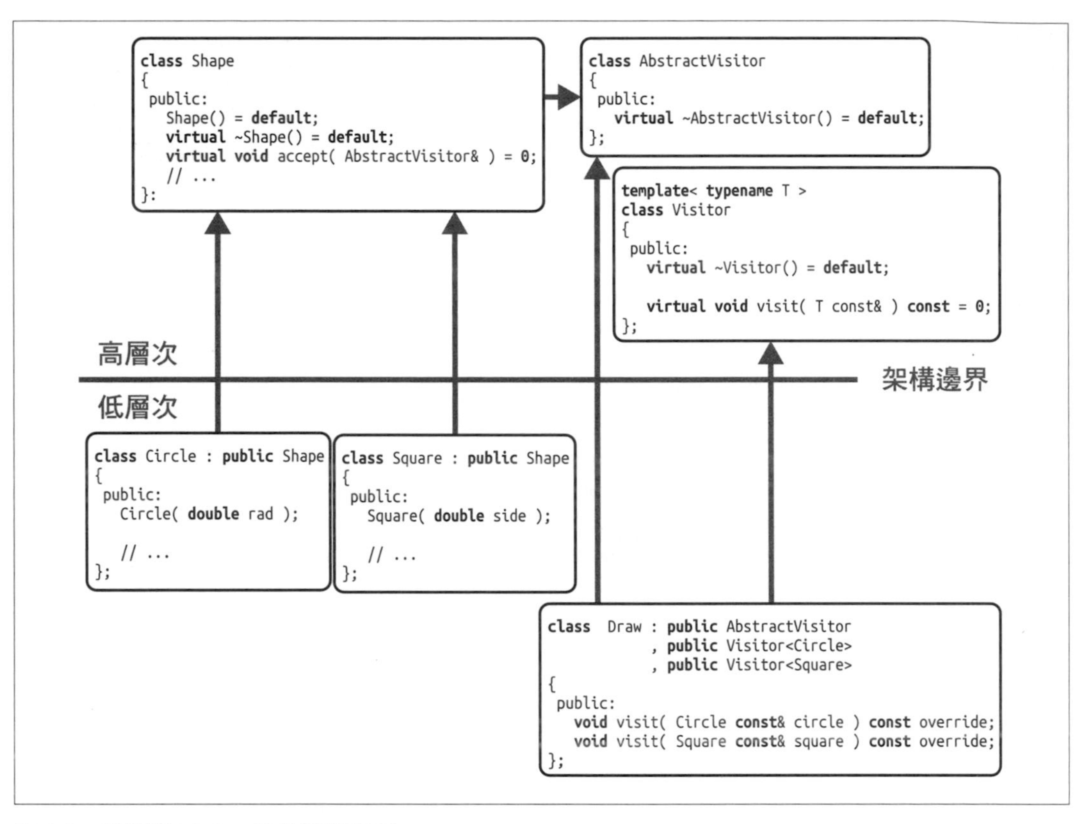

圖 4-6　非循環 Visitor 的依賴關係圖

首先，我們來看一下 `Circle` 中 `accept()` 函數的實作：

```
//---- <Circle.h> ----------------

class Circle : public Shape
{
 public:
   explicit Circle( double radius )
      : radius_( radius )
   {
      /* 檢查所給定的半徑是否有效 */
   }

   void accept( AbstractVisitor const& v ) override {  ❸
      if( auto const* cv = dynamic_cast<Visitor<Circle> const*>(&v) ) {  ❹
         cv->visit( *this );  ❺
      }
   }
```

```
    double radius() const { return radius_; }
    Point  center() const { return center_; }

  private:
    double radius_;
    Point center_{};
};
```

你可能已經注意到 Shape 階層結構上的一個小改變：虛擬的 accept() 函數現在接受一個 AbstractVisitor（❸）。你也應該記得，AbstractVisitor 本身並沒有實作任何操作。因此，Circle 不是在 AbstractVisitor 上呼叫 visit() 函數，而改為透過對 Visitor<Circle> 執行 dynamic_cast（❹）以確定所給的訪客是否支援圓形。注意，它執行了指標轉換，這意味著 dynamic_cast 回傳一個指向 Visitor<Circle> 的有效指標或者一個 nullptr。如果它回傳一個指向 Visitor<Circle> 的有效指標，它會呼叫對應的 visitor() 函數（❺）。

雖然這種方法肯定有效，而且是打破 Visitor 設計模式循環依賴關係的一部分，但 dynamic_cast 總是會留下壞的感覺。dynamic_cast 應該總是讓人覺得有點可疑，因為如果用得不好，它可能會破壞架構。如果我們執行從架構高層次向處於架構低層次的型態進行轉換，就會發生這種情形[17]。在我們的情況中，使用它實際上是沒問題的，因為這個使用是發生在我們架構的低層次上。因此，我們並沒有因為將關於低層次的知識插入到高層次而破壞架構。

真正的不足在於執行期的懲罰。當對非循環 Visitor 執行第 116 頁「指導原則 17：考慮用 std::variant 實作 Visitor」中相同的基準時，你會意識到它的執行時間幾乎比循環 Visitor 的執行時間高出一個數量級（參考表 4-3）。原因是，dynamic_cast 很慢，非常慢。而且對於這種應用來說，它特別慢。我們在這裡所做的是交叉形態轉換，我們不是簡單地向下轉換到一個特殊的衍生類別，而是轉換到繼承階層結構的另一個分支。這種交叉形態轉換，再接著一個虛擬函數的呼叫，比簡單的向下形態轉換要更昂貴。

17 請參考第 60 頁的「指導原則 9：注意抽象化的所有權」，對於**高層次**和**低層次**的定義。

表 4-3　不同 Visitor 實作的性能結果

Visitor 實作	GCC 11.1	Clang 11.1
非循環 Visitor	14.3423 s	7.3445 s
循環 Visitor	1.6161 s	1.8015 s
物件導向的解決方案	1.5205 s	1.1480 s
列舉解決方案	1.2179 s	1.1200 s
`std::variant`（含有 `std::visit()`）	1.1992 s	1.2279 s
`std::variant`（含有 `std::get()`）	1.0252 s	0.6998 s

雖然在架構方面，非循環 Visitor 是一個非常引人關注的選項，但從實際的觀點看，這些性能的結果可能會取消它的資格。這並不是意味著你不應該使用它，但至少要意識到，糟糕的性能可能是用另一種解決方案非常強烈的理由。

指導原則 18：謹防非循環 Visitor 的性能

- 理解非循環 Visitor 的架構優點。
- 意識到這種解決方案性能上顯著的缺點。

第五章

Strategy 和 Command 設計模式

本章致力於討論兩個最常用的設計模式：Strategy 設計模式和 *Command* 設計模式。它們確實是最常用的：C++ 標準函數庫本身就使用了這兩個模式數十次，而且很可能你自己也使用過很多次。這兩個模式都可以被認為是每個開發者的基本工具。

在第 134 頁的「指導原則 19：用 Strategy 來隔離事物如何完成」中，我將介紹 Strategy 設計模式。我將展示為什麼這是最有用和最重要的設計模式之一，以及為什麼你會發現它在許多情況下都很有用。

在第 156 頁的「指導原則 20：對組合的偏好超過繼承」中，我們將看一下繼承以及為什麼那麼多人對它有抱怨。你會發現它本身並不糟糕，但就像其他所有的東西一樣，它有好處也有它的侷限。然而，最重要的是，我將解釋許多傳統的設計模式並不是從繼承中得到它們的力量，而是從組合中獲得。

在第 158 頁的「指導原則 21：使用 Command 來隔離所做的事情」中，我將介紹 Command 設計模式。我將展示如何有效地使用這種設計模式，並提供你如何比較 Command 和 Strategy 的想法。

在第 170 頁的「指導原則 22：偏好值語義超過參照語義」中，我們將做個**參照語義**領域之旅。然而，我們會發現這個領域並不特別友善和好客，並且會讓我們對程式碼的品質感到擔憂。因此，我們將移居到**值語義**的領域，它將以提供我們程式碼庫許多好處來歡迎我們。

在第 180 頁的「指導原則 23：偏好基於值的 Strategy 和 Command 的實作」中，我們將回到 Strategy 和 Command 模式。我將展示我們可以如何應用在值語義領域中獲得的洞察力，並基於 `std::function` 來實作這兩種設計模式。

指導原則 19：用 Strategy 來隔離事物如何完成

讓我們想像你和你的團隊將要實作新的二維圖形工具。在其他的需求中，它需要處理簡單的幾何基元，像是需要繪製的圓形、正方形等（參考圖 5-1）。

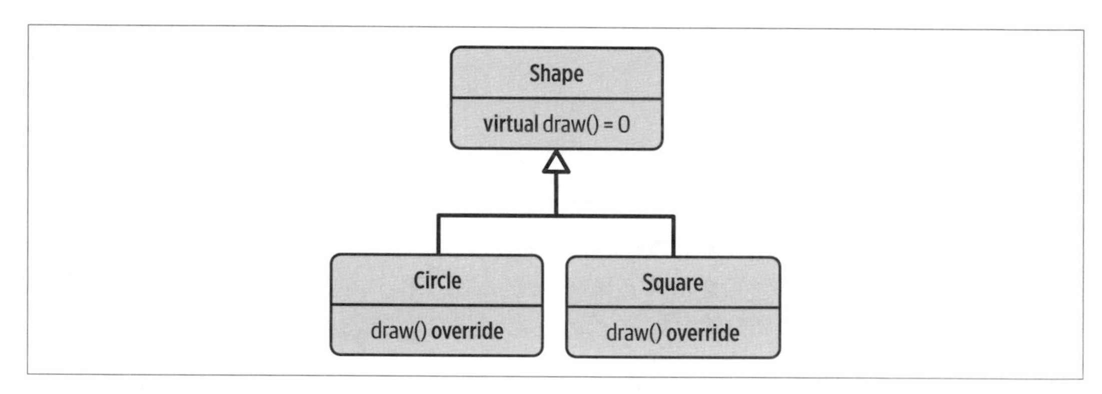

圖 5-1　最初的 Shape 繼承階層結構

有一些類別已經被實作了，像是 `Shape` 基礎類別、`Circle` 類別、以及 `Square` 類別：

```
//---- <Shape.h> ----------------

class Shape
{
 public:
   virtual ~Shape() = default;

   virtual void draw( /* 一些引數 */ ) const = 0;  ❶
};


//---- <Circle.h> ----------------

#include <Point.h>
#include <Shape.h>

class Circle : public Shape
{
```

```
 public:
   explicit Circle( double radius )
      : radius_( radius )
   {
      /* 檢查所給的半徑是否有效 */
   }

   double radius() const { return radius_; }
   Point  center() const { return center_; }

   void draw( /* 一些引數 */ ) const override;  ❷

 private:
   double radius_;
   Point center_{};
};


//---- <Circle.cpp> ----------------

#include <Circle.h>
#include /* 一些圖形函數庫 */

void Circle::draw( /* 一些引數 */ ) const
{
   // ... 實作畫圓的邏輯
}


//---- <Square.h> ----------------

#include <Point.h>
#include <Shape.h>

class Square : public Shape
{
 public:
   explicit Square( double side )
      : side_( side )
   {
      /* 檢查所給的邊長是否有效 */
   }

   double side  () const { return side_; }
   Point  center() const { return center_; }

   void draw( /* 一些引數 */ ) const override;  ❸
```

```
  private:
    double side_;
    Point center_{};
};


//---- <Square.cpp> ---------------

#include <Square.h>
#include /* 一些圖形函數庫 */

void Square::draw( /* 一些引數 */ ) const
{
   // ... 實作畫正方形的邏輯
}
```

Shape 基礎類別的純虛擬成員函數 draw() 是最重要的層面（❶）。儘管你在度假中，你的一位團隊成員已經用 OpenGL 為 Circle 和 Square 類別實作了這個 draw() 成員函數（❷和❸）。這個工具已經可以畫出圓形和正方形了，而且整個團隊都認同所產出的圖形看起來挺俐落的。所有人都很高興！

分析設計問題

所有人，除了你。度假歸來的你立即意識到，這個實作的解決方案違反了單一責任原則（SRP）[1]。照現狀看，Shape 階層結構不是為改變而設計。首先，要改變形狀繪製的方式不容易。在目前的實作中，只有一種固定繪製形狀的方式，而且不可能非干擾性地改變這些細節。因為你已經預期到這個工具必須支援多個圖形函數庫，這絕對是個問題[2]。其次，如果你最後進行了改變，你需要在很多個不相關的地方改變這個行為。

但是還有，由於繪製功能是在 Circle 和 Square 內部實作，Circle 和 Square 類別依賴於 draw() 的實作細節，這意味著它們依賴於 OpenGL。儘管事實上圓形和正方形應該主要是一些簡單的幾何基元，但這兩個類別現在背負著必須在它們被使用的任何地方使用 OpenGL 的包袱。

1 請參考第 10 頁的「指導原則 2：為改變而設計」。

2 你可能會正確地主張對這個問題有多種解決方案：為每個圖形函數庫你可以有一個原始檔案，你可以透過在程式碼中撒一些 #ifdef 來依靠前置處理器，或者你可以在圖形函數庫周圍實作抽象層。前兩個選項感覺像是對有缺陷設計的技術變通辦法。然而，後一個選項是我將推薦的合理、替代的解決方案。這是一個基於 *Façade* 設計模式的解決方案，可惜的是，我在本書中沒有囊括它。

當向你的同事指出這一點的時候，他們起初有些錯愕也有點惱怒，因為他們沒料到你會在他們出色的解決方案中指出任何缺陷。然而，你有一個非常好的方式可以說明這個問題，他們最後會贊同你的，並開始思考更好的解決方案。

他們沒花多少時間就想出一個更好的方法。在幾天後的下一次團隊會議上，他們提出了新的想法：在繼承階層結構中再加一層（參考圖 5-2）。

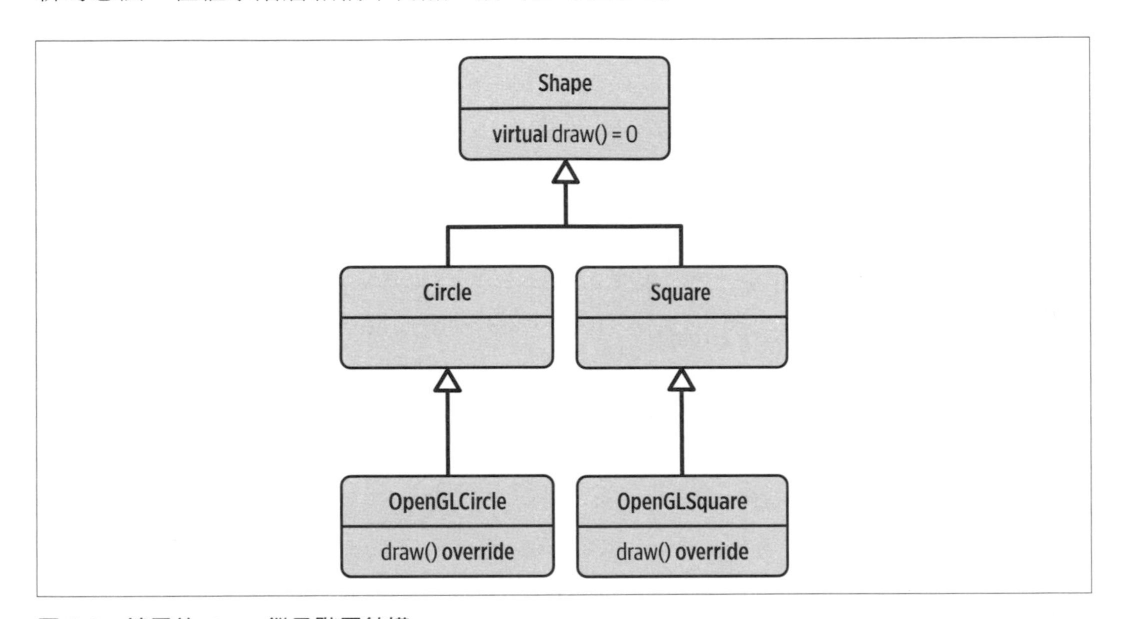

圖 5-2　擴展的 Shape 繼承階層結構

為了證明這個想法，他們已經實作了 OpenGLCircle 和 OpenGLSquare 類別：

```
//---- <Circle.h> ----------------

#include <Shape.h>

class Circle : public Shape
{
 public:
   // ... 不再實作 draw() 成員函數
};


//---- <OpenGLCircle.h> ----------------

#include <Circle.h>
```

```
class OpenGLCircle : public Circle
{
 public:
   explicit OpenGLCircle( double radius )
      : Circle( radius )
   {}

   void draw( /* 一些引數 */ ) const override;
};


//---- <OpenGLCircle.cpp> ----------------

#include <OpenGLCircle.h>
#include /* OpenGL 圖形函數庫標頭檔 */

void OpenGLCircle::draw( /* 一些引數 */ ) const
{
   // ... 藉由 OpenGL 實作畫圖的邏輯
}


//---- <Square.h> ----------------

#include <Shape.h>

class Square : public Shape
{
 public:
   // ... 不再實作 draw() 成員函數
};


//---- <OpenGLSquare.h> ----------------

#include <Square.h>

class OpenGLSquare : public Square
{
 public:
   explicit OpenGLSquare( double side )
      : Square( side )
   {}

   void draw( /* 一些引數 */ ) const override;
};
```

```
//---- <OpenGLSquare.cpp> ----------------

#include <OpenGLSquare.h>
#include /* OpenGL 圖形函數庫標頭檔 */

void OpenGLSquare::draw( /* 一些引數 */ ) const
{
   // ... 藉由 OpenGL 實作畫正方形的邏輯
}
```

繼承權！當然了！透過簡單地從 `Circle` 和 `Square` 衍生，並將 `draw()` 函數的實作在階層結構中更往下移，很容易就能以不同的方式實作繪製。例如，假設需要支援 Metal（*https://developer.apple.com/metal*）和 Vulkan（*https://www.vulkan.org*）函數庫，則可以有 `MetalCircle` 和 `VulkanCircle`。改變在突然間變得輕而易舉了，對吧？

當你的同事們還在為他們新解決方案自豪的時候，你已經意識到這種方法不會長久有效，而且很容易展現這些缺點：你所要做的就是考慮另一個需求，例如，`serialize()` 成員函數：

```
class Shape
{
 public:
   virtual ~Shape() = default;

   virtual void draw( /* 一些引數 */ ) const = 0;
   virtual void serialize( /* 一些引數 */ ) const = 0;  ❹
};
```

`serialize()` 成員函數（❹）支援將形狀轉成可以儲存在檔案或資料庫中的位元組序列。從那裡，可以將位元組序列反序列化以重建完全相同的形狀。而且像 `draw()` 成員函數一樣，`serialize()` 成員函數可以用各種方式實作。例如，你可以用 protobuf（*https://oreil.ly/Q71oF*）或 Boost.serialization（*https://oreil.ly/1m84h*）函數庫辦到。

使用將實作細節往繼承階層結構下移同樣的策略，這將很快導致相當複雜和相當人為的階層結構（參考圖 5-3 ）。考慮這些類別名稱：`OpenGLProtobufCircle`、`MetalBoostSerialSquare` 等等。很可笑，對嗎？而且我們應該如何建構：我們應該在階層結構中再增加一層嗎（參考 `Square` 分支）？這種方法會很快導致一個深且複雜的階層結構。或者，我們應該將階層結構扁平化（像是階層結構中的 `Circle` 分支）？那麼，關於重複使用實作細節呢？例如，要如何在 `OpenGLProtobufCircle` 和 `OpenGLBoostSerialCircle` 類別之間重複使用 OpenGL 程式碼？

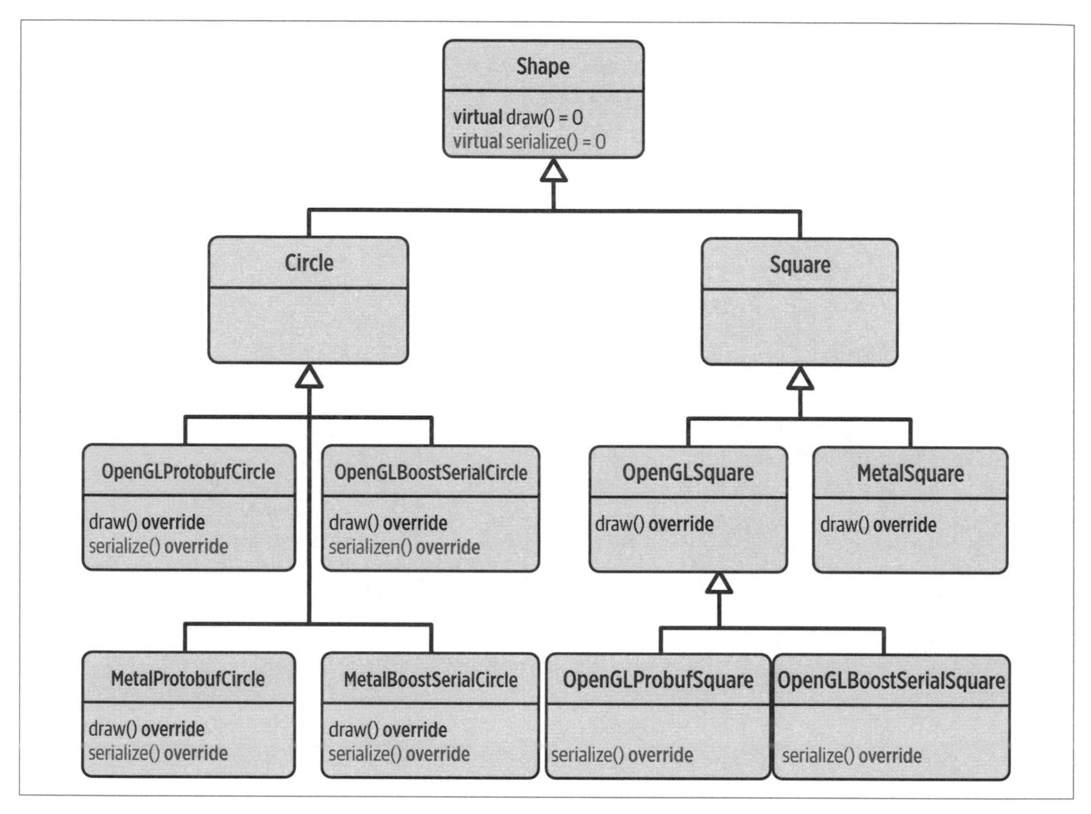

圖 5-3　增加 `serialize()` 成員函數導致深且複雜的繼承階層結構

Strategy 設計模式的說明

你意識到你的同事們只是太迷戀繼承了，而轉危為安就看你了。他們似乎需要有人帶領他們如何正確地為這種改變而設計，並向他們展示這個問題的適當解決方案。就如那兩位務實的程式設計師所說的[3]：

> 繼承很少是答案。

這問題仍然是違反了 SRP，因為你必須為改變如何繪製不同形狀而計劃，你應該將繪製面向確定為一個**變動點**。有了這樣的認識，正確的方式是為改變而設計，遵循 SRP，因此抽取出變動點。這是傳統 GoF 設計模式之一的 Strategy 設計模式的目的。

3　David Thomas 和 Andrew Hunt，《*The Pragmatic Programmer*》。

Strategy 設計模式

目的：「定義一個演算法家族，封裝每個演算法，並使它們可以互換。Strategy 讓演算法獨立於使用它的客戶而改變。[4]」

與其在衍生類別中實作虛擬的 `draw()` 函數，不如為了繪製圖形的目的引入另一個類別。在傳統的、物件導向（OO）形式的 Strategy 設計模式的情況下，這是藉由引入 `DrawStrategy` 基礎類別而辦到的（參考圖 5-4）。

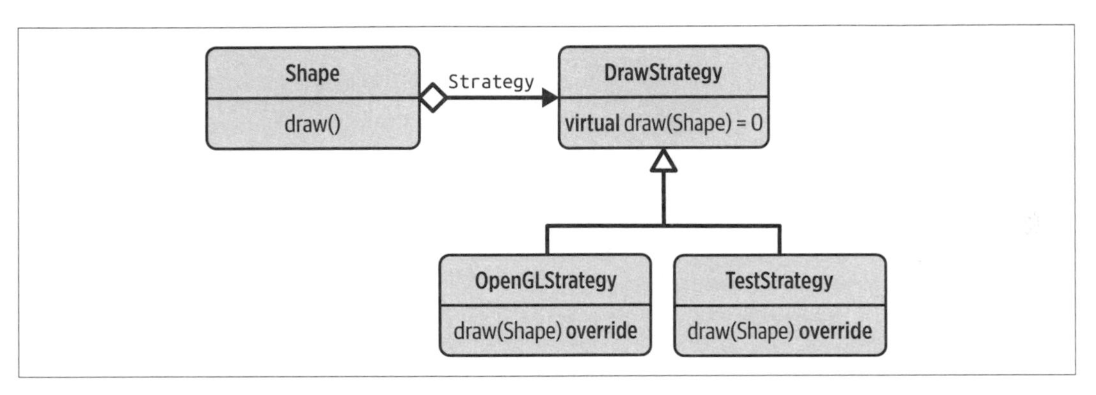

圖 5-4　Strategy 設計模式的 UML 表示法

繪圖面向的隔離，現在讓我們改變繪圖的實作而不需要修改形狀類別。這實現了 SRP 的想法。現在你也可以引入 `draw()` 新的實作而不必修改任何其他程式碼。這履行了開放 - 封閉原則（OCP）。在這個 OO 環境中，SRP 再次成為 OCP 的推手。

以下的程式碼片段顯示了 `DrawStrategy` 基礎類別單純的實作 [5]：

```
//---- <DrawStrategy.h> ----------------

class Circle;
class Square;

class DrawStrategy
{
 public:
   virtual ~DrawStrategy() = default;
```

4　Erich Gamma 等人，《*Design Patterns: Elements of Reusable Object-Oriented Software*》。

5　請注意我是說**單純的**。雖然這個程式碼例子在教學上有些問題，但在展示一個正確的實作之前，我將展示一個常見的誤解，希望這樣你就不會落入這個常見的陷阱。

```
    virtual void draw( Circle const& circle, /* 一些引數 */ ) const = 0;  ❺
    virtual void draw( Square const& square, /* 一些引數 */ ) const = 0;  ❻
};
```

DrawStrategy 類別帶有一個虛擬解構函數和兩個純虛擬的 draw() 函數，一個用於圓形（❺），一個用於正方形（❻）。為了使這個基礎類別可以被編譯，你需要正向宣告 Circle 和 Square 的類別。

Shape 基礎類別沒有因為 Strategy 設計模式而改變，它仍然代表所有形狀的抽象化，因此提供了一個純粹的虛擬 draw() 成員函數。策略的目的是抽取出實作細節，因此只影響了衍生類別[6]：

```
//---- <Shape.h> ----------------

class Shape
{
 public:
   virtual ~Shape() = default;

   virtual void draw( /* 一些引數 */ ) const = 0;
   // ... 潛在的其他函數，例如「serialize()」成員函數
};
```

雖然形狀基礎類別不會因 Strategy 而改變，但 Circle 和 Square 類別會受到影響：

```
//---- <Circle.h> ----------------

#include <Shape.h>
#include <DrawStrategy.h>
#include <memory>
#include <utility>

class Circle : public Shape
{
 public:
   explicit Circle( double radius, std::unique_ptr<DrawStrategy> drawer )  ❼
      : radius_( radius )
      , drawer_( std::move(drawer) )  ❽
   {
      /* 檢查所給的半徑是否有效，
         而且所給的 std::unique_ptr 實例不是 nullptr */
```

6 雖然這不是一本關於實作細節的書，請容我強調一個我在自己的培訓課程中發現的引起許多問題的實作細節。我確定你聽說過 5 的規則——如果沒有，請參考 C++ 核心指導原則（*https://oreil.ly/fzS3f*）。因此，你意識到虛擬解構函數的宣告會使移動操作停用。嚴格地說，這違反了「5 的規則」。然而，如核心指導原則 C.21（*https://oreil.ly/fzS3f*）的說明，只要基礎類別不包含任何資料成員，這對於基礎類別就不被認為是問題。

```
    }

    void draw( /* 一些引數 */ ) const override
    {
       drawer_->draw( *this, /* 一些引數 */ );  ⑩
    }

    double radius() const { return radius_; }

 private:
    double radius_;
    std::unique_ptr<DrawStrategy> drawer_;  ⑨
};


//---- <Square.h> ----------------

#include <Shape.h>
#include <DrawStrategy.h>
#include <memory>
#include <utility>

class Square : public Shape
{
 public:
    explicit Square( double side, std::unique_ptr<DrawStrategy> drawer )  ⑦
       : side_( side )
       , drawer_( std::move(drawer) )  ⑧
    {
       /* 檢查所給的邊長是否有效，
          而且所給的 std::unique_ptr 實例不是 nullptr */
    }

    void draw( /* 一些引數 */ ) const override
    {
       drawer_->draw( *this, /* 一些引數 */ );  ⑩
    }

    double side() const { return side_; }

 private:
    double side_;
    std::unique_ptr<DrawStrategy> drawer_;  ⑨
};
```

現在，Circle 和 Square 在它們的建構函數中都期望有一個對 DrawStrategy 的 unique_ptr 指標（❼）。這允許我們從外部配置繪圖行為，通常稱為**依賴性注入**。unique_ptr 被移到（❽）相同類型的新資料成員中（❾）。也可以提供對應的設定器函數，這將讓你在以後的時間改變繪製行為。draw() 成員函數現在自己不需要實作繪製，只需要呼叫所給 DrawStrategy 的 draw() 函數即可[7]（❿）。

分析單純解決方案的缺點

太棒了！這個實作到位後，現在你就能夠單獨局部地改變形狀如何繪製的行為，而且你使每個人都能實作新的繪製行為。然而，照現在的樣子，我們的 Strategy 實作有一個嚴重的設計缺陷。為了分析這個缺陷，我們假設你必須增加一種新的形狀，也許是 Triangle。這應該很容易，因為如我們在第 96 頁的「指導原則 15：為增加類型或操作而設計」中所討論的，OOP 的強處在增加新的類型。

當你開始引入這個 Triangle，你意識到增加新種類的形狀並不像預期的那樣容易。首先，你需要撰寫新的類別。這是可預期的，完全不是問題。但隨後你必須更新 DrawStrategy 基礎類別，讓它也能繪製三角形。這反過來會對圓形和正方形產生不幸的影響：Circle 和 Square 類別都需要重新編譯、重新測試，並可能需要重新部署。更一般地說，在這種方法下**所有**形狀都會受到影響，這應該會讓你覺得有問題。如果你增加了 Triangle 類別，為什麼圓形和正方形就必須重新編譯？

技術上的原因是，透過 DrawStrategy 基礎類別，所有形狀都隱含地了解彼此的情況。因此，增加一個新的形狀會影響所有其他的形狀。深層的設計原因是違反了介面分離原則（ISP）（參考第 22 頁的「指導原則 3：分離介面以避免人為的耦合」）。透過定義單一的 DrawStrategy 基礎類別，你人為地將圓形、正方形和三角形耦合在一起。由於這種耦合，你使增加新類型更困難，因此限制了 OOP 的強處。相比之下，你已經建立了一個非常類似於我們在談論繪製圖形的程序式解決方案時的情況（參考第 96 頁的「指導原則 15：為增加類型或操作而設計」）。

「那我們不是在無意中重新實作了 Visitor 設計模式嗎？」你疑惑著。我了解你的意思：DrawStrategy 看起來確實與 Visitor 非常類似。但不幸的是，它沒有實現 Visitor 的目的，因為你不能輕易地增加其他操作。要這樣做，你必須在 Shape 的階層結構中干擾性

7 如我之前提到的核心指導原則 C.21，也值得一提的是 Circle 和 Square 類別都滿足 **0 的規則**；參考核心指導原則 C.20（*https://oreil.ly/Gt5Sz*）。由於沒有養成增加解構函數的習慣，編譯器本身會為這兩個類別產生所有特殊的成員函數。別擔心——因為基礎類別的解構函數是虛擬的，所以這個解構函數也仍然是虛擬的。

地增加一個虛擬成員函數。「而且它也不是 Strategy，因為我們不能增加類型，對嗎？」是的，正確。你看，從設計的觀點，這是最糟糕的一種情況。

為了正確的實作 Strateg 設計模式，你必須分別抽取出每種形狀的實作細節，你必須為每種形狀引入一個 DrawStrategy 類別：

```
//---- <DrawCircleStrategy.h> ----------------

class Circle;

class DrawCircleStrategy  ⓫
{
 public:
   virtual ~DrawCircleStrategy() = default;

   virtual void draw( Circle const& circle, /* 一些引數 */ ) const = 0;
};


//---- <Circle.h> ----------------

#include <Shape.h>
#include <DrawCircleStrategy.h>
#include <memory>
#include <utility>

class Circle : public Shape
{
 public:
   explicit Circle( double radius, std::unique_ptr<DrawCircleStrategy> drawer )
      : radius_( radius )
      , drawer_( std::move(drawer) )
   {
      /* 檢查所給的半徑是否有效，
         以及所給的「std::unique_ptr」不是 nullptr */
   }

   void draw( /* 一些引數 */ ) const override
   {
      drawer_->draw( *this, /* 一些引數 */ );
   }

   double radius() const { return radius_; }

 private:
   double radius_;
   std::unique_ptr<DrawCircleStrategy> drawer_;
```

```
};


//---- <DrawSquareStrategy.h> ----------------

class Square;

class DrawSquareStrategy   ⓬
{
 public:
   virtual ~DrawSquareStrategy() = default;

   virtual void draw( Square const& square, /* 一些引數 */ ) const = 0;
};


//---- <Square.h> ----------------

#include <Shape.h>
#include <DrawSquareStrategy.h>
#include <memory>
#include <utility>

class Square : public Shape
{
 public:
   explicit Square( double side, std::unique_ptr<DrawSquareStrategy> drawer )
      : side_( side )
      , drawer_( std::move(drawer) )
   {
      /* 檢查所給的邊長是否有效，
         以及所給的「std::unique_ptr」不是 nullptr */
   }

   void draw( /* 一些引數 */ ) const override
   {
      drawer_->draw( *this, /* 一些引數 */ );
   }

   double side() const { return side_; }

 private:
   double side_;
   std::unique_ptr<DrawSquareStrategy> drawer_;
};
```

對於 Circle 類別，你必須引入 DrawCircleStrategy 基礎類別（⓫），而對於 Square 類別則是 DrawSquareStrategy（⓬）基礎類別。如果再加入一個 Triangle 類別後，你也需要增加 DrawTriangleStrategy 基礎類別。只有在這種方式下，你才能適當地分離關注點，而且仍然允許每個人為繪製形狀增加新的類型和新的實作。

有了這個功能之後，你可以輕鬆為繪製圓形、正方形以及最後的三角形實作新的 Strategy 類別。舉個例子，仔細考慮實作 DrawCircleStrategy 介面的 OpenGLCircleStrategy：

```
//---- <OpenGLCircleStrategy.h> ---------------

#include <Circle.h>
#include <DrawCircleStrategy.h>
#include /* OpenGL 圖形函數庫 */

class OpenGLCircleStrategy : public DrawCircleStrategy
{
 public:
   explicit OpenGLCircleStrategy( /* 繪圖相關引數 */ );

   void draw( Circle const& circle, /*...*/ ) const override;

 private:
   /* 繪圖相關的資料成員，例如顏色、紋理 ... */
};
```

你可以在圖 5-5 看到 Circle 類別的依賴關係圖。注意，Circle 和 DrawCircleStrategy 類別是在相同的架構層次。更值得注意的是，它們之間的循環依賴關係，Circle 依賴於 DrawCircleStrategy，但 DrawCircleStrategy 也依賴於 Circle。但別擔心：儘管乍看之下這像是個問題，但實際上不是。這是顯示 Circle 真正擁有 DrawCircleStrategy 的必要關係，並據此產生了想要的依賴關係反轉，如在第 60 頁的「指導原則 9：注意抽象化的所有權」中所討論的。

「是不是可能用一個類別模板實作不同繪製的 Strategy 類別？我想像的是類似用於非循環 Visitor 的 Visitor 類別的東西」[8]：

```
//---- <DrawStrategy.h> ----------------

template< typename T >
class DrawStrategy
{
```

8 關於非循環 Visitor 設計模式的討論，請參考第 127 頁的「指導原則 18：謹防非循環 Visitor 的性能」。

```
public:
  virtual ~DrawStrategy() = default;
  virtual void draw( T const& ) const = 0;
};
```

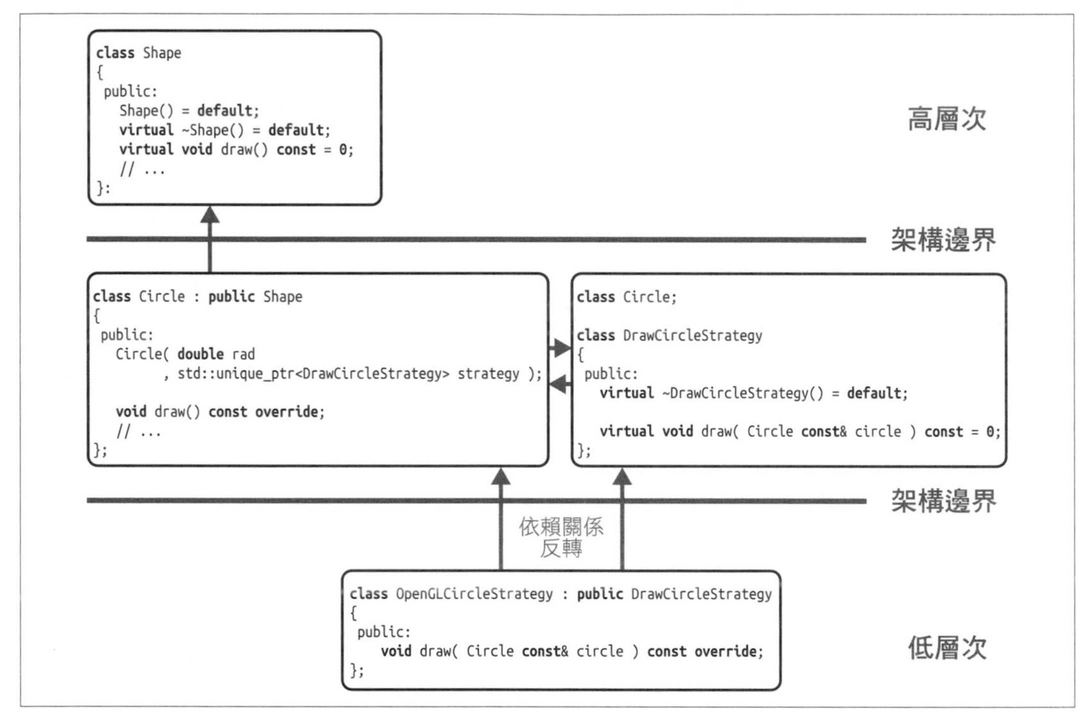

圖 5-5 Strategy 設計模式的依賴關係圖

這是個很棒的想法，而且確實是你應該做的。透過這個類別模板，你可以將 `DrawStrategy` 提升到更高的架構層次，重用程式碼，並遵循 DRY 原則（參考圖 5-6）。另外，如果我們從一開始就使用這種方法，我們就不會落入人為耦合不同形狀類型的陷阱。是的，我真的很喜歡這個想法！

雖然這就是我們將實現這樣的 Strategy 類別的方式，但你仍然不應該期望這能減少基礎類別的數量（它仍然相同，只是生成的），或是能幫你節省大量工作。`DrawStrategy` 的實作（像是 `OpenGLCircleStrategy` 類別）代表了大部分的工作，而且幾乎不會改變：

```
//---- <OpenGLCircleStrategy.h> ----------------

#include <Circle.h>
#include <DrawStrategy.h>
#include /* OpenGL 圖形函數庫 */
```

```
class OpenGLCircleStrategy : public DrawStrategy<Circle>
{
   // ...
};
```

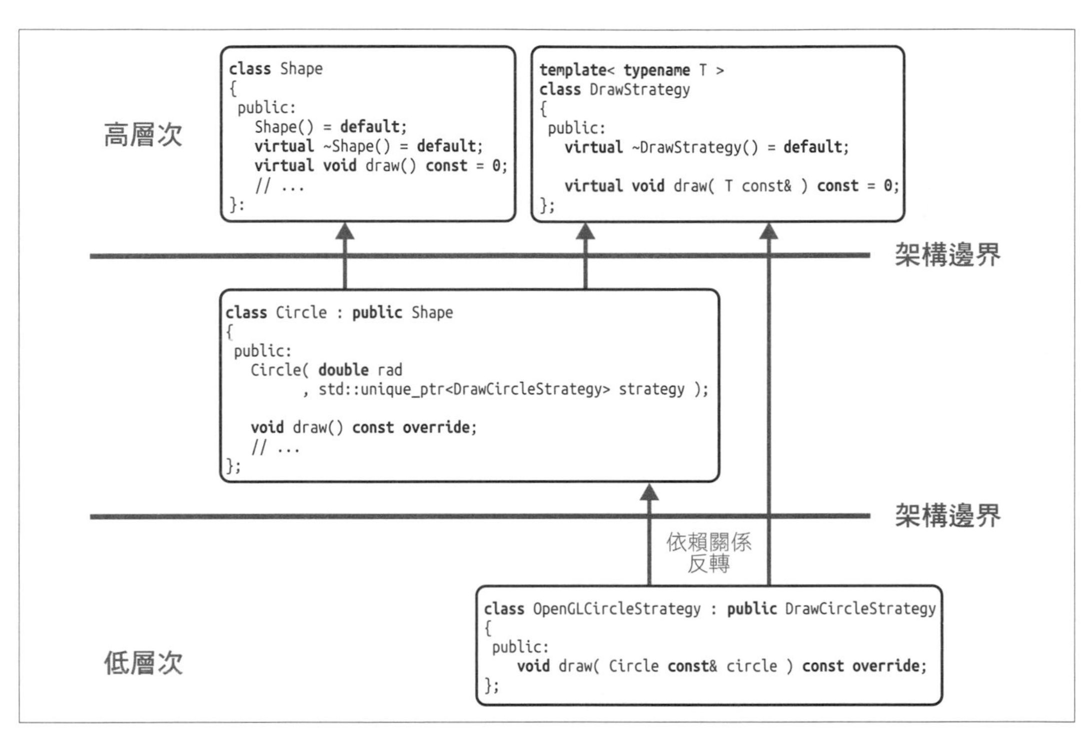

圖 5-6　Strategy 設計模式更新後的依賴關係圖

假設 `OpenGLSquareStrategy` 有類似的實作，現在我們可以把所有東西放在一起，並且再次繪製形狀，但這次會與 Strategy 設計模式適當地解耦：

```
#include <Circle.h>
#include <Square.h>
#include <OpenGLCircleStrategy.h>
#include <OpenGLSquareStrategy.h>
#include <memory>
#include <vector>

int main()
{
   using Shapes = std::vector<std::unique_ptr<Shape>>;
```

```
    Shapes shapes{};

    // 建立一些形狀，每一個配備
    //    有對應的 OpenGL 繪圖策略
    shapes.emplace_back(
       std::make_unique<Circle>(
          2.3, std::make_unique<OpenGLCircleStrategy>(/*... 紅色 ...*/) ) );
    shapes.emplace_back(
       std::make_unique<Square>(
          1.2, std::make_unique<OpenGLSquareStrategy>(/*... 綠色 ...*/) ) );
    shapes.emplace_back(
       std::make_unique<Circle>(
          4.1, std::make_unique<OpenGLCircleStrategy>(/*... 藍色 ...*/) ) );

    // 繪製所有形狀
    for( auto const& shape : shapes )
    {
       shape->draw( /* 一些引數 */ );
    }

    return EXIT_SUCCESS;
 }
```

Visitor 和 Strategy 之間的比較

你現在已經認識了 Visitor 和 Strategy 設計模式，你可能會想知道這兩者之間的差別是什麼。畢竟，實作看起來相當類似。雖然在實作上有類似之處，但這兩種設計模式的屬性卻非常不同。對於 Visitor 設計模式，我們將**一般的**增加操作確定為**變動點**。因此，一般來說我們為操作建立了抽象化，這反過來讓每個人都能增加操作。不幸的副作用是，增加新的形狀類型就沒那麼容易了。

對於 Strategy 設計模式，我們已經確定了**單個**函數的實作細節為**變動點**。在為這些實作細節引入抽象化之後，我們仍然能夠輕鬆地增加新的形狀類型，但無法輕鬆地增加新的操作。增加一個操作仍然需要你干擾性地增加一個虛擬成員函數。因此，Strategy 設計模式的目的與 Visitor 設計模式的目的相反。

把這兩種設計模式結合起來，以獲得兩種想法的優點（使它容易增加類型**和**操作），這聽起來大有可為。不幸的是，這行不通：不論你先應用這兩種設計模式中的哪一種，都會固定兩個自由軸中的一個[9]。因此，你應該只記住這兩種設計模式的優點和缺點，並以你對程式碼函數庫將如何演進的期望為根據來應用它們。

---

9 我應該說得更明確，這在動態多型中行不通；但它在靜態多型中確實有效，甚至相當好。例如，考慮使用模板和函數的多載。

分析 Strategy 設計模式的缺點

我已經展示了 Strategy 設計模式的優點：它讓你透過為某個特定的實作細節引入抽象化，來減少在這個細節上的依賴性。然而，在軟體設計中沒有萬靈丹，每一種設計都會有一些缺點。Strategy 設計模式也不例外，而重要的是也要考慮到它潛在的缺點。

首先，雖然某個操作的實作細節已經被抽取出並且隔離，但操作本身仍然是具體類型的一部分。這個事實證明了前述我們仍然不能輕易地增加操作的限制。與 Visitor 相反，Strategy 保留了 OOP 的強處，並使你能夠輕易地增加新的類型。

第二，及早辨識出這種變動點是有回報的，否則就需要大量的重構。當然，這不意味著為了避免重構，你應該先用 Strategy 實作一切以防範未然，這可能很快就會造成過度工程化。但是，一旦有跡象顯示某個實作細節可能會改變，或者想要有多個實作，你就應該迅速實作必要的修改。最好的但當然有點不切實際的建議是，保持盡可能地簡單（*KISS* 原則（*https://oreil.ly/YVUhD*）；Keep It Simple, Stupid）。

第三，如果你透過基礎類別實作 Strategy，性能肯定會因為額外執行期的間接性而受到影響。性能也會受到許多手動分配（`std::make_unique()` 呼叫）、產生的記憶體片段儲存、以及因為眾多指標的各種間接性的影響。這是可以預期的，然而你實作的彈性和每個人增加新實作的機會，可能會重於這種性能上的劣勢。當然，這要看情況而定，而且你必須就事論事的做出決定。如果你使用模板實作 Strategy（參考第 153 頁關於「策略導向的設計」的討論），那這個缺點就不用擔心了。

最後但同樣重要的是，Strategy 設計模式的主要缺點是，單個策略應該處理單個操作或一小群有凝聚力的函數。否則，你將再次違反 SRP 的要求。如果需要抽取出多個操作的實作細節，就必須有多個 Strategy 基礎類別和多個資料成員，這可以透過**依賴性注入**來設定。例如，考慮有額外 `serialize()` 成員函數的情況：

```
//---- <DrawCircleStrategy.h> ----------------

class Circle;

class DrawCircleStrategy
{
 public:
   virtual ~DrawCircleStrategy() = default;

   virtual void draw( Circle const& circle, /* 一些引數 */ ) const = 0;
};
```

```
//---- <SerializeCircleStrategy.h> ----------------

class Circle;

class SerializeCircleStrategy
{
 public:
   virtual ~SerializeCircleStrategy() = default;

   virtual void serialize( Circle const& circle, /* 一些引數 */ ) const = 0;
};


//---- <Circle.h> ----------------

#include <Shape.h>
#include <DrawCircleStrategy.h>
#include <SerializeCircleStrategy.h>
#include <memory>
#include <utility>

class Circle : public Shape
{
 public:
   explicit Circle( double radius
                  , std::unique_ptr<DrawCircleStrategy> drawer
                  , std::unique_ptr<SerializeCircleStrategy> serializer
                  /* 潛在更多與策略相關的引數 */ )
      : radius_( radius )
      , drawer_( std::move(drawer) )
      , serializer_( std::move(serializer) )
      // ...
   {
      /* 檢查所給的半徑是否有效，
         以及所給的 std::unique_ptrs 不是 nullptrs */
   }

   void draw( /* 一些引數 */ ) const override
   {
      drawer_->draw( *this, /* 一些引數 */ );
   }

   void serialize( /* 一些引數 */ ) const override
   {
      serializer_->serialize( *this, /* 一些引數 */ );
   }
```

```
    double radius() const { return radius_; }

 private:
    double radius_;
    std::unique_ptr<DrawCircleStrategy> drawer_;
    std::unique_ptr<SerializeCircleStrategy> serializer_;
    // ... 潛在更多與策略相關的資料成員
};
```

雖然這因為多個指標而導致了非常不幸的基礎類別擴散和更大的實例，它也引出了如何設計類別使它可以方便地指定多個不同策略的問題。因此，在你需要隔離少量實作細節的情況下，Strategy 設計模式似乎是最強的。如果你遇到了需要抽取出許多操作細節的情況，那考慮其他的方法可能會更好（例如，參考第 7 章的 External Polymorphism 設計模式，或第 8 章的 Type Erasure 設計模式）。

策略導向的設計

如前幾章所展示的，Strategy 設計模式並不侷限於動態多型。相反的，Strategy 的目的可以透過模板在靜態多型中完美的實作。例如，考慮以下來自標準函數庫中的兩個演算法：

```
namespace std {

template< typename ForwardIt, typename UnaryPredicate >
constexpr ForwardIt
   partition( ForwardIt first, ForwardIt last, UnaryPredicate p );  ⓭

template< typename RandomIt, typename Compare >
constexpr void
   sort( RandomIt first, RandomIt last, Compare comp );  ⓮

} // std 命名空間
```

`std::partition()` 和 `std::sort()` 演算法都使用了 Strategy 設計模式。`std::partition()` 的 `UnaryPredicate` 引數（⓭）和 `std::sort()` 的 `Compare` 引數（⓮）表示一種從外部注入部分行為的方法。更具體地說，這兩個引數允許你指定元素如何排序。因此，這兩個演算法都抽取出它們行為的一個特定部分，並以概念的形式為它提供了一個抽象化（參考第 50 頁的「指導原則 7：了解基礎類別和概念之間的相似性」）。對照於 Strategy 的 OO 形式，此種方法不會導致執行時減損任何性能。

在 std::unique_ptr 類別模板中可以看到類似的方法：

```
namespace std {

template< typename T, typename Deleter = std::default_delete<T> >  ⓯
class unique_ptr;

template< typename T, typename Deleter >  ⓰
class unique_ptr<T[], Deleter>;

} // std 命名空間
```

對於基礎模板（⓯）和它對陣列的特例化（⓰），可以指定一個明確的 Deleter 作為第二個模板引數。有了這個引數，你就可以決定是否要透過 delete、free() 或其他任何解除配置函數來釋放資源。甚至可以「濫用」std::unique_ptr 來執行完全不同種類的清理。

這種彈性也是 Strategy 設計模式的證據，模板引數讓你在類別中注入一些清理行為。這種形式的 Strategy 也被稱為**策略導向的設計**，是基於 Andrei Alexandrescu 在 2001 年提出的設計理念[10]，想法是相同的：抽取和隔離類別模板的特定行為可以提升可改變性、可擴展性、可測試性和再使用性。因此，策略導向的設計可以被認為是 Strategy 設計模式的靜態多型形式。而且很明顯地，這種設計真的很有效，就如在標準函數庫中關於這種想法的許多應用一樣。

你也可以將策略導向的設計應用到形狀繪製的例子，考慮以下 Circle 類別的實作：

```
//---- <Circle.h> ----------------

#include <Shape.h>
#include <DrawCircleStrategy.h>
#include <memory>
#include <utility>

template< typename DrawCircleStrategy >  ⓱
class Circle : public Shape
{
 public:
   explicit Circle( double radius, DrawCircleStrategy drawer )
      : radius_( radius )
      , drawer_( std::move(drawer) )
   {
      /* 檢查所給的半徑是否有效 */
   }
```

10 Andrei Alexandrescu，《*Modern C++ Design: Generic Programming and Design Patterns Applied*》（Addison-Wesley，2001）。

```
    void draw( /* 一些引數 */ ) const override
    {
       drawer_( *this, /* 一些引數 */ );  ⓲
    }

    double radius() const { return radius_; }

  private:
    double radius_;
    DrawCircleStrategy drawer_;  // 可能會被省略，如果所給的
                                 // 策略被認定是無狀態的。
};
```

不是在建構函數中將 `std::unique_ptr` 傳給 `DrawCircleStrategy` 基礎類別，你可以改用一個模板引數來指定 Strategy（⓱）。這樣做最大的好處是由於較少的指標間接性而提升性能：你不是透過 `std::unique_ptr` 的呼叫，而是可以改為直接呼叫 `DrawCircleStrategy` 提供的具體實作（⓲）。缺點是，你將失去在執行時調整特定 `Circle` 實例繪製 Strategy 的彈性。而且，你將不再有單一的 `Circle` 類別，每個繪圖策略都將擁有一個 `Circle` 的實例。最後但同樣重要的是，你應該記住，類別模板通常是完全位於標頭檔內。因此你可能會失去在原始檔案中隱藏實作細節的機會。一如既往的，不會有完美的解決方案，而「正確」解決方案的選擇取決於實際情況。

總之，Strategy 設計模式是設計模式目錄中最多功能的例子之一。你會發現它在動態和靜態多型領域的許多情況下都很有用。然而，它並不是每個問題的終極解決方案，請注意它潛在的缺點。

指導原則 19：用 Strategy 來隔離事物如何完成

- 理解繼承很少是答案。
- 應用目的是抽取一組有凝聚力函數實作細節的 Strategy 設計模式。
- 為每個操作實作一個 Strategy 以避免人為耦合。
- 考慮以策略導向的設計作為 Strategy 設計模式的編譯期形式。

指導原則 20：對組合的偏好超過繼承

在 90 年代和 21 世紀初對 OOP 的熱情大量湧現之後，今天的 OOP 改處於守勢。反對 OOP 和強調它缺點的聲音越來越強烈和響亮，這並不限於 C++ 社群，在其他程式設計語言社群中也一樣。儘管整個 OOP 確實有一些侷限性，讓我們專注在一個似乎造成最激烈爭議的特徵上：繼承。如 Sean Parent 所評論的[11]：

> 繼承是邪惡的基礎類別。

雖然繼承被作為現實世界關係建模的一種非常自然和直覺的方式來推銷，但結果證明它比承諾的要難使用。當我們在第 42 頁的「指導原則 6：遵循抽象化預期的行為」中談論 Liskov 替換原則（LSP）的時候，你已經看到了使用繼承隱約的失策。但是，繼承還有一些其他經常被誤解的面向。

首先，繼承總是被描述為簡化的可重用性。這似乎很直覺，因為看起來很明顯的，如果你只是繼承了另一個類別，你可以很容易地重用程式碼。不幸的是，這並不是繼承帶給你的重用。繼承並不是重用基礎類別中的程式碼，反而，它與多型地使用基礎類別的其他程式碼重用有關。例如，假設有一個稍加擴展的 Shape 基礎類別，以下的函數對所有種類的形狀都有作用，因此可以被 Shape 基礎類別的所有實作重用：

```
class Shape
{
 public:
   virtual ~Shape() = default;

   virtual void translate( /* 一些引數 */ ) = 0;
   virtual void rotate( /* 一些引數 */ ) = 0;

   virtual void draw( /* 一些引數 */ ) const = 0;
   virtual void serialize( /* 一些引數 */ ) const = 0;

   // ... 潛在的其他成員函數 ...
};

void rotateAroundPoint( Shape& shape );  ❶
void mergeShapes( Shape& s1, Shape& s2 );  ❷
void writeToFile( Shape const& shape );  ❸
void sendViaRPC( Shape const& shape );  ❹
// ...
```

11 Sean Parent，「Inheritance Is the Base Class Of Evil」（*https://oreil.ly/F8FDL*），GoingNative，2013。

所有四個函數（❶、❷、❸和❹）都建立在 Shape 抽象化上，所有這些函數都只耦合到所有種類形狀共有的介面，而不是耦合到任何特定的形狀。所有種類的形狀都可以繞一個點旋轉、合併、寫入檔案、以及透過 RPC 發送。每個形狀都「重用」這個功能。

這是透過建立重用程式碼機會的抽象化來表達功能的能力。相較於基礎類別包含少量的程式碼，這種功能被期望會產生大量的程式碼。因此，真正的可重用性是由類型的多型使用創造的，而不是由多型類型[12]。

第二，據說繼承有助於軟體實體的解耦。這當然是真的（例如，記住第 60 頁的「指導原則 9：注意抽象化的所有權」中關於依賴反轉原則（DIP）的討論）。但往往沒有說明繼承也產生了耦合。你之前已經看過這方面的證據。在實作 Visitor 設計模式的時候，你經歷過繼承會強迫你實作某些細節。在傳統的 Visitor 中，當需要的時候，即使這對你的應用來說並不是最佳的，你也必須實作 `Visitor` 基礎類別的純虛擬函數。至於函數引數或回傳類型，你也沒有太多的選擇，這些事情都是固定的[13]。

在討論 Strategy 設計模式開始的時候，你也經歷過這種耦合。在這種情況下，繼承強迫造成了比較深的繼承階層結構、導致了有問題的類別命名、和被減弱的重用等結構性耦合。

在此刻，你可能會有我試圖完全不信任繼承的印象。好吧，老實說，我只是想讓它看起來有點糟糕，但只是在必要的時候。說清楚些：繼承不是壞事，使用它也不是錯事。相反的：繼承是非常強大的功能，如果使用得當，你可以用它做一些不可思議的事情。然而，你當然記得 Peter Parker 原則：

> 能力越大，責任越大。
>
> —Peter Parker，又名蜘蛛人

問題在於「如果使用得當」。繼承已經被證明是很難正確使用的（絕對比我們被引導相信的要難；參考我之前的推理），從而無意中被誤用。它也被過度使用，因為許多開發者都習慣在每種問題上使用它[14]。這種過度使用似乎是許多問題的根源，如 Michael Feathers 的評論[15]：

---

12 根據 Sean Parent 的說法，沒有多型類型，只有類似類型的多型用法；請參考 2017 年 NDC 倫敦研討會「Better Code: Runtime Polymorphism」（*https://oreil.ly/5HwgM*）。我的說明支持這個觀點。

13 另一個關於繼承產生耦合的例子，是在 Herb Sutter 的《*Exceptional C++: 47 Engineering Puzzles, Programming Problems, and Exception-Safety Solutions*》（Pearson Education）中討論。

14 他們真的應該歸咎於這種習慣嗎？既然他們幾十年來一直被教導要這樣做，誰能責怪他們這樣想呢？

15 Michael C. Feathers，《*Working Effectively with Legacy Code*》。

> 在 90 年代，當 OO 社群中許多人注意到繼承如果被過度使用可能會有許多問題的時候，[差異程式設計][16] 就失寵了。

在許多情況下，繼承既不是正確的方法，也不是正確的工具。大多數的時候，用組合取代會更好。不過，你對這一點應該不會感到驚訝，因為你已經看到這是事實。組合才是 OO 形式的 Strategy 設計模式如此有效的原因，而不是繼承。是抽象化的引入和對應資料成員的聚合使 Strategy 設計模式如此強大，而不是不同策略基於繼承的實作。事實上，你會發現許多設計模式都牢牢地以組合為基礎，而不是繼承 [17]。所有這些透過繼承才使擴展成為可能的，但它們本身也是透過組合才成為可能。

> 服務委託：屬於勝過包含於。
>
> —Andrew Hunt 和 David Thomas，《*The Pragmatic Programmer*》

這是對許多設計模式的一般啟示。我建議你把這個見解保持在眼前，因為它對於你在本書剩餘部分所看到的設計模式的理解將非常有用，而且將提高你實作的品質。

指導原則 20：對組合的偏好超過繼承

- 理解繼承往往被過度使用，而且有時候甚至被誤用。
- 記住繼承會產生緊密的耦合。
- 意識到許多設計模式是透過組合而不是繼承而成為可能。

指導原則 21：使用 Command 來隔離所做的事情

在我們開始討論這個指導原則之前，讓我們進行一個實驗。打開你喜歡的電子郵件客戶端，寫封郵件給我，加入以下內容：「我喜歡你的書！它讓我通宵達旦的閱讀，並讓我忘記所有的煩惱」。好的，很棒。現在按下傳送鈕。好極了！給我一點時間檢查我的電子郵件…不，還沒收到…不，還是沒收到…讓我們再試一次：按下重新傳送鈕。不，什

16 差異程式設計是基於繼承程式設計相當極端的形式，即使是很小的差異也會透過引入一個新的衍生類別來表示。更多細節請參考 Michael 的著作。

17 例如，請參考第 134 頁的「指導原則 19：用 Strategy 來隔離事物如何完成」中的 Strategy 設計模式，第 201 頁的「指導原則 25：應用 Observer 作為一種抽象的通知機制」中的 Observer 設計模式，198 頁的「指導原則 24：將 Adapter 用於標準化介面」中的 Adapter 設計模式，第 337 頁的「指導原則 35：使用 Decorator 分層添加客製化的階層結構」中的 Decorator 設計模式，或第 242 頁的「指導原則 28：建構 Bridge 以移除實體依賴性」中的 Bridge 設計模式。

麼都沒有。嗯，我猜一定是某個伺服器故障了，或者所有我的命令——`WriteCommand`、`SendCommand`、`ResendCommand`…等都失敗了，真是太不幸了。但是，儘管這次實驗失敗了，你現在對另一種 GoF 設計模式應該有相當好的概念：Command 設計模式。

Command 設計模式說明

Command 設計模式專注在（大多數情況下）只執行一次且（通常）立即執行的工作包抽象化和隔離。為了這個目的，它將不同種類工作包的存在辨識為**變動點**，並引入了讓新種類工作包容易實作的對應抽象化。

Command 設計模式

目的：「將要求封裝成物件，從而讓你用不同的要求參數化客戶端、排隊等候或記錄要求，並支援可取消的操作。[18]」

圖 5-7 顯示取自 GoF 書中原來的 UML 構想。

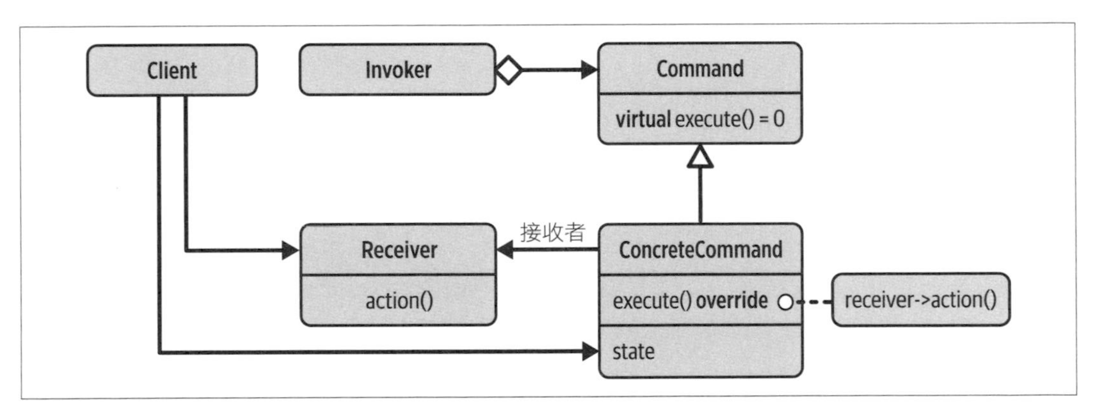

圖 5-7　Command 設計模式的 UML 表示法

在這種基於 OO 的形式中，Command 模式以 `Command` 基礎類別的形式引入了一個抽象化，這使得任何人都能夠實現一種新的 `ConcreteCommand`。這個 `ConcreteCommand` 可以做任何事情，甚至在某種 `Receiver` 上執行動作。命令的效果是透過抽象基礎類別由一種特殊的 `Invoker` 觸發。

18 Erich Gamma 等人，《*Design Patterns: Elements of Reusable Object-Oriented Software*》。

作為 Command 設計模式的一個具體例子，讓我們考慮下述計算器的實作。第一個程式碼片段顯示 CalculatorCommand 基礎類別的實作，它表示在所給整數上執行數學運算的抽象化：

```
//---- <CalculatorCommand.h> ----------------

class CalculatorCommand
{
 public:
   virtual ~CalculatorCommand() = default;

   virtual int execute( int i ) const = 0;  ❶
   virtual int undo( int i ) const = 0;  ❷
};
```

CalculatorCommand 類別期望衍生類別實作純虛擬的 execute() 函數（❶）和純虛擬的 undo() 函數（❷）。對 undo() 的期望是實作取消 execute() 函數結果所需要的動作。

Add 和 Subtract 類別都表示計算器可能的命令，因此實作了 CalculatorCommand 基礎類別：

```
//---- <Add.h> ----------------

#include <CalculatorCommand.h>

class Add : public CalculatorCommand
{
 public:
   explicit Add( int operand ) : operand_(operand) {}

   int execute( int i ) const override  ❸
   {
      return i + operand_;
   }
   int undo( int i ) const override  ❹
   {
      return i - operand_;
   }

 private:
   int operand_{};
};


//---- <Subtract.h> ----------------
```

```
#include <CalculatorCommand.h>

class Subtract : public CalculatorCommand
{
 public:
   explicit Subtract( int operand ) : operand_(operand) {}

   int execute( int i ) const override  ❺
   {
      return i - operand_;
   }
   int undo( int i ) const override  ❻
   {
      return i + operand_;
   }

 private:
   int operand_{};
};
```

Add 用加法運算實作 execute() 函數（❸），而 undo() 函數使用減法運算（❹）。Subtract 的實作剛好相反（❺和❻）。

由於 CalculatorCommand 的階層結構，讓 Calculator 類別本身可以保持相當簡單：

```
//---- <Calculator.h> ----------------

#include <CalculatorCommand.h>
#include <stack>

class Calculator
{
 public:
   void compute( std::unique_ptr<CalculatorCommand> command );  ❼
   void undoLast();  ❽

   int result() const;
   void clear();

 private:
   using CommandStack = std::stack<std::unique_ptr<CalculatorCommand>>;

   int current_{};  ❾
   CommandStack stack_;  ❿
};
```

```
//---- <Calculator.cpp> ----------------

#include <Calculator.h>

void Calculator::compute( std::unique_ptr<CalculatorCommand> command )  ❼
{
   current_ = command->execute( current_ );
   stack_.push( std::move(command) );
}

void Calculator::undoLast()  ❽
{
   if( stack_.empty() ) return;

   auto command = std::move(stack_.top());
   stack_.pop();

   current_ = command->undo(current_);
}

int Calculator::result() const
{
   return current_;
}

void Calculator::clear()
{
   current_ = 0;
   CommandStack{}.swap( stack_ );  // 清空堆疊
}
```

在計算活動中我們唯一需要的函數是 compute()（❼）和 undoLast()（❽）。一個 CalculatorCommand 實例傳遞給 compute() 函數，立即執行它以更新目前的值（❾），並將它儲存在堆疊中（❿）。undoLast() 函數透過從堆疊中彈出它，並呼叫 undo() 來恢復最近執行的命令。

main() 函數結合了所有的片段：

```
//---- <Main.cpp> ----------------

#include <Calculator.h>
#include <Add.h>
#include <Subtract.h>
#include <cstdlib>

int main()
```

```
{
   Calculator calculator{};  ⓫

   auto op1 = std::make_unique<Add>( 3 );  ⓬
   auto op2 = std::make_unique<Add>( 7 );  ⓭
   auto op3 = std::make_unique<Subtract>( 4 );  ⓮
   auto op4 = std::make_unique<Subtract>( 2 );  ⓯

   calculator.compute( std::move(op1) );  // 計算 0 + 3，儲存並回傳 3
   calculator.compute( std::move(op2) );  // 計算 3 + 7，儲存並回傳 10
   calculator.compute( std::move(op3) );  // 計算 10 - 4，儲存並回傳 6
   calculator.compute( std::move(op4) );  // 計算 6 - 2，儲存並回傳 4

   calculator.undoLast();  // 恢復最近的運算，
                           // 儲存並回傳 6

   int const res = calculator.result();  // 得到最後結果：6

   // ...

   return EXIT_SUCCESS;
}
```

我們首先建立一個 `Calculator`（⓫）和一系列的運算（⓬、⓭、⓮ 和 ⓯），我們會一個接一個地應用它們。之後，在查詢最後的結果之前，我們透過 `undo()` 操作來恢復 `op4`。

這個設計非常好地遵循了 SOLID 原則[19]。它遵守了 SRP，因為變動點已經透過 Command 設計模式被抽取出。因此，`compute()` 和 `undo()` 都不需要是虛擬函數。SRP 也充當了 OCP 的推手，它讓我們可以在不修改任何現有程式碼下增加新的運算。最後，但同樣重要的是，如果命令 `Command` 基礎類別的所有權被正確地指定給高層次，那麼這設計也會遵守 DIP（參考圖 5-8）。

19 是的，它遵循 SOLID 原則，當然是透過 Command 設計模式的傳統形式。如果你現在正沮喪地咬著你的指甲，或者只是想知道沒有更好的方法了嗎？那麼請有些耐心。我將在第 170 頁的「指導原則 22：偏好值語義超過參照語義」中展示一個更好、更「現代」的解決方案。

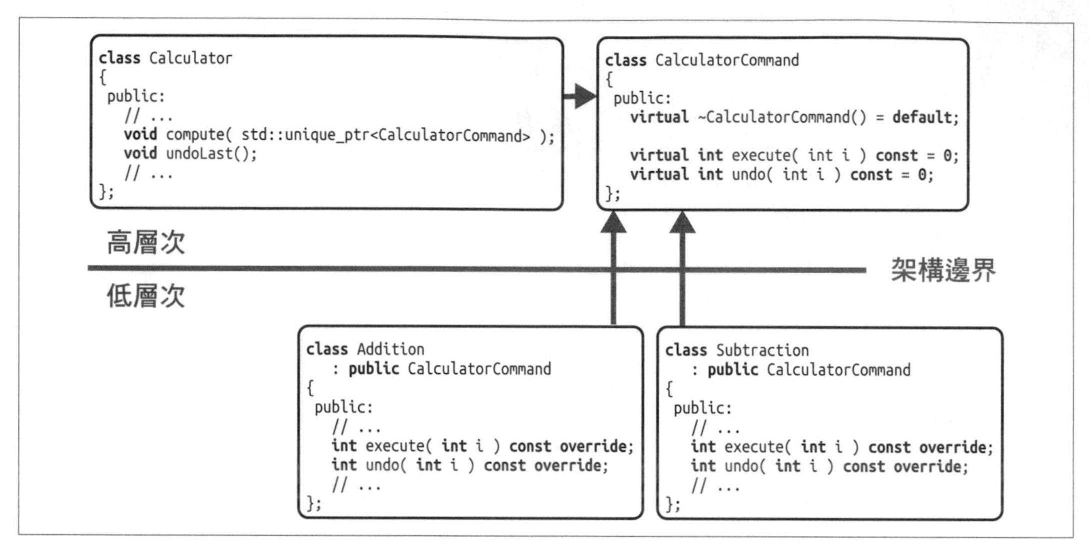

圖 5-8 Command 設計模式的依賴關係圖

Command 設計模式的第二個例子，屬於傳統例子的範疇：執行緒池（*https://oreil.ly/jGZd5*）。執行緒池的目的是維護多個執行緒，等待平行的執行工作。這個想法由以下的 ThreadPool 類別實作：它提供了一些成員函數，以卸載某些工作到特定數量可用的執行緒[20]：

```
class Command  ⑰
{ /* 抽象介面，用於執行和取消任何種類的動作。 */ };

class ThreadPool
{
 public:
   explicit ThreadPool( size_t numThreads );

   inline bool   isEmpty() const;
   inline size_t size()    const;
   inline size_t active()  const;
   inline size_t ready()   const;

   void schedule( std::unique_ptr<Command> command );  ⑯
```

20 所給的 ThreadPool 類別離完成還遠得很，主要是用為 Command 設計模式的說明。對於執行緒池運作的、專業的實作，請參考 Anthony William 的著作《*C++ Concurrency in Action*》第二版（Manning）。

```
    void wait();

    // ...
};
```

最重要的是，ThreadPool 讓你透過 schedule() 函數為工作排程（⑯），這可以是**任何**的工作：ThreadPool 一點也不關心它的執行緒必須執行什麼樣的工作。有了 Command 基礎類別，它可以從你排程的實際工作種類中完全解耦（⑰）。

藉由簡單地從 Command 衍生，你可以規劃任意的工作：

```
class FormattingCommand : public Command  ⑱
{ /* 實作磁片的格式化 */ };

class PrintCommand : public Command  ⑲
{ /* 執行印表機作業的實作 */ }

int main()
{
   // 建立最初有兩個運作中執行緒的執行緒池
   ThreadPool threadpool( 2 );

   // 排程二個併發的工作
   threadpool.schedule(
      std::make_unique<FormattingCommand>( /* 一些引數 */ ) );
   threadpool.schedule(
      std::make_unique<PrintCommand>( /* 一些引數 */ ) );

   // 等待執行緒池完成兩個命令
   threadpool.wait();

   return EXIT_SUCCESS;
}
```

這種工作的一個可能的例子是 FormattingCommand（⑱），這個工作將取得必要的資訊以透過作業系統觸發磁片的格式化；或者，你可以想像一個接收所有資料以觸發一個印表機作業的 PrintCommand（⑲）。

同樣也是在這個 ThreadPool 的例子中，你認識了 Command 設計模式的效果：不同種類的工作被確認為**變動點**，並且被抽取出來（這又遵循了 SRP），這使得你能夠在不需要修改現有程式碼下實作不同種類的工作（遵守 OCP）。

當然，也有一些來自標準函數庫的例子。例如，你會在 std::for_each()（⑳）演算法中看到 Command 設計模式在運作：

```
namespace std {

template< typename InputIt, typename UnaryFunction >
constexpr UnaryFunction
   for_each( InputIt first, InputIt last, UnaryFunction f );  ⑳

} // std 命名空間
```

利用第三個引數，你可以指定什麼樣的工作，這個演算法應該在所有給定的元素上執行。這可以是任何動作，範圍從操作元素到列印它們，而且可以透過如函數指標般簡單，和如 lambda 般強大的事物來指定：

```
#include <algorithms>
#include <cstdlib>

void multBy10( int& i )
{
   i *= 10;
}

int main()
{
   std::vector<int> v{ 1, 2, 3, 4, 5 };

   // 將所有整數乘於 10
   std::for_each( begin(v), end(v), multBy10 );

   // 列印所有整數
   std::for_each( begin(v), end(v), []( int& i ){
      std::cout << i << '\n';
   } );

   return EXIT_SUCCESS;
}
```

Command 設計模式相對於 Strategy 設計模式

「等一下！」我可以聽到你的叫喊。「你剛才不是解釋說標準函數庫的演算法是透過 Strategy 設計模式實作嗎？這不是與之前的說法完全矛盾嗎？」是的，你是對的。就在前面幾頁，我確實解釋了 `std::partition()` 和 `std::sort()` 演算法是透過 Strategy 設計模式實作的。我承認現在看起來是自相矛盾沒錯，然而，我並沒有宣稱*所有*的演算法都是基於 Strategy，所以讓我解釋一下。

從結構的觀點，Strategy 和 Command 設計模式是相同的：無論你用的是動態多型還是靜態多型，從實作的觀點看，Strategy 和 Command 之間沒有任何差別[21]。差別完全在這兩種設計模式的目的。Strategy 設計模式指定事情應該**如何**做，而 Command 設計模式則指定應該做**什麼**。例如，考慮 `std::partition()` 和 `std::for_each()` 演算法：

```
namespace std {

template< typename ForwardIt, typename UnaryPredicate >
constexpr ForwardIt
   partition( ForwardIt first, ForwardIt last, UnaryPredicate p );  ㉑

template< typename InputIt, typename UnaryFunction >
constexpr UnaryFunction
   for_each( InputIt first, InputIt last, UnaryFunction f );  ㉒

} // std 命名空間
```

雖然你只能控制**如何**在 `std::partition()` 演算法中選擇元素（㉑），但 `std::for_each()` 演算法讓你控制**什麼**操作應用於給定範圍內的每個元素上（㉒）。而在形狀的例子中，你只能指定**如何**繪製某種形狀，而在 `ThreadPool` 的例子中，你完全負責決定對**什麼**操作排程[22]。

你所應用的兩種設計模式還有其他兩個指示器。首先，如果你有一個物件並對它採取配置動作（你執行了**依賴性注入**），那麼你（很可能）使用了 Strategy 設計模式。如果你未對物件採取配置動作，而是改為直接執行動作，那麼你（很可能）使用的是 Command 設計模式。在我們 `Calculator` 例子中，我們沒有傳遞動作來配置 `Calculator`，反而是立即求取動作後的值；因此，我們是建立在 Command 模式上。

另外，我們也可以透過 Strategy 實作 `Calculator`：

```
//---- <CalculatorStrategy.h> ----------------

class CalculatorStrategy
{
 public:
   virtual ~CalculatorStrategy() = default;

   virtual int compute( int i ) const = 0;
};
```

21 這是我所說的設計模式與實作細節無關的另一個例子；請參考第 80 頁的「指導原則 12：提防設計模式的誤解」。

22 關於完整的形狀例子，請參考第 134 頁的「指導原則 19：用 Strategy 來隔離事物如何完成」。

```
//---- <Calculator.h> ---------------

#include <CalculatorStrategy.h>

class Calculator
{
 public:
   void set( std::unique_ptr<CalculatorStrategy> operation );  ㉓
   void compute( int value );  ㉔

   // ...

 private:
   int current_{};
   std::unique_ptr<CalculatorStrategy> operation_;  // 需要一個預設值！
};


//---- <Calculator.cpp> ---------------

#include <Calculator.h>

void set( std::unique_ptr<CalculatorStrategy> operation )  ㉓
{
   operation_ = std::move(operation);
}

void Calculator::compute( int value )  ㉔
{
   current_ = operation_.compute( value );
}
```

在這個 `Calculator` 的實作中，Strategy 是透過 `set()` 函數注入（㉓），`compute()` 函數使用注入的 Strategy 執行計算（㉔）。要注意這種方法使它很難實作合理的取消機制。

你是用 Command 或 Strategy 要看第二個指示器是否為 `undo()` 操作。如果你的動作提供了 `undo()` 操作轉返**任何**它所做的，而且封裝了執行 `undo()` 所需的一切，那麼你很有可能是處理 Command 設計模式。如果你的動作沒有提供 `undo()` 操作，因為它專注於某件事情是**如何**做的，或者因為它缺乏轉返操作的資訊，那麼你很可能是處理 Strategy 設計模式。然而，我應該明確地指出，缺少 `undo()` 操作不是 Strategy 確鑿的證據。如果目的是指定**什麼**應該被做，它仍然可以是 Command 的實作。例如，儘管實際不需要有 `undo()` 操作，但 `std::for_each()` 演算法仍然期望 `Command`。`undo()` 操作應該被視為是 Command 設計模式的可選擇功能，而不是定義性的功能。依我看，undo() 不是 Command 設計模式的強項，而是純粹的必需品：如果一個動作可以完全自由地做它想做的事情，那麼只有這個動作才能將這操作轉返（當然，假設你不想要為 Command 的每個呼叫都儲存一個完整的複製）。

我承認這兩種模式之間沒有明確的分隔，在它們之間有一塊灰色地帶。然而，爭論某個東西是 Command 或 Strategy 是無關緊要的，而且在這個過程中會失去一些朋友。比同意你使用這兩種模式中的哪一種更重要的是，利用它們的能力來抽取實作細節和分離關注點。這兩種設計模式都有助於你隔離改變和擴展，因此可以幫助你遵循 SRP 和 OCP。畢竟，這種能力可能是在 C++ 標準函數庫中有這麼多這兩種設計模式例子的原因。

分析 Command 設計模式的缺點

Command 設計模式的優點類似於 Strategy 設計模式的優點：Command 模式透過引入某種形式的抽象化（例如，基礎類別或概念）來幫助你從具體工作的實作細節中解耦。這種抽象化允許你輕鬆地增加新的工作。因此，Command 滿足了 SRP 和 OCP 的要求。

然而，Command 設計模式也有它的缺點。與 Strategy 設計模式相比，它的缺點清單較少。唯一真正的缺點是，如果你透過基礎類別實作 Command（傳統的 GoF 風格），由於額外的間接性會增加執行時性能的開銷。同樣地，這取決於你決定增加的彈性是否重於執行時性能的損失。

總之，就像是 Strategy 設計模式，Command 設計模式是設計模式目錄中最基本和最有用的模式之一。你會在包括靜態和動態的許多不同情況下遇到 Command 的實作。因此，了解 Command 的目的、優點和缺點在很多情況下都非常有幫助。

指導原則 21：使用 Command 來隔離所做的事情

- 應用目的是抽象和封裝（可能是可取消的）動作的 Command 設計模式。
- 注意 Command 和 Strategy 設計模式之間的界限不是固定的。
- 在動態和靜態應用中使用 Command。

指導原則 22：偏好值語義超過參照語義

在第 134 頁的「指導原則 19：用 Strategy 來隔離事物如何完成」和第 158 頁的「指導原則 21：使用 Command 來隔離所做的事情」中，我分別介紹了 Strategy 和 Command 設計模式。在這兩種情況中，這些例子都是牢牢地建立在傳統的 GoF 風格上：它們透過繼承階層結構使用動態多型。由於傳統的物件導向風格缺乏現代感，我想你現在咬指甲的行為已經讓你的美甲師感到困擾了。而且你可能想知道「沒有其他更好的方法實作 Strategy 和 Command 嗎？一個更『現代』的方法？」是的，請放心；確實有。而且這種方法對於我們通常所稱的「ModernC++」的原理是如此重要，以致於它絕對能為不同的指導原則辯護以解釋它的優點。我非常確定你的美甲師會理解這個小插曲的原因。

GoF 風格的缺點：參照語義

由四人幫蒐集並在他們書中提出的設計模式，是作為物件導向設計模式引入的。幾乎所有他們書中描述的 23 種設計模式，都至少使用一個繼承階層結構，因此牢牢地扎根於 OO 程式設計的領域。模板，明顯的第二個選擇，在 GoF 書中並沒有發揮任何作用。這種純粹的 OO 風格就是我提到的 *GoF 風格*。從今天的觀點看，這種風格似乎是 C++ 中古老、過時的做事方式，但我們要記住這本書是在 1994 年 10 月出版的。當時，模板可能已經是語言的一部分（至少正式描述於《*Annotated Reference Manual*（*ARM*）》中），但是我們還沒有與模板相關的慣用法，而且 C++ 仍然被普遍的認為是一種 OO 程式設計語言[23]。因此，使用 C++ 常見的方式主要是使用繼承。

今天我們知道，GoF 風格伴隨著許多缺點。其中最重要的、也是一般最常被提到的，是性能[24]：

- 虛擬函數增加了執行時間的開銷，減少了編譯器優化的機會。
- 許多小多型物件的分配耗費額外的執行時間，使記憶體片段化，而且導致次優的快取使用方式。
- 在資料存取方案方面，資料安排的方式經常會適得其反[25]。

---

23 Margaret A. Ellis 和 Bjarne Stroustrup，《*The Annotated C++ Reference Manual*》（Addison-Wesley，1990）。

24 要了解 C++ 性能面向總體的概述，特別是與繼承階層結構有關的性能問題，請參考 Kurt Guntheroth 的著作《*Optimized C{plus}{plus}*》（O'Reilly）。

25 一個可能的解決方案是採用資料導向的設計的技術；請參考 Richard Fabian，《*Data-Oriented Design: Software Engineering for Limited Resources and Short Schedules*》。

性能真的不是 GoF 風格的一個強處面向。在沒有完全討論關於 GoF 風格所有可能的缺點下，讓我們改為專注於我認為特別感興趣的另一個缺點：GoF 風格落於我們今天所說的**參照語義**（有時也稱為**指標語義**）。這種風格是因為它主要與指標和參照一起作用，而得到這個名稱。為了展現參照語義的含義，以及為什麼它通常帶有相當負面的內涵，讓我們看以下這個使用 C++20 的 `std::span` 類別模板程式碼例子：

```
#include <cstdlib>
#include <iostream>
#include <span>
#include <vector>

void print( std::span<int> s )  ❶
{
   std::cout << " (";
   for( int i : s ) {
      std::cout << ' ' << i;
   }
   std::cout << " )\n";
}

int main()
{
   std::vector<int> v{ 1, 2, 3, 4 };  ❷

   std::vector<int> const w{ v };  ❸
   std::span<int> const s{ v };  ❹

   w[2] = 99;  // 編譯錯誤！  ❺
   s[2] = 99;  // 有效！  ❻

   // 印出 ( 1 2 99 4 );
   print( s );  ❼

   v = { 5, 6, 7, 8, 9 };  ❽
   s[2] = 99;  // 有效！   ❾

   // 列印？
   print( s );  ❿

   return EXIT_SUCCESS;
}
```

print() 函數（❶）展示了 std::span 的目的，std::span 類別模板代表了一個陣列的抽象化。print() 函數可以用任何類型的陣列（內置陣列、std::array、std::vector 等）呼叫，而不需要與任何特定類型的陣列耦合。在具有動態範圍 std::span 的例子中（沒有表示陣列大小的第二個模板引數），std::span 傳統的實作包含有兩個資料成員：分別為指向陣列第一個元素的指標，以及陣列的大小。由於這個原因，std::span 被認為很容易複製，而且通常是透過以值傳遞。除此之外，print() 簡單地遍歷 std::span 的元素（在我們的情況是整數）並透過 std::cout 列印它們。

在 main() 函數中，我們首先建立了 std::vector<int> v，並立即用整數 1、2、3 和 4 填入它（❷）。然後我們建立另一個 std::vector w（❸）和 std::span s（❹）作為 v 的複製物。w 和 s 都被 const 限定。緊接著，我們試圖修改 w 和 s 在索引 2 的內容。修改 w 的嘗試出現編譯錯誤而失敗：w 被宣告為 const，且因為這個原因，所以不可能改變它所包含的元素（❺）。然而，改變 s 的嘗試可以正常作用；儘管 s 被宣告為 const（❻），但不會有編譯錯誤。

原因是 s 不是 v 的複製，而且也不代表一個值。反而，它代表對 v 的參照；它本質上充當對 v 第一個元素的指標。因此，const 限定詞在語義上與宣告 const 指標具有相同的效果：

```
std::span<int> const s{ v };  // s 充當對 v 第一個元素的指標
int* const ptr{ v.data() };   // 語義上意義相等
```

雖然指標 ptr 不能被改變，而且在它整個生命期中都將參照到 v 的第一個元素，但被參照的整數可以輕易地改變。為了避免對整數的指定，你需要為 int 增加額外的 const 限定詞：

```
std::span<int const> const s{v};    // s 代表一個指向 const int 的 const 指標
int const* const ptr{ v.data() };   // 語義上意義相等
```

因為指標和 std::span 的語義相等，所以 std::span 顯然會落入參照語義的範疇。而這也伴隨著一些額外的危險，就如 main() 函數剩餘部分所展示的。作為下一個步驟，我們列印 s 所參照的元素（❼）。注意，你也可以用直接傳遞向量 v 作為替代，因為 std::span 提供了必要的轉換建構函數來接受 std::vector。print() 函數將正確地產出以下輸出：

```
( 1 2 99 4 )
```

因為我們可以這麼做（也因為到目前為止，1 到 4 的數字開始可能聽起來有點無聊），我們現在指定一組新的數字給向量 v（❽）。無可否認的，5、6、7、8、9 的選擇既沒有創意也沒有娛樂性，但它們符合需要。緊接著，我們再次寫到 s 第二個索引位置（❾），並再次印出 s 所參照的元素（❿）。當然，我們期望輸出是 (5 6 99 8 9)，但不幸的是情況並非如此，我們可能會得到以下的輸出[26]：

```
( 1 2 99 4 )
```

也許這完全令你震驚，讓你多了幾根白髮[27]。也許你只是感到驚訝，又或者你會點點頭並會心一笑：是的，當然，未定義的行為！當指定新值給 std::vector v 的時候，我們不只改變了值，而且也改變了向量的大小。它現在不再是四個值了，需要儲存五個元素。為了這個原因，向量（可能）執行了重新分配，因此改變了它第一個元素的位址。不幸的是，std::span s 並沒有收到這個提示，它仍然牢牢抓住之前第一個元素的位址。因此，當我們試圖透過 s 寫到 v 的時候，我們並沒有寫到 v 目前的陣列內，而是寫到了曾經是 v 內部陣列的一塊已經被丟棄的記憶體中。

「嘿，你是想抹黑 std::span 嗎？」你問。不，我並不是想暗示 std::span 和 std::string_view 不好。相反的，我實際上很喜歡這兩個，因為它們分別從所有種類的陣列和字串中提供了非常卓越和低廉的抽象化。然而，記住，每個工具都有優點和缺點。當我使用它們時，我是有意識地使用它們，充分意識到任何非所有的參照類型，都需要小心注意它所參照值的生命期。例如，雖然我認為這兩者都是非常有用的函數引數工具，但我傾向於不將它們用為資料成員。生命期問題的危險性實在太高。

參照語義：第二個例子

「嗯，我當然知道，」你爭辯著。「我也不會長時間儲存 std::span。然而，我仍然不相信參照和指標是問題。」好吧，如果第一個例子還不夠驚人，我有第二個例子。這一次我使用 STL 演算法，std::remove()。std::remove() 演算法需要三個引數：一對遍歷範圍以移除特定值所有元素的迭代器，以及表示要移除值的第三個引數。特別要注意的是，第三個引數是透過對 const 參照傳遞的：

```
template< typename ForwardIt, typename T >
constexpr ForwardIt remove( ForwardIt first, ForwardIt last, T const& value );
```

26 注意我的用詞，「我們可能會得到以下的輸出」。的確，我們可能得到這樣的輸出，但也可能得到別的。這要看情況而定，因為我們已經不經意地進入了未定義行為的領域。因此，這個輸出是我最好的猜測，而不是保證。

27 現在不只是你的美甲師，連你的美髮師也有事要忙了…

我們來看以下程式碼的例子：

```
std::vector<int> vec{ 1, -3, 27, 42, 4, -8, 22, 42, 37, 4, 18, 9 };  ⓫

auto const pos = std::max_element( begin(vec), end(vec) );  ⓬

vec.erase( std::remove( begin(vec), end(vec), *pos ), end(vec) );  ⓭
```

我們從 `std::vector v` 開始，它用一些亂數初始化（⓫）。現在我們感興趣的是移除表示儲存在向量中最大值的所有元素。在我們的例子中，就是 42 這個值，它儲存在向量中兩次。執行移除的第一步是用 `std::max_element()` 演算法確定最大值。`std::max_element()` 回傳對最大值的迭代器。如果範圍內有數個元素等於這最大的元素，它將回傳對這樣元素第一個的迭代器（⓬）。

移除最大值的第二步是呼叫 `std::remove()`（⓭）。我們用 `begin(vec)` 和 `end(vec)` 傳遞元素的範圍，並透過對 `pos` 迭代器的參照來傳遞最大值。最後但同樣重要的，我們以透過呼叫 `erase()` 成員函數來完成操作：我們抹除由 `std::remove()` 演算法回傳的位置和向量末端之間的所有值。這一連串的操作一般被稱為*抹除 - 移除慣用法*（*https://oreil.ly/fc50R*）。

我們期望兩個 42 都從向量中移除，因此我們期望得到以下的結果：

```
( 1 -3 27 4 -8 22 37 4 18 9 )
```

不幸的是，這個期望並未達成。代替的，向量現在包含以下的值：

```
( 1 -3 27 4 -8 22 42 37 18 9 )
```

注意，向量內仍然含有一個 42，但現在代替的是少了一個 4。這種錯誤行為的根本原因還是參照語義：透過將解參照的迭代器傳給 `remove()` 演算法，我們隱含地指出存在這位置的值應該被移除。然而，在移除第一個 42 之後，這個位置上的值改成 4。`remove()` 演算法會移除所有值為 4 的元素。因此，下一個被移除的值不是下一個 42，而是下一個 4，諸如此類[28]。

「好的，我知道了！但這個問題人盡皆知！今天，我們不再使用抹除 - 移除慣用法了。C++20 終於提供我們自由的 `std::erase()` 函數！」好吧，我很同意這種說法，但不幸的是，我只能承認 `std::erase()` 函數的存在：

```
template< typename T, typename Alloc, typename U >
constexpr typename std::vector<T,Alloc>::size_type
   erase( std::vector<T,Alloc>& c, U const& value );
```

28 更多的白頭髮，你的美髮師有更多工作要做了。

std::erase() 函數也透過參照到 const 取得表示它要被移除值的第二個引數。因此，我剛才描述的問題仍然存在。解決這個問題的唯一方法是明確地確定最大的元素，並將它傳遞給 std::remove() 演算法（⓮）：

```
std::vector<int> vec{ 1, -3, 27, 42, 4, -8, 22, 42, 37, 4, 18, 9 };

auto const pos = std::max_element( begin(vec), end(vec) );
auto const greatest = *pos;  ⓮

vec.erase( std::remove( begin(vec), end(vec), greatest ), end(vec) );
```

「你是認真地建議我們不應該再使用參照參數嗎？」不，絕對不是！當然，你應該用參照參數，例如，基於性能的考量。然而，我希望已經提升了確定的意識。希望你現在理解這個問題了：參照，尤其是指標，讓我們的生活變得更困難；更難理解程式碼，因此也更容易在程式碼中引入錯誤。而特別是指標會引出更多問題：它是一個有效的指標或是 nullptr？誰擁有指標背後的資源並管理它的生命期？當然，由於我們已經擴展了我們的工具箱，並且有智慧型指標可供我們使用，所以生命期問題就不是什麼問題了。就如核心指導原則 R.3（*https://oreil.ly/keyuZ*）明確指出的：

> 原始指標（T*）是非擁有的。

知道智慧指標負責所有權之後，我們就幾乎完全釐清指標的語義了。但儘管智慧指標毫無疑問是一個非常有價值的工具，而且有充分的理由被譽為「ModernC++」的重大成就，但最終它們也只是對參照語義在我們程式碼推理的能力結構中，所造成漏洞的一種修復。是的，參照語義使程式碼的理解和關於重要細節的推理更困難，因此是我們想要避免的東西。

ModernC++ 哲理：值語義

「但是，等一下，」我可以聽到你反對的聲音，「我們還有什麼其他的選擇嗎？我們應該怎麼做？還有，我們該如何應付繼承階層結構？我們不能避免指標，對嗎？」如果你是這樣想的，那麼告訴你一個非常好的消息：是的，有一個更好的解決方案。一個使你的程式碼更容易理解並更容易推理、甚至對它的性能可能有正面影響的解決方案（記得我們也談過關於參照語義負面性能的面向）。這個解決方案就是值語義。

值語義在 C++ 中不是新的內容。這個想法早就是原來 STL 的一部分。讓我們考慮最著名的 STL 容器 std::vector：

```
std::vector<int> v1{ 1, 2, 3, 4, 5 };

auto v2{ v1 };  ⓯

assert( v1 == v2 );  ⓰
assert( v1.data() != v2.data() );  ⓱

v2[2] = 99;  ⓲

assert( v1 != v2 );  ⓳

auto const v3{ v1 };  ⓴

v3[2] = 99;  // 編譯錯誤！
```

我們從稱為 v1 的 std::vector 開始，對它填入了五個整數。在下一行，我們將 v1 複製為 v2（⓯）。向量 v2 是真正的複製，有時也稱為**深層複製**，現在它包含了自己的記憶體區塊和自己的整數，而且不會參照到 v1 中的整數[29]。我們可以透過比較兩個向量來斷言這件事（證明它們是相等的；參考⓰），但第一個元素的位址是不同的（⓱）。而改變 v2 中一個元素（⓲）的效果，會使兩個向量不再相等（⓳）。是的，兩個向量都有自己的陣列，它們不共用內容，也就是說，它們不試圖「優化」複製操作。例如，你可能聽說過寫入時複製（*https://oreil.ly/lZae0*）這種技術。是的，甚至你可能知道，在 C++11 之前，這是對 std::string 常見的實作。然而，從 C++11 以後，因為 C++ 標準中制定了 std::string 的要求（*https://oreil.ly/lW1kV*），所以它不再被允許使用寫入時複製（*https://oreil.ly/hYbsO*），原因是這種「優化」在多執行緒世界中很容易被證明是一種悲觀做法。因此，我們可以指望複製的建構會建立真正複製的事實。

最後但同樣重要的是，我們建立了另一個宣告為 const 稱為 v3 的複製品（⓴）。如果我們現在嘗試改變 v3 的一個值，我們會得到編譯錯誤。這顯示 const 向量不只是防止增加和移除元素，而且它所有的元素也被視為是 const。

從語義的觀點看，就像是 STL 中任何的容器一樣，這表示 std::vector 被視為是一個值。是的，一個值，就像一個 int。如果我們複製一個值，我們不是複製這個值的一部分，而是複製整個值。如果我們使一個值成為 const，它就不只是部分 const，而是完全 const。這就是值語義的原理。我們早已經看過了幾個優點：值比指標和參照更容易推理。例如，改變一個值並不會影響其他的值，改變是局部發生，不會發生在其他地方，這是編譯器在優化工作中重度利用的優點。另外，值不會讓我們想到所有權，

29 我應該明確地指出，「深層複製」的概念取決於向量中類型 T 的元素：如果 T 執行深層複製，那麼 std::vector 也是如此，但如果 T 執行淺層複製，那麼從語義上 std::vector 也會執行淺層複製。

值對它自己的內容負責，值也使思考執行緒的問題變（更）容易。這並不意味著不會再有問題（你所希望的！），但程式碼確實會更容易理解，值只是沒有留下太多問題給我們。

「好吧，我明白關於程式碼要清楚的觀點，」你爭辯著，「但是性能呢？一直處理複製操作不是超級昂貴嗎？」好吧，你是對的；複製操作可能很昂貴。然而，只有在它們真的發生時才昂貴。在真的程式碼中，我們經常可以依靠複製省略（*https://oreil.ly/Bc4jM*）、移動語義、以及…傳址方式[30]。另外，我們已經看到，從性能的觀點看，值語義可能會給我們帶來性能的提升。是的，當然我指的是第 116 頁的「指導原則 17：考慮用 std::variant 實作 Visitor」中的 `std::variant` 例子。在那個例子中，使用 `std::variant` 類型的值顯著地改善了我們的性能，因為由指標造成的間接性比較少，而且有更好的記憶體佈局和存取模式。

值語義：第二個例子

來看看第二個例子，這一次我們考慮以下的 `to_int()` 函數[31]：

```
int to_int( std::string_view );
```

這個函數剖析所給的字串（是的，為了性能的目的，我使用 `std::string_view`）並將它轉換為 `int`。現在我們最感興趣的問題是這個函數應該如何處理錯誤，或換句話說，如果字串不能被轉換為 `int`，這個函數應該做什麼。在這種情況下的第一個選擇是回傳 `0`。然而，這種方法有問題，因為 `0` 是 `to_int()` 函數有效的回傳值，我們將無法區分成功和失敗[32]。另一種可能的方法是拋出異常，儘管異常可能是 C++ 中用來發出錯誤訊號的原生工具，但這個特定的問題取決於你個人的風格和偏好，這對你來說可能有些矯枉過正。另外，要知道異常在很大部分的 C++ 社群中是不能使用的，這個選擇可能會限制這函數的可用性[33]。

第三種可能性是把簽章稍微改變一下：

```
bool to_int( std::string_view s, int& );
```

30 對移動語義最好和最完整的介紹是 Nicolai Josuttis 在這個主題上的著作，《*C++ Move Semantics - The Complete Guide*》（NicoJosuttis，2020）。

31 類似的例子和討論，參考 Patrice Roy 在 CppCon 2016 的演講「The Exception Situation」（*https://oreil.ly/REqOG*）。

32 然而這正是 `std::atoi()` 函數（*https://oreil.ly/fByFB*）所採取的方法。

33 在他標準的提案 P0709（*https://oreil.ly/E6Qd7*）中，Herb Sutter 說明有 52% 的 C++ 開發者沒有或只有有限的機會接觸到異常。

現在，這函數以一個對可變 int 的參照作為第二個參數，並回傳一個 bool 值。如果成功，這函數回傳 true，並設定被傳遞的整數；如果失敗，這函數回傳 false，而且不理會 int。雖然這對你來說可能是一個合理的妥協，但我認為我們現在已經偏離了原路而更深入參照語義的領域（包括所有潛在的誤用）。同時，程式碼清晰度也降低了：回傳結果最自然的方式是透過回傳值，但現在結果是由輸出值產生。例如，這阻止我們將結果指定給一個 const 值。因此，我將這個評價為迄今為止最不利的方法。

第四種方法是透過指標回傳：

```
std::unique_ptr<int> to_int( std::string_view );
```

在語義上，這種方法很有吸引力：如果它成功，函數回傳 int 有效的指標；如果它失敗了，它回傳 nullptr。因此，因為我們可以清楚地區分這兩種情況，所以程式碼的清晰度獲得改善。然而，我們獲得這優勢的代價是動態記憶體分配，需要用 std::unique_ptr 來處理生命期管理，而且我們仍然逗留在參照語義的領域中。所以問題是：我們如何才能發揮語義上的優勢，但又忠於值語義呢？解決方案是以 std::optional 的形式出現[34]：

```
std::optional<int> to_int( std::string_view );
```

std::optional（*https://oreil.ly/6p55b*）是值的類型，它表示任何其他的值，在我們的例子中是 int。因此，std::optional 可以接受所有 int 可以接受的值。然而，std::optional 的特點是，它為被包裝的值多增加了一個狀態，這個狀態表示沒有值。因此，我們的 std::optional 是一個可能存在或可能不存在的 int：

```
#include <charconv>
#include <cstdlib>
#include <optional>
#include <sstream>
#include <string>
#include <string_view>

std::optional<int> to_int( std::string_view sv )
{
   std::optional<int> oi{};
   int i{};

   auto const result = std::from_chars( sv.data(), sv.data() + sv.size(), i );
   if( result.ec != std::errc::invalid_argument ) {
      oi = i;
   }
```

34 有經驗的 C++ 開發者也知道 C++23 將賦予我們一個稱為 std::expected 非常類似的類型。幾年後，這可能是撰寫 to_int() 函數合適的方式。

```
        return oi;
    }

    int main()
    {
        std::string value = "42";

        if( auto optional_int = to_int( value ) )
        {
            // ... 成功：回傳的 std::optional 包含一個整數值
        }
        else
        {
            // ... 失敗：回傳的 std::optional 不包含一個值
        }
    }
```

在語義上，這等同於指標方法，但我們不必支付動態記憶體分配的代價，也不需要處理生命期管理[35]。這個解決方案在語義上清晰、可理解，而且非常有效率。

偏好使用值語義實作設計模式

「那關於設計模式呢？」你問。「幾乎所有 GoF 的模式都是基於繼承階層結構，因此也是參照語義。我們要如何處理這個呢？」這是個非常好的問題，它提供我們到下一個指導原則的完美橋梁。在這裡提供一個簡短的回答：你應該偏好使用值語義的解決方案實作設計模式。是的，認真的！這些解決方案通常會導致更廣泛、可維護的程式碼和（通常）更好的性能。

指導原則 22：偏好值語義超過參照語義

- 注意，參照語義使程式碼更難理解。
- 偏好值語義的語義清晰。

35 從函數式程式設計的觀點看，std::optional 代表了**單體**（*https://oreil.ly/IowBp*）。一般你會在 Ivan Čukić 的著作《*Functional Programming in C++*》中找到關於**單體**和函數式程式設計更多寶貴的資訊。

指導原則 23：
偏好基於值的 Strategy 和 Command 的實作

在第 134 頁的「指導原則 19：用 Strategy 來隔離事物如何完成」中，我介紹了 Strategy 設計模式，在第 158 頁的「指導原則 21：使用 Command 來隔離所做的事情」中，我介紹了 Command 設計模式。我證明了這兩種設計模式是你日常工具箱中必不可少的解耦工具。然而，在第 170 頁的「指導原則 22：偏好值語義超過參照語義」中，我給了你使用值語義而不是參照語義更好的概念。當然，這就引出了一個問題：你如何將這種智慧應用於 Strategy 和 Command 設計模式？這裡有一個可能的值語義解決方案：利用 `std::function` 抽象的能力。

std::function 介紹

如果你還沒有聽過 `std::function`，請容我向你介紹。`std::function` 代表了一個可呼叫物（例如，函數指標、函數物件、或 lambda）的抽象化。唯一的要求是，這可呼叫物要滿足特定的函數類型，它被當成唯一的模板參數傳遞給 `std::function`。以下的程式碼提供了一種想法：

```
#include <cstdlib>
#include <functional>

void foo( int i )
{
   std::cout << "foo: " << i << '\n';
}

int main()
{
   // 建立預設 std::function 的實例。呼叫它會導致
   // std::bad_function_call 異常
   std::function<void(int)> f{};  ❶

   f = []( int i ){  // 指定可呼叫物給「f」  ❷
      std::cout << "lambda: " << i << '\n';
   };

   f(1);  // 用整數「1」呼叫「f」  ❸

   auto g = f;  // 將「f」複製到「g」  ❹

   f = foo;  // 指定不同的可呼叫物給「f」  ❺
```

```
    f(2);  // 用整數「2」呼叫「f」  ❻
    g(3);  // 用整數「3」呼叫「g」  ❼

    return EXIT_SUCCESS;
}
```

在 main() 函數中，我們建立了一個 std::function 的實例稱為 f（❶）。模板參數指定所需函數的類型，在我們的例子中是 void(int)。「函數類型…」你說。「你的意思不是函數指標類型嗎？」好吧，因為這確實是你之前可能很少看到的東西，讓我解釋什麼是函數類型，並將它對照於你可能更常看到的東西：函數指標。以下的例子使用了函數類型和函數指標類型：

```
using FunctionType        = double(double);
using FunctionPointerType = double(*)(double);
// 或者：
// using FunctionPointerType = FunctionType*;
```

第一行顯示函數類型。這個類型表示**任何**接收 double 並回傳 double 的函數。這個函數類型的例子是 std::sin（*https://oreil.ly/1n7fa*）、std::cos（*https://oreil.ly/LuGeK*）、std::log（*https://oreil.ly/ZBNt3*）、或 std::sqrt（*https://oreil.ly/V1XOS*）對應的多載。第二行顯示函數指標類型，注意括號裡的小星號──這使它成為一個指標類型。這個類型表示函數類型 FunctionType 的**一個**函數位址。因此，函數類型和函數指標類型之間的關係非常像 int 和指向 int 指標之間的關係：雖然有許多 int 值，但對 int 的指標儲存的確切是一個 int 的位址。

回到 std::function 的例子：最初，這個實例是空的，因此你不能呼叫它。如果你仍然試圖這樣做，std::function 實例會拋出 std::bad_function_call 異常。最好不要招惹它，讓我們指定一些滿足函數類型要求的可呼叫物，例如，一個（可能是有狀態的）lambda（❷）。這個 lambda 接收一個 int，而且不回傳任何東西。相反的，它透過一個描述性的輸出訊息列出它已經被呼叫了（❸）：

```
lambda: 1
```

好的，這運作得很好。讓我們試試其他的：我們現在透過 f 建立另一個 std::function 實例 g（❹），然後指定另一個可呼叫物給 f（❺）。這次，我們指定一個指標給函數 foo()。同樣的，這個可呼叫物滿足了 std::function 實例的要求：它接收一個 int，而且不回傳任何東西。在指定之後，你直接用 int 2 呼叫 f，這會觸發預期的輸出（❻）：

```
foo: 2
```

這個例子比較簡單，下一個函數呼叫會更有趣。如果你用整數 3 呼叫 `g`（❼），輸出的結果證明 `std::function` 堅定地基於值語義：

```
lambda: 3
```

在 `g` 的初始化過程中，實例 `f` 被複製。而且，它是以值應該被複製的方式複製：它沒有執行「淺層複製」，這將導致當 `f` 後續改變時 `g` 會受到影響；但它執行了一個完整的複製（深層複製），這包含了 lambda 的複製[36]，因此，改變 `f` 不會影響 `g`。這是值語義的好處：程式碼簡單且直覺，而且你不需要擔心你在其他地方意外地破壞了什麼東西。

此時的 `std::function` 功能可能感覺有點像魔術：`std::function` 實例怎麼能接受任何種類的可呼叫物，包括像是 lambda 的東西？它怎麼能儲存任何可能的類型，甚至是它不知道的類型，而且縱然這些類型很明顯地沒有共同之處？別擔心：在第 8 章，我將為你徹底介紹一種稱為 *Type Erasure* 的技術，它是 `std::function` 背後的魔法。

重構形狀繪製

`std::function` 提供了重構第 134 頁「指導原則 19：用 Strategy 來隔離事物如何完成」中形狀繪製例子我們所需的一切：它代表單一可呼叫物的抽象化，這確實是我們需要用來取代 `DrawCircleStrategy` 和 `DrawSquareStrategy` 階層結構的東西，這兩個階層結構各自含有一個虛擬函數。因此，我們依靠 `std::function` 抽象的能力：

```
//---- <Shape.h> ----------------

class Shape
{
 public:
   virtual ~Shape() = default;
   virtual void draw( /* 一些引數 */ ) const = 0;
};


//---- <Circle.h> ---------------

#include <Shape.h>
#include <functional>
#include <utility>

class Circle : public Shape
{
 public:
```

36 在這個例子中，`std::function` 物件執行了深層複製，但是一般來說，`std::function` 會依據它複製的語義（「深」或「淺」）複製包含的可呼叫物，`std::function` 無法強迫深層複製。

```
   using DrawStrategy = std::function<void(Circle const&, /*...*/)>;  ❽

   explicit Circle( double radius, DrawStrategy drawer )  ❿
      : radius_( radius )
      , drawer_( std::move(drawer) )  ⓫
   {
      /* 檢查所給的半徑是否有效，
         以及所給的「std::function」實例不是空的 */
   }

   void draw( /* 一些引數 */ ) const override
   {
      drawer_( *this, /* 一些引數 */ );
   }

   double radius() const { return radius_; }

 private:
   double radius_;
   DrawStrategy drawer_;  ⓬
};


//---- <Square.h> ----------------

#include <Shape.h>
#include <functional>
#include <utility>

class Square : public Shape
{
 public:
   using DrawStrategy = std::function<void(Square const&, /*...*/)>;  ❾

   explicit Square( double side, DrawStrategy drawer )  ❿
      : side_( side )
      , drawer_( std::move(drawer) )  ⓫
   {
      /* 檢查所給的邊長是否有效，
         以及所給的「std::function」實例不是空的 */
   }

   void draw( /* 一些引數 */ ) const override
   {
      drawer_( *this, /* 一些引數 */ );
   }
```

```
    double side() const { return side_; }

  private:
    double side_;
    DrawStrategy drawer_;  ⓬
};
```

首先，在 Circle 類別中，我們為預期的 std::function 類型增加了一個別名（❽）。這個 std::function 類型表示任何可以接收 Circle、以及可能的一些與繪圖相關的引數，並且不回傳任何東西的可呼叫物。當然，我們也為 Square 類別增加了對應的類型別名（❾）。在 Circle 和 Square 的建構函數中，我們現在以 std::function 類型的實例，作為指向 Strategy 基礎類別（DrawCircleStrategy 或 DrawSquareStrategy）指標的替代（❿）。這個實例立即被移到（⓫）類型為 DrawStrategy 的資料成員 drawer_ 中（⓬）。

「嘿，為什麼你要用值來接收 std::function 的實例？那不是非常沒有效率？我們不是應該寧願用參照到 const 來傳遞嗎？」簡而言之：不，用值傳遞並不是沒有效率，而是對另類選擇巧妙的妥協。然而，我承認這也許會讓人意想不到。因為這絕對是值得注意的實作細節，讓我們更仔細地看一下。

如果我們使用參照到 const，我們會遇到*右值*被不必要複製的缺點。如果我們被傳遞了一個右值，那這個右值將會被綁定於（*左值*）參照到 const 上。然而，當把這個參照到 const 傳遞給資料成員的時候，它將被複製。這不是我們的目的：我們自然是希望它被移動。原因很簡單，因為我們不能從 const 物件移動（即使是使用 std::move）。所以，要有效地處理右值，我們必須提供 Circle 和 Square 透過右值參照（DrawStrategy&&）取得 DrawStrategy 建構函數的多載。為了性能的緣故，我們將提供 Circle 和 Square 兩個建構函數[37]。

提供兩個建構函數（一個是為左值，一個是為右值）的方法確實可以作用而且有效率，但我不一定稱它是巧妙。而且，我們也許應該節省同事處理這個問題的麻煩[38]。為了這個原因，我們利用了 std::function 的實作。std::function 提供了複製建構函數和移動建構函數，因此我們知道它可以被有效地移動。當我們以值傳遞 std::function 的時候，複製建構函數或移動建構函數都會被呼叫。如果我們傳遞一個左值，就會呼叫複製建構函數，複製這個左值。然後我們會把這個複製移到資料成員中。總共，我們將執行一次複製和一次移動來初始化 drawer_ 資料成員。如果我們被傳遞一個右值，就會呼叫移動建構函數，移動右值。然後，產生的引數 strategy 被移到資料成員 drawer_ 中。總

37 Nicolai Josuttis 在 CppCon 2017 的演講「The Nightmare of Move Semantics for Trivial Classes」（*https://oreil.ly/IbZHb*）中對這個實作細節有徹底地說明。

38 *KISS* 原則（*https://oreil.ly/N7c3B*）的另一個例子。

共，我們將執行兩個移動操作來初始化 drawer_ 資料成員。因此，這種形式代表了一種很好的妥協：它很巧妙，而且在效率上幾乎沒有任何差異。

當我們重構了 Circle 和 Square 類別，我們可以用任何我們喜歡的形式（以函數、函數物件或 lambda 的形式）實作不同的繪圖策略。例如，我們可以實作以下的 OpenGLCircleStrategy 為一個函數物件：

```
//---- <OpenGLCircleStrategy.h> ----------------

#include <Circle.h>

class OpenGLCircleStrategy
{
 public:
   explicit OpenGLCircleStrategy( /* 繪圖相關引數 */ );

   void operator()( Circle const& circle, /*...*/ ) const;  ⓭

 private:
   /* 繪圖相關資料成員，例如顏色、紋理 ... */
};
```

我們需要遵循的唯一慣例是，我們需要提供一個以 Circle 和可能的一些繪圖相關引數，並且不回傳任何東西（履行 void(Circle const&, /*...*/) 函數類型）的呼叫運算子（⓭）。

假設一個 OpenGLSquareStrategy 類似的實作，現在我們可以建立不同種類的形狀，用想要的繪製行為配置它們，而且最終將它們繪出：

```
#include <Circle.h>
#include <Square.h>
#include <OpenGLCircleStrategy.h>
#include <OpenGLSquareStrategy.h>
#include <memory>
#include <vector>

int main()
{
   using Shapes = std::vector<std::unique_ptr<Shape>>;

   Shapes shapes{};

   // 建立一些形狀，每一個
   //   配備了對應的 OpenGL 繪圖策略
   shapes.emplace_back(
      std::make_unique<Circle>( 2.3, OpenGLCircleStrategy(/*... 紅色 ...*/) ) );
```

```
    shapes.emplace_back(
       std::make_unique<Square>( 1.2, OpenGLSquareStrategy(/*... 綠色 ...*/) ) );
    shapes.emplace_back(
       std::make_unique<Circle>( 4.1, OpenGLCircleStrategy(/*... 藍色 ...*/) ) );

    // 繪製所有形狀
    for( auto const& shape : shapes )
    {
       shape->draw();
    }

    return EXIT_SUCCESS;
}
```

main() 函數與用於傳統 Strategy 實作的原始實作非常類似（參考第 134 頁的「指導原則 19：用 Strategy 來隔離事物如何完成」）。然而，這種使用 std::function 非干擾、無基礎類別的方法進一步地減少了耦合。這在解決方案的依賴關係圖中變得很明顯（參考圖 5-9）：我們可以用想要的任何形式（作為自由函數、函數物件或 lambda）實作繪圖功能，而且我們不需要遵守基礎類別的要求。另外，透過 std::function，我們已經自動地反轉了依賴關係（參考第 60 頁的「指導原則 9：注意抽象化的所有權」）。

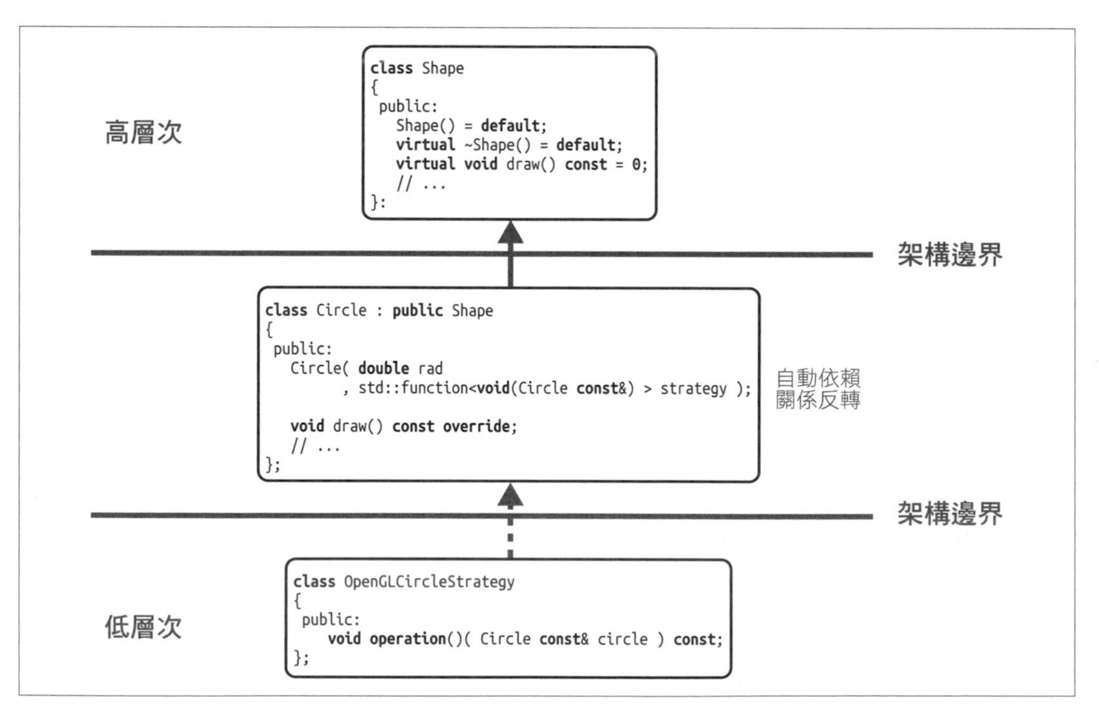

圖 5-9 std::function 解決方案的依賴關係圖

性能基準

「我喜歡這種靈活性，這種自由。這很棒！但性能如何呢？」是的，像個真正 C++ 開發者的發言。當然，性能很重要。然而，在對你展示性能結果之前，讓我提醒你在第 107 頁的「指導原則 16：用 Visitor 來擴展操作」中，我們也是用這個基準的情節獲得表 4-2 的數據。對於這個基準，我已經實作了四種不同的形狀（圓形、正方形、橢圓和矩形）。同樣地，我在 10000 個隨機建立的形狀執行了 25000 次平移操作。同時使用了 GCC 11.1 和 Clang 11.1，對於這兩個編譯器，我只增加了 `-O3` 和 `-DNDEBUG` 編譯標誌。我使用的平台是 8 核心 Intel Core i7、3.8 GHz 主記憶體 64 GB 的 macOS Big Sur（11.4 版）。

有了這些資訊之後，你就可以準備看性能的結果了。表 5-1 顯示了繪圖例子以策略為導向的實作，以及使用 `std::function` 產生的解決方案的性能數據。

表 5-1　不同 Strategy 實作的性能結果

Strategy 實作	GCC 11.1	Clang 11.1
物件導向解決方案	1.5205 s	1.1480 s
`std::function`	2.1782 s	1.4884 s
手動實作 `std::function`	1.6354 s	1.4465 s
傳統的 Strategy	1.6372 s	1.4046 s

為了參考，第一行顯示的是來自第 96 頁「指導原則 15：為增加類型或操作而設計」中，物件導向解決方案的性能。如你所看到的，這個解決方案有最好的性能。然而，這並不出乎意料：由於 Strategy 設計模式，無論實際的實作如何，都會引入額外的開銷，所以性能預期會顯著地下降。

但沒有預料到的是，`std::function` 的實作會招致性能的開銷（在 GCC 情況下甚至是顯著地開銷）。但是等一下，在你把這個方法扔進你思想上的垃圾桶之前，請考慮一下第三行。它顯示了使用 Type Erasure 的 `std::function` 手動實作，這個技術我將在第 8 章中說明。這個實作執行得更好，事實上和 Strategy 設計模式傳統的實作一樣好（或者說對 Clang 幾乎是一樣好）（參考第四行）。這個結果證明，問題不在於值語義，而是在於 `std::function` 的具體實作細節[39]。總之，值語義的方法在性能上並不比傳統方法差；相反地，正如之前所示，它改善了你程式碼許多重要的面向。

39 關於一些 `std::function` 實作性能不足原因的討論已超出本書的範圍和目的。儘管如此，在面對你的程式碼中關鍵性能的部分時，請務必謹記這個細節。

分析 std::function 解決方案的缺點

總的來說，Strategy 設計模式的 `std::function` 實作提供了許多好處。首先，因為你不需要處理指標和相關生命期的管理（例如，使用 `std::unique_ptr`），以及因為你不會經歷參照語義的常見問題（參考第 170 頁的「指導原則 22：偏好值語義超過參照語義」），所以你的程式碼變得更乾淨而且更容易讀。第二，你促進了鬆散耦合；實際上，是非常鬆散的耦合。在這個背景下，`std::function` 的行為就像一個編譯防火牆，它從不同 Strategy 實作的實作細節中保護你，但同時也在如何實作不同的 Strategy 解決方案上，提供開發者極大的靈活性。

儘管有這些優點，但沒有任何解決方案是沒有缺點的——即使是 `std::function` 的方法也有它的缺點。我已經指出如果你依賴於標準的實作，那可能會有潛在的性能劣勢。雖然有一些解決方案可以減少這種影響（參考第 8 章），但在你的程式碼庫中仍然需要考慮。

還有一個設計相關的問題：`std::function` 只能取代單個虛擬函數。如果你需要抽取出多個虛擬函數，如果你想用 Strategy 設計模式來配置多個面向，或者在 Command 設計模式中需要一個 `undo()` 函數，就會發生這種情況，你將必須使用多個 `std::function` 實例。這不只是會因為有多個資料成員而增加類別的大小，而且也會因為如何巧妙地處理傳遞多個 `std::function` 實例的問題而產生介面負擔。為了這個原因，`std::function` 方法在取代單個或極少數虛擬函數下作用最好。儘管如此，這並不意味著你不能對多個虛擬函數使用基於值的方法：如果你遇到這種情況，考慮藉由將用於 `std::function` 的技術直接應用到你的類型來普及化這種方法。我將在第 8 章說明如何做到這件事。

儘管有這些缺點，值語義的方法被證明是 Strategy 設計模式的一個很棒的選擇。這對 Command 設計模式同樣也成立。因此，請將這項指導方針牢記在心，作為邁向現代 C++ 的重要步驟。

指導原則 23：偏好基於值的 Strategy 和 Command 的實作

- 考慮使用 `std::function` 實作 Strategy 或 Command 設計模式。
- 考慮 `std::function` 性能的劣勢。
- 意識到 Type Erasure 是對 Strategy 和 Command 值語義方法的普遍原則。

第六章

Adapter、Observer 和 CRTP 設計模式

本章，我們將注意力轉向三個你必須知道的設計模式：Adapter 和 *Observer* 這兩個 GoF 設計模式，以及**奇異遞迴模板模式**（*CRTP*）設計模式。

在第 190 頁的「指導原則 24：將 Adapter 用於標準化介面」中，我們談到了透過調整介面使不相容的東西結合在一起。為實現這個目的，我將展示 Adapter 設計模式，以及它在繼承階層結構和泛型程式設計中的應用。你還將獲得包括物件、類別和函數 Adapter 等不同種類別 Adapter 的概觀。

在第 201 頁的「指導原則 25：應用 Observer 作為一種抽象的通知機制」中，我們將處理如何觀察狀態變化以及如何獲得關於狀態變化的通知。在這個背景下，我將介紹 Observer 設計模式，這是最著名和最常用的設計模式之一。我們將討論傳統的、GoF 風格的 Observer，以及如何在現代 C++ 中實作 Observer。

在第 217 頁的「指導原則 26：使用 CRTP 引入靜態類型分類」中，我們將注意力轉向 CRTP。我將展示如何使用 CRTP 定義相關類型家族之間在編譯期的關係，以及如何適當地實作 CRTP 基礎類別。

在第 232 頁的「指導原則 27：將 CRTP 用於靜態混合類別」中，我將透過展示 CRTP 如何可以用於建立編譯期的混合類別，而繼續談論 CRTP 的故事。我們也將看到用來建立抽象化的語義繼承，和只是為了技術巧妙和便利而用於實作細節的技術繼承之間的差異。

指導原則 24：將 Adapter 用於標準化介面

讓我們假設你已經實作了來自第 22 頁「指導原則 3：分離介面以避免人為的耦合」Document 的例子，而且因為你正確地遵循了介面隔離原則（ISP），你對它作用的方式相當滿意：

```
class JSONExportable
{
 public:
   // ...
   virtual ~JSONExportable() = default;

   virtual void exportToJSON( /*...*/ ) const = 0;
   // ...
};

class Serializable
{
 public:
   // ...
   virtual ~Serializable() = default;

   virtual void serialize( ByteStream& bs, /*...*/ ) const = 0;
   // ...
};

class Document
   : public JSONExportable
   , public Serializable
{
 public:
   // ...
};
```

然而，有一天你被要求介紹 Pages 文件格式[1]。當然，它與你已經有的 Word 文件類似，但不幸的是，你對 Pages 格式的細節不太熟悉。更糟糕的是，因為你有太多其他的事情要做，所以你沒有太多時間熟悉這個格式。好在，你知道這個格式一個相當合理、開源的實作：OpenPages 類別：

1 Pages 格式是 Apple 相當於微軟 Word 的格式。

```
class OpenPages
{
 public:
   // ...
   void convertToBytes( /*...*/ );
};

void exportToJSONFormat( OpenPages const& pages, /*...*/ );
```

從好的方面來看，這個類別提供了你需要的一切：一個序列化文件內容的 `convertToBytes()` 成員函數，以及將 Pages 文件轉換成 JSON 格式自由的 `exportToJSONFormat()` 函數。不幸的是它不符合你介面的期望：你期望的不是 `convertToBytes()` 成員函數，而是 `serialize()` 成員函數；還有你期望的不是自由的 `exportToJSONFormat()` 函數，而是 `exportToJSON()` 成員函數。當然，最後第三方的類別並沒有繼承自你的 `Document` 基礎類別，這意味著你不能輕易地將這個類別合併到你現有的階層結構。然而，對這個問題有一個解決方案：使用 Adapter 設計模式進行無縫整合。

Adapter 設計模式說明

Adapter 設計模式是另一個傳統的 GoF 設計模式。它專注於標準化介面，並協助非干擾性地將功能增加到現有的繼承階層結構。

Adapter 設計模式

目的：「將類別的介面轉換成另一個客戶期望的介面。Adapter 讓那些因介面不相容而無法一起工作的類別能夠一起工作。[2]」

圖 6-1 顯示了你 Adapter 場景的 UML 圖：你已經有了 `Document` 基礎類別（我們暫時忽略了 `JSONExportable` 和 `Serializable` 介面），而且已經實作了幾個不同種類的文件（例如，用 `Word` 類別）。新加入這個階層結構的是 `Pages` 類別。

2 Erich Gamma 等人，《*Design Patterns: Elements of Reusable Object-Oriented Software*》。

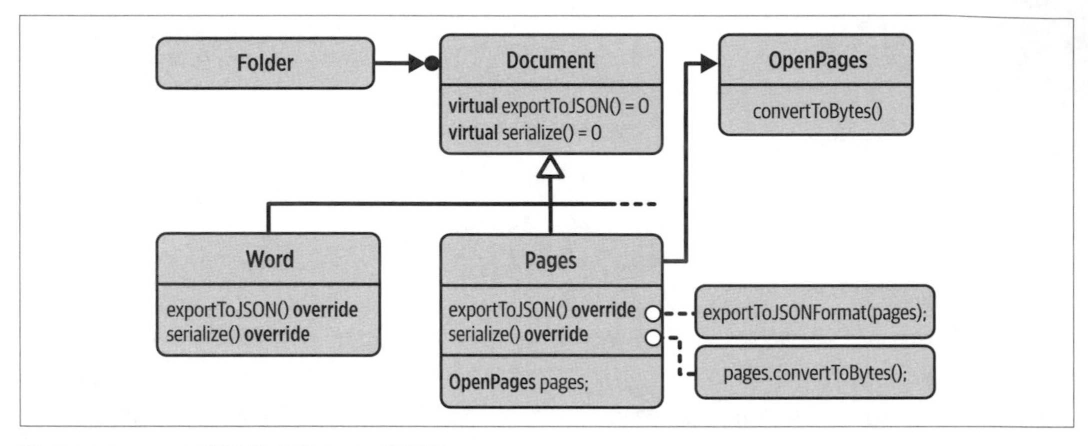

圖 6-1　Adapter 設計模式的 UML 表示法

Pages 類別充當第三方 OpenPages 類別的包裝器：

```
class Pages : public Document
{
 public:
   // ...
   void exportToJSON( /*...*/ ) const override
   {
      exportToJSONFormat(pages, /*...*/);  ❶
   }

   void serialize( ByteStream& bs, /*...*/ ) const override
   {
      pages.convertToBytes(/*...*/);  ❷
   }
   // ...

 private:
   OpenPages pages;  // 一個物件配接器的例子
};
```

Pages 透過將呼叫轉發到對應的 OpenPages 函數實作 Document 介面：對 exportToJSON() 的呼叫被轉發到自由的 exportToJSONFormat() 函數（❶），對 serialize() 的呼叫被轉發到 convertToBytes() 成員函數（❷）。

有了 Pages 類別，你可以輕鬆將第三方的實作整合到你現有的階層結構，這的確非常容易：你可以在不需要以任何方式修改它之下整合它。Adapter 設計模式的這種非干擾性是它的一個最大優點：任何人都可以增加一個 Adapter 來調整一個介面，使其適應另一個現有的介面。

在這個背景下，Pages 類別作為來自 OpenPages 類別實際實作細節的抽象化。因此，Adapter 設計模式將介面的關注點從實作細節中分離。這巧妙地實現了單一責任原則（SRP），並與開放 - 封閉原則（OCP）的目的十分協調（參考第 10 頁的「指導原則 2：為改變而設計」和第 33 頁的「指導原則 5：為擴展而設計」）。

在某種程度上，Pages Adapter 的工作是間接的，並且從一個函數集合映射到另一個集合。注意從一個函數映射到剛好另一個函數並不是絕對必要的。相反地，在如何將預期的函數集合映射到可用的函數集合上，你有完全的靈活性。因此，Adapter 不必要表示 1 對 1 的關係，而是也可以支援 1 對 *N* 的關係[3]。

物件配接器相對於類別配接器

Pages 類別是所謂的**物件配接器**的例子。這個術語談的是儲存了一個被包裝類型的實例。或者，鑒於被包裝的類型是繼承階層結構的一部分，你可以儲存對這個階層結構基礎類別的指標。這將允許你對屬於階層結構的所有類型使用物件配接器，讓物件配接器的靈活性有相當大的提升。

相比之下，也可以選擇實作所謂的**類別配接器**：

```
class Pages : public Document
            , private OpenPages  // 一個類別配接器的例子  ❸
{
 public:
   // ...
   void exportToJSON( /*...*/ ) const override
   {
      exportToJSONFormat(*this, /*...*/);
   }

   void serialize( ByteStream& bs, /*...*/ ) const override
   {
      this->convertToBytes(/*...*/);
   }
   // ...
};
```

3 如果你是設計模式的專家，你可能會意識到 1 對 *N* 的 Adapter 對 Facade 設計模式有一定的類似性；更多的細節請參考 GoF 書籍。

與其儲存適應類型的實例，倒不如從實例那裡繼承（如果可能的話，非公開地）並據以實作預期的介面（❸）。然而，如第 156 頁的「指導原則 20：對組合的偏好超過繼承」中所討論的，最好是建立在組合上。一般而言，物件配接器被證明比類別配接器更靈活，因此應該是你最喜歡的。只有幾個原因會讓你偏好類別配接器：

- 如果你必須覆寫一個虛擬函數。
- 如果你需要存取一個 protected 成員函數。
- 如果你要求適應的類型在另一個基礎類別之前被建構。
- 如果你需要共用一個共同的虛擬基礎類別或覆寫一個虛擬基礎類別的建構。
- 如果你可以從空的基礎優化（*EBO*）中獲得顯著的優勢（*https://oreil.ly/7wLyW*）[4]。

否則，而且這適用於大多數情況，你應該選擇物件配接器。

「我喜歡這個設計模式——它很強大。然而，我剛剛想起，你建議在程式碼中使用設計模式的名稱來傳達目的。這個類別不是應該稱為 PagesAdapter 嗎？」你提出了一個很好的觀點，而且我很高興你還記得第 91 頁的「指導原則 14：使用設計模式的名稱傳達目的」，在那裡我確實主張模式的名稱有助於理解程式碼。我承認在這種情況下，我對兩種命名慣例持開放態度。雖然我看到 PagesAdapter 這個名稱的好處，因為這能夠立即傳達出你是建立在 Adapter 設計模式上，但我不認為傳達這個類別表示一個配接器的事實是必要的。對我而言，在這種情況下 Adapter 感覺像是一個實作細節：我不需要知道 Pages 類別本身沒有實作所有細節，而是用 OpenPages 類別實作。這就是為什麼我說要「考慮使用這個名稱」，你應該就事論事的決定。

標準函數庫中的例子

Adapter 設計模式的一個很有用的應用是對不同種類容器的介面標準化，讓我們假設以下的 Stack 基礎類別：

```
//---- <Stack.h> ----------------

template< typename T >
class Stack
{
 public:
   virtual ~Stack() = default;
   virtual T& top() = 0;  ❹
```

4 在 C++20 中，你透過應用一個資料成員的 [[no_unique_address]]（*https://oreil.ly/H41V8*）屬性實現類似的效果。如果這個資料成員是空的，它本身可能不會佔用任何儲存空間。

```
    virtual bool empty() const = 0;  ❺
    virtual size_t size() const = 0;  ❻
    virtual void push( T const& value ) = 0;  ❼
    virtual void pop() = 0;  ❽
};
```

這個 Stack 類別提供了存取堆疊頂端元素（❹）、檢查堆疊是否是空的（❺）、查詢堆疊的大小（❻）、推送一個元素到堆疊（❼）、以及移除堆疊頂端元素（❽）等必要的介面。這個基礎類別現在可以用於為各種資料結構實作不同的 Adapter，像是 std::vector：

```
//---- <VectorStack.h> ----------------

#include <Stack.h>

template< typename T >
class VectorStack : public Stack<T>
{
 public:
   T& top() override { return vec_.back(); }
   bool empty() const override { return vec_.empty(); }
   size_t size() const override { return vec_.size(); }
   void push( T const& value ) override { vec_.push_back(value); }
   void pop() override { vec_.pop_back(); }

 private:
   std::vector<T> vec_;
};
```

你有點擔心，「你真的建議用抽象的基礎類別實作一個堆疊？你不擔心對性能可能的影響嗎？對於成員函數的每一次使用，你都要付出虛擬函數呼叫的代價！」。不，我當然不建議這麼做。很明顯地，你是對的，而且我完全同意你：從 C++ 的觀點看，這種容器感覺很奇怪而且很沒效率。因為效率，我們通常會透過類別模板實現相同的想法。這就是 C++ 標準函數庫以稱為容器配接器的三種 STL 類別形式（*https://oreil.ly/RMYzu*）：std::stack（*https://oreil.ly/y4cr6*）、std::queue（*https://oreil.ly/LvVNn*）、和 std::priority_queue（*https://oreil.ly/nTBM8*）所採取的方法：

```
template< typename T
        , typename Container = std::deque<T> >
class stack;

template< typename T
        , typename Container = std::deque<T> >
class queue;

template< typename T
```

```
        , typename Container = std::vector<T>
        , typename Compare = std::less<typename Container::value_type> >
class priority_queue;
```

這三個類別模板使所給定的 Container 類型的介面適應一個特殊目的。例如，std::stack 類別模板的目的是使容器的介面適應堆疊的 top()、empty()、size()、push()、emplace()、pop()、和 swap() 等操作[5]。預設下，你可以使用這三種可用的序列容器：std::vector、std::list 和 std::deque。對於任何其他的容器類型，你可以使 std::stack 類別模板特殊化。

「這感覺太熟悉了，」你說，明顯地鬆了一口氣。同樣的，我完全同意。我也認為標準函數庫的方法對容器的目的是更合適的解決方案，但是比較這兩種方法仍然很有意思。雖然在 Stack 基礎類別和 std::stack 類別模板之間有很多技術上的差異，但這兩種方法的目的和語義是異常地相似：都提供將任何資料結構適應到所給堆疊介面的能力。而且都可以作為變動點，允許你在不需要修改現有程式碼下，非干擾地增加新的 Adapter。

Adapter 和 Strategy 之間的比較

「這三種 STL 類別似乎實現了 Adapters 的目的，但這不是和 Strategy 設計模式中配置行為的方式一樣嗎？這不是類似 std::unique_ptr 和它的刪除器嗎？」你問。是的，你是對的。從結構的觀點看，Strategy 和 Adapter 設計模式非常類似。然而，如第 76 頁的「指導原則 11：了解設計模式的目的」中所說明的，設計模式的結構也許類似，或甚至相同，但目的不同。在這種背景下，Container 參數指定的不只是行為的單一面向，而是大部分、甚至全部的行為。類別模板只是作為所給類型功能的包裝器——它們主要是適應介面。所以，Adapter 的主要重點是標準化介面，並將不相容的功能整合到現有的一組慣例中；而另一方面，Strategy 設計模式的主要重點是從外部啟動行為配置，建置並提供期望的介面。另外，Adapter 在任何時候都不需要重新配置行為。

函數配接器

Adapter 設計模式另外的例子是標準函數庫的自由函數 begin()（*https://oreil.ly/ZP74K*）和 end()（*https://oreil.ly/qFeMX*）。「你當真嗎？」你驚訝地問。「你說自由函數可以作為 Adapter 設計模式的例子？這不是類別的工作嗎？」嗯，不見得。自由函數 begin() 和 end() 的目的是，使任何類型的迭代器介面適應預期的 STL 迭代器介面。因此，它從一個可用的函數集合映射到一個預期的函數集合，並與其他 Adapter 有相同目的。主要

5 在這種背景下，注意 std::stack 不允許你經由迭代器遍歷元素是特別引人關注。像通常的堆疊，你只被允許存取頂端的元素。

的差異在於，與基於繼承（執行期多型）或模板（編譯期多型）的物件配接器或類別配接器相比，begin() 和 end() 從函數多載中得到它們的力量，這是 C++ 中第二個主要的編譯期多型機制。儘管如此，某種形式的抽象化仍有作用。

記住，所有種類的抽象化都代表了一組需求，因此必須遵守 Liskov 替換原則（LSP）。這對多載集合也成立；請參考第 54 頁的「指導原則 8：理解多載集合的語義要求」。

考慮以下函數模板：

```
template< typename Range >
void traverseRange( Range const& range )
{
   for( auto&& element : range ) {
      // ...
   }
}
```

在 traverseRange() 函數中，我們用基於範圍的 for 迴圈遍歷給定範圍內的所有元素。這遍歷是透過編譯器用自由函數 begin() 和 end() 獲得的迭代器進行。因此，前面的 for 迴圈等同於以下 for 的形式：

```
template< typename Range >
void traverseRange( Range const& range )
{
   {
      using std::begin;
      using std::end;

      auto first( begin(range) );
      auto last ( end(range) );
      for( ; first!=last; ++first ) {
         auto&& element = *first;
         // ...
      }
   }
}
```

很明顯地，基於範圍的 for 迴圈更方便使用。然而，在這個表面之下，編譯器生成的程式碼是基於自由函數 begin() 和 end()。注意在它們開始的兩個 using 宣告：目的是為所給範圍類型啟用**引數依賴性查找**（*ADL*）（*https://oreil.ly/VKcsl*）。ADL 是確保呼叫「正確的」begin() 和 end() 函數的機制，即使它們是位於使用者特定命名空間內的多載。這意味著你有機會為任何類型多載 begin() 和 end()，並將期望的介面映射到不同的、特殊用途的函數集合。

這種**函數配接器**在 2004 年被 Matthew Wilson 稱為 *shim*[6]。這種技術的一個有價值的特性是它是完全非干擾性：它可以將自由函數增加到任何類型，甚至是像由第三方函數庫所提供而你可能永遠無法適應的類型。因此，任何用 shim 撰寫的泛型程式碼都給了你極大的能力，將幾乎任何類型適應到期望的介面。因此，你可以想像，shim 或函數配接器是泛型程式設計的骨幹。

分析 Adapter 設計模式的缺點

不管 Adapter 設計模式的價值如何，我應該明確地指出，這個設計模式有一個問題。考慮以下我採用自 Eric Freeman 和 Elisabeth Robson 的例子[7]：

```
//---- <Duck.h> ----------------

class Duck
{
 public:
   virtual ~Duck() = default;
   virtual void quack() = 0;
   virtual void fly() = 0;
};


//---- <MallardDuck.h> ----------------

#include <Duck.h>

class MallardDuck : public Duck
{
 public:
   void quack() override { /*...*/ }
   void fly() override { /*...*/ }
};
```

6 Matthew Wilson，《*Imperfect C++: Practical Solutions for Real-Life Programming*》（Addison-Wesley，2004）。

7 Eric Freeman 和 Elisabeth Robson，《*Head First Design Patterns：Building Extensible and Maintainable Object-Oriented Software*》（O'Reilly，2021）。

我們從抽象的 Duck 類別開始，它引入了兩個純虛擬函數 quack() 和 fly()。事實上，對 Duck 類別而言，這似乎是一個相當可預期和自然的介面，當然也引起了一些期待：鴨子會發出非常有特色的聲音，而且能飛得蠻好。這個介面被許多可能種類的 Duck 所實作，像是 MallardDuck 類別。現在，由於某些原因，我們還必須要處理火雞：

```
//---- <Turkey.h> ----------------

class Turkey
{
 public:
   virtual ~Turkey() = default;
   virtual void gobble() = 0;  // 火雞不嘎嘎叫，它們會咯咯叫！
   virtual void fly() = 0;     // 火雞可以飛（短距離）
};


//---- <WildTurkey.h> ---------------

class WildTurkey : public Turkey
{
 public:
   void gobble() override { /*...*/ }
   void fly() override { /*...*/ }
};
```

火雞由抽象的 Turkey 類別表示，這當然是由許多不同種類的具體 Turkey 實作，像是 WildTurkey。更糟糕的是，由於某些原因，鴨子和火雞被期望一起使用[8]。一種可能達到這期望的方法是讓火雞假裝是鴨子。畢竟，火雞很像鴨子。嗯，好吧，它不會嘎嘎叫，但它可以咯咯叫（典型的火雞聲音），而且它也能飛（不能是長距離的，但沒錯，它能飛）。所以你可以用 TurkeyAdapter 讓火雞適應成鴨子：

```
//---- <TurkeyAdapter.h> ---------------

#include <memory>

class TurkeyAdapter : public Duck
{
 public:
   explicit TurkeyAdapter( std::unique_ptr<Turkey> turkey )
      : turkey_{ std::move(turkey) }
   {}

   void quack() override { turkey_->gobble(); }
```

8 當然，你知道最好不要在家裡嘗試這個，但讓我們假設這是那些奇怪的、週一早上的管理決策之一。

```
    void fly() override { turkey_->fly(); }

 private:
    std::unique_ptr<Turkey> turkey_;  // 這是一個物件配接器的例子
};
```

雖然這是鴨子類型一個有趣的解釋（*https://oreil.ly/3rGpx*），但這個例子很好地證明了將異類的東西整合到一個現有的階層結構太容易了。即使我們想讓 Turkey 成為 Duck，但它根本不是 Duck。我認為 quack() 和 fly() 函數可能都違反了 LSP。這兩個函數都沒有真正做我期望它們做的（至少我非常確定我想要的是嘎嘎叫而不是咯咯叫的小動物，而且我想要的是像鴨子一樣真正能飛的東西）。當然，這取決於具體的環境，但不可否認的，Adapter 設計模式使它很容易把不屬於彼此的東西結合在一起。因此，當應用這種設計模式的時候，考慮預期的行為並檢查是否違反 LSP 是非常重要的：

```
#include <MallardDuck.h>
#include <WildTurkey.h>
#include <TurkeyAdapter.h>
#include <memory>
#include <vector>

using DuckChoir = std::vector<std::unique_ptr<Duck>>;

void give_concert( DuckChoir const& duck_choir )
{
   for( auto const& duck : duck_choir ) {
      duck->quack();
   }
}

int main()
{
   DuckChoir duck_choir{};

   // 讓我們為合唱團雇用世界上最好的鴨子
   duck_choir.push_back( std::make_unique<MallardDuck>() );
   duck_choir.push_back( std::make_unique<MallardDuck>() );
   duck_choir.push_back( std::make_unique<MallardDuck>() );

   // 很不幸地，我們也雇用了一隻偽裝的火雞
   auto turkey = std::make_unique<WildTurkey>();
   auto turkey_in_disguise = std::make_unique<TurkeyAdapter>( std::move(turkey) );
   duck_choir.push_back( std::move(turkey_in_disguise) );

   // 這場音樂會將是一場音樂災難 ...
   give_concert( duck_choir );
```

```
    return EXIT_SUCCESS;
}
```

總之，Adapter 設計模式可以被認為是，結合不同的功能片段，並使它們一起工作最有價值的設計模式之一。我保證，它在你日常工作中將被證明是一個有價值的工具。儘管如此，請不要濫用 Adapter 的力量，做出一些英雄式的努力來結合蘋果和橘子（或甚至是橘子和葡萄柚：它們相似但不相同）。始終要意識到 LSP 的期望。

指導原則 24：將 Adapter 用於標準化介面

- 應用 Adapter 設計模式的目的是調整介面，使在其他情況下不相容的部分能夠一起工作。
- 注意，Adapter 對於動態和靜態的多型都很有用。
- 區別物件配接器、類別配接器和函數配接器。
- 理解 Adapter 和 Strategy 設計模式之間的差異。
- 當使用 Adapter 設計模式的時候，要注意 LSP 的違反。

指導原則 25：應用 Observer 作為一種抽象的通知機制

你很有可能以前就聽說過觀察者。「哦，是的，我當然聽過——這不就是所謂的社群媒體平台對我們所做的嗎？」你問。嗯，不完全是我要說的，但是沒錯，我相信我們可以稱這些平台為觀察者。而且，是的，他們所做的事情也有一個模式，儘管這不是設計模式。但我實際想到的是最流行的 GoF 設計模式之一——Observer 設計模式。即使你還不熟悉這個想法，你也很可能在現實生活中對有用的觀察者有一些經驗。例如，你可能已經注意到，在一些即時通訊應用程式中，一旦你閱讀了一條新的文字訊息，文字訊息的寄件者就會立即獲得通知。這意味著訊息會顯示為「已讀」，而不只是「已送達」。這個小服務本質上就是現實生活中觀察者的工作：一旦新訊息的狀態改變，寄件者就會得到通知，以提供對狀態改變做出反應的機會。

Observer 設計模式的說明

在許多軟體情況中，當某些狀態發生變化時，立刻得到回饋是有必要的：在工作佇列中加入一個新的工作、改變了一些配置物件中的設定、準備好要處理一個結果等等。但同時在主體（觀察的變化實體）和它的觀察者（基於狀態改變被通知的回呼）之間引入明確的依賴關係是非常令人討厭的。相反的，主體應該忽視許多不同種類的潛在觀察者，因為任何直接的依賴關係將使軟體更難改變和擴展。在主體和潛在的許多觀察者之間的解耦是 Observer 設計模式的目的。

Observer 設計模式

目的：「在物件之間定義一對多的依賴關係，以使當一個物件改變狀態時，所有它依賴的物件都會被通知並且自動更新。[9]」

與所有設計模式一樣，Observer 設計模式將一個面向識別為**變動點**（一個改變或預期會改變的面向），並以抽象化的形式抽取出它。因此，它有助於對軟體實體解耦。在 Observer 的情況下，引入新觀察者的需要——擴展一對多依賴關係的需要——被認定是變動點。如圖 6-2 所示，這個變動點是以 `Observer` 基礎類別的形式實現。

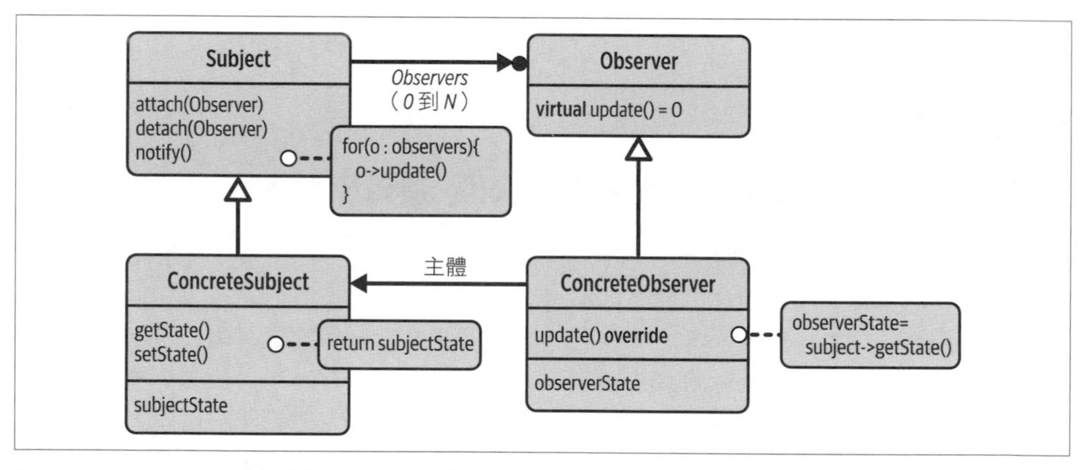

圖 6-2　Observer 設計模式的 UML 表示法

9　Erich Gamma 等人，《*Design Patterns: Elements of Reusable Object-Oriented Software*》。

Observer 類別表示觀察者所有可能實作的抽象化。這些觀察者被附加到一個特定的主體上，由 ConcreteSubject 類別表示。為了減少觀察者和它們主體之間的耦合，或者僅僅是透過對不同的觀察者提供所有常見的 attach() 和 detach() 服務而減少程式碼重複，可以使用 Subject 抽象化。這個 Subject 也可以 notify() 所有附加的觀察者一個狀態的改變，並觸發他們對應的 update() 功能。

「引入 Observer 基礎類別不是 SRP 的另一個例子嗎？」你問。是的，你完全正確：抽取出 Observer 類別，抽取出變動點，就是 SRP 的實際應用（參考第 10 頁的「指導原則 2：為改變而設計」）。同樣地，SRP 充當了 OCP 的推手（參考第 33 頁的「指導原則 5：為擴展而設計」）透過引入 Observer 抽象化，任何人都能夠在不需要修改現有程式碼下增加新種類的觀察者（例如，ConcreteObserver）。如果你注意到 Observer 基礎類別的所有權，並確認這個 Observer 類別位於你架構的高層次，那麼你也滿足了依賴反轉原則（DIP）。

傳統的 Observer 實作

「太好了，我懂了！很高興再次看到這些設計原則的運作，但我希望看到一個具體 Observer 的例子」。我了解，所以我們看一個具體的實作。然而，在我們開始看程式碼之前，我應該清楚地指出下面這個例子的侷限性。你可能已經熟悉了 Observer，因此你可能正在尋找 Observer 許多棘手實作細節的幫助和更深入的建議：附加和拆離觀察者的順序、多次附加一個觀察者、特別是在併發環境中使用觀察者等該如何處理。我應該誠實地事先聲明，我不會提供這些問題的答案。那樣的討論就像製造了不必要的麻煩，很快就會將我們吸進實作細節的領域。我不會這麼做的，雖然你可能會感到失望，但我還是希望聚焦在軟體設計層面[10]。

類似前面的設計模式，我們從 Observer 設計模式的傳統實作開始，中心的元素是 Observer 基礎類別：

```
//---- <Observer.h> ----------------

class Observer
{
 public:
   virtual ~Observer() = default;
```

10 儘管我沒有冒然進入 Observer 實作細節的叢林裡，但我仍然可以給你一些如何實作 Observer 的參考。Victor Ciura 在 CppCon 2021 的演講「Spooky Action at a Distance」(*https://oreil.ly/9TcK6*) 是許多實作面向很好的概述。關於如何處理 Observer 模式併發問題的詳細討論，可以在 Tony Van Eerd 於 C++Now 2016 的演講「Thread-Safe Observer Pattern - You're Doing It Wrong」(*https://oreil.ly/KKU47*) 中找到。

```
    virtual void update( /*...*/ ) = 0;  ❶
};
```

這個類別最重要的實作細節是純虛擬的 `update()` 函數（❶），每當觀察者被通知有些狀態改變時就會呼叫這個函數[11]。如何定義 `update()` 函數有三種選擇，這提供了合理的實作和設計的靈活性。第一個選擇是經由一個甚至數個 `update()` 函數推送更新的狀態：

```
class Observer
{
 public:
   // ...
   virtual void update1( /* 引數表示更新的狀態 */ ) = 0;
   virtual void update2( /* 引數表示更新的狀態 */ ) = 0;
   // ...
};
```

這種形式的觀察者通常被稱為**推送觀察者**。在這種形式下，主體提供了所有必要的資訊給觀察者，因此不需要自己從主體那裡拉取任何資訊。這可以顯著地減少與主體的耦合，並創造多個主體重複使用 `Observer` 類別的機會。此外，對每一種狀態改變可以選擇使用單獨的多載。在前面的程式碼片段中，有兩個 `update()` 函數，分別用於兩種可能的狀態改變。因為總是很清楚是哪個狀態改變了，所以觀察者不需要「搜尋」任何狀態改變，這被證明很有效率。

「不好意思，」你說，「但這不是違反了 ISP 嗎？我們難道不應該藉由將 `update()` 函數分離到一些基礎類別中來分離關注點嗎？」這是一個很棒的問題。你很明顯在注意人為耦合，非常好！

你是對的：我們可以將有多個 `update()` 函數的觀察者分成更小的 `Observer` 類別：

```
class Observer1
{
 public:
   // ...
   virtual void update1( /* 引數表示更新的狀態 */ ) = 0;
   // ...
};
```

11 如果你知道非虛擬介面（NVI）（*https://oreil.ly/mqwgp*）慣用法或 Template Method 設計模式，那麼請隨意將這個虛擬函數移到類別的 `private` 部分，並為它提供一個公開的非虛擬包裝器函數。你可以在 Herb Sutter 的「Guru of the Week」部落格（*http://www.gotw.ca*），或在來自 *C++ Users Journal*，19(9)，2001 年 9 月的文章「Virtuality」（*https://oreil.ly/GSdnB*）中找到更多關於 NVI 的資訊。

```
class Observer2
{
 public:
   // ...
   virtual void update2( /*引數表示更新的狀態*/ ) = 0;
   // ...
};
```

理論上，這種方法有助於減少對特定主體的耦合，而且更容易對不同主體重複使用觀察者。因為不同的觀察者可能對不同的狀態改變感興趣，所以這也可能會有幫助，因此人為地耦合所有可能的狀態改變可能違反了 ISP。當然，如果可以避免很多不必要的狀態改變通知，這可能會提升效率。

不幸的是，一個特定的主體不太可能區分不同種類的觀察者。首先，因為這需要它儲存不同種類的指標（這是主體不方便處理的）；其次，因為不同的狀態改變有可能是以某種方式鏈接。在這種情況下，主體會期望觀察者對*所有*可能的狀態改變都感興趣。從這個觀點看，將幾個 `update()` 函數合併到一個基礎類別可能是合理的。不管怎樣，具體的觀察者必須要處理所有種類的狀態改變。我知道，必須處理一些 `update()` 函數可能是個累贅，即使它們之中只有小部分是引人關注的，但請確保你不會因為不遵守某些預期行為（如果有的話）而意外地違反了 Liskov 替換原則。

推送觀察者還有幾個潛在的缺點。首先，不管是否需要，觀察者*總是*被提供*所有*資訊。因此，只有在觀察者多數時候都需要這些資訊的情況下，這種推送方式才能運作良好；否則，大量的工作將浪費在不必要的通知上。其次，推送會在傳遞給觀察者的引數數量和種類上產生依賴性。任何對這些引數的改變在衍生觀察者類別中都需要很多後續的修改。

這些缺點中的部分可以用第二種 `Observer` 的選擇解決，它可能只是將對主體的參照傳遞給觀察者[12]：

```
class Observer
{
 public:
   // ...
   virtual void update( Subject const& subject ) = 0;
   // ...
};
```

12 或者，觀察者也能自己記住主體。

由於缺少傳遞給觀察者的具體資訊，從 Observer 基礎類別衍生出來的類別需要自己從主體拉取新的資訊。為了這個原因，這種形式的觀察者通常被稱為**拉取觀察者**，它的優點是減少了對引數數量和種類的依賴性。衍生的觀察者可以自由地查詢任何資訊，而不只是改變的狀態。另一方面，這種設計建立了在從 Observer 衍生的類別和主體之間強烈、直接的依賴關係。因此，對主體的任何改變都很容易反映到觀察者上。另外，如果有多個細節改變了，觀察者可能必須「搜尋」狀態改變，這可能會被證明是無謂的低效率。

如果你只考慮以單一的資訊作為改變的狀態，性能上的缺點可能不會對你造成限制。然而，請記住，軟體是會改變的：一個主體可能會成長，隨之而來的是通知不同種類別改變的期望。在這個過程中調整觀察者將造成很多額外的工作。從這個觀點看，**推送觀察者**似乎是較好的選擇。

幸運的是，還有第三種選擇，它移除了之前的許多缺點，因此成為我們的首選方法：除了傳遞對主體的參照以外，我們還傳遞提供關於主體哪個屬性發生變化的資訊標籤：

```
//---- <Observer.h> ----------------

class Observer
{
 public:
   virtual ~Observer() = default;

   virtual void update( Subject const& subject
                      , /* 特定主體的類型 */ property ) = 0;
};
```

這個標籤可以幫助觀察者自己決定對某個狀態改變是否感興趣，它通常由某些特定主題列出了所有可能狀態改變的列舉類型表示。不幸的是，這會增加 Observer 類別對特定主題的耦合。

「透過將 Observer 基礎類別實作為類別模板，不就可以移除在特定 Subject 上的依賴關係嗎？看看以下的程式碼片段：」

```
//---- <Observer.h> ----------------

template< typename Subject, typename StateTag >  ❷
class Observer
{
 public:
   virtual ~Observer() = default;

   virtual void update( Subject const& subject, StateTag property ) = 0;
};
```

這是個很棒的建議。透過將 Observer 類別定義成類別模板的形式（❷），我們可以輕易地將 Observer 提升到更高的架構層次。在這種形式下，這個類別不依賴於任何特定的主體，因此可以被許多想要定義一對多關係的不同主體所重用。然而，你不應該對這個改善有太多的期待：此效果僅限於 Observer 類別。具體的主體將期待這個觀察者類別具體的實例，因此，Observer 具體的實作仍然將強烈地依賴於主體。

為了更好地理解為何會如此，我們來看一個可能的主體實作。在你最初關於社群媒體的評論之後，我建議我們為人實作一個 Observer。嗯，好吧，這個例子可能有道德上的問題，但它有助於實現目的，所以讓我們還是做吧，至少我們知道誰該為此負責。

以下的 Person 類別代表一位被觀察的人：

```
//---- <Person.h> ----------------

#include <Observer.h>
#include <string>
#include <set>

class Person
{
 public:
   enum StateChange
   {
      forenameChanged,
      surnameChanged,
      addressChanged
   };

   using PersonObserver = Observer<Person,StateChange>;  ❺

   explicit Person( std::string forename, std::string surname )
      : forename_{ std::move(forename) }
      , surname_{ std::move(surname) }
   {}

   bool attach( PersonObserver* observer );  ❻
   bool detach( PersonObserver* observer );  ❼

   void notify( StateChange property );  ❽

   void forename( std::string newForename );  ❾
   void surname ( std::string newSurname );
   void address ( std::string newAddress );

   std::string const& forename() const { return forename_; }
```

```
    std::string const& surname () const { return surname_; }
    std::string const& address () const { return address_; }

  private:
    std::string forename_;  ❸
    std::string surname_;
    std::string address_;

    std::set<PersonObserver*> observers_;  ❹
};
```

在這個例子中，Person 只是三個資料成員的聚合： forename_、surname_ 和 address_（❸）（我知道，用它們來表示一個人太過簡單了）。另外，一個人還持有已註冊觀察者的 std::set（❹）。請注意，這些觀察者是透過對 PersonObserver 實例的指標註冊的（❺）。這有兩個有趣的原因：首先，這證明了模板化的 Observer 類別的目的：Person 類別用類別模板產生它本身那種類型的觀察者實例；其次，在這種背景下證明指標非常有用，因為物件的位址是唯一的，因此通常會使用位址作為觀察者的唯一識別碼。

「不是應該要用 std::unique_ptr 或 std::shared_ptr 嗎？」你問。不，在這情況下不是。指標只是作為註冊觀察者的控制碼；它們不應該擁有觀察者。因此，在這種情況下，任何擁有的智慧型指標都是錯誤的工具。唯一合理的選擇是 std::weak_ptr，它將讓你檢查懸置的指標。然而，std::weak_ptr 並不是 std::set 的一個好的候選鍵（即使有一個自訂的比較器也不行）。雖然仍然有一些方法可以使用 std::weak_ptr，然而我將堅持用原始指標。但是別擔心，這並不意味著我們放棄了現代 C++ 的好處。不，在這種情況下，使用原始指標是非常有效。這也陳述在 C++ 核心指導原則 F.7（*https://oreil.ly/xS6w6*）中：

> 對於一般的使用，採用 T* 或 T& 引數，而不是智慧型指標。

當你想在人物的狀態變化時收到通知，你可以透過 attach() 成員函數註冊一個觀察者（❻）。而當你對獲得的通知不再感興趣時，你可以透過 detach() 成員函數註銷觀察者（❼）。這兩個函數是 Observer 設計模式的重要組成元素，以及設計模式應用的明確指標：

```
bool Person::attach( PersonObserver* observer )
{
   auto [pos,success] = observers_.insert( observer );
   return success;
}

bool Person::detach( PersonObserver* observer )
{
```

```
        return ( observers_.erase( observer ) > 0U );
    }
```

你完全可以隨心所欲地實作你認為合適的 attach() 和 detach() 函數。在這個例子中，我們只允許一個觀察者用 std::set 註冊一次。如果你試圖再次註冊一個觀察者，這函數會回傳 false；如果你嘗試註銷一個沒有被註冊的觀察者，也會發生同樣的事情。注意，不允許多次註冊的決定是我對這個例子的選擇，在其他情況下，接受重複註冊可能是想要的，甚至是必要的。無論哪種方式，主體的行為和介面當然在所有情況下都應該一致。

Observer 設計模式的另一個核心函數是 notify() 成員函數（❽）。每當發生某些狀態改變時，會呼叫這個函數將關於這個改變的事通知所有註冊的觀察者：

```
void Person::notify( StateChange property )
{
   for( auto iter=begin(observers_); iter!=end(observers_); )
   {
      auto const pos = iter++;
      (*pos)->update(*this,property);
   }
}
```

「為什麼 notify() 函數的實作如此複雜？一個基於範圍的 for 迴圈不就完全足夠了嗎？」你是對的；我應該說明這裡發生了什麼。所提供的公式確保了在迭代期間可以檢測到 detach() 操作。例如，如果一個觀察者決定在呼叫 update() 函數時註銷自己，這就可能發生。但我不是要聲稱這個構想是完美的：不幸的是，它不能應付 attach() 操作，而且甚至不要開始討論與併發相關的事情！這不過是為什麼觀察者的實作細節會如此棘手的其中一個例子。

在所有三個設定器中都會呼叫 notify() 函數（❾）。注意，在所有三個函數中，我們總是傳遞不同的標籤來指示哪個屬性改變了。這個標籤可以被 Observer 基礎類別的衍生類別使用，以確定改變的性質：

```
void Person::forename( std::string newForename )
{
   forename_ = std::move(newForename);
   notify( forenameChanged );
}

void Person::surname( std::string newSurname )
{
   surname_ = std::move(newSurname);
   notify( surnameChanged );
```

```
}

void Person::address( std::string newAddress )
{
   address_ = std::move(newAddress);
   notify( addressChanged );
}
```

有了這些機制之後，你現在就可以撰寫完全符合 OCP 新種類的觀察者。例如，你可以決定實作一個 NameObserver 和一個 AddressObserver：

```
//---- <NameObserver.h> ----------------

#include <Observer.h>
#include <Person.h>

class NameObserver : public Observer<Person,Person::StateChange>
{
 public:
   void update( Person const& person, Person::StateChange property ) override;
};


//---- <NameObserver.cpp> ----------------

#include <NameObserver.h>

void NameObserver::update( Person const& person, Person::StateChange property )
{
   if( property == Person::forenameChanged ||
       property == Person::surnameChanged )
   {
      // ... 對改變後的名稱做出反應
   }
}


//---- <AddressObserver.h> ----------------

#include <Observer.h>
#include <Person.h>

class AddressObserver : public Observer<Person,Person::StateChange>
{
 public:
   void update( Person const& person, Person::StateChange property ) override;
```

```
};

//---- <AddressObserver.cpp> ----------------

#include <AddressObserver.h>

void AddressObserver::update( Person const& person, Person::StateChange property )
{
   if( property == Person::addressChanged ) {
      // ... 對改變後的地址做出反應
   }
}
```

配備了這兩個觀察者後，現在只要一個人的名字或地址改變，就會通知你：

```
#include <AddressObserver.h>
#include <NameObserver.h>
#include <Person.h>
#include <cstdlib>

int main()
{
   NameObserver nameObserver;
   AddressObserver addressObserver;

   Person homer( "Homer"     , "Simpson" );
   Person marge( "Marge"     , "Simpson" );
   Person monty( "Montgomery", "Burns"   );

   // 附加觀察者
   homer.attach( &nameObserver );
   marge.attach( &addressObserver );
   monty.attach( &addressObserver );

   // Homer Simpson 的資訊
   homer.forename( "Homer Jay" );  // 增加他的中間名

   // 更新 Marge Simpson 的資訊
   marge.address( "712 Red Bark Lane, Henderson, Clark County, Nevada 89011" );

   // 更新 Montgomery Burns 的資訊
   monty.address( "Springfield Nuclear Power Plant" );

   // 拆離觀察者
   homer.detach( &nameObserver );
```

```
   return EXIT_SUCCESS;
}
```

在這許多的實作細節之後，讓我們退一步，並且再看一下整個局面。圖 6-3 顯示了這個 Observer 例子的依賴關係圖。

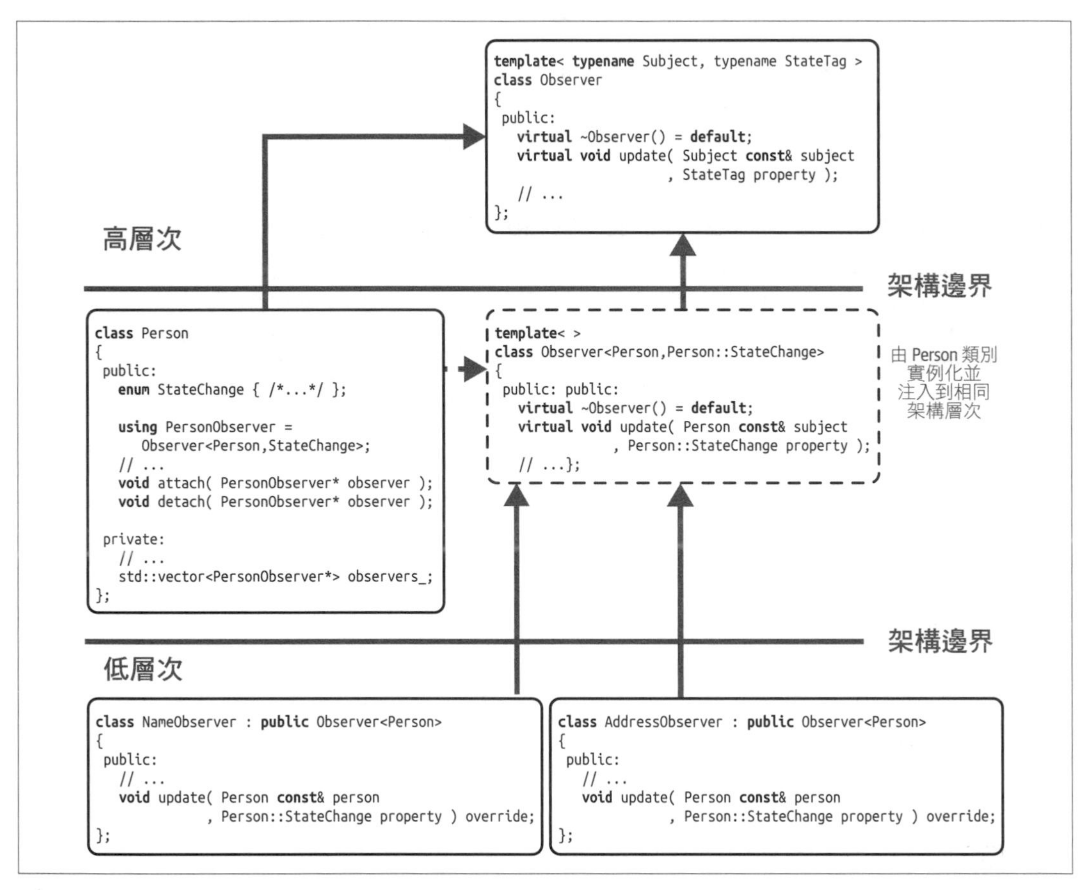

圖 6-3 Observer 設計模式的依賴關係圖

由於決定以類別模板的形式實作 `Observer` 類別，因此 `Observer` 類別位於我們架構的最高層次。這讓你可以為多重目的重用 `Observer` 類別，例如，為 `Person` 類別。`Person` 類別宣告了它自己的 `Observer<Person,Person::StateChange>` 類型，並用這個將程式碼注入到它自己的架構層次。具體的人物觀察者，例如 `NameObserver` 和 `AddressObserver`，後續可以建立在這個宣告上。

基於值語義的 Observer 實作

「我理解你為什麼從傳統的實作開始，但是因為你強調偏好值語義，那麼在值語義的世界裡，觀察者是什麼樣子呢？」這是一個很好的問題，因為這是非常合理的下一步驟。如在第 170 頁的「指導原則 22：偏好值語義超過參照語義」中說明的，有很多好理由來避開參照語義的領域。然而，我們不會完全偏離傳統的實作：要註冊和註銷觀察者，我們總是需要一些觀察者的唯一識別碼，而觀察者的唯一地址只是處理這個問題最簡單、最方便的方法。因此，我們將堅持使用指標來參照註冊的觀察者。然而，std::function 是避免繼承階層結構的巧妙方式——std::function：

```
//---- <Observer.h> ----------------

#include <functional>

template< typename Subject, typename StateTag >
class Observer
{
 public:
   using OnUpdate = std::function<void(Subject const&,StateTag)>;  ⑩

   // 不需要虛擬解構函數

   explicit Observer( OnUpdate onUpdate )  ⑪
      : onUpdate_{ std::move(onUpdate) }
   {
      // 可能在一個無效 / 空的 std:: 函數實例上做出反應
   }

   // 非虛擬 update 函數
   void update( Subject const& subject, StateTag property )
   {
      onUpdate_( subject, property );  ⑬
   }

 private:
   OnUpdate onUpdate_;  ⑫
};
```

不是把 Observer 類別實作為基礎類別，而是要求衍生類別以一種非常特殊的方式繼承和實作 update() 函數，我們分離了關注點，並改為建立在組合上（參考第 156 頁的「指導原則 20：對組合的偏好超過繼承」）。Observer 類別首先為我們 update() 函數預期簽章的 std::function 類型提供了一個稱為 OnUpdate 的類型別名（⑩）。透過建構函數，你得到 std::function 的一個實例（⓫），並將它移到資料成員 onUpdate_ 中（⓬）。現在 update() 函數的工作是將包括引數在內的呼叫轉發給 onUpdate_（⓭）。

用 std::function 獲得的靈活性很容易用一個更新的 main() 函數證明：

```
#include <Observer.h>
#include <Person.h>
#include <cstdlib>

void propertyChanged( Person const& person, Person::StateChange property )
{
   if( property == Person::forenameChanged ||
       property == Person::surnameChanged )
   {
      // ... 對改變名字做出的反應
   }
}

int main()
{
   using PersonObserver = Observer<Person,Person::StateChange>;

   PersonObserver nameObserver( propertyChanged );

   PersonObserver addressObserver(
      [/*captured state*/]( Person const& person, Person::StateChange property ){
         if( property == Person::addressChanged )
         {
            // ... 對改變地址做出的反應
         }
      } );

   Person homer( "Homer"     , "Simpson" );
   Person marge( "Marge"     , "Simpson" );
   Person monty( "Montgomery", "Burns"   );

   // 附加觀察者
   homer.attach( &nameObserver );
   marge.attach( &addressObserver );
   monty.attach( &addressObserver );

   // ...

   return EXIT_SUCCESS;
}
```

由於選擇了一種干擾性較小的方法以及用 std::function 解耦，如何實作 update() 函數的選擇完全由觀察者的實作決定（無狀態、有狀態等等）。對於 nameObserver，我們建立在自由函數 propertyChanged() 上，因為它沒有綁定到類別，而且可能會在一些場合上重用，所以它本身是強烈解耦的。另一方面，addressObserver 選擇了 lambda 作為替代，這可能會捕捉到一些狀態。無論是哪種方式，這兩個必須遵循的唯一慣例是滿足所需要的 std::function 類型的簽章需求。

「為什麼我們仍然需要 Observer 類別？不能直接使用 std::function 就好嗎？」是的，這樣看起來確實可行。從功能的觀點看，Observer 類別本身並沒有增加任何東西。然而，因為 std::function 是值語義的真正子物件，所以我們傾向於複製或移動 std::function 物件。但是在這種情況下這並不是理想的：尤其是如果你用的是有狀態的觀察者，你不會想要你觀察者的複製物被呼叫。而且雖然這在技術上可行，但傳遞對 std::function 的指標不是特別常見。因此，Observer 類別在 std::function 的 Adapter 形式上仍有其價值（參考第 190 頁「指導原則 24：將 Adapter 用於標準化介面」）。

分析 Observer 設計模式的缺點

「這不完全是我所期待的值語義解決方案，但我仍然喜歡它！」嗯，我很高興您這麼想。確實，在結合了 Observer 設計模式的優點（即，將從事件採取的行動中與這事件解耦，以及能輕鬆地增加新種類觀察者的能力）和值語義的優勢後，效果真的非常好。不幸的是，沒有完美的設計，每種設計都伴隨著缺點。

首先，我應該明確地講清楚，std::function 方法僅適用於具有單個 update() 函數的**拉取觀察者**。因為 std::function 只能應付一個可呼叫物，任何需要多個 update() 函數的方法都不能由單個 std::function 處理。因此，對於有多個 update() 函數或者 update() 函數的數量可能逐漸增加（記住，程式碼往往會改變！）的**推送觀察者**而言，std::function 通常不是一個適用的方法。然而，std::function 方法的廣泛化是可能的。如果需要，選擇的設計模式可以是 Type Erasure（參考第 8 章）。

第二個（較小的）缺點是，如你所見，沒有純粹基於值的實作。雖然我們也許可以用 std::function 來實現 update() 功能以獲得靈活性，但我們仍然使用原始指標來附加和拆離 Observser。這很容易解釋：使用指標作為唯一識別碼的優勢實在是好得讓人無法拒絕。另外，對於一個有狀態的 Observser，我們不想處理實體的複製品。不過，這當然需要我們檢查 nullptr（這需要額外的工作），而且我們總是必須為指標所表示的間接性付出代價[13]。因為這種方法有太多優點，所以我認為這只是一個小缺點。

13 你也可能選擇建立在來自指導原則支援函數庫（GSL）的 gsl::not_null<T> 上（*https://oreil.ly/cx0Jd*）。

一個更大的缺點是 *Observser* 潛在實作的問題：註冊和註銷的順序可能非常重要，尤其是如果在一個觀察者被允許註冊多次的時候。另外，在多執行緒環境中，觀察者執行緒安全的註冊和註銷以及事件處理是個非常重要的主題。例如，如果一個不受信任的觀察者行為不恰當，它可能會在回呼過程中凍結伺服器，而且使任意計算的實作超時也非常棘手，不過，這個主題遠遠超出了本書的範圍。

然而，在本書的範圍是過度使用觀察者，可能會迅速而容易地導致複雜互連網路連接的危險。事實上，如果你不小心，你可能會意外地引入一個無限的回呼循環！由於這個原因，開發者有時會擔心使用 Observer，而且害怕單一的通知會因為這些互連而導致龐大全域的回應。雖然這種危險確實存在，但一個適當的設計不應該被此嚴重影響：如果你有適當的架構，並且正確地實作了你的觀察者，那麼任何通知序列應該總是沿著一個有向無環圖（DAG）朝向你架構的低層次運行。當然，這也是好軟體設計的優點。

總之，目的為提供狀態改變通知的解決方案，Observer 設計模式被證明是最著名和最常用的設計模式之一。除了潛在棘手的實作細節以外，它絕對是每個開發者工具箱中應該有的設計模式之一。

指導原則 25：應用 Observer 作為一種抽象的通知機制

- 應用 Observser 設計模式的目的是在一個主體和它的觀察者之間建立一對多的關係。
- 理解推送觀察者和拉取觀察者之間的取捨。
- 利用基於值語義的 Observser 實作的優點。

指導原則 26：使用 CRTP 引入靜態類型分類

C++ 確實提供了很多東西。它提供了很多特徵，有許多語法上奇特之處，以及大量令人驚奇、完全無法發音且（對不熟悉的外行人而言）晦澀難懂的縮寫：RAII、ADL、CTAD、SFINAE、NTTP、IFNDR、和 SIOF。噢，多麼有趣啊！這些隱祕的縮寫之一是 CRTP，即奇異遞迴模板模式的簡稱 [14]。如果你因為這個名稱對你沒有任何意義而埋頭苦思，不要擔心：在 C++ 中，名稱的選擇常常是隨機的，但已經成為慣例，也從未被重新考慮或改變過。這個模式是因為 James Coplien 意識到，這個模式在許多不同的 C++ 程式碼庫中奇怪地反覆出現，而在 1995 年 2 月的《*C++Report*》中命名的 [15]。而且奇怪的是，這種模式雖然建構在繼承上，而且（有可能）作為一種抽象化，但並沒有顯現出許多其他傳統設計模式通常的性能缺陷。為了這個原因，CRTP 絕對值得注意，因為它可能會成為你設計模式工具箱中一個有價值的，或者我應該說是稀奇的增添物。

CRTP 的動機

性能在 C++ 中非常重要。事實上是太重要了，以致於在一些背景下，使用虛擬函數的性能開銷被認為是完全不可接受。因此，在對性能敏感的背景下，像是電腦遊戲的某些部分或高頻交易，不會使用虛擬函數。對高性能計算（HPC）也是如此。在 HPC 中，包括虛擬函數在內任何種類的條件或間接法，在性能最關鍵的部分都被禁止，像是計算核心的最內層迴圈。使用它們會蒙受太多的性能開銷。

為了提供這個是如何以及為什麼重要的例子，我們考慮以下來自線性代數（LA）函數庫的 `DynamicVector` 類別模板：

```
//---- <DynamicVector.h> ----------------

#include <numeric>
#include <iosfwd>
#include <iterator>
#include <vector>
// ...
```

14 如果你想知道那些其他的縮寫代表什麼：RAII：資源獲取是初始化（這被認為是 C++ 最有價值的想法，但同時也是公認最糟糕的縮寫；它的字面簡直沒有任何意義）；ADL：引數依賴性查找；CTAD：以類別模板引數推演；SFINAE：替換失敗不是錯誤；NTTP：無類型參數模板；IFNDR：不成形的，不需要診斷；SIOF：靜態初始化順序慘敗。對於（幾乎）所有 C++ 縮寫的概述，請參考 Arthur O'Dwyer 的部落格（*https://oreil.ly/36Gnd*）。

15 啊，《*C++Report*》（*https://oreil.ly/HJIKc*）——多麼輝煌的時代！然而，你可能是那些從沒有機會閱讀原始《*C++Report*》的可憐人之一。如果是這樣，你應該知道它是由 SIGS 出版集團在 1989 年至 2002 年之間出版的雙月刊電腦雜誌。原版的《*C++Report*》現在已經很難找到，但是它的許多文章已經被收集在由 Stanley Lippmann 編輯的《*C++ Gems: Programming Pearls from the C++ Report*》（Cambridge University Press）一書中，James Coplien 的文章「Curiously Recurring Template Patterns」也包含在內。

```
template< typename T >
class DynamicVector
{
 public:
   using value_type     = T;  ❷
   using iterator       = typename std::vector<T>::iterator;
   using const_iterator = typename std::vector<T>::const_iterator;

   // ... 建構函數和特殊的成員函數

   size_t size() const;  ❸

   T&       operator[]( size_t index );  ❹
   T const& operator[]( size_t index ) const;

   iterator       begin();  ❺
   const_iterator begin() const;
   iterator       end();
   const_iterator end() const;

   // ... 許多數值函數

 private:
   std::vector<T> values_;  ❶
   // ...
};

template< typename T >
std::ostream& operator<<( std::ostream& os, DynamicVector const<T>& vector )  ❻
{
   os << "(";
   for( auto const& element : vector ) {
      os << " " << element;
   }
   os << " )";

   return os;
}

template< typename T >
auto l2norm( DynamicVector const<T>& vector )  ❼
{
   using std::begin, std::end;
   return std::sqrt( std::inner_product( begin(vector), end(vector)
                                       , begin(vector), T{} ) );
```

```
}

// ... 還有更多
```

儘管名稱如此，DynamicVector 並不表示一個容器，而是為了 LA 計算目的的數值向量。名稱中的 Dynamic 部分暗示它動態地分配 T 類型的元素（❶），在這個例子中，是以 std::vector 的形式。由於這個原因，它適用於大型的 LA 問題（絕對是幾百萬個元素的範圍）。雖然這個類別可以用許多數值運算載入，但從介面的觀點看，你可能確實想要稱它為容器：它提供了通常的巢狀類型（value_type、 iterator 和 const_iterator）（❷），一個 size() 函數用來查詢目前元素的數量（❸），下標運算子用索引存取單一元素（一個用於非 const 向量，一個用於 const 向量）（❹），以及遍歷元素的 begin() 和 end() 函數（❺）。除了成員函數以外，它也提供一個顯示至少一個 LA 運算的輸出運算子（❻），以及一個計算向量歐氏範數的函數（*https://oreil.ly/x2a47*）（通常也稱為 *L2* 範數，因為它近似於離散向量的 L2 範數）（❼）。

不過，DynamicVector 不是唯一的向量類別。在我們 LA 函數庫中，你還會發現以下 StaticVector 類別：

```
//---- <StaticVector.h> ----------------

#include <array>
#include <numeric>
#include <iosfwd>
#include <iterator>
// ...

template< typename T, size_t Size >
class StaticVector
{
 public:
   using value_type     = T;  ❽
   using iterator       = typename std::array<T,Size>::iterator;
   using const_iterator = typename std::array<T,Size>::const_iterator;

   // ... 建構函數和特殊的成員函數

   size_t size() const;  ❾

   T&       operator[]( size_t index );  ❿
   T const& operator[]( size_t index ) const;

   iterator       begin();  ⓫
```

```
    const_iterator begin() const;
    iterator       end();
    const_iterator end() const;

    // ... 許多數值函數

 private:
    std::array<T,Size> values_;  ⓮
    // ...
};

template< typename T, size_t Size >
std::ostream& operator<<( std::ostream& os,    ⓬
                          StaticVector<T,Size> const& vector )
{
   os << "(";
   for( auto const& element : vector ) {
      os << " " << element;
   }
   os << " )";

   return os;
}

template< typename T, size_t Size >
auto l2norm( StaticVector<T,Size> const& vector )  ⓭
{
   using std::begin, std::end;
   return std::sqrt( std::inner_product( begin(vector), end(vector)
                                       , begin(vector), T{} ) );
}
```

「這不是幾乎和 DynamicVector 類別一樣嗎？」你想知道。是的，這兩個類別確實非常相似。StaticVector 類別提供了與 DynamicVector 相同的介面，像是巢狀類型 value_type、iterator 和 const_iterator（❽）；size() 成員函數（❾）；下標運算子（❿）；以及 begin() 和 end() 函數（⓫）。它也伴隨了一個輸出運算子（⓬）和一個自由的 l2norm() 函數（⓭）。然而，在這兩個向量類別之間有一個重要的、與性能相關的差異：就如名稱中的 Static 所建議的，StaticVector 不會動態地分配它的元素，而是用類別內緩衝器來儲存它的元素，例如，用 std::array（⓮）。因此，與 DynamicVector 相比，StaticVector 的整個功能是為了少量、固定數量的元素而優化，像是 2D 或 3D 向量。

「好吧，我了解這對性能很重要，但還是有很多程式碼重複，對嗎？」你再次說對了。如果仔細看看這兩個向量類別相關輸出的運算子，你會發現這兩個函數的實作完全相同。這是非常不理想的：如果有任何事物改變，例如，向量格式化的方式（記住：改變是軟體發展中的一個常量，而且是需要被預期的；參考第 10 頁的「指導原則 2：為改變而設計」），那麼你就必須在許多地方進行這個改變，而不只是在一個地方。這違反了「不要重複自己」（DRY）原則：很容易忘記或遺漏更新許多地方中的一個，因此引入了不一致性或甚至是錯誤。

「但是，這種重複不是很容易用一個稍微通用的函數模板解決嗎？例如，我可以想像以下用於各種密集向量的輸出運算子：」

```
template< typename DenseVector >
std::ostream& operator<<( std::ostream& os, DenseVector const& vector )
{
   // ... 和之前一樣
}
```

雖然這似乎是一個適當的解決方案，但我不會在拉取要求中接受這段程式碼。這個函數模板的確更為通用，但我絕對不會稱它「稍微」通用；你提出的建議可能是所能寫出的最通用的輸出運算子。是的，這個函數模板的名稱可能表明它只為密集向量（包括 DynamicVector 和 StaticVector）撰寫，但這個函數模板實際上可以接受任何的類型：DynamicVector、StaticVector、std::vector、std::string、以及像是 int 和 double 的基本類型。它根本沒有指定任何要求或任何種類的約束，因此，它違反核心指導原則 T.10（*https://oreil.ly/bVjjh*）[16]：

> 為所有模板引數指定概念。

雖然這個輸出運算子對所有密集向量和序列容器都有效，但對於所有不提供預期介面的類型，將會產生編譯錯誤。甚至更糟糕的是，你可能會不易察覺地違反了隱含的要求和期望，而且接著就違反了 LSP（參考第 42 頁的「指導原則 6：遵循抽象化預期的行為」）。當然，你不會故意這樣做，而是無意間這麼做了：這個輸出運算子與任何類型都完美地匹配，也可能會被用到，即便非你所預期。因此，這個函數模板對於輸出運算子多載集合將會是一個非常不幸的添加物。我們所需要的是一個全新的類型集合，一個新的類型類別。

16 如果你還不能使用 C++20 的概念，std::enable_if 提供了一個替代的構想。參考核心指導原則 T.48（*https://oreil.ly/K2ljM*）。「如果你的編譯器不支援概念，用 enable_if 冒充它們。」也請參考你首選的 C++ 模板參考文獻。

「這不就是基礎類別的作用嗎？我們不能只是制訂一個為所有密集向量定義預期介面的 DenseVector 基礎類別嗎？考慮以下這個 DenseVector 基礎類別的概述：」

```
template< typename T >  // 元素類型
class DenseVector
{
 public:
   virtual ~DenseVector() = default;

   virtual size_t size() const = 0;

   virtual T&       operator[]( size_t index ) = 0;
   virtual T const& operator[]( size_t index ) const = 0;

   // ...
};

template< typename T >
std::ostream& operator<<( std::ostream& os, DenseVector<T> const& vector )
{
   // ... 和之前一樣
}
```

「這應該有用，對嗎？我只是不確定如何宣告 begin() 和 end() 函數，因為我不知道如何從不同的迭代器類型中抽取出，像是 std::vector<T>::iterator 和 std::array<T>::iterator。」我也有種感覺，這可能會成為一個問題，而且我承認對此我也沒有快速的解決方案。但還有更令人擔心的事情：有了這個基礎類別，我們將把所有的成員函數轉變成虛擬成員函數。這將包括 begin() 和 end() 函數，但最重要的是這兩個下標運算子。這樣的後果將很顯著：每一次存取向量的一個元素，現在我們都必須呼叫一個虛擬函數。每一次的存取！因此，有了這個基礎類別，我們可以向高性能揮手告別了。

不過，用基礎類別建立抽象化的一般想法還是好的，只是我們必須以不同的方式來做。這就是我們應該仔細看 CRTP 的地方。

CRTP 設計模式的說明

CRTP 設計模式建置在用基礎類別建立一個抽象化的共同看法上。但不是透過虛擬函數在基礎類別和衍生類別之間建立執行期的關係，而是建立編譯期的關係。

CRTP 設計模式

目的：「為相關類型家族定義一個編譯期的抽象化。」

在 DenseVector 基礎類別和 DynamicVector 衍生類別之間的編譯期關係，是透過將基礎類別升級為類別模板而建立的：

```
//---- <DenseVector.h> ----------------

template< typename Derived >  ⓯
struct DenseVector
{
   // ...
   size_t size() const { return static_cast<Derived const&>(*this).size(); }  ⓱
   // ...
};


//---- <DynamicVector.h> ----------------

template< typename T >
class DynamicVector : public DenseVector<DynamicVector<T>>  ⓰
{
 public:
   // ...
   size_t size() const;  ⓲
   // ...
};
```

關於 CRTP 的有趣細節在於，DenseVector 基礎類別的新模板參數表示相關衍生類別的類型（⓯）。例如，衍生類別 DynamicVector 被期望會提供它們自己的類型來實例化基礎類別（⓰）。

「哇，等一下，這可能嗎？」你問。可能的。要實例化一個模板，你不需要一個類型的完整定義，只要用一個不完整的類型就足夠了。在編譯器看到 class DynamicVector 宣告之後，這樣的一個不完整類型就可以使用。從本質上看，這段語法就是作為一個正向宣告。因此，DynamicVector 類別確實可以將自己用為 DenseVector 基礎類別的模板引數。

當然，你可以隨心所欲地命名這個基礎類別的模板引數（例如，簡單的 T），但如在第 91 頁「指導原則 14：使用設計模式的名稱傳達目的」中所討論的，使用設計模式的名稱或模式常用的名稱有助於傳達目的。因此，你可以將這個參數命名為 CRTP，此名稱可以確實傳達這個模式，但很不幸地，這只對知情的人有意義，其他人都會被這個縮寫困惑。因此，這個模板參數通常被稱為 Derived，這完美地表示並傳達了它的目的：它表示衍生類別的類型。

透過這個模板參數，基礎類別現在知道了衍生類型實際的類型。雖然它仍然表示一個抽象化和所有密集向量的共同介面，但現在它能夠存取和呼叫衍生類型中具體的實作。例如，這發生在 `size()` 成員函數中（⓱）：`DenseVector()` 使用 `static_cast` 將自己轉換為對衍生類別的參照，並在那上面呼叫 `size()` 函數。乍看之下像是一個遞迴的函數呼叫（在 `size()` 函數內呼叫 `size()` 函數），實際上是呼叫衍生類別中的 `size()` 成員函數（⓲）。

「所以這就是你所說的編譯期關係。基礎類別表示了來自具體衍生類型和實作細節的抽象化，但仍然知道實作細節的確切位置，所以我們真的不需要任何虛擬函數。」正確。用 CRTP，我們現在能夠實作一個共同介面，並透過簡單地執行 `static_cast` 將每個呼叫轉發給衍生類別，而且這樣做不會有任何性能損失。事實上，基礎類別函數很有可能會被內聯，而且如果 `DenseVector` 是唯一或第一個基礎類別，`static_cast` 甚至不會產生一條組合指令，它只是告訴編譯器將這個物件當成衍生類型的物件處理。

然而，為了提供一個純淨的 CRTP 基礎類別，我們應該更新一些細節：

```
//---- <DenseVector.h> ----------------

template< typename Derived >
struct DenseVector
{
 protected:
   ~DenseVector() = default;  ⓳

 public:
   Derived&       derived()       { return static_cast<Derived&>( *this ); }  ⓴
   Derived const& derived() const { return static_cast<Derived const&>( *this ); }

   size_t size() const { return derived().size(); }

   // ...
};
```

因為我們想要避免任何虛擬函數，我們對虛擬的解構函數也沒興趣。因此，我們在類別的 `protected` 部分將解構函數實作為一個非虛擬函數（⓳）。這徹底地遵守了核心指導原則 C.35（*https://oreil.ly/RxGfR*）：

> 基礎類別的解構函數應該是公開且虛擬的，或者是保護且非虛擬的。

但是記住，這個解構函數的定義防止了編譯器產生兩個移動操作。因為 CRTP 基礎類別通常是空的，沒有什麼東西可移動，所以這不是問題；但仍然始終都要留意關於 5 的規則（*https://oreil.ly/fzS3f*）。

我們也應該避免在基礎類別的每個成員函數中使用 static_cast。儘管這函數是正確的，但任何類型轉換都應該被認為有可疑，而且應該減到最少[17]。由於這個原因，我們增加了執行類型轉換，並且可用於其他成員函數的兩個 derived() 成員函數（⑳）。這樣產出的程式碼除了不只是看起來更乾淨，以及遵守了 *DRY* 原則以外，而且看起來也比較不那麼可疑。

配備了 derived() 函數之後，現在我們可以繼續定義下標運算子以及 begin() 和 end() 函數了：

```
template< typename Derived >
struct DenseVector
{
   // ...

   ??? operator[]( size_t index )       { return derived()[index]; }
   ??? operator[]( size_t index ) const { return derived()[index]; }

   ??? begin()       { return derived().begin(); }
   ??? begin() const { return derived().begin(); }
   ??? end()         { return derived().end(); }
   ??? end()   const { return derived().end(); }

   // ...
};
```

然而，這些函數並不像 size() 成員函數那麼簡單。特別是，回傳類型被證實是有點難指定的，因為這些類型取決於 Derived 類別的實作。「嗯，這應該不會太難，」你說。「這就是為什麼衍生類型提供了幾個巢狀類型，像是 value_type、iterator 和 const_iterator，對嗎？」的確，這似乎很直覺，只是需要禮貌地提出請求：

```
template< typename Derived >
struct DenseVector
{
   // ...

   using value_type     = typename Derived::value_type;   ㉑
   using iterator       = typename Derived::iterator;
   using const_iterator = typename Derived::const_iterator;

   value_type&       operator[]( size_t index )       { return derived()[index]; }
   value_type const& operator[]( size_t index ) const { return derived()[index]; }
```

17 將任何種類的類型轉換（static_cast、reinterpret_cast、const_cast、dynamic_cast，特別是舊的 C-style 類型轉換）視為成熟的特徵：你對你的行為負完全責任，而且編譯器會遵守。因此，減少呼叫類型轉換運算子是非常明智的（也請參考核心指導原則 ES.48（*https:// oreil.ly/ZEE0P*）：「避免類型轉換」）。

```
    iterator       begin()       { return derived().begin(); }
    const_iterator begin() const { return derived().begin(); }
    iterator       end()         { return derived().end(); }
    const_iterator end()   const { return derived().end(); }

    // ...
};
```

我們在衍生類別中查詢 value_type、iterator、const_iterator 類型（不要忘了 tyename 關鍵字），並使用這些類型來指定我們回傳的類型（㉑）。很容易，對嗎？你幾乎可以打賭它不會那麼容易。如果你嘗試這樣做，Clang 編譯器會用一個非常怪異和莫名奇妙的錯誤訊息發出抱怨：

```
CRTP.cpp:29:41: error: no type named 'value_type' in 'DynamicVector<int>'
using value_type = typename Derived::value_type;
                   ~~~~~~~~~~~~~~~~~~^~~~~~~~~~
```

「在 DynamicVector<int> 中沒有 value_type—— 奇怪。」閃過你腦海的第一個念頭是，你搞砸了，這一定是打錯字。當然了！於是你回到你的程式碼並檢查拼寫。然而，結果一切似乎都很好，沒有打錯字。你再次檢查 DynamicVector 類別：巢狀的 value_type 成員就在那裡，而且所有的東西都是 public。這個錯誤訊息沒有任何意義。你重新檢查一切，半小時後你得出結論：「編譯器有錯誤！」

不，這不是編譯器有錯誤，Clang 或任何其他編譯器都沒有錯誤。GCC 提供了一個不同的，仍然稍微令人費解，但多了一點富有啟發性的錯誤訊息[18]：

```
CRTP.cpp:29:10: error: invalid use of incomplete type 'class DynamicVector<int>'
   29 |    using value_type = typename Derived::value_type;
      |          ^~~~~~~~~~
```

Clang 編譯器是正確的：在 DynamicVector 類別中沒有 value_type，還沒有！當你查詢巢狀類型的時候，DynamicVector 類別的定義還沒有被看到，而且 DynamicVector 仍然是一個不完整的類型，這是因為編譯器會在 DynamicVector 類別的定義之前實例化 DenseVector 基礎類別。畢竟，在語法上，基礎類別是在類別主體之前被指定的：

```
template< typename T >
class DynamicVector : public DenseVector<DynamicVector<T>>
// ...
```

結果，你沒有辦法為了 CRTP 類別的回傳類型而使用衍生類別的巢狀類型。事實上，只要衍生類別是一個不完整的類型，你就不能使用任何東西。「但是為什麼我能夠呼叫

18 這是一個展現能夠用幾個主要的編譯器（Clang、GCC、MSVC 等），編譯你程式碼庫是有回報很棒的例子，不同的錯誤訊息可能會有助於你找到問題來源。只用一個編譯器應該被認為是種風險！

衍生類別的成員函數？這不應該產生相同的問題嗎？」幸運的是，這是可行的（否則CRTP 模式根本就不能作用）。但這只是因為類別模板的一個特殊屬性：成員函數只有在需要時才會實例化，也就是說當它們實際被呼叫的時候。因為實際呼叫通常只發生在衍生類別的定義可用之後，所以沒有找不到定義的問題。那時，衍生類別不再是一個不完整的類型。

「好的，我明白了。但我們如何指定下標運算子以及 begin() 和 end() 函數的回傳類型？」處理這個問題最方便的方法是使用回傳類型推演，這是使用 decltype(auto) 回傳類型的絕佳機會：

```
template< typename Derived >
struct DenseVector
{
   // ...

   decltype(auto) operator[]( size_t index )       { return derived()[index]; }
   decltype(auto) operator[]( size_t index ) const { return derived()[index]; }

   decltype(auto) begin()       { return derived().begin(); }
   decltype(auto) begin() const { return derived().begin(); }
   decltype(auto) end()         { return derived().end(); }
   decltype(auto) end()   const { return derived().end(); }
};
```

「直接使用 auto 還不夠嗎？例如，我們可以如下的定義回傳類型：」

```
template< typename Derived >
struct DenseVector
{
   // ... 注意：這不總是能夠運作，然而 decltype(auto) 總是有作用

   auto&       operator[]( size_t index )       { return derived()[index]; }
   auto const& operator[]( size_t index ) const { return derived()[index]; }

   auto begin()       { return derived().begin(); }
   auto begin() const { return derived().begin(); }
   auto end()         { return derived().end(); }
   auto end()   const { return derived().end(); }
};
```

是的，對這個例子足夠了。然而，如我一直強調的，程式碼會改變。最終，可能會有另一個衍生向量類別，不儲存它的值和回傳對它值的參照，而是產生值並按值回傳。是的，這很容易想像：例如，考慮 ZeroVector 類別，它表示向量的零元素（*https://oreil.ly/DS9FB*）。這樣的向量不會儲存它所有的元素，因為這將是一種浪費，但可能會被實作成

一個空的類別，每次存取它一個元素的時候都會按值回傳一個零。在這種情況下，`auto&` 回傳類型是不正確的。是的，關於這一點（希望）編譯器會警告你，但你可以藉由只是回傳衍生類別所*確切*回傳的東西避免這整個問題，而這種回傳類型是由 `decltype(auto)` 回傳表示。

分析 CRTP 設計模式的缺點

「哇，這個 CRTP 設計模式聽起來蠻驚人的。那麼說真的，除了這些比通常稍微複雜的實作細節之外，這不就是虛擬函數所有性能問題的解決方案嗎？而這不就是所有繼承相關問題的關鍵、終極目標嗎？」我可以理解這種熱情！乍看之下，CRTP 絕對看起來像是所有種類繼承階層結構的終極解決方案。不幸的是，這只是一種幻覺。記住：每一種設計模式都有好處，但不幸的是也會有缺點。而 CRTP 設計模式有幾個相當有侷限性的缺點。

第一個，也是最有限制性的缺點是，缺乏一個共同的基礎類別。我要再重複一次以強調這後果的嚴重性：*沒有*共同的基礎類別！實際上，每一個衍生類別都有不同的基礎類別。例如，`DynamicVector<T>` 類別的基礎類別是 `DenseVector<DynamicVector<T>>`，`StaticVector<T,Size>` 類別的基礎類別是 `DenseVector<StaticVector<T,Size>>`（參考圖 6-4）。因此，每當需要一個共同的基礎類別時（例如，一個共有的抽象化可以被用來在一個集合中儲存不同類型的時候），CRTP 設計模式就*不是*正確的選擇。

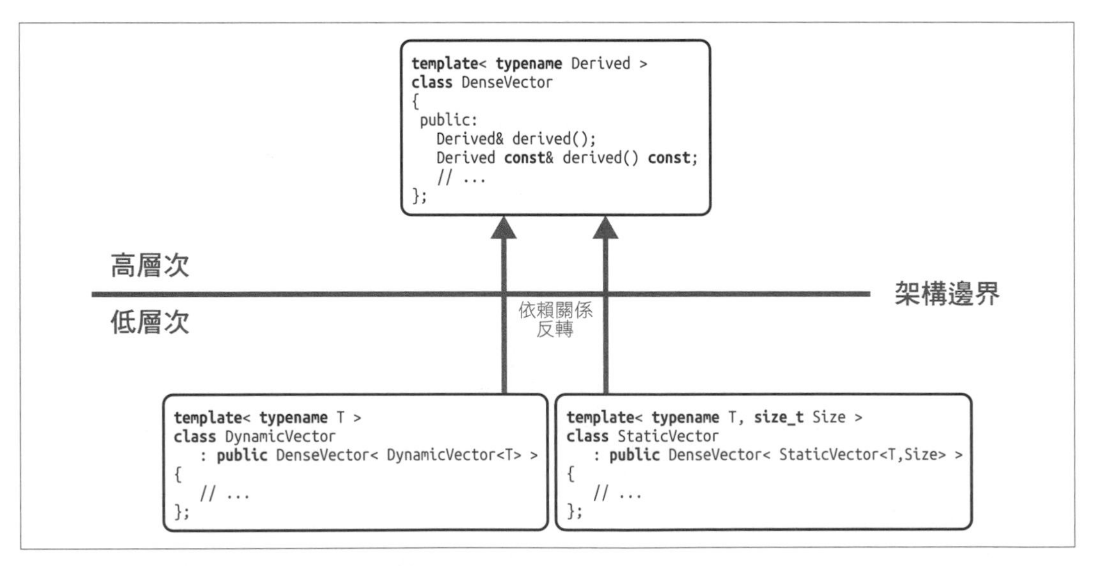

圖 6-4　CRTP 設計模式的依賴關係圖

「噢，哇，我明白了，這可能是一個真正的限制。但我們不能只是讓 CRTP 基礎類別衍生自一個共同的基礎類別？」你爭辯著。不，不見得，因為這需要我們再次引入虛擬函數。「好吧，我明白了。那用 `std::variant` 來模擬一個共同的基礎類別呢？」是的，這會是一個選項。然而，請記住，`std::variant` 是 *Visitor* 設計模式的代表（參考 112 頁的「指導原則 16：用 Visitor 來擴展操作」）。而且因為 `std::variant` 需要知道它所有潛在的選擇，這將限制你增加新類型的自由。所以你看，儘管你可能不喜歡它，但 CRTP 真的**不是**每個繼承階層結構的替代品。

第二個，也是潛在非常有侷限性的缺點是，所有與 CRTP 基礎類別接觸的東西自己都會成為模板。這對所有與這樣基礎類別一起工作的函數來說尤其是如此。例如，考慮以下升級的輸出運算子和 `l2norm()` 函數：

```
template< typename Derived >
std::ostream& operator<<( std::ostream& os, DenseVector<Derived> const& vector );

template< typename Derived >
auto l2norm( DenseVector<Derived> const& vector );
```

這兩個函數應該適用於所有從 `DenseVector` CRTP 類別衍生出來的類別。當然，它們應該不會依賴於衍生類別的具體類型。因此，這兩個函數必須是函數模板：`Derived` 類型必須被推演出來。雖然在線性代數函數庫的背景下這通常不是問題，因為幾乎所有的功能反正都是按照模板實作的，但在其他背景下，這可能是一個大缺點。將大量的程式碼轉成模板，而且把定義移到標頭檔中，這實際上會犧牲原始檔案的封裝性，因此可能是相當不理想的。是的，這確實可能是一個嚴重的缺點！

第三，CRTP 是一種干擾性的設計模式，衍生類別必須透過繼承 CRTP 基礎類別而明確選擇加入。雖然在我們自己的程式碼中這可能不是問題，但你不能輕易地將基礎類別增加到外來的程式碼中。在這種情況下，你將必須求助於 Adapter 設計模式（參考第 190 頁的「指導原則 24：將 Adapter 用於標準化介面」）。因此，CRTP 並沒有提供非干擾性設計模式的靈活性（例如，用 `std::variant` 實作的 Visitor 設計模式、Adapter 設計模式等等）。

最後但同樣重要的是，CRTP 不提供執行期多型，只提供編譯期多型。因此，這個模式只有在需要某種靜態類型抽象化的情況下才有意義。如果不是這樣，它同樣不能替代所有的繼承階層結構。

CRTP 的未來：CRTP 與 C++20 概念之間的比較

「我了解，你是對的。CRTP 是純粹編譯期多型。然而，這讓我想知道：它不能建立在 C++20 的概念上而不是 CRTP 上嗎？考慮以下的程式碼，我們可以用一個概念來定義一個類型集合的要求，並且將函數和運算子限制在只有那些提供預期介面的類型上：[19]」

```
template< typename T >
concept DenseVector =
   requires ( T t, size_t index ) {
      t.size();
      t[index];
      { t.begin() } -> std::same_as<typename T::iterator>;
      { t.end() } -> std::same_as<typename T::iterator>;
   } &&
   requires ( T const t, size_t index ) {
      t[index];
      { t.begin() } -> std::same_as<typename T::const_iterator>;
      { t.end() } -> std::same_as<typename T::const_iterator>;
   };

template< DenseVector VectorT >
std::ostream& operator<<( std::ostream& os, VectorT const& vector )
{
   // ... 和之前一樣
}
```

你說的完全正確。我同意，這是非常合理的選擇。事實上，C++20 的概念和 CRTP 非常類似，但卻提供了一個更容易的、非干擾性的選擇。特別是藉由非干擾性，如果你能存取到 C++20 的概念，並且用一個概念定義靜態類型集合，那你對概念的偏好應該超過 CRTP。

不過，我對這個解決方案不是很滿意。雖然這種輸出運算子的構想有效地將函數模板約束到只有那些提供預期介面的類型上，但它並沒有完全限制函數模板在我們的密集向量類型集合上，這仍然有可能會傳遞 `std::vector` 和 `std::string`（`std::string` 在 `std` 命名空間中已經有一個輸出運算子）。因此，這個概念還不夠具體。但是如果你遇到這種情況，不要擔心：有一個使用標籤類別的解決方案：

```
struct DenseVectorTag {};  ㉒

template< typename T >
concept DenseVector =
```

19 如果你還不熟悉 C++20 概念的想法和語法，可以在 Leanpub 所出版的 Sandor Dargo 的著作《*C++ Concepts*》（*https://leanpub.com/cppconcepts*）中找到快速且容易理解的介紹。

```
   // ... 定義密集向量上的所有要求（和之前一樣）
   && std::is_base_of_v<DenseVectorTag,T>;

template< typename T >
class DynamicVector : private DenseVectorTag   ㉓
{
   // ...
};
```

透過從 DenseVectorTag 類別繼承（最好是非公開地）（㉒），像 DynamicVector 的類別可以被識別是某個類型集合的一部分（㉓）。因此，函數和運算子模板可以被有效地限制於只接受那些明確選擇加入這類型集合中的類型。不幸的是，這裡面藏有玄機：這種方法不再是非干擾性的了。為了克服這個限制，我們透過可定制的類型特徵類別引入了一個編譯期的間接性。換句話說，我們應用了 SRP 和分離關注點：

```
struct DenseVectorTag {};

template< typename T >
struct IsDenseVector   ㉔
   : public std::is_base_of<DenseVectorTag,T>
{};

template< typename T >
constexpr bool IsDenseVector_v = IsDenseVector<T>::value;   ㉕

template< typename T >
concept DenseVector =
   // ... 定義密集向量上的所有要求（和之前一樣）
   && IsDenseVector_v<T>;   ㉖

template< typename T >
class DynamicVector : private DenseVectorTag   ㉗
{
   // ...
};

template< typename T, size_t Size >
class StaticVector
{
   // ...
};

template< typename T, size_t Size >
struct IsDenseVector< StaticVector<T,Size> >   ㉘
   : public std::true_type
{};
```

IsDenseVector 類別模板，連同它對應的變數模板一起，指出所給的類型是否是密集向量類型集合的一部分（㉔和㉕）。DenseVector 概念不是直接查詢一個給定的類型，而是透過 IsDenseVector 類型特徵間接地查詢（㉖）。這就為類別開啟了可以干擾性地從 DenseVectorTag 中衍生（㉗），或者非干擾性地將 IsDenseVector 類型特徵特例化（㉘）的機會。在這種形式下，概念方法真正地取代了傳統的 CRTP 方法。

總之，CRTP 是用於定義相關類型家族之間編譯期關係的一種令人驚喜的設計模式。最引人關注的是，它解決了你在繼承階層結構中可能會有的所有性能問題。然而，CRTP 也有一些潛在限制性的缺點，像是缺少共同的基礎類別、模板程式碼快速的擴散、以及對編譯期多型的限制等。有了 C++20 之後，可以考慮用一個更容易和非干擾性選擇的概念來取代 CRTP。然而，如果你尚未使用到 C++20 的概念，而且如果 CRTP 合適，那麼它將對你非常有價值。

指導原則 26：使用 CRTP 引入靜態類型分類

- 應用 CRTP 設計模式為相關類型家族定義編譯期的抽象化。
- 意識到從 CRTP 基礎類別到衍生類別的有限存取。
- 記住 CRTP 設計模式的限制，特別是缺少共同的基礎類別。
- 當可能的話，偏好 C++20 概念多於 CRTP 設計模式。

指導原則 27：將 CRTP 用於靜態混合類別

在第 217 頁的「指導原則 26：使用 CRTP 引入靜態類型分類」中，我介紹了 CRTP 設計模式。我可能給了你 CRTP 已經過時、被 C++20 概念的出現所淘汰的印象。好吧，有趣的是並非如此：至少不完全是，這是因為我還沒有告訴你完整的故事。CRTP 仍然可以很有價值：只是不是作為設計模式，而是作為*實作模式*。所以，讓我們繞道進入實作模式的領域，讓我解釋一下。

強烈類型的動機

考慮以下的 StrongType 類別模板，它是任何其他類型的包裝，目的是建立唯一的、有名字的類型 [20]：

```
//---- <StrongType.h> ----------------

#include <utility>

template< typename T, typename Tag >
struct StrongType
{
 public:
   using value_type = T;

   explicit StrongType( T const& value ) : value_( value ) {}

   T&       get()       { return value_; }
   T const& get() const { return value_; }

 private:
   T value_;
};
```

例如，這個類別可以用來定義 Meter、Kilometer 和 Surname[21]：

```
//---- <Distances.h> ----------------

#include <StrongType.h>

template< typename T >
using Meter = StrongType<T,struct MeterTag>;

template< typename T >
using Kilometer = StrongType<T,struct KilometerTag>;

// ...


//---- <Person.h> ----------------
```

20 StrongType 的實作是受到 Jonathan Boccara 的 Fluent C++ 部落格（*https://oreil.ly/Tqafn*）和相關 NamedType 函數庫（*https://oreil.ly/F5JO6*）的啟發。不過還有一些強烈類型函數庫可以使用：你可以使用 Jonathan Müller 的 *type_safe* 函數庫（*https://oreil.ly/Bju8Z*）、Björn Fahller 的 *strong_type* 函數庫（*https://oreil.ly/bxJrf*），或是 Anthony William 的 *strong_typedef* 函數庫（*https://oreil.ly/q58u6*）。

21 唯一古怪的技術是在模板參數清單中直接宣告了一個標籤類別。是的，這是可行的，而且確實有助於對不同強烈類型的實例化目的建一個唯一的類型。

```
#include <StrongType.h>

using Surname = StrongType<std::string,struct SurnameTag>;

// ...
```

用 Meter 和 Kilometer 的別名模板讓你能夠選擇，例如 long 或 double 來表示距離。然而，雖然這些類型是建置在基本類型或標準函數庫類型上（例如，在 Surname 情況下的 std::string），但它們表示了在例如加法的算術運算中，是不能（意外地）結合的具有語義意義的不同類型（強烈類型）：

```
//---- <Main.cpp> ----------------

#include <Distances.h>
#include <cstdlib>

int main()
{
   auto const m1 = Meter<long>{ 120L };
   auto const m2 = Meter<long>{  50L };
   auto const km = Kilometer<long>{ 30L };
   auto const surname1 = Surname{ "Stroustrup" };
   auto const surname2 = Surname{ "Iglberger" };
   // ...

   m1 + km;              // 正確地不能編譯 ！  ❶
   surname1 + surname2;  // 正確地不能編譯 ！  ❷
   m1 + m2;              // 令人為難的這也不能編譯。  ❸

   return EXIT_SUCCESS;
}
```

雖然 Meter 和 Kilometer 都是透過 long 表示，但不能直接將 Meter 和 Kilometer 相加（❶）。這很好：它就不會留下任何機會讓意外的錯誤滲入。雖然 std::string 為字串連接提供了一個加法運算子，但也不可能將兩個 Surname 相加（❷）。但這也很好：強烈類型有效地限制了基本類型不想要的運算。不幸的是，這個「特徵」也阻止了將兩個 Meter 實例相加（❸）。儘管如此，此種運算是值得追求的：它直覺、自然的，而且因為運算的結果還是 Meter 類型，所以在物理上是正確的。為了使這個運作，我們可以為 Meter 類型實作一個加法運算子。然而，很明顯地，這不會是唯一的加法運算子。我們將需要對所有其他強烈類型（像是 Kilometer、Mile、Foot 等）實現一個運算子，因為所有這些實作看起來都一樣，這將違反 DRY 原則。因此，用加法運算子擴展 StrongType 類別模板似乎是合理的：

```
template< typename T, typename Tag >
StrongType<T,Tag>
   operator+( StrongType<T,Tag> const& a, StrongType<T,Tag> const& b )
{
   return StrongType<T,Tag>( a.get() + b.get() );
}
```

雖然由於這個加法運算子的構想不可能將兩個不同的 `StrongType` 實例加在一起（例如，`Meter` 和 `Kilometer`），但它可以將 `StrongType` 相同實例化的兩個實例相加。「噢，但我看到了一個問題：雖然它現在可以相加兩個 `Meter` 或兩個 `Kilometer`，但也可以相加兩個 `surname`。我們不想要這樣！」你是對的：不能這麼做，我們需要取代的是對 `StrongType` 具體的實例化刻意增加運算。這就是 CRTP 發揮作用的地方。

用 CRTP 作為實作模式

我們不是直接用運算配備 `StrongType` 類別模板，而是透過混合類別提供運算：「注入」所想要運算的基礎類別。這些混合類別是根據 CRTP 實作。例如，考慮表示加法運算的 `Addable` 類別模板：

```
//---- <Addable.h> ----------------

template< typename Derived >
struct Addable
{
   friend Derived& operator+=( Derived& lhs, Derived const& rhs ) {  ❹
      lhs.get() += rhs.get();
      return lhs;
   }

   friend Derived operator+( Derived const& lhs, Derived const& rhs ) {  ❺
      return Derived{ lhs.get() + rhs.get() };
   }
};
```

模板參數的名字就洩露了它的祕密，`Addable` 是一個 CRTP 基礎類別。`Addable` 只提供實作為隱藏友函數（*https://oreil.ly/QmrTG*）的兩個函數：一個加法指定運算子（❹）和一個加法運算子（❺）。這兩個運算子都是為指定的 `Derived` 類型定義，並且被注入到周圍的命名空間[22]。因此，任何從這個 CRTP 基礎類別衍生的類別都將「繼承」兩個自由的加法運算子：

22 許多年前，更具體地說，是在 90 年代末，這種命名空間注入被稱為 *Barton-Nackman* 技巧，是因 John J. Barton 和 Lee R. Nackman 而命名。在 1995 年 3 月的《*C++Report*》中，他們用命名空間注入當作當時函數模板不能被多載限制的解決方案。令人想不到的是，今天這種技術已經經歷了作為**隱藏友函數慣用法**的復興。

```cpp
//---- <StrongType.h> ----------------

#include <stdlib>
#include <utility>

template< typename T, typename Tag >
struct StrongType : private Addable< StrongType<T,Tag> >
{ /* ... */ };


//---- <Distances.h> ----------------

#include <StrongType.h>

template< typename T >
using Meter = StrongType<T,struct MeterTag>;

// ...


//---- <Main.cpp> ----------------

#include <Distances.h>
#include <cstdlib>

int main()
{
   auto const m1 = Meter<long>{ 100 };
   auto const m2 = Meter<long>{  50 };

   auto const m3 = m1 + m2;  // 編譯並產生 150 公尺
   // ...

   return EXIT_SUCCESS;
}
```

「我理解混合類別的目的，但在這種形式下，StrongType 的*所有*實例將繼承一個加法運算子，即使是那些不需要加法的實例，對嗎？」是的，確實如此。因此，我們還沒有完成。我們要做的是有選擇地將混合類別加到那些需要這個運算的 StrongType 實例，我們選擇的解決方案是以可選擇的模板引數的形式提供混合類別。為了這個目的，我們用一包可變的模板參數來擴展 StrongType 類別的模板[23]：

---

23 在 Jonathan Bocarra 的部落格（*https://oreil.ly/jefQD*）中，這些可選擇、可變的引數被恰當地稱為**技能**。我非常喜歡這名稱，所以我採用這個命名慣例。

```
//---- <StrongType.h> ----------------

#include <utility>

template< typename T, typename Tag, template<typename> class... Skills >
struct StrongType
   : private Skills< StrongType<T,Tag,Skills...> >...  ❾
{ /* ... */ };
```

這個擴展讓我們能夠為每個單一的強烈類型個別地指定需要的技能。例如，考慮兩個額外的技能 `Printable` 和 `Swappable`：

```
//---- <Printable.h> ----------------

template< typename Derived >
struct Printable
{
   friend std::ostream& operator<<( std::ostream& os, const Derived& d )
   {
      os << d.get();
      return os;
   }
};


//---- <Swappable.h> ----------------

template< typename Derived >
struct Swappable
{
   friend void swap( Derived& lhs, Derived& rhs )
   {
      using std::swap;  // 啟動 ADL
      swap( lhs.get(), rhs.get() );
   }
};
```

與 `Addable` 技能一起，我們現在可以組合配備有需要和想要技能的強烈類型：

```
//---- <Distances.h> ----------------

#include <StrongType.h>

template< typename T >
using Meter =
   StrongType<T,struct MeterTag,Addable,Printable,Swappable>;  ❻
```

```
template< typename T >
using Kilometer =
   StrongType<T,struct KilometerTag,Addable,Printable,Swappable>;  ❼

// ...


//---- <Person.h> ----------------

#include <StrongType.h>
#include <string>

using Surname =
   StrongType<std::string,struct SurnameTag,Printable,Swappable>;  ❽

// ...
```

`Meter` 和 `Kilometer` 都可以被增加、列印和交換（參考❻和❼），而 `Surname` 是可列印和可交換的，但不是可增加的（也就是說，不接受 `Addable` 的混合類別，因此不會從它衍生出來）（❽）。

「這很好。我明白 CRTP 混合類別在這種背景下的目的，但這個 CRTP 例子與之前的例子有什麼不同？」非常好的問題。你是對的，實作細節非常類似，但也有一些顯著的差異。請注意 CRTP 基礎類別並沒有提供 `virtual` 或 `protected` 解構函數。因此，與之前的例子相比，它不是被設計成一個多型的基礎類別。你還要注意，在這個例子中，將 CRTP 基礎類別作為一個 `private` 基礎類別，而不是一個 `public` 基礎類別（❾）就足夠了，甚至更好。

因此，在這種背景下，CRTP 基礎類別不表示一種抽象化，而只是一種實作細節。因此，CRTP 並不符合設計模式的屬性，而且它也不作為設計模式。毫無疑問，它仍然是一種模式，但在這種情況下僅僅是一種實作模式。

在實作 CRTP 例子的主要差異，是我們使用繼承的方式。對於 CRTP 設計模式，我們根據 LSP 將繼承作為一種抽象化：基礎類別代表了需求，因此也代表了衍生類別的可用和期望的行為。使用者程式碼經由對基礎類別的指標或參照直接存取操作，這反過來又要求我們提供一個 `virtual` 或 `protected` 的解構函數。當以這種方式實作，CRTP 成為軟體設計的真正元素——設計模式。

相比之下，對於 CRTP 的實作模式，為了技術上的巧妙和便利，我們使用繼承。基礎類別成為一個實作細節，不需要被呼叫程式碼所了解或使用。因此，它不需要 `virtual` 或 `protected` 的解構函數。當以這種方式實作，CRTP 停留在實作細節的層次，因此是一個實作模式。然而，在這種形式下，CRTP 比不上 C++20 概念。相反的：在這種形式下，CRTP 並未受到批評，因為它代表了一種獨特的技能以提供靜態混合的功能。因此，CRTP 至今仍在使用，而且是每位 C++ 開發者工具箱中的寶貴添加物。

總之，CRTP 並沒有被淘汰，但它的價值已經改變。在 C++20 中，CRTP 被概念取代，因此在設計模式上已經讓位。然而，作為混合類別的實作模式，它的價值依然存在。

指導原則 27：將 CRTP 用於靜態混合類別

- 要注意將 CRTP 作為設計模式和實作模式之間的差異。
- 理解代表抽象化的 CRTP 基礎類別，可以被視為是一種設計模式。
- 理解不代表抽象化的 CRTP 基礎類別，可以被視為是一種實作模式。

第七章

Bridge、Prototype 和 External Polymorphism 設計模式

本章，我們將專注在兩個傳統的 GoF 設計模式：Bridge 設計模式和 Prototype 設計模式。另外，我們也將研究 *External Polymorphism* 設計模式。乍看之下，這似乎是個傑出的選擇，幾乎是隨機選擇的設計模式。然而，我挑選這些模式有兩個原因：首先，在我的經驗中，這三個模式是設計模式目錄中最有用的，因此你應該對於它們的目的、優點和缺點有相當的了解。第二而且同樣重要的是：它們在第 8 章中都將具有舉足輕重的作用。

在第 242 頁的「指導原則 28：建構 Bridge 以移除實體依賴性」中，我將介紹 Bridge 設計模式以及它最簡單的形式——*Pimpl 慣用法*。最重要的是，我將展示你如何能用 Bridge 來透過從實作細節中解耦一個介面而減少實體耦合。

在第 258 頁的「指導原則 29：意識到 Bridge 性能的增益和損失」中，我們將明確地注視 Bridge 在性能上的影響。我們將對沒有 Bridge 的實作、基於 Bridge 的實作和「部分」Bridge 執行基準測試。

在第 263 頁的「指導原則 30：應用 Prototype 進行抽象複製操作」中，我將介紹克隆的藝術。也就是說，我們將討論複製操作，特別是抽象的複製操作。對這個目的所選擇的模式將是 Prototype 設計模式。

在第 271 頁的「指導原則 31：為非干擾性執行期使用 External Polymorphism」中，我們透過從類別中抽取出函數的實作細節來繼續分離關注點的旅程。然而，為了進一步減少依賴性，我們將把這種分離關注點帶到一個全新的層次：我們不只是要抽取出虛擬函數的實作細節，而且還要用 External Polymorphism 設計模式抽取出完整的函數本身。

指導原則 28：建構 Bridge 以移除實體依賴性

根據字典，*bridge* 表示一個時間、一個地點、一個連接或轉變的方法。如果問你 *bridge* 這個詞的意思，相信你也會有類似的定義。你可能會隱約想到連接兩件事情，因此使這些事情更為緊密。例如，你可能會想到一個被河流分割的城市，一座橋將連接城市的兩邊，使它們更緊密，並節省人很多的時間。你也可能會想到電子學，一座橋連接了電路中的兩個獨立部分。音樂中也有橋，而且現實世界中還有很多橋有助於連接事物的例子。是的，直覺上橋這個詞暗示增加密切關係和接近度。因此，理所當然地，Bridge 設計模式是關於極性相反的：它支持你減少實體依賴性，並幫助解耦；也就是說，它使兩個需要一起工作、但不應該知道彼此太多細節的功能片段保持一定距離。

一個有動機的例子

為了說明我心裡的想法，請考慮以下 `ElectricCar` 類別：

```
//---- <ElectricEngine.h> ----------------

class ElectricEngine
{
 public:
   void start();
   void stop();

 private:
   // ...
};


//---- <ElectricCar.h> ----------------

#include <ElectricEngine.h>
// ...

class ElectricCar
{
 public:
```

```
    ElectricCar( /* 可能是一些引擎引數 */ );

    void drive();
    // ...
  private:
    ElectricEngine engine_;  ❶

    // ... 更多汽車特定的資料成員（車輪、傳動系統、...）
};


//---- <ElectricCar.cpp> ---------------

#include <ElectricCar.h>

ElectricCar::ElectricCar( /* 可能是一些引擎引數 */ )
   : engine_{ /* 引擎引數 */ }
   // ... 其他資料成員的初始化
{}

// ...
```

顧名思義，ElectricCar 類別配備了一個 ElectricEngine（❶）。然而，雖然在現實中這樣的車也許相當有吸引力，但目前的實作細節卻令人擔心：因為 engine_ 資料成員，<ElectricCar.h> 標頭檔需要包含 <ElectricEngine.h> 標頭。編譯器需要看到 ElectricEngine 類別的定義，否則它將無法確定 ElectricCar 實例的大小。然而，包括 <ElectricEngine.h> 標頭檔，很容易造成遞移的實體耦合：包含 <ElectricCar.h> 標頭檔的每一個檔案將在實體上依賴於 <ElectricEngine.h> 標頭檔。因此，每當標頭中的內容改變時，ElectricCar 類別和潛在的許多類別都會受到影響。它們可能必須重新編譯、重新測試，而且在最壞的情況下，甚至要重新部署…唉。

最重要的是，這種設計向每個人揭露了所有的實作細節。「你是什麼意思？類別的 private 部分的概念不就是隱藏和封裝實作細節嗎？」是的，它可能是 private，但 private 標籤只是一個存取標籤。它不是一個可見性標籤。因此，你類別定義中的所有內容（我意思是*所有內容*），對看到 ElectricCar 類別定義的每個人都是可見的。這意味著你不能在沒有人注意的情況下改變這個類別的實作細節。特別是，如果你需要提供 ABI 的穩定性，這可能會是個問題；也就是說，如果你類別的記憶體內表示必須不會改變，這可能會是一個問題[1]。

---

1 ABI 的穩定性是 C++ 社群中一個重要且經常爭論的話題，特別是在 C++20 發佈之前。如果你對這有興趣，我推薦你聽聽 CppCast 對 Titus Winters（*https://oreil.ly/8rgkm*）和 Marshall Clow（*https://oreil.ly/R1XYJ*）的訪問，這將有助於你對兩種觀點有更好的了解。

有個稍微好一點的方法是，只儲存一個對 ElectricEngine 的指標（❷）[2]：

```
//---- <ElectricCar.h> ---------------

#include <memory>
// ...
struct ElectricEngine;  // 正向宣告

class ElectricCar
{
 public:
   ElectricCar( /* 可能是一些引擎引數 */ );

   void drive();
   // ...
 private:
   std::unique_ptr<ElectricEngine> engine_;  ❷

   // ... 更多汽車特定的資料成員（車輪、傳動系統、...)
};


//---- <ElectricCar.cpp> ---------------

#include <ElectricCar.h>
#include <ElectricEngine.h>  ❸

ElectricCar::ElectricCar( /* 可能是一些引擎引數 */ )
   : engine_{ std::make_unique<ElectricEngine>( /* 引擎引數 */ ) }
   // ... 其他資料成員的初始化
{}

// ... 其他「ElectricCar」成員函數，使用指向一個
//     「ElectricEngine」的指標。
```

這種情況下，只提供一個對 ElectricEngine 類別的正向宣告就足夠了，因為編譯器不需要知道類別的定義就能確定 ElectricCar 實例的大小。另外，實體上的依賴性沒有了，因為 <ElectricEngine.h> 標頭檔已經被移到了原始檔案（❸）。因此，從依賴性的觀點看，這個解決方案好多了。還剩下一個問題，那就是實作細節的可見性，每個人仍然能看到 ElectricCar 是建置在 ElectricEngine 上，因此每個人仍然隱含地依賴於這些實作細節。所以，對這些細節的任何改變，像是升級到新的 PowerEngine，都會影響到任何與

2 記住，std::unique_ptr 不能被複製。因此，從 ElectricEngine 換到 std::unique_ptr<ElectricEngine> 會使你的類別成為不可複製的。為了保留複製語義，你必須手動的實作複製操作。這麼做的時候，記得複製操作會停用移動操作。換句話說，最好遵循 5 的原則（*https://oreil.ly/fzS3f*）。

`<ElectricCar.h>` 標頭檔一起工作的類別。「這很糟糕，對嗎？」的確如此，因為改變是可以預期的（參考第 10 頁的「指導原則 2：為改變而設計」）。為了擺脫這種依賴性，並獲得在任何時候都能在不被人察覺下輕鬆地改變實作細節的奢望，我們必須引入一個抽象化。抽象化傳統的形式是引入一個抽象類別：

```
//---- <Engine.h> ---------------

class Engine  ❹
{
 public:
   virtual ~Engine() = default;
   virtual void start() = 0;
   virtual void stop() = 0;
   // ... 更多引擎特定的函數

 private:
   // ...
};


//---- <ElectricCar.h> ---------------

#include <Engine.h>
#include <memory>

class ElectricCar
{
 public:
   void drive();
   // ...
 private:
   std::unique_ptr<Engine> engine_;  ❺

   // ... 更多汽車特定的資料成員（車輪、傳動系統、...）
};


//---- <ElectricEngine.h> ---------------

#include <Engine.h>

class ElectricEngine : public Engine
{
 public:
   void start() override;
   void stop() override;
```

```
 private:
   // ...
};


//---- <ElectricCar.cpp> ----------------

#include <ElectricCar.h>
#include <ElectricEngine.h>

ElectricCar::ElectricCar( /* 可能是一些引擎引數 */ )
   : engine_{ std::make_unique<ElectricEngine>( /* 引擎引數 */ ) }  ❻
   // ... 其他資料成員的初始化
{}

// ... 其他「ElectricCar」成員函數，主要使用「Engine」
//     抽象化，但也有可能明顯地處理一個
//     「ElectricEngine」。
```

有了 Engine 基礎類別（❹），我們可以用這個抽象化實作我們的 ElectricCar 類別（❺）。沒有人需要知道我們所用引擎的實際類型，而且也沒有人需要知道我們什麼時候升級我們的引擎。用這種實作，我們隨時可以透過修改原始檔案來輕鬆地改變實作細節（❻）。因此，用這種方法，我們得以真正將 ElectricEngine 實作上的依賴性降到最低。我們已經使關於這個細節的知識視為是自己祕密的實作細節。透過這樣做，我們已經建立了自己的 Bridge。

如在引言中所說的，違反直覺地，這個 Bridge 與使 ElectricCar 和 Engine 類別更緊密無關，而是與分離關注點和鬆散耦合有關。另一個展現命名困難度的例子是來自 Kate Gregory 在 CppCon 的演講（*https:// oreil.ly/YfDpP*）。

Bridge 設計模式的說明

Bridge 設計模式是 1994 年引入的另一個傳統 GoF 設計模式。Bridge 的目的是透過將抽象化背後的一些實作細節封裝而減少實體依賴性。在 C++ 中，它扮演編譯防火牆的角色，使改變變得更容易。

Bridge 設計模式

目的：「將一個抽象化從它的實作中解偶，使得兩者可以獨立地改變。[3]」

在這個目的的簡潔構想中，四人幫談到了一個「抽象化」和一個「實作」。在我們的例子中，`ElectricCar` 類別代表「抽象化」，而 `Engine` 類別代表「實作」（參考圖 7-1）。這兩個都應該能夠獨立改變；也就是說，改變其中任何一個都不應該影響到另一個。容易改變的障礙是 `ElectricCar` 類別和它引擎之間的實體依賴關係。因此，構想是抽取並隔離這些依賴關係。透過以 `Engine` 抽象化的形式隔離它們，分離了關注點，並滿足了 SRP，你可以得到用任何你想要的方式改變、調整或升級引擎的靈活性（參考第 10 頁的「指導原則 2：為改變而設計」）。此改變在 `ElectricCar` 類別中已不復見，因此，現在很容易在沒有「抽象化」的注意下增加新種類的引擎，這遵守了 OCP 的概念（參考 33 頁的「指導原則 5：為擴展而設計」）。

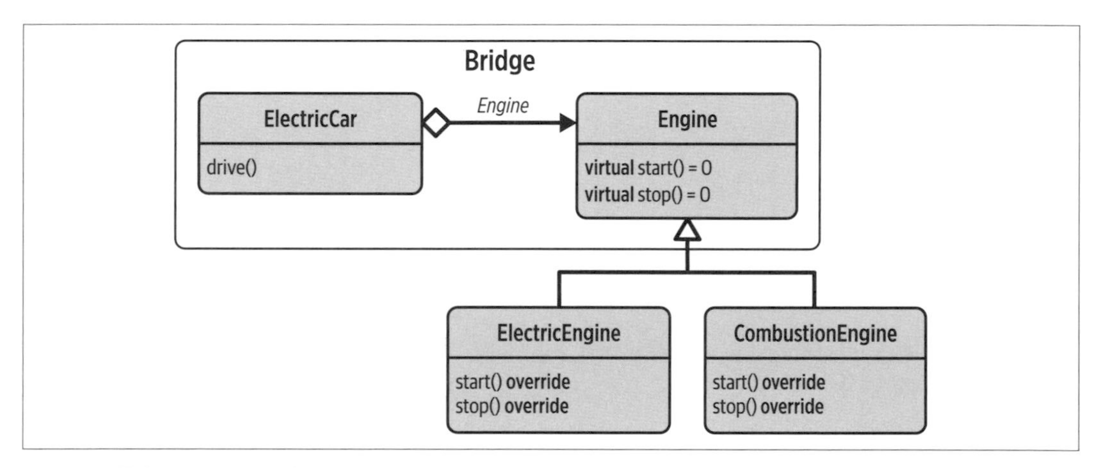

圖 7-1　基本 Bridge 設計模式的 UML 表示法

雖然這提供我們輕鬆應用改變的能力，並實作了 Bridge 的概念，但我們還可以採取一個步驟進一步解耦和減少重複。假設我們不只是對電動車感興趣，而且也對內燃機汽車感興趣。因此，對我們計劃實作的每一種汽車，我們都有興趣從引擎細節中引入同類的解耦，也就是同類的 Bridge。為了減少重複並遵循 DRY 原則，我們可以將與 Bridge 相關的實作細節抽取到 `Car` 基礎類別（參考圖 7-2）。

3　Erich Gamma 等人，《*Design Patterns*：*Elements of Reusable Object-Oriented Software*》。

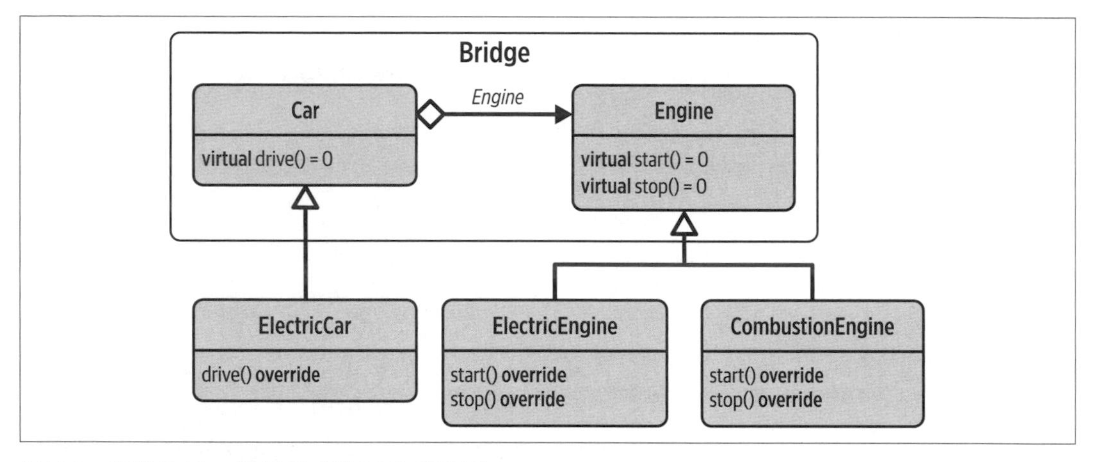

圖 7-2　完整 Bridge 設計模式的 UML 表示法

Car 基礎類別將 Bridge 封裝到相關聯的 Engine：

```
//---- <Car.h> ----------------

#include <Engine.h>
#include <memory>
#include <utility>

class Car
{
 protected:
   explicit Car( std::unique_ptr<Engine> engine )  ❼
      : pimpl_( std::move(engine) )
   {}

 public:
   virtual ~Car() = default;
   virtual void drive() = 0;
   // ... 更多汽車特定的函數

 protected:
   Engine*       getEngine()       { return pimpl_.get(); }  ❾
   Engine const* getEngine() const { return pimpl_.get(); }

 private:
   std::unique_ptr<Engine> pimpl_;  // 指向實作的指標（pimpl）  ❽

   // ... 更多汽車特定的資料成員（車輪、傳動系統、...）
};
```

隨著 Car 類別的加入，「抽象化」和「實作」都提供了容易擴展的機會，並且可以獨立地改變。雖然在這個 Bridge 關係中，Engine 基礎類別仍然表示「實作」，但 Car 類別現在扮演著「抽象化」的角色。關於 Car 類別第一個值得注意的細節是 protected 的建構函數（❼）。這個選擇確保了只有衍生類別能夠指定引擎的種類。建構函數將 std::unique_ptr 帶到 Engine，並將它移到它的 pimpl_ 資料成員（❽）。這個指標資料成員是所有類型 Car 的一個**指向實作的指標**，一般稱為 *pimpl*。這個**不透明的指標**表示了 Bridge 對封裝後的實作細節，本質上代表了整個 Bridge 設計模式，因此，在程式碼中使用 *pimpl* 這個名稱作為你目的的指示是個好主意（記住第 91 頁的「指導原則 14：使用設計模式的名稱傳達目的」）。

注意，儘管衍生類別必須使用它，pimpl_ 是在類別的 private 部分宣告的。這個選擇是被核心指導原則 C.133（*https://oreil.ly/99sIG*）所啟發的：

> 避免 protected 資料。

事實上，經驗顯示 protected 資料成員幾乎不會比 public 資料成員好。因此，為了賦予對 pimpl 的存取，Car 類別反而提供了 protected getEngine() 成員函數（❾）。

ElectricCar 類別也因此而改變：

```
//---- <ElectricCar.h> ----------------

#include <Engine.h>
#include <memory>

class ElectricCar : public Car  ❿
{
 public:
   explicit ElectricCar( /* 可能是一些引擎引數 */ );

   void drive() override;
   // ...
};


//---- <ElectricCar.cpp> ----------------

#include <ElectricCar.h>
#include <ElectricEngine.h>

ElectricCar::ElectricCar( /* 可能是一些引擎引數 */ )
   : Car( std::make_unique<ElectricEngine>( /* 引擎引數 */ ) )  ⓫
{}

// ...
```

ElectricCar 類別現在繼承自 Car 基礎類別（⑩），而不是實作 Bridge 本身。這種繼承關係引入了透過指定一個 Engine 來初始化 Car 基礎類別的要求，這個工作在 ElectricCar 的建構函數中執行（⑪）。

Pimpl 慣用法

有一種更簡單的 Bridge 設計模式形式，它已經非常廣泛且成功地用於 C 和 C++ 中數十年了。為了看一個例子，我們考慮以下這個 Person 類別：

```
class Person
{
 public:
   // ...
   int year_of_birth() const;
   // ... 還有一些存取函數

 private:
   std::string forename_;
   std::string surname_;
   std::string address_;
   std::string city_;
   std::string country_;
   std::string zip_;
   int year_of_birth_;
   // ... 可能還有一些資料成員
};
```

一個人由許多資料成員構成：forename、surname、完整的郵政地址、year_of_birth，以及可能還有更多。未來可能會需要增加更多的資料成員：手機號碼、Twitter 帳戶或下一個社群媒體潮流的帳戶資訊。換句話說，Person 類別需要隨著時間的推移而擴展或改變，甚至可能會很頻繁。這可能會帶給這個類別的使用者大量不方便：每當 Person 改變時，Person 的使用者必須重新編譯他們的程式碼。更不必說 ABI 的穩定性了：Person 實例的大小會改變！

為了隱藏對 Person 實作細節的所有改變，並獲得 ABI 穩定性，你可以使用 Bridge 設計模式。然而，在這種特殊情況下，不需要以基礎類別的形式提供一個抽象化：有一個而且剛好一個 Person 的實作。因此，我們所做的就是引入一個稱為 Impl 的 private 巢狀類別（⑫）：

```
//---- <Person.h> ----------------

#include <memory>
```

```
class Person
{
 public:
   // ...

 private:
   struct Impl;  ⓬
   std::unique_ptr<Impl> const pimpl_;  ⓭
};

//---- <Person.cpp> ----------------

#include <Person.h>
#include <string>

struct Person::Impl  ⓮
{
   std::string forename;
   std::string surname;
   std::string address;
   std::string city;
   std::string country;
   std::string zip;
   int year_of_birth;
   // ... 可能還有一些資料成員
};
```

巢狀 `Impl` 類別的唯一工作是封裝 `Person` 的實作細節。因此，`Person` 類別中唯一保留的資料成員是指向 `Impl` 實例的 `std::unique_ptr`（⓭）。所有其他的資料成員，以及潛在的一些非 `virtual` 輔助函數，都從 `Person` 類別移到了 `Impl` 類別。注意，`Impl` 類別只在 `Person` 類別中宣告，但沒有定義；相反地，它在對應的原始檔案中定義（⓮）。因此，所有的細節以及你應用到細節的所有改變，像是增加或移除資料成員、改變資料成員類型等，都將對 `Person` 的使用者隱藏。

`Person` 的這個實作使用了 Bridge 設計模式最簡單的形式：這種 Bridge 局部的、非多型的形式被稱為 *Pimpl 慣用法*（*https://oreil.ly/7QULb*），它帶有 Bridge 模式所有解耦的優點；但是儘管它很簡單，它仍然會導致 `Person` 類別的實作稍微複雜化：

```
//---- <Person.h> ----------------

//#include <memory>

class Person
{
 public:
```

```
   // ...
   Person();   ⑮
   ~Person();  ⑯

   Person( Person const& other );  ⑰
   Person& operator=( Person const& other );  ⑱

   Person( Person&& other );  ⑲
   Person& operator=( Person&& other );  ⑳

   int year_of_birth() const;  ㉑
   // ... 還有一些存取函數

 private:
   struct Impl;
   std::unique_ptr<Impl> const pimpl_;
};

//---- <Person.cpp> ----------------

//#include <Person.h>
//#include <string>

struct Person::Impl
{
   // ...
};

Person::Person()  ⑮
   : pimpl_{ std::make_unique<Impl>() }
{}

Person::~Person() = default;  ⑯

Person::Person( Person const& other )  ⑰
   : pimpl_{ std::make_unique<Impl>(*other.pimpl_) }
{}

Person& Person::operator=( Person const& other )  ⑱
{
   *pimpl_ = *other.pimpl_;
   return *this;
}

Person::Person( Person&& other )  ⑲
   : pimpl_{ std::make_unique<Impl>(std::move(*other.pimpl_)) }
{}
```

```
Person& Person::operator=( Person&& other )  ⑳
{
   *pimpl_ = std::move(*other.pimpl_);
   return *this;
}

int Person::year_of_birth() const  ㉑
{
   return pimpl_->year_of_birth;
}

// ... 還有一些 Person 的成員函數
```

Person 建構函數用 std::make_unique() 初始化了 pimpl_ 資料成員（⑮）。當然，這涉及到動態記憶體分配，這意味著動態記憶體需要再次被清理。「這就是為什麼我們使用 std::unique_ptr，」你說。對，但也許會令人驚訝的是，雖然我們為這個目的使用了 std::unique_ptr，但仍然需要手動地處理解構函數（⑯）。

「為什麼我們必須這樣做？std::unique_ptr 的重點不就是我們不需要處理清理嗎？」好吧，我們仍然必須清理。讓我解釋一下：如果你沒有撰寫解構函數，編譯器會覺得有義務為你生成解構函數。不幸的是，它將在 <Person.h> 標頭檔中生成這個解構函數。Person 的這個解構函數將觸發 std::unique_ptr 資料成員解構函數的實例化，這又需要 Impl 類別解構函數的定義。然而，Impl 的定義在標頭檔中是不可用的；相反地，它需要在原始檔案中定義，否則它將使 Bridge 的目的落空。因此，編譯器會發出一個關於不完整類型 Impl 的錯誤。幸運的是，你不需要放棄 std::unique_ptr 來解決這個問題（事實上你也不應該放棄它）。這個問題很好解決，你只需要把 Person 解構函數的定義移到原始檔案：你在類別定義中宣告解構函數，並在原始檔案中用 =default 定義它。

因為 std::unique_ptr 不能被複製，你必須實作複製建構函數以保留 Person 類別的複製語義（⑰），這對複製指定運算子也成立（⑱）。注意，這個運算子是在每一個 Person 的實例，總是有一個有效的 pimpl_ 的假設下實作。這個假設說明了移動建構函數的實作：不是簡單地移動 std::unique_ptr，而是用 std::make_unique() 執行一個可能會失敗，或拋出異常的動態記憶體分配。因此，它不必宣告為 noexcept（⑲）[4]。這個假設也說明了為什麼 pimpl_ 資料成員被宣告為 const。一旦它初始化了，這個指標將不會再改變，甚至在包括移動指定運算子在內的移動操作中也不會（⑳）。

4 通常情況下，移動操作被預期是 noexcept。這可由核心指導原則 C.66（*https://oreil.ly/luKRb*）說明。然而，有時候這是不可能的，例如，在某些 std::unique_ptr 資料成員永遠不會是 nullptr 的假設下。

最後一個值得注意的細節是，`year_of_birth()` 成員函數的定義位於原始檔案內（㉑）。儘管這個簡單的讀取器函數是個很棒的行內候選函數，但是這個定義必須移到原始檔案中。原因是在標頭檔中，`Impl` 是一個不完整的類型（*https://oreil.ly/wg10k*），這意味著在標頭檔中，你不能夠存取任何成員（包括資料和函數）。只有在原始檔案中可以存取，或一般來說，只要編譯器一知道 `Impl` 的定義，就立刻可以存取。

Bridge 和 Strategy 之間的比較

「我有個問題，」你說。「我看到 Bridge 和 Strategy 設計模式之間有很強烈的相似性。我知道你說過，設計模式有時候在結構上會非常相似，唯一的差異是它們的目的。但這兩個模式之間確切地差異是什麼？[5]」我理解你的問題。這兩個模式之間的相似性確實有些令人困惑。然而，有個方法可以用來分辨它們：對應的資料成員是如何初始化，是可以告訴你使用哪種模式的有力指標。

如果一個類別不想知道某些實作細節，而且如果為了這個原因，它提供透過從外部（例如，經由建構函數或經由設定器函數）傳遞細節來配置行為的機會，那麼你很可能是處理 Strategy 設計模式。因為行為的靈活配置，也就是減少**邏輯上**的依賴性，令 Strategy 落入**行為的設計模式**範疇是它主要的焦點。例如，在以下程式碼片段中，`Database` 類別的建構函數就是明顯的跡象：

```
class DatabaseEngine
{
 public:
   virtual ~DatabaseEngine() = default;
   // ... 許多資料庫特定的函數
};

class Database
{
 public:
   explicit Database( std::unique_ptr<DatabaseEngine> engine );
   // ... 許多資料庫特定的函數

 private:
   std::unique_ptr<DatabaseEngine> engine_;
};

// 資料庫不知道任何實作細節，並
//    經由它的建構函數從外部要求它們 ->Strategy 設計模式
Database::Database( std::unique_ptr<DatabaseEngine> engine )  ㉒
```

5 對我關於設計模式在結構上相似性的陳述，請參考第 76 頁的「指導原則 11：了解設計模式的目的」。

```
    : engine_{ std::move(engine) }
{}
```

DatabaseEngine 的實際類型是由外部傳入的（㉒），使這個成為 Strategy 設計模式的好例子。

圖 7-3 顯示了這個例子的依賴關係圖。最重要的是，Database 類別與 DatabaseEngine 抽象化是在相同的架構層次上，因此提供其他人實作這個行為的機會（例如，以 ConcreteDatabaseEngine 的形式）。因為 Database 只依賴於抽象化，所以不會依賴於任何具體的實作。

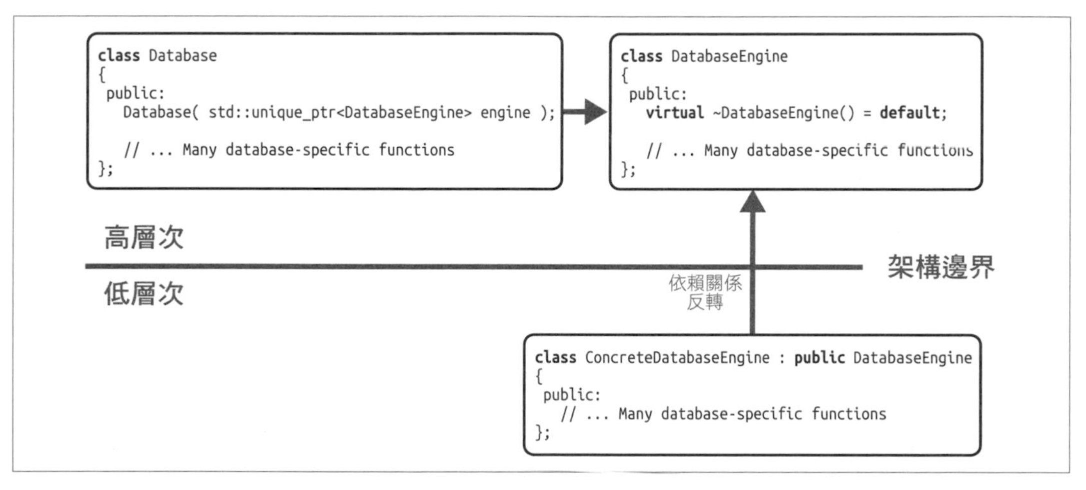

圖 7-3 Strategy 設計模式的依賴關係圖

然而，如果一個類別知道實作細節，但主要是想要減少在這些細節上的實體依賴性，那麼你很可能是處理 Bridge 設計模式。在這種情況下，這類別沒有提供從外部設定指標的任何機會；也就是說，指標是一個實作細節，而且在內部設定。因為 Bridge 設計模式主要焦點在實作細節的實體依賴性，而不是邏輯依賴性，所以 Bridge 會落於結構的設計模式範疇。以底下的程式碼片段為例：

```
class Database
{
 public:
   explicit Database();
   // ...
 private:
   std::unique_ptr<DatabaseEngine> pimpl_;
};
```

```
// 資料庫知道所需要的實作細節，但
//    不想要太強烈地依賴它 --> Bridge 設計模式
Database::Database()
   : pimpl_{ std::make_unique<ConcreteDatabaseEngine>( /* 一些引數 */ ) }  ㉓
{}
```

同樣地，Bridge 設計模式的應用有一個明顯跡象：Database 類別的建構函數不是從外部接受一個引擎，而是意識到 ConcreteDatabaseEngine 並從內部設定它（㉓）。

圖 7-4 顯示了 Database 例子 Bridge 實作的依賴關係圖。最值得注意的是，Database 類別與 ConcreteDatabaseEngine 類別位於相同的架構層次，沒有留給其他人不同實作的任何機會。這顯示，與 Strategy 設計模式相反，Bridge 在邏輯上與特定的實作耦合，但只是經由 DatabaseEngine 抽象化實體地解耦。

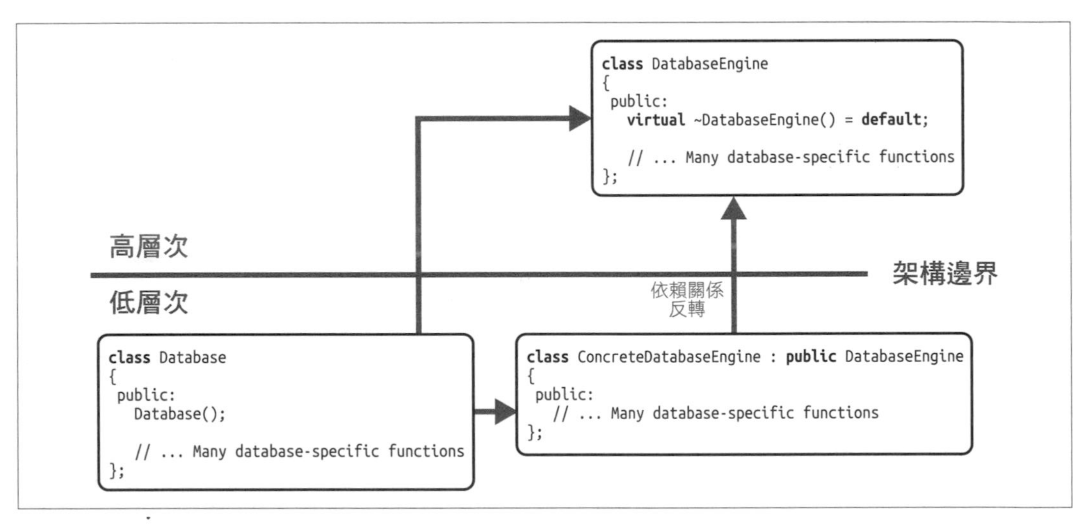

圖 7-4　Bridge 設計模式的依賴關係圖

分析 Bridge 設計模式的缺點

「我可以完全理解為什麼 Bridge 設計模式在社群中如此受歡迎。它解耦的性質真的很棒！」你驚呼。「然而，你一直告訴我，每一種設計都有它的優點和缺點，我預料它會有性能上的劣勢？」很好，你記得總是會有一些缺點。當然這也包括 Bridge 設計模式，儘管它被證明非常有用。而且是的，你認為有一些性能開銷是正確的。

五種類型開銷中的第一種是因為 Bridge 引入了額外的間接性所造成：pimpl 指標使所有對實作細節的存取更昂貴。然而，這個指標造成的性能劣勢有多大，是我將在第 258 頁「指導原則 29：意識到 Bridge 性能的增益和損失」中單獨討論的議題。不過，這不是性能開銷的唯一來源；還有更多。根據你是否使用抽象化，你也可能需要支付虛擬函數呼叫的開銷。另外，因為缺少行內函數，即使是存取資料成員的最簡單函數，你也必須支付更多費用。當然，每當你建立一個用 Bridge 實作類別新的實例時，你也必須為額外的動態記憶體分配付費[6]。最後但同樣重要的，你也應該考慮到由引入 pimpl 指標所造成的記憶體開銷。所以，是的，隔離實體依賴關係和隱藏實作細節不是免費的，而是會產生相當大的開銷。不過，這不應該成為放棄 Bridge 解決方案的理由：這始終取決於具體情況。例如，如果底層的實作執行像是系統呼叫般緩慢、昂貴的工作，那麼這種開銷可能根本無法衡量。換句話說，是否使用 Bridge 應該根據具體情況進行決定，並以性能基準作為支撐。

此外，你已經看到了實作細節，並意識到程式碼複雜性已經增加。因為程式碼的簡單性和可讀性是一種優點，所以這應該被視為是一種缺點。沒錯，這只影響類別的內部，而不是使用者程式碼，但是仍然有一些細節（例如，需要在原始檔案中定義解構函數）可能會讓經驗不足的開發者困惑。

總之，Bridge 設計模式是減少實體依賴性最有價值和最常用的解決方案之一。不過，你也應該注意到 Bridge 帶來的開銷和複雜性。

指導原則 28：建構 Bridge 以移除實體依賴性

- 注意由資料成員或包含所引入的實體依賴性。
- 在目的從實作細節中隔離實體依賴性時，應用 Bridge 設計模式。
- 偏向於使用 pimpl 資料成員傳達 Bridge 的使用。
- 了解 Bridge 設計模式的強處和弱點。
- 知道減少實體依賴性（Bridge）和減少邏輯依賴性（Strategy）之間的差異。

6 如果這種動態分配被發現是一個嚴重的阻礙或不使用 Bridge 的理由，你可以研究基於類別內記憶體的 Fast-Pimpl 慣用法。關於這個，你可以參考 Herb Sutter 的第一本著作《*Exceptional C++：47 Engineering Puzzles, Programming Problems, and Exception-Safety Solutions*》（Pearson）。

指導原則 29：意識到 Bridge 性能的增益和損失

在第 242 頁的「指導原則 28：建構 Bridge 以移除實體依賴性」中，我們仔細地看了 Bridge 設計模式。雖然我想 Bridge 的設計和解耦面向留給你正面的印象，但我必須讓你知道，使用這種模式也可能帶來性能的劣勢。「是的，這讓我很擔心。性能對我很重要，而聽起來 Bridge 會產生巨大的性能開銷，」你說；而這是一個相當普遍的預期。因為性能很重要，我確實應該給你一個在使用 Bridge 時，你必須預期會有多少開銷的概念。然而，我也應該展示如何明智地使用 Bridge 以提升你程式碼的性能。聽起來難以置信？好吧，讓我展示該怎麼做。

Bridge 對性能的影響

如第 242 頁「指導原則 28：建構 Bridge 以移除實體依賴性」中討論過的，Bridge 實作的性能受到很多因素影響：經由間接性存取、虛擬函數呼叫、行內函數、動態記憶體分配等。由於這些因素和大量可能的組合，對於 Bridge 會給你帶來多大性能的損失，並沒有明確的答案。除了為你自己的程式碼編寫一些基準並執行它們來評估一個明確答案以外，在這方面根本沒有捷徑，也沒有替代品，然而，我想展示的是如何明智地用 Bridge 改善程式碼的性能。這聽起來難以置信嗎？好吧，讓我展示給你看。

讓我們開始給你一個關於基準的概念。為了讓指標間接性的成本有多少形成一個選項，我們比較以下兩個 Person 類別的實作：

```
#include <string>

//---- <Person1.h> ----------------

class Person1
{
 public:
   // ...
 private
   std::string forename_;
   std::string surname_;
   std::string address_;
   std::string city_;
   std::string country_;
   std::string zip_;
   int year_of_birth_;
};
```

Person1 結構代表一種未使用 Bridge 實作的類型，所有七個資料成員（六個 std::string 和一個 int）都直接是結構本身的一部分。總之，假設在 64 位元的機器上，Person1 一個實例的總大小在 Clang 11.1 中是 152 個位元組，在 GCC 11.1 中是 200 個位元組 [7]。

另一方面，Person2 結構是用 Pimpl 慣用法實作：

```
//---- <Person2.h> ----------------

#include <memory>

class Person2
{
 public:
   explicit Person2( /*... 各種人物的引數 ...*/ );
   ~Person2();
   // ...

 private:
   struct Impl;
   std::unique_ptr<Impl> pimpl_;
};


//---- <Person2.cpp> ----------------

#include <Person2.h>
#include <string>

struct Person2::Impl
{
   std::string forename;
   std::string surname;
   std::string address;
   std::string city;
   std::string country;
   std::string zip;
   int year_of_birth;
};
```

7 Person1 大小的差異，可以很容易地解釋為不同編譯器對 std::string 實作大小的差異所造成。因為編譯器供應商為不同的使用情況優化了 std::string，在 Clang 11.1 上，一個 std::string 佔用了 24 個位元組，而在 GCC 11.1 上，它佔用了 32 個位元組。因此，Person1 一個實例的總大小在 Clang 11.1 上是 152 個位元組（六個 24 位元組的 std::string，加上一個 4 位元組的 int，再加上 4 位元組的填充），在 GCC 11.1 上是 200 個位元組（六個 32 位元組的 std::string，加上一個 4 位元組的 int，加上 4 位元組的填充）。

```
Person2::Person2( /*... 各種人物的引數 ...*/ )
   : pimpl{ std::make_unique<Impl>( /*... 各種人物的引數 ...*/ ) }
{}

Person2::~Person2() = default;
```

所有七個資料成員已經移到巢狀的 `Impl` 結構中，而且只能透過 `pimpl` 指標存取。雖然巢狀的 `Impl` 結構的總大小與 `Person1` 的大小相同，但 `Person2` 結構的大小只有 8 個位元組（同樣地，假設是 64 位元的機器）。

經由 Bridge 設計，你可以減少一個類型的大小，有時甚至可以大幅減少。這可以證明非常有價值，例如，如果你想在 `std::variant` 中使用這個類型作為替代（請參考第 116 頁「指導原則 17：考慮用 std::variant 實作 Visitor」）。

所以，讓我概述一下這個基準：我將建置兩個含 25,000 個人物的 `std::vector`，兩個 `Person` 的實作各有一個。這個數量的元素將確保我們的工作超出底層 CPU 內部快取的大小（也就是說，我們將使用總共 3.2 MB 的 Clang 11.1 和 4.2 MB 的 GCC 11.1）。所有這些人物都賦予了任意的名字和地址，以及在 1957 年到 2004 年之間的出生年份（在撰寫本文的時候，這表示在一個組織中員工合理的年齡範圍）。然後我們將遍歷這兩個人物的向量五千次，每次都用 `std::min_element()` 確定最年長的人。因為這個基準的重複性質，使得結果將相當無趣。一百次迭代之後，你就會因為覺得無聊而不想看了。重點在於看清楚直接（`Person1`）或間接（`Person2`）存取一個資料成員的性能差異。表 7-1 顯示了性能的結果，並以 `Person1` 實作的性能為標準進行正規化。

表 7-1　不同 Person 實作的性能結果（正規化的性能）

Person 實作	GCC 11.1	Clang 11.1
Person1（無 pimpl）	1.0	1.0
Person2（完整的 Pimpl 慣用法）	1.1099	1.1312

在這個特定的基準測試中，很明顯地，Bridge 的實作招致了相當顯著的性能損失。GCC 為 11.0%，Clang 為 13.1%。這聽起來很多！然而，不要把這些數據看得太嚴重：顯然地，這個結果可說是取決於元素的實際數量、資料成員的實際數量和類型、我們執行的系統、以及我們在基準測試中執行的實際計算。如果你改變這些細節中的任何一個，所得到的數據也會改變。因此，這些數據只能證明，由於對資料成員進行間接存取，存有一些、甚至可能更多的開銷。

用部分 Bridge 改善性能

「好吧，但這是一個可以預料的結果，對嗎？我應該從中學到什麼？」你問。好吧，我承認這個基準相當特定，而且不能回答所有問題。然而，它提供我們實際使用 Bridge 改善性能的機會。如果你仔細看一下 Person1 的實作，你可能會意識到在給定的基準測試中，可實現的性能是相當有限的：雖然 Person1 的總大小為 152 個位元組（Clang 11.1）或 200 個位元組（GCC 11.1），但在整個資料結構中，我們只用了 4 個位元組，即一個 int。這被證明是相當浪費和沒有效率的：因為在基於快取的架構中，記憶體總是以快取行的形式載入，我們從記憶體中載入的很多資料實際上根本就沒有被用到。事實上，幾乎所有我們從記憶體中載入的資料都沒有派上用場：假設快取行的長度為 64 個位元組，我們只使用了大約 6% 的載入資料。因此，儘管我們是依據所有人物的出生年份來確定最年長的人，這聽起來像是一個受計算量限制的運算，但實際上我們是完全受限於記憶體：機器根本無法夠快的傳遞資料，整數單元大部分的時間都是閒置的。

這個設定給了我們用 Bridge 改善性能的機會。假設我們可以區分經常使用的資料（像是 forename、surname、和 year_of_birth）和不常使用的資料（例如，郵政地址）。基於這種區分，我們現在相應地安排資料成員：所有經常使用的資料成員直接儲存在 Person 類別；而所有不常使用的資料成員都儲存在 Impl 結構。這引導出了 Person3 的實作：

```
//---- <Person3.h> ----------------

#include <memory>
#include <string>

class Person3
{
 public:
   explicit Person3( /*... 各種人物的引數 ...*/ );
   ~Person3();
   // ...

 private:
   std::string forename_;
   std::string surname_;
   int year_of_birth_;

   struct Impl;
   std::unique_ptr<Pimpl> pimpl_;
};


//---- <Person3.cpp> ----------------
```

```
#include <Person3.h>

struct Person3::Impl
{
   std::string address;
   std::string city;
   std::string country;
   std::string zip;
};

Person3::Person3( /*... 各種人物的引數 ...*/ )
   : forename_{ /*...*/ }
   , surname_{ /*...*/ }
   , year_of_birth_{ /*...*/ }
   , pimpl_{ std::make_unique<Impl>( /*... 地址相關的引數 ...*/ ) }
{}

Person3::~Person3() = default;
```

Person3 實例的總大小對 Clang 11.1 而言是 64 個位元組（兩個 24 位元組的 std::string、一個整數、一個指標、以及因為對齊限制的四個填充位元組），在 GCC 11.1 中是 80 個位元組（兩個 32 位元組的 std::string、一個整數、一個指標、以及一些填充的位元組）。因此，Person3 的實例大約只有 Person1 實例的一半大。這種大小的差異是可以測量的：表 7-2 顯示了包括 Person3 在內的所有 Person 實作的性能結果。同樣的，這些結果是以 Person1 實作的性能標準進行正規化。

表 7-2　不同 Person 實作的性能結果（正規化的性能）

Person 實作	GCC 10.3	Clang 12.0
Person1（無 pimpl）	1.0	1.0
Person2（完整的 Pimpl 慣用法）	1.1099	1.1312
Person3（部分 Pimpl 慣用法）	0.8597	0.9353

與 Person1 的實作相比，Person3 的性能在 GCC 11.1 中改善了 14.0%，在 Clang 11.1 中改善了 6.5%。而且，如之前所說的，這只是因為我們減少了 Person3 實作的大小。「哇，這真是出乎意料。我懂了，Bridge 對性能不一定全是壞事，」你說。是的，確實如此。當然，這總是取決於具體的設定，但在經常使用的資料成員和不常使用的資料成員之間

的區分，以及藉由實作一個「部分」Bridge 來減少資料結構的大小，在性能上可能會有非常正面的影響[8]。

「性能大幅提升，這很棒，但這不是違背了 Bridge 的目的嗎？」你問。的確，你意識到在隱藏實作細節，和為了性能的原因而將資料成員「行內化」之間存在著對立。一如既往，這視情況而定：你必須根據不同的情況來決定支持哪個面向。希望你也意識到，在這兩個極端之間還有整個範圍的解決方案：不必要把所有的資料成員都隱藏在 Bridge 後面。你終將為給定問題找到最佳解決方案。

總之，雖然一般來說 Bridge 很可能會帶來性能的損失，但在適當的情況下，實作部分 Bridge 可能會對你的性能有非常正面的影響。然而，這只是影響性能的許多面向之一。因此，你始終都應該檢查，看看 Bridge 是否會造成性能的瓶頸，或者部分 Bridge 是否處理了性能問題。確認這個最好的方法是，用有代表性、盡可能地基於實際程式碼和實際資料的基準測試。

指導原則 29：意識到 Bridge 性能的增益和損失

- 記住，Bridge 對性能可能有負面影響。
- 請注意，當把經常使用的資料和不常使用的資料分開時，部分 Bridge 可能對性能有正面的影響。
- 始終透過有代表性的基準測試確認性能瓶頸或改善；不要依賴你的直覺。

指導原則 30：應用 Prototype 進行抽象複製操作

想像你正坐在一家高級的義大利餐廳裡讀著菜單。哇…這麼多美味的選擇；千層麵看起來不錯，但披薩看起來也很棒，真難抉擇…然而，你的思緒被一位端著一道看起來超美味的菜餚的服務生打斷了，可惜它不是為你準備的，而是屬於另一桌客人的。噢，那個香氣…此時此刻，你知道自己不需要再思考要點什麼了：不論那是什麼，你都想要來一份。於是你告訴服務生：「我想要點和他們一樣的。」

8 你可能意識到，我們仍然離最佳性能**很遠**。為了朝最佳性能的方向前進，我們可以根據資料如何使用來安排資料。對於這個基準，這將意味著把所有人的出生年份的值都儲存在一個大的靜態整數向量中。這種資料安排將使我們朝向**資料導向設計**的方向前進。關於這種範例的更多資訊，可以參考 Richard Fabian 的專著《*Data-Oriented Design: Software Engineering for Limited Resources and Short Schedules*》。

同樣的問題也可能發生在你的程式碼中。用 C++ 語言來說，你要求服務生提供其他人菜餚的副本。複製一個物件，也就是建立一個實例確切的複製品，在 C++ 中是一個重要的基本操作。這是如此的重要，以致於在預設情況下類別都配備了一個複製建構函數和一個複製指定運算子——兩個所謂的**特殊成員函數**[9]。然而，當要求複製這道菜餚的時候，不幸的是你不知道是何種菜餚。用 C++ 的語言來說，你只有一個指向基底的指標（比如，`Dish*`），而且不幸的是，試圖透過 `Dish*` 用複製建構函數或複製指定運算子進行複製，通常不會成功。不過，你還是想要一個確切的複製。解決這個問題的方法是另一個傳統的 GoF 設計模式：Prototype 設計模式。

綿羊般的例子：複製動物

舉個例子，我們考慮以下 `Animal` 基礎類別：

```
//---- <Animal.h> ----------------

class Animal
{
 public:
   virtual ~Animal() = default;
   virtual void makeSound() const = 0;
   // ... 更多動物特定的函數
};
```

除了虛擬解構函數表明 `Animal` 應該是基礎類別以外，這個類別只提供了處理列印可愛動物聲音的 `makeSound()` 函數。這種動物的一個例子是 `Sheep` 類別：

```
//---- <Sheep.h> ----------------

#include <Animal.h>
#include <string>

class Sheep : public Animal
{
 public:
   explicit Sheep( std::string name ) : name_{ std::move(name) } {}

   void makeSound() const override;
   // ... 更多動物特定的函數
```

9　編譯器何時生成這兩種複製操作的規則超出了本書的範圍，但可以簡單歸納如下：**每個**類別都有這兩種操作，這意味著它們始終都存在。它們已經被編譯器生成，或者你已經明確地宣告或甚至定義了它們（可能在類別的 private 部分或藉由 =delete），又或者它們被隱性地刪除。注意，刪除這些函數並不意味著它們消失了，但 =delete 充當了定義。因為這兩個函數**始終**是類別的一部分，它們將**始終**參與多載決議。

```
private:
   std::string name_;
};


//---- <Sheep.cpp> ----------------

#include <Sheep.h>
#include <iostream>

void Sheep::makeSound() const
{
   std::cout << "baa\n";
}
```

在 main() 函數中，現在我們可以建立一隻綿羊並讓它發出聲音：

```
#include <Sheep.h>
#include <cstdlib>
#include <memory>

int main()
{
   // 建立獨一無二的 Dolly
   std::unique_ptr<Animal> const dolly = std::make_unique<Sheep>( "Dolly" );

   // 觸發 Dolly 野獸般的聲音
   dolly->makeSound();

   return EXIT_SUCCESS;
}
```

Dolly 真的很棒，對吧？而且超級可愛！事實上，她是如此的有趣，以致於我們想要另一隻 Dolly。然而，我們所擁有的只是一個指向基底的指標——Animal*。我們不能透過 Sheep 的複製建構函數或複製指定運算子進行複製，因為（技術上來說）我們甚至不知道我們正在處理 Sheep，它可能是任何種類的動物（例如，狗、貓、羊等）。而且我們也不想只複製 Sheep 的 Animal 部分，因為這就是我們所謂的**切片**。

天啊，我剛才意識到，這可能是解釋 Prototype 設計模式特別糟糕的例子。切片的動物，這聽起來很糟糕，所以讓我們迅速地前進。我們說到哪裡了？啊，是的，我們想要複製 Dolly，但我們只有一個 Animal*，這就是 Prototype 設計模式要發揮作用的地方。

Prototype 設計模式的說明

Prototype 設計模式是四人幫所蒐集的五個創造性設計模式之一。它的重點在於提供建立某些抽象實體複製物的抽象方式。

Prototype 設計模式

目的：「使用原型實例指定要建立的物件種類，並透過複製這個原型以建立新的物件。[10]」

圖 7-5 顯示了取自 GoF 書中的原始 UML 構想。

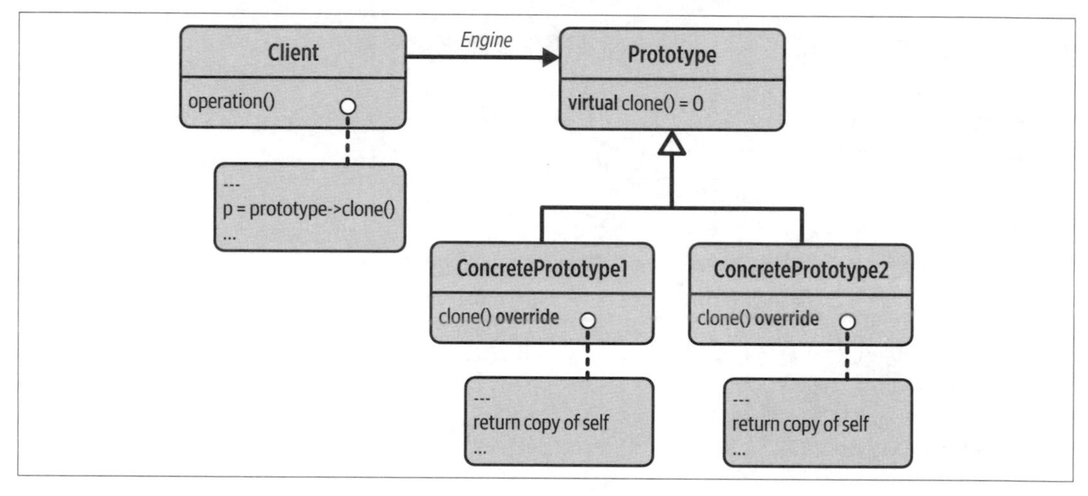

圖 7-5　Prototype 設計模式的 UML 表示法

Prototype 設計模式通常是透過基礎類別中的虛擬 `clone()` 函數實作，考慮更新後的 `Animal` 基礎類別：

```
//---- <Animal.h> ----------------

class Animal
{
 public:
   virtual ~Animal() = default;
   virtual void makeSound() const = 0;
   virtual std::unique_ptr<Animal> clone() const = 0; // Prototype 設計模式
};
```

10 Erich Gamma 等人，《*Design Patterns: Elements of Reusable Object-Oriented Software*》。

透過這個 clone() 函數，任何人都可以要求一個給定（原型）動物的抽象複製物，而不需要知道動物的任何具體類型（Dog、Cat、或 Sheep）。當 Animal 基礎類別被正確地指定給你架構的高層次時，它會遵循 DIP（參考圖 7-6）。

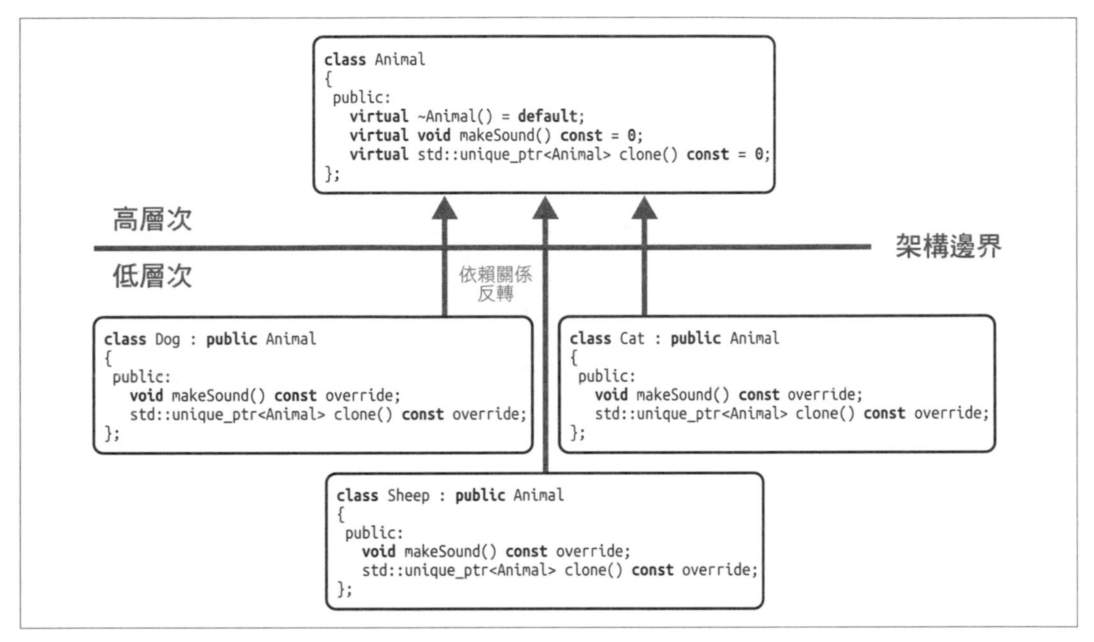

圖 7-6 Prototype 設計模式的依賴關係圖

clone() 函數是以純虛擬函數宣告，這意味著衍生類別需要實作它。然而，衍生類別不能簡單地以任何想要的方式實作這個函數，而是被期望要回傳自己確切的複製物（任何其他的結果都會違反 LSP；參考第 42 頁的「指導原則 6：遵循抽象化預期的行為」）。這個複製物通常是由 new 動態地建立，並用指向基底的指標回傳。當然，這不只是會產生一個指標，而且還需要再次明確地 delete 這個複製物。因為在 Modern C++ 中，手動清理被認為是非常糟糕的做法，所以指標是當成 std::unique_ptr 回傳給 Animal[11]。

11 核心指導原則 R.3（*https://oreil.ly/YeCHE*）明確地指出，不擁有原始的指標（T*）。從這個觀點看，回傳一個指向基底的原始指標甚至是不正確的。然而，這意味著你不能再直接地利用共變數回傳類型的語言特性。如果這是想要的或必需的，一個通常的解決方案是遵循 Template Method 設計模式，將 clone() 函數分成一個回傳原始指標的 private virtual 函數，和一個呼叫 private 函數並回傳 std::unique_ptr 的 public 非 virtual 函數。

Sheep 類別也相應地被更新：

```
//---- <Sheep.h> ----------------

#include <Animal.h>

class Sheep : public Animal
{
 public:
   explicit Sheep( std::string name ) : name_{ std::move(name) } {}

   void makeSound() const override;
   std::unique_ptr<Animal> clone() const override;  // Prototype 設計模式

 private:
   std::string name_;
};


//---- <Sheep.cpp> ----------------

#include <Sheep.h>
#include <iostream>

void Sheep::makeSound() const
{
   std::cout << "baa\n";
}

std::unique_ptr<Animal> Sheep::clone() const
{
   return std::make_unique<Sheep>(*this);  // 複製建構綿羊
}
```

現在 Sheep 類別需要實作 clone() 函數，並回傳 Sheep 一個確切的複製物：在它自己的 clone() 函數裡面，它使用了 std::make_unique() 函數和它自己的複製建構函數，即使 Sheep 類別在未來改變了，這也總是被認為它會執行正確的事情。這種方法有助於避免不必要的重複，因此遵循了 DRY 原則（參考第 10 頁的「指導原則 2：為改變而設計」）。

注意，Sheep 類別既沒有刪除也沒有隱藏它的複製建構函數和複製指定運算子。因此，如果你有一隻綿羊，你仍然可以用特殊的成員函數複製這隻綿羊，這完全可行：clone() 只是多加了一種建立複製物的方法——執行 virtual 複製的方法。

有了 clone() 函數之後，現在我們可以建立一個 Dolly 確切的複製物，而且比 1996 年克隆第一隻 Dolly 時更容易：

```
#include <Sheep.h>
#include <cstdlib>
#include <memory>

int main()
{
   std::unique_ptr<Animal> dolly = std::make_unique<Sheep>( "Dolly" );
   std::unique_ptr<Animal> dollyClone = dolly->clone();

   dolly->makeSound();        // 觸發第一隻 Dolly 野獸般的聲音
   dollyClone->makeSound();   // 克隆的聲音就像 Dolly 的聲音一樣

   return EXIT_SUCCESS;
}
```

Prototype 和 std::variant 之間的比較

Prototype 設計模式確實是一個傳統的、非常以 OO 為中心的設計模式，而且自從它在 1994 年發佈以來，它是提供 virtual 複製的必選解決方案。因為這樣，函數命名為 clone() 幾乎可以被認為是辨別 Prototype 設計模式的關鍵字。

由於特殊的使用情況，沒有「現代」的實作（除了也許稍微更新的，用 std::unique_ptr 取代原始指標）。與其他設計模式相比，也沒有值語義的解決方案：只要我們有一個值，最自然和直覺的解決方案就是建立在兩個複製操作（複製建構函數和複製指定運算子）上。

「你確定沒有值語義的解決方案嗎？考慮以下使用 std::variant 的例子：」

```
#include <cstdlib>
#include <variant>

class Dog {};
class Cat {};
class Sheep {};

int main()
{
   std::variant<Dog,Cat,Sheep> animal1{ /* ... */ };

   auto animal2 = animal1;  // 建立動物的複製物

   return EXIT_SUCCESS;
}
```

「在這種情況下，我們不是在執行一個抽象的複製操作嗎？而且這複製操作不是由複製建構函數執行的嗎？所以這不就是沒有 `clone()` 函數的 Prototype 設計模式的例子嗎？」

不，雖然你的論點聽起頗有說服力，但這不是 Prototype 設計模式的例子。在我們兩個例子之間有一個非常重要的差異：在你的例子中，你有一個類型的封閉集合（典型的 Visitor 設計模式）。`std::variant animal1` 包含了狗、貓、或綿羊，但不包含其他東西。因此，用複製建構函數執行明顯的複製是可能的。在我的例子中，我有一個類型的開放集合。換句話說，我對於我要複製哪種動物毫無一點線索。它可能是狗、貓、或綿羊，但也可能是大象、斑馬、或樹懶，一切都有可能。因此，我不能建立在複製建構函數上，而只能用虛擬的 `clone()` 函數複製。

分析 Prototype 設計模式的缺點

是的，Prototype 設計模式沒有值語義的解決方案，但它是一個來自參照語義領域的寵物。因此，每當需要應用 Prototype 設計模式的時候，我們必須容忍它帶來的一些缺點。

可以說，第一個缺點是由於指標造成的間接性所帶來的負面性能影響。然而，因為只有在我們有繼承階層結構下才需要克隆，所以認為這是 Prototype 本身的缺點有些不公平。相反的，它應該是問題基本設定的結果。因為很難想像沒有指標和相關間接性的另一個實作，它似乎是 Prototype 設計模式的一個固有屬性。

第二個可能的缺點是，這個模式經常用動態記憶體實作，分配的本身，以及可能產生的記憶體片段儲存，會造成更多性能的缺陷。然而，動態記憶體不是一個必要條件，你將在第 308 頁「指導原則 33：意識到 Type Erasure 優化的潛力」中看到，在某些背景下，你也可以建立在類別內的記憶體上。不過，這種優化只適用於少數的特殊情況，而在大多數情況下，這個模式是建立在動態記憶體上。

與執行抽象複製操作的能力相比，這些小缺點是很容易被接受的。然而，如在第 170 頁「指導原則 22：偏好值語義超過參照語義」中所討論的，如果你能用值語義的方法來代替我們的 `Animal` 階層結構，從而避免必須應用基於參照語義的 Prototype 設計模式，那麼 `Animal` 階層結構會更簡單、更容易理解。儘管如此，每當你遇到需要建立一個抽象的複製物時，有對應 `clone()` 函數的 Prototype 設計模式都是正確的選擇。

指導原則 30：應用 Prototype 進行抽象複製操作

- 應用 Prototype 設計模式的目的是建立抽象實體的複製物。
- 傾向於建立在值類型的兩個複製操作上。
- 記住從指標間接性和記憶體分配所造成的性能缺陷。

指導原則 31：
為非干擾性執行期使用 External Polymorphism

在第 10 頁的「指導原則 2：為改變而設計」中，我們看到了分離關注點設計原則帶來的龐大好處；在第 134 頁的「指導原則 19：用 Strategy 來隔離事物如何完成」中，我們利用這種力量從具有 Strategy 設計模式的圖形集合中抽取出繪圖實作細節。然而，儘管這顯著地減少了依賴性，而且儘管實際上我們在第 180 頁「指導原則 23：偏好基於值的 Strategy 和 Command 的實作」中，在 `std::function` 的協助下使解決方案現代化，但還是留下了一些缺點。特別是，形狀類別仍然被迫要處理 `draw()` 操作，儘管出於耦合性的考量，實作的細節是不應該處理的。另外，最重要的是，Strategy 方法對於抽取多個多型操作被證實有點不切實際。為了進一步減少耦合並從我們的形狀中抽取出多型操作，我們現在繼續這個旅程，將分離關注點原則拉到一個全新的、可能不熟悉的層次：我們將多型行為當成一個整體來分離。為達這個目的，我們將應用 External Polymorphism 設計模式。

External Polymorphism 設計模式的說明

讓我們回到第 180 頁「指導原則 23：偏好基於值的 Strategy 和 Command 的實作」中繪製形狀的例子，以及我們最新版本的 `Circle` 類別：

```
//---- <Shape.h> ----------------

class Shape
{
 public:
   virtual ~Shape() = default;

   virtual void draw( /* 一些引數 */ ) const = 0;  ❶
};
```

```
//---- <Circle.h> ---------------

#include <Shape.h>
#include <memory>
#include <functional>
#include <utility>

class Circle : public Shape
{
 public:
   using DrawStrategy = std::function<void(Circle const&, /*...*/)>;  ❷

   explicit Circle( double radius, DrawStrategy drawer )
      : radius_( radius )
      , drawer_( std::move(drawer) )
   {
      /* 檢查所給的半徑是否有效，
         以及所給的「std::function」實例不是空的 */
   }

   void draw( /* 一些引數 */ ) const override  ❸
   {
      drawer_( *this, /* 一些引數 */ );
   }

   double radius() const { return radius_; }

 private:
   double radius_;
   DrawStrategy drawer_;
};
```

透過 Strategy 設計模式，我們已經克服了最初對 draw() 成員函數實作細節的強烈耦合（❶）。我們也找到了一個基於 std::function 的值語義解決方案（❷）。然而，draw() 成員函數仍然是所有從 Shape 基礎類別衍生的類別公開介面的一部分，而且所有的形狀都繼承了實作它的義務（❸）。這顯然是個缺點：可以說，繪圖功能應該是分開的、是形狀獨立的面向，而且一般而言，形狀應該忽略它們可以被繪製的事實[12]，我們已經抽取出實作細節的事實大大強化了這個論點。

「好吧，那我們只抽取 draw() 成員函數，對嗎？」你爭辯著，而且你是對的。不幸的是，這乍看之下似乎是件很難做到的事情。希望你還記得第 96 頁的「指導原則 15：

12 對於不同種類文件的類似例子，請參考第 10 頁的「指導原則 2：為改變而設計」。

為增加類型或操作而設計」，在那裡我們得到了這個結論：當你主要是想增加類型的時候，你應該偏好物件導向的解決方案。從這個觀點，看起來我們好像被虛擬的 `draw()` 函數，和表示所有形狀可用的操作集合，也就是需求列表的 `Shape` 基礎類別困住了。

不過，有一個解決方案，一個相當精彩的方案：我們可以用 External Polymorphism 設計模式抽取出完整的多型行為。這個模式是由 Chris Cleeland、Douglas C. Schmidt 和 Timothy H. Harrison 在 1996 年的一篇論文中提出的[13]，它的目的是啟用非多型類型（沒有單一虛擬函數的類型）的多型處理。

External Polymorphism 設計模式

目的：「允許透過繼承不相關的和 / 或沒有虛擬方法的 C++ 類別被多型地處理，這些不相關的類別可以被使用它們的軟體以一種共同的方式處理。」

圖 7-7 提供這個設計模式如何實現這目標最初的圖像。最初引人注目的細節之一是，不再有 `Shape` 基礎類別。在 External Polymorphism 設計模式中，不同種類的形狀（`Circle`、`Square` 等）被認為是簡單的、非多型的類型。此外，形狀也不需要知道關於繪圖的任何事情。這個設計模式不再要求形狀繼承自 `Shape` 基礎類別，而是以 `ShapeConcept` 和 `ShapeModel` 類別的形式引入了一個單獨的繼承階層結構。這個外部階層結構透過引入對形狀所期望的所有操作和要求，為形狀引入了多型的行為。

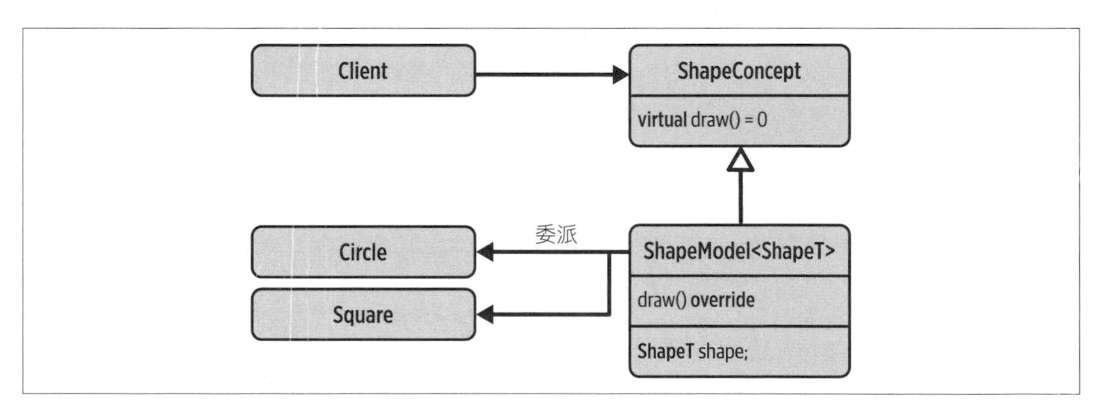

圖 7-7　External Polymorphism 設計模式的 UML 表示法

13 Chris Cleeland、Douglas C. Schmidt、和 Timothy H. Harrison，「External Polymorphism--An Object Structural Pattern for Transparently Extending C++ Concrete Data Types」，第三屆程式設計模式語言研討會論文集，Allerton Park，Illinois，1996 年 9 月 4-6 日。

在我們的簡單例子中，多型行為只包括 draw() 函數。然而，要求的集合當然可以更大（例如，rotate()、serialize() 等）。這組虛擬函數已經被移到抽象的 ShapeConcept 類別，它現在取代了之前的 Shape 基礎類別。主要的差異在於，具體的形狀不需要知道 ShapeConcept，特別是不需要從中繼承，因此，形狀與這組虛擬函數會完全解耦。繼承自 ShapeConcept 的唯一類別是 ShapeModel 類別模板，這個類別被實例化為一種特定的形狀（Circle、Square 等），並作為它的包裝器。然而， ShapeModel 本身沒有實作虛擬函數的邏輯，而是將要求委託給想要的實作。

「哇，這太精彩了！我抓到重點了：這個外部階層結構抽取了整組虛擬函數，並透過它抽取了形狀的整個多型行為。」是的，完全正確。同樣的，這也是分離關注點和 SRP 的一個例子。在這種情況下，完整的多型行為被確認為是一個**變動點**，並從形狀中抽取出來。我再次強調， SRP 充當了 OCP 的推手：用 ShapeModel 類別模板，你可以輕鬆地將任何新的、非多型的形狀類型增加到 ShapeConcept 階層結構中。只要新的類型滿足了所有要求的操作，這就可以運作。

「我真的很欽佩。然而，我不確定你說的滿足所有要求的操作是什麼意思，能請你詳細說明嗎？」當然可以！我想當我向你展示一個具體程式碼的例子時，這個好處就會變得更清楚。因此，讓我們用 External Polymorphism 設計模式重構完整的形狀繪製例子。

重新思考形狀繪製

我們從 Circle 和 Square 類別開始：

```
//---- <Circle.h> ----------------

class Circle
{
 public:
   explicit Circle( double radius )
      : radius_( radius )
   {
      /* 檢查所給的半徑是否有效 */
   }

   double radius() const { return radius_; }
   /* 還有一些讀取器和圓形特定的效用函數 */

 private:
   double radius_;
   /* 還有一些資料成員 */
};
```

```
//---- <Square.h> ---------------

class Square
{
 public:
   explicit Square( double side )
      : side_( side )
   {
      /* 檢查所給的邊長是否有效 */
   }

   double side() const { return side_; }
   /* 還有一些讀取器和正方形特定的效用函數 */

 private:
   double side_;
   /* 還有一些資料成員 */
};
```

這兩個類別都被簡化為基本的幾何實體，兩個都是完全地非多型，也就是說，不再有基礎類別，也沒有單一的虛擬函數。然而，最重要的是，這兩個類別完全忽略了任何種類的操作，像是繪製、旋轉、序列化等，這些操作可能會引入人為的依賴關係。

相反地，所有這些功能都在 `ShapeConcept` 基礎類別中引入，並由 `ShapeModel` 類別模板實作[14]：

```
//---- <Shape.h> ---------------

#include <functional>
#include <stdexcept>
#include <utility>

class ShapeConcept
{
 public:
   virtual ~ShapeConcept() = default;

   virtual void draw() const = 0;  ❹

   // ... 潛在更多的多型操作
};
```

14 Concept 和 Model 這兩個名稱是根據 Type Erasure 設計模式中常見的術語所選擇的。其中，External Polymorphism 的影響深遠；參考第 8 章。

```
template< typename ShapeT >
class ShapeModel : public ShapeConcept  ❺
{
 public:
   using DrawStrategy = std::function<void(ShapeT const&)>;  ❼

   explicit ShapeModel( ShapeT shape, DrawStrategy drawer )
      : shape_{ std::move(shape) }
      , drawer_{ std::move(drawer) }
   {
      /* 檢查所給的「std::function」不是空的 */
   }

   void draw() const override { drawer_(shape_); }  ❾

   // ... 潛在更多的多型操作

 private:
   ShapeT shape_;  ❻
   DrawStrategy drawer_;  ❽
};
```

ShapeConcept 類別引入了一個純虛擬 draw() 成員函數（❹）。在我們的例子中，這個虛擬函數代表了對形狀要求的整個集合。儘管集合的大小很小，但 ShapeConcept 類別在 LSP 的意義上代表了一個傳統的抽象化（參考第 42 頁的「指導原則 6：遵循抽象化預期的行為」），這個抽象化是在 Shape Model 類別模板中實作（❺）。值得注意的是，ShapeModel 的實例是繼承自 ShapeConcept 的唯一類別；沒有其他類別預期會進入這種關係。ShapeModel 類別模板為每個想要的形狀類型實例化，也就是說，ShapeT 模板參數是像 Circle、Square 等類型的替身。注意，ShapeModel 儲存了對應形狀的實例（❻）（是組合，而不是繼承；請記住第 156 頁的「指導原則 20：對組合的偏好超過繼承」）。它充當所需要的多型行為（在我們的例子中是 draw() 函數）來擴增特定形狀類型的包裝器。

因為 ShapeModel 實作了 ShapeConcept 的抽象化，所以它需要為 draw() 函數提供一個實作。然而，實作 draw() 的細節不是 ShapeModel 本身的責任，相反地，它應該將繪圖要求轉發給實際的實作。為達這個目的，我們可以再次使用 Strategy 設計模式和 std::function 的抽象能力（❼）。這種選擇很適合用來將繪圖的實作細節和可以被儲存在可呼叫物中所有必要的繪圖資料（顏色、紋理、透明度等）解耦，因此，ShapeModel 儲存了 DrawStrategy 的一個實例（❽），並在 draw() 函數被觸發的時候使用這個策略（❾）。

然而，Strategy 設計模式和 `std::function` 不是你唯一的選擇。在 `ShapeModel` 類別模板中，你有完全的靈活性如你所願的實作繪製。換句話說，在 `ShapeModel::draw()` 函數中，你可以為特定的形狀類型定義實際的要求。例如，你可以選擇轉發到 `ShapeT` 形狀的成員函數（它不需要命名為 `draw()`！），或者你可以轉發到形狀的自由函數。你只需要確保你不會對 `ShapeModel` 或 `ShapeConcept` 的抽象化強加人為的要求。不管怎樣，用於實例化 `ShapeModel` 的任何類型都必須滿足這些要求，以使程式碼可以編譯。

從設計的觀點看，建立在成員函數上會對給定的類型引入更多的限制性要求，因此會引入更強烈的耦合。然而，建立在自由函數上將使你能夠反轉依賴關係，類似於使用 Strategy 設計模式（參考第 60 頁的「指導原則 9：注意抽象化的所有權」）。如果你偏好自由函數的方法，只要記住第 54 頁的「指導原則 8：理解多載集合的語義要求」。

「`ShapeModel` 不是最初 `Circle` 和 `Square` 類別的某種通則化嗎？就是那些同時擁有 `std::function` 實例的類別？」是的，這是個很好的認知。的確，你可以說 `ShapeModel` 是初始形狀類別的某種模板化版本。由於這個原因，它有助於減少引入 Strategy 行為所需要的模板程式碼，並在 DRY 原則方面改善實作（參考第 10 頁的「指導原則 2：為改變而設計」）。然而，你得到的不只如此：例如，因為 `ShapeModel` 已經是一個類別模板，你可以輕易地從目前的執行期 Strategy 實作切換到編譯期 Strategy 實作（即基於原則的設計；參考第 134 頁的「指導原則 19：用 Strategy 來隔離事物如何完成」）：

```
template< typename ShapeT
        , typename DrawStrategy >  ⓾
class ShapeModel : public ShapeConcept
{
 public:
   explicit ShapeModel( ShapeT shape, DrawStrategy drawer )
      : shape_{ std::move(shape) }
      , drawer_{ std::move(drawer) }
   {}

   void draw() const override { drawer_(shape_); }

 private:
   ShapeT shape_;
   DrawStrategy drawer_;
};
```

你可以用傳遞一個表示繪圖 Strategy 額外的模板參數給 ShapeModel 類別模板，取代在 std::function 上建立（❿）。這個模板參數甚至可以有預設值：

```
struct DefaultDrawer
{
   template< typename T >
   void operator()( T const& obj ) const {
      draw(obj);
   }
};

template< typename ShapeT
        , typename DrawStrategy = DefaultDrawer >
class ShapeModel : public ShapeConcept
{
 public:
   explicit ShapeModel( ShapeT shape, DrawStrategy drawer = DefaultDrawer{} )
   // ... 和之前一樣
};
```

與將基於原則的設計直接應用到 Circle 和 Square 類別相比，在這種背景下編譯期的方法只有好處，沒有壞處。首先，由於較少執行期的間接性（std::function 預期的性能缺點），你增加了性能。其次，你不需要用模板引數來配置繪製行為，而人為地擴增 Circle、Square 和所有其他形狀類別。你現在只對擴增繪製行為的包裝器做了這件事，而且只在一個地方做（這非常符合 DRY 原則）。第三，你沒有透過將一個常規的類別轉變成類別模板而強迫在標頭檔中增加額外的程式碼，只有已經是一個類別模板非常小的 ShapeModel 類別需要放在標頭檔中。因此，你避免了產生額外的依賴性。

「哇，這種設計模式越來越好了。這絕對是繼承和模板極具吸引力的組合！」是的，我完全同意。這是一個結合執行期和編譯期多型性的典範：ShapeConcept 基礎類別為所有可能的類型提供了抽象化，而衍生的 ShapeModel 類別模板則為特定形狀的程式碼提供了程式碼生成。然而，最令人印象深刻的是，這種組合對減少依賴性帶來的極大好處。

看看圖 7-8，它顯示了我們對 External Polymorphism 設計模式實作的依賴關係圖。在我們架構的最高層次是 ShapeConcept 和 ShapeModel 類別，它們一起表示了形狀的抽象化。Circle 和 Square 是這個抽象化可能的實作，但仍然是完全獨立：沒有繼承關係，沒有組合，什麼都沒有。只有 ShapeModel 類別模板對特定種類形狀和特定 DrawStrategy 實作的實例化，將所有面向匯集在一起。然而，特別要注意的是，這些全都發生在我們架構的最底層：模板程式碼是在知道所有的依賴關係並且「注入」到我們架構正確層次的時候生成。因此，我們真的有一個恰當的架構：所有依賴關係都朝向更高層次運行，幾乎自動遵守了 DIP。

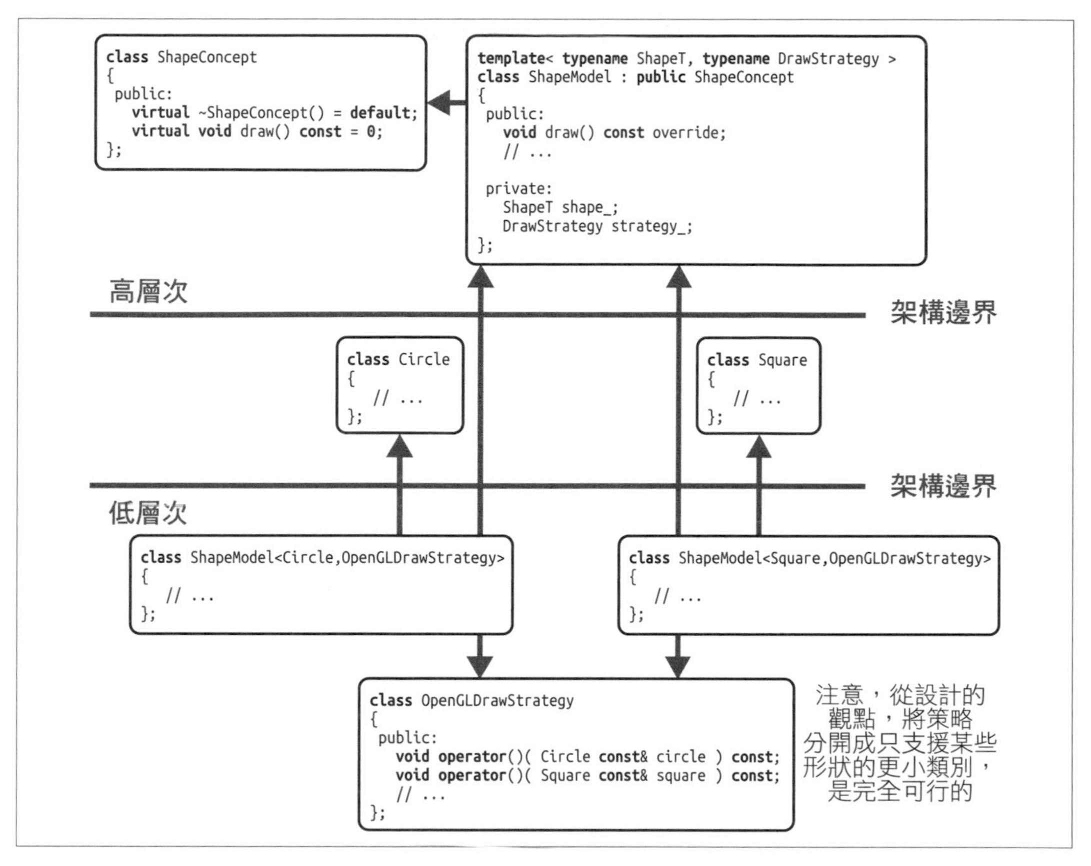

圖 7-8　External Polymorphism 設計模式的依賴關係圖

有了這個功能之後，現在我們可以自由地實作任何想要的繪圖行為。例如，我們可以再次自由地使用 OpenGL：

```
//---- <OpenGLDrawStrategy.h> ----------------

#include <Circle>
#include <Square>
#include /* OpenGL 圖形函數庫標頭檔 */

class OpenGLDrawStrategy
{
 public:
   explicit OpenGLDrawStrategy( /* 繪圖相關引數 */ );
```

```
      void operator()( Circle const& circle ) const;  ⓫
      void operator()( Square const& square ) const;  ⓬

    private:
      /* 繪圖相關的資料成員，例如顏色、紋理、... */
   };
```

因為 OpenGLDrawStrategy 不需要繼承任何基礎類別，所以你可以如你所願的自由地實作它。如果你想要，你可以將畫圓和畫正方形的實作合併到一個類別中。這不會產生任何人為的依賴關係，類似於我們在第 134 頁的「指導原則 19：用 Strategy 來隔離事物如何完成」中將這些功能合併到基礎類別所經歷過的。

注意，在一個類別中結合畫圓和畫正方形，表示與從兩個 Strategy 基礎類別中繼承這個類別相同的事情。在架構的那個層次上，它不會產生任何人為的依賴關係，而只是一個實作細節。

你需要遵循的唯一慣例是為 Circle（⓫）和 Square（⓬）提供一個函數呼叫運算子，因為這是 ShapeModel 類別模板中定義的呼叫慣例。

在 main() 函數中，我們把所有的細節放在一起：

```
#include <Circle.h>
#include <Square.h>
#include <Shape.h>
#include <OpenGLDrawStrategy.h>
#include <memory>
#include <vector>

int main()
{
   using Shapes = std::vector<std::unique_ptr<ShapeConcept>>;  ⓭

   using 並且 Circ 地 eModel = ShapeModel<Circle,OpenGLDrawStrategy>;  ⓮
   using SquareModel = ShapeModel<Square,OpenGLDrawStrategy>;  ⓯

   Shapes shapes{};

   // 建立一些形狀，每一個
   //   配備了一個 OpenGL 繪圖策略
   shapes.emplace_back(
      std::make_unique<CircleModel>(
         Circle{2.3}, OpenGLDrawStrategy(/*... 紅色 ...*/) ) );
   shapes.emplace_back(
      std::make_unique<SquareModel>(
```

```
        Square{1.2}, OpenGLDrawStrategy(/*... 綠色 ...*/) ) );
   shapes.emplace_back(
      std::make_unique<CircleModel>(
         Circle{4.1}, OpenGLDrawStrategy(/*... 藍色 ...*/) ) );

   // 繪製所有形狀
   for( auto const& shape : shapes )
   {
      shape->draw();
   }

   return EXIT_SUCCESS;
}
```

同樣的，我們首先建立一個空的形狀向量（這次是 ShapeConcept 的 std::unique_ptr 向量）（⓭），然後加入三個形狀。在呼叫 std::make_unique() 中，我們為 Circle 和 Square 實例化 ShapeModel 類別（稱為 CircleModel（⓮）和 SquareModel（⓯），以提高可讀性），並傳遞必要的細節（具體的形狀和對應的 OpenGLDrawStrategy）。之後，我們就能以想要的方式繪製所有形狀。

總的來說，這種方法提供你許多令人驚艷的優點：

- 由於分離了關注點並從形狀類型中抽取出多型行為，你消除了圖形函數庫上的所有依賴關係等等。這產生了非常鬆散的耦合，並且完美地遵守了 *SRP* 的要求。
- 形狀類型變得更簡單和非多型。
- 你能夠輕鬆地增加新種類的形狀，因為你不再需要干擾性地繼承 Shape 基礎類別或建置一個 Adapter（參考第 190 頁的「指導原則 24：將 Adapter 用於標準化介面」），這些甚至可能是第三方的類型。因此，你完美地遵守了 OCP 的要求。
- 你明顯地減少了通常與繼承有關的樣板程式碼，並且只在一個地方實作它，這恰好遵循了 DRY 原則。
- 因為 ShapeConcept 和 ShapeModel 類別合成一體，一起形成這個抽象化，所以更容易遵守 DIP。
- 透過利用可用的類別模板來減少間接性的數量，你可以提升性能。

還有一個優點，我認為這是 External Polymorphism 設計模式最令人印象深刻的好處：你可以非干擾性地為任何類型配備多型行為。真的，**任何類型**，甚至像 `int` 這樣簡單的類型。為了證明這一點，我們來看以下的程式碼片段，它假設 `ShapeModel` 配備了一個期望被包裝類型提供一個自由 `draw()` 函數的 `DefaultDrawer`：

```
int draw( int i )  ⓰
{
   // ... 繪出一個 int，例如將它列印到命令行
}

int main()
{
   auto shape = std::make_unique<ShapeModel<int>>( 42 );  ⓱

   shape->draw();  // 繪出整數  ⓲

   return EXIT_SUCCESS;
}
```

我們首先為 `int` 提供了一個自由的 `draw()` 函數（⓰）。在 `main()` 函數中，我們現在為 `int` 實例化 `ShapeModel`（⓱）。這一行將會編譯，因為 `int` 滿足了所有的要求：它提供了一個自由的 `draw()` 函數。因此，在下一行，我們可以「繪製」整數（⓲）。

「你真的想要我做這樣的事嗎？」你皺著眉頭問。不，我不希望你在家裡做這個。請把這當成是一個技術的展示，而不是一個建議。但儘管如此，這還是令人印象深刻：我們剛剛非干擾性地用多型行為配備了 `int`。確實非常令人印象深刻！

External Polymorphism 和 Adapter 之間的比較

「因為你剛才提到了 Adapter 設計模式，我覺得它和 External Polymorphism 設計模式非常類似。這兩種模式之間的差異是什麼？」問得很好！你談到了一個 Cleeland、Schmidt 和 Harrison 原來的論文中也談到的問題。是的，這兩種設計模式確實很類似，但是有一個非常明顯的差異：雖然 Adapter 設計模式注重在標準化介面，並使一個類型或函數適應於現有的介面，而 External Polymorphism 設計模式則建立了一個新的、外部的階層結構，以從一組相關的、非多型的類型中抽象出來。因此，如果你改寫某個東西到一個現有的介面，你（很可能）是應用了 Adapter 設計模式；然而，如果你為了處理一組現有的多型類型而建立一個新的抽象化，那麼你（很可能）是應用 External Polymorphism 設計模式。

分析 External Polymorphism 設計模式的缺點

「我覺得你比較喜歡 External Polymorphism 設計模式，對嗎？」你好奇地問道。是的，確實如此，我對這種設計模式感到驚艷。在我看來，這種設計模式是鬆散耦合的關鍵，可惜的是它並未廣為人知。也許這是因為許多開發者還沒有完全接受關注點的分離，他們傾向於把所有東西都放到幾個類別。不過，儘管我很熱衷於它，但我不想建立關於 External Polymorphism 的一切都很完美的印象。不，如之前多次提到的，每一種設計都有它的優點和缺點，External Polymorphism 設計模式也一樣。

不過，它只有一個主要的缺點：External Polymorphism 設計模式並沒有真正實現對精簡解決方案的期望，也絕對沒有實現基於值語義解決方案的期望。它對於減少指標沒有幫助，沒有減少人工分配的數量，沒有降低繼承階層結構的數量，也無助於簡化使用者程式碼。相反的，因為它應該明確地實例化 `ShapeModel` 類別，使用者程式碼必須被評價為稍微複雜。然而，如果你認為這是嚴重的缺點，或者如果你在想「這應該以某種方式自動化」，那我有一個非常好的消息要告訴你：在第 288 頁的「指導原則 32：考慮用 Type Erasure 代替繼承階層結構」中，我們將看到巧妙地解決這個問題的現代 C++ 解決方案。

除此以外，我只有你應該把它當作忠告的兩點提醒。要記住的第一點是，External Polymorphism 的應用並不能使你免於思考適當的抽象化。`ShapeConcept` 基礎類別受到的 ISP 約束，和任何其他基礎類別一樣多。例如，我們可以很容易地將 External Polymorphism 應用到第 22 頁「指導原則 3：分離介面以避免人為的耦合」的 `Document` 例子中：

```
class DocumentConcept
{
 public:
   // ...
   virtual ~Document() = default;

   virtual void exportToJSON( /*...*/ ) const = 0;
   virtual void serialize( ByteStream& bs, /*...*/ ) const = 0;
   // ...
};

template< typename DocumentT >
class DocumentModel
{
 public:
   // ...
   void exportToJSON( /*...*/ ) const override;
```

```
    void serialize( ByteStream& bs, /*...*/ ) const override;
    // ...

 private:
    DocumentT document_;
};
```

DocumentConcept 類別扮演了 ShapeConcept 基礎類別的角色，而 DocumentModel 類別模板則扮演了 ShapeModel 類別模板的角色。然而，這種外部化的階層結構展示出與原來階層結構相同的問題：對於所有只需要 exportToJSON() 功能的程式碼，它在 ByteStream 上引入了人為的依賴性：

```
void exportDocument( DocumentConcept const& doc )
{
   // ...
   doc.exportToJSON( /* 傳遞必要的引數 */ );
   // ...
}
```

正確的方法是透過將介面分開成 JSON 匯出和序列化這兩個正交的面向來分離關注點：

```
class JSONExportable
{
 public:
   // ...
   virtual ~JSONExportable() = default;

   virtual void exportToJSON( /*...*/ ) const = 0;
   // ...
};

class Serializable
{
 public:
   // ...
   virtual ~Serializable() = default;

   virtual void serialize( ByteStream& bs, /*...*/ ) const = 0;
   // ...
};

template< typename DocumentT >
class DocumentModel
   : public JSONExportable
   , public Serializable
{
 public:
```

```
    // ...
    void exportToJSON( /*...*/ ) const override;
    void serialize( ByteStream& bs, /*...*/ ) const override;
    // ...

 private:
    DocumentT document_;
};
```

任何只對 JSON 匯出感興趣的函數現在都可以明確地要求這個功能：

```
void exportDocument( JSONExportable const& exportable )
{
    // ...
    exportable.exportToJSON( /* 傳遞必要的引數 */ );
    // ...
}
```

其次，注意 External Polymorphism，就像 Adapter 設計模式一樣，使包裝不符合語義期望的類型變得非常容易。類似於第 190 頁「指導原則 24：將 Adapter 用於標準化介面」中鴨子類型的例子，我們假裝火雞是鴨子，我們也假裝 `int` 是形狀。為了滿足要求，我們所要做的只是提供一個自由的 `draw()` 函數。很容易，也許太容易了。因此，記住，用於實例化 `ShapeModel` 類別模板的類別（例如 `Circle`、`Square` 等）**必須**遵守 LSP。畢竟，`ShapeModel` 類別只是充當包裝器，將由 `ShapeConcept` 類別定義的要求傳遞給具體的形狀。因此，具體的形狀有責任正確地實作預期的行為（參考第 42 頁的「指導原則 6：遵循抽象化預期的行為」）。任何不能完全實現這個期望的都可能導致（可能不易察覺的）錯誤行為。不幸的是，因為這些要求已經被外部化了，要傳達期望的行為就有點困難。

然而，在 `int` 的例子中，老實說，這也許是我們自己的過錯，也許 `ShapeConcept` 基礎類別不能真正地代表形狀的抽象化，但認為形狀不僅僅是繪製是合理的。也許我們應該將這個抽象化命名為 `Drawable`，這樣可能就會滿足 LSP；也許不會。所以到最後，這一切都歸結為抽象化的選擇。這帶我們回到第 2 章的標題：「建構抽象化的藝術」。不，這並不容易，但也許這些例子證明了它很重要，非常重要。這可能是軟體設計的本質。

總之，雖然 External Polymorphism 設計模式可能無法滿足你在簡單或基於值解決方案的期望，但它必須被認為是邁向軟體實體解耦的一個非常重要的步驟。從減少依賴性的觀點看，這個設計模式似乎是鬆散耦合的關鍵成分，而且是關注點分離力量的了不起典範。它也提供我們一個關鍵的見解：使用這種設計模式，你可以用多型行為非干擾性地配備任何類型（例如，虛擬函數），所以**任何**類型都可以有多型行為，甚至像 `int` 這樣簡單的數值類型。這個實現開創了一個全新的、令人興奮的設計空間，我們將在下一章繼續探索。

指導原則 31：為非干擾性執行期使用 External Polymorphism

- 應用 External Polymorphism 設計模式的目的是啟用非多型類型的多型處理。
- 考慮 External Polymorphism 設計模式是實現鬆散耦合的關鍵角色。
- 利用外部化繼承階層結構的設計靈活性。
- 理解 External Polymorphism 和 Adapter 之間的差異。
- 偏好選擇非干擾性的解決方案，而非干擾性的解決方案。

第八章

Type Erasure 設計模式

分離關注點和值語義是本書中到目前為止我已提過多次的兩個基本重點。在本章，這兩者被巧妙地結合成最有意思的現代 C++ 設計模式之一：Type Erasure。由於這種模式可以被認為是最熱門要做的事情之一，本章我將提供你一個非常詳盡、深入且涵蓋了 Type Erasure 所有面向的介紹。當然，這包括所有設計特定的方向和很多關於實作細節的具體內容。

在第 288 頁的「指導原則 32：考慮用 Type Erasure 代替繼承階層結構」中，我將介紹 Type Erasure，並提供你為什麼這種設計模式是減少依賴性和值語義絕佳結合的概念。我也會給你一個基本的、擁有 Type Erasure 實作的演練。

在第 308 頁的「指導原則 33：意識到 Type Erasure 優化的潛力」是一個例外：儘管在本書中我主要關注的是依賴性和設計面向，但在這一個指導原則中我將完全專注在性能相關的實作細節。我將展示如何應用**小緩衝區優化**（*SBO*），以及如何實現手動的虛擬調度以加快 Type Erasure 實作。

在第 322 頁的「指導原則 34：注意擁有 Type Erasure 包裝器的設置成本」中，我們將探討擁有 Type Erasure 實作的設置成本。我們會發現，與值語義相關的成本有時候我們可能不太願意支付。因此，我們才敢跨入參照語義的領域，實作一種非擁有 Type Erasure 的形式。

指導原則 32：
考慮用 Type Erasure 代替繼承階層結構

在本書中，有一些反覆出現的建議：

- 使依賴性最少化。
- 分離關注點。
- 偏好使用組合而非繼承。
- 偏好選擇非干擾性的解決方案。
- 偏好選擇值語義而非參照語義。

單獨應用這些準則對你的程式碼品質有非常正面的影響，但結合使用這些指導方針，將證明效果更加出色，這正是你在第 271 頁「指導原則 31：為非干擾性執行期使用 External Polymorphism」中對 External Polymorphism 設計模式的討論中所體驗到的。抽取出多型行為被證明非常強大，而且開啟了前所未有的鬆散耦合程度。不過，可能會令人失望的是，External Polymorphism 實作的展示並沒有給你一種「以非常現代化的方式解決事情」的感覺。這個實作並沒有遵循偏好值語義的建議，而是斷然地建立在參照語義上：許多指標、許多手動分配以及手動的生命期管理[1]。因此，你所等待缺少的細節是一個基於值語義 External Polymorphism 設計模式的實作。而我將不再讓你等待：這個產出的解決方案通常被稱為 *Type Erasure*[2]。

Type Erasure 的歷史

在我提供你詳細的介紹之前，我們先快速了解一下 Type Erasure 的歷史。「拜託，」你爭辯著。「這真的有必要嗎？我迫不及待想了解這東西到底是如何運作了。」好吧，我保證會長話短說。但是，是的，有二個原因讓我覺得這是本次有必要討論細節。第一，要證明我們這個社群，除了最有經驗的 C++ 專家圈子之外，可能長期以來都忽視了這個技術。第二，必須給予這項技術的發明者他應得的讚譽。

1 是的，我認為手動使用 std::unique_ptr 是一種手動生命期管理。但當然，如果我們沒有使用 RAII 的力量，情況可能會更糟。

2 Type Erasure 這個術語被嚴重地多載，因為它被用在不同的程式設計語言和許多不同的事情上。即使在 C++ 社群中，你也會聽到這個術語被用於各種目的：你可能聽過它被用來表示 void*、指向基底的指標和 std::variant。在軟體設計的背景下，我認為這是非常不幸的問題，我將在這個指導原則的最後討論這個問題。

Type Erasure 設計模式經常被歸為這種技術最早且最著名的呈現之一。在 2013 年的 GoingNative 研討會上，Sean Parent 發表了名為「繼承是邪惡的基礎類別[3]」的演講，扼要回顧了他開發 Photoshop 的經驗，並且談到了基於繼承實作的危險和缺點。然而，他也提出了一個對繼承問題的解決方案，這個方案後來被稱為 Type Erasure。

儘管 Sean 的演講是最早的記錄之一，而且可能是關於 Type Erasure 最著名的資源，但這種技術早在那之前就已經被使用了。如，Type Erasure 使用於 *Boost* 函數庫（*https://www.boost.org*）中的一些地方，例如 Douglas Gregor 在 `boost::function`（*https://oreil.ly/XslzJ*）中用過。不過，據我所知，這個技術首先是由 Kevlin Henney 在 2000 年 7-8 月版《*C++Report*》中的一篇論文中討論[4]。在這篇論文中，Kevlin 用一個後來演變成我們今天所知 C++17 的 `std::any` 程式碼例子展示 Type Erasure。最重要的是，他是第一個巧妙地結合一些設計模式，在圍繞著不相關、非多型類型的集合形成了一個基於值語義的實作。

從那時起，許多常見的類型都獲得了為各種應用提供值類型的技術，其中一些類型甚至已經找到進入標準函數庫的方法。例如，我們已經看過 `std::function`，它表示了可呼叫物基於值的抽象化[5]。我已經提過 `std::any`，它表示了幾乎任何東西（因此得名）的一個抽象類似容器的值，但沒有暴露出任何功能：

```
#include <any>
#include <cstdlib>
#include <string>
using namespace std::string_literals;

int main()
{
   std::any a;           // 建立一個空的「any」
   a = 1;                // 在「any」中儲存一個「int」;
   a = "some string"s;   // 用「std::string」取代「int」

   // 除了取回值之外，我們對「any」沒有什麼可以做的
   std::string s = std::any_cast<std::string>( a );

   return EXIT_SUCCESS;
}
```

3 Sean Parent, "Inheritance Is the Base Class of Evil," GoingNative 2013, YouTube (*https://oreil.ly/COYs2*).

4 Kevlin Henney, "Valued Conversions," *C++ Report*, July-August 2000, CiteSeer (*https://oreil.ly/BPCjV*).

5 對於 `std::function` 的介紹，請參考第 180 頁的「指導原則 23：偏好基於值的 Strategy 和 Command 的實作」。

然後使用 Type Erasure 來儲存指定刪除器的 std::shared_ptr：

```
#include <cstdlib>
#include <memory>

int main()
{
   {
      // 建立一個具有自訂刪除器的「std::shared_ptr」
      //   注意刪除器不是類型的一部分！
      std::shared_ptr<int> s{ new int{42}, [](int* ptr){ delete ptr; } };
   }
   // 「std::shared_ptr」在作用範圍的末端被銷毀，
   //   透過自訂的刪除器刪除「int」。

   return EXIT_SUCCESS;
}
```

「像 std::unique_ptr 那樣，為刪除器提供第二個模板參數似乎更簡單，為什麼 std::shared_ptr 不以相同的方式實作？」你問道。嗯，std::shared_ptr 和 std::unique_ptr 的設計之所以不同，是基於很好的理由。std::unique_ptr 的理念是只表示一個最簡單可能的原始指標包裝器：它應該和原始指標一樣快，而且它應該有和原始指標一樣的大小。為了這個原因，不想將刪除器與被管理的指標一起儲存。因此，std::unique_ptr 的設計使得對於無狀態的刪除器，可以避免任何大小的開銷。然而，不幸的是，這第二個模板參數很容易被忽視，並且造成人為的限制：

```
// 這個函數只接受使用預設刪除器的 unique_ptrs，
//   因此被人為地限制了
template< typename T >
void func1( std::unique_ptr<T> ptr );

// 這個函數並不在乎資源清理的方式，
//   因此是真正通用的
template< typename T, typename D >
void func2( std::unique_ptr<T,D> ptr );
```

這種耦合在 std::shared_ptr 的設計中被避免了。因為 std::shared_ptr 必須在它所謂的控制區塊中儲存更多的資料項目（這包括參照計數、弱計數等），它有機會使用 Type Erasure 來確實地抹除刪除器的類型，移除任何一種可能的依賴性。

Type Erasure 設計模式的說明

「哇，這聽起來確實非常吸引人，甚至讓我更有興趣了解 Type Erasure。」好，我們開始吧。但請不要期待任何魔術或革命性的新概念。Type Erasure 只是一種複合的設計模式，這意味著它是其他三種設計模式非常聰明而巧妙的組合。這三種選擇的設計模式是 External Polymorphism（實現 Type Erasure 解耦效果的非干擾性的關鍵因素；參考第 271 頁的「指導原則 31：為非干擾性執行期使用 External Polymorphism」）、Bridge（建立基於值語義實作的關鍵；參考第 242 頁的「指導原則 28：建構 Bridge 以移除實體依賴性」）、以及（可選的）Prototype（需要處理結果值的複製語義；參考第 263 頁的「指導原則 30：應用 Prototype 進行抽象複製操作」）。這三種設計模式形成了 Type Erasure 的核心，但當然，記住主要是為了適應特定的背景，所以存在不同的解釋和實作。結合這三種設計模式的重點是建立一個表示鬆散耦合、非干擾性抽象化的包裝器類型。

Type Erasure 的複合設計模式

目的：「為具有相同語義行為不相關、潛在非多型性類型的可擴展集合，提供基於值的、非干擾性的抽象化。」

這種表達方式的目的是盡可能地簡潔，而且確保足夠明確。然而，這個目的的每一個細節都有意義。因此，詳細的說明可能會更有幫助：

基於值的

Type Erasure 的目的是建立可複製的、可移動的，而且最重要的是容易推理的值類型。然而，這樣的值類型與常規（*https://oreil.ly/aLbCD*）值類型的品質不同；有一些限制。特別是，Type Erasure 對一元運算的效果最好，但對二元運算就有它的侷限性。

非干擾性

Type Erasure 的目的是在 External Polymorphism 設計模式設置的範例基礎上建立一個外部的、非干擾性的抽象化。自動支援所有提供抽象化所期望行為的類型，不需要對它們進行任何修改。

可擴展的、不相關的類型集合

Type Erasure 堅固地以物件導向原則為基礎，也就是說，它讓你能夠輕鬆地增加類型。不過，這些類型不應該以任何方式連接。它們不需要經由一些基礎類別分享共同的行為，相反地，應該可以在沒有任何干擾措施下，增加任何適合的類型。

潛在非多型性

如 External Polymorphism 設計模式所展示的，類型不需要透過繼承加入集合。它們也不需要自己提供虛擬功能，但應該從它們多型的行為中解耦。然而，不排除有基礎類別或虛擬函數的類型。

相同語義行為

目標是不為所有可能的類型提供一個抽象化，而是為提供相同操作（包括相同的語法）的類型集合提供語義抽象化，並且根據 LSP 而遵守一些預期的行為（參考第 42 頁的「指導原則 6：遵循抽象化預期的行為」）。如果可能的話，為任何不提供預期功能的類型，應該建立一個編譯期的錯誤。

有了這個目的的簡潔構想後，我們來看一下 Type Erasure 的依賴關係圖（參考圖 8-1）。這圖看起來應該非常熟悉，因為這個模式的結構是由 External Polymorphism 設計模式的固有結構主導的（參考圖 7-8）。最重要的差異和增補在於架構中最高層次的 `Shape` 類別。這個類別作為由 External Polymorphism 引入的外部階層結構的包裝器，主要是因為不會再直接使用這個外部階層結構，同時也反映出 `ShapeModel` 正在儲存或「擁有」具體類型的事實，這個類別模板的名稱已經被改寫成 `OwningShapeModel`。

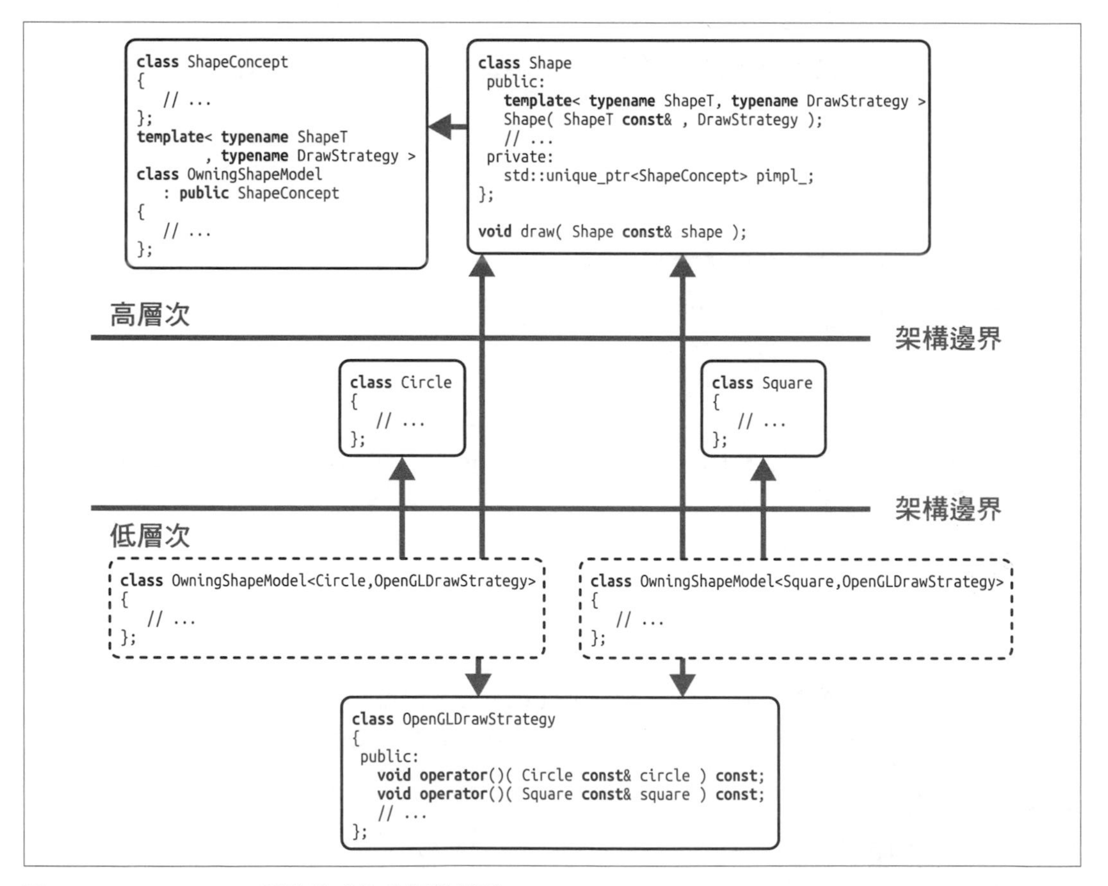

圖 8-1　Type Erasure 設計模式的依賴關係圖

擁有的 Type Erasure 實作

現在，考量 Type Erasure 的結構，我們來看看它的實作細節。不過，儘管你之前已經看過所有元素的作用，但這個實作細節並不是特別適合初學者，也不適合膽小的人。但這個實作細節不是特別適合初學者，也不適合膽小的人，因此我會盡量保持在合理的範圍內，不過多涉及實現細節。此外，這意味著我不會嘗試擠出每一點性能。例如，我不會使用**轉發參照**或避免動態記憶體分配。而且，我會優先考慮可讀性和程式碼的清晰性。雖然這可能會讓你感到失望，但我相信這麼做可以省去很多麻煩。不過，如果你想深入了解實作細節和優化選項，我建議你參考第 308 頁的「指導原則 33：意識到 Type Erasure 優化的潛力」。

我們再次從 `Circle` 和 `Square` 類別開始：

```
//---- <Circle.h> ----------------

class Circle
{
 public:
   explicit Circle( double radius )
      : radius_( radius )
   {}

   double radius() const { return radius_; }
   /* 更多的讀取器和圓形特定的效用函數 */

 private:
   double radius_;
   /* 更多的資料成員 */
};


//---- <Square.h> ----------------

class Square
{
 public:
   explicit Square( double side )
      : side_( side )
   {}

   double side() const { return side_; }
   /* 更多的讀取器和正方形特定的效用函數 */
```

```
 private:
   double side_;
   /* 更多的資料成員 */
};
```

自從我們上次在 External Polymorphism 的討論中遇到這兩個類別以來，它們都沒有改變過。但值得再次強調的是，這兩個類別是完全不相關，彼此互不了解，而且——最重要的——是非多型的，意即它們不是繼承自任何基礎類別或自己引入虛擬函數。

我們之前也見過 ShapeConcept 和 OwningShapeModel 類別，後者以 ShapeModel 的名稱出現：

```
//---- <Shape.h> ----------------

#include <memory>
#include <utility>

namespace detail {

class ShapeConcept  ❶
{
 public:
   virtual ~ShapeConcept() = default;
   virtual void draw() const = 0;  ❷
   virtual std::unique_ptr<ShapeConcept> clone() const = 0;  ❸
};

template< typename ShapeT
        , typename DrawStrategy >
class OwningShapeModel : public ShapeConcept  ❹
{
 public:
   explicit OwningShapeModel( ShapeT shape, DrawStrategy drawer )  ❺
      : shape_{ std::move(shape) }
      , drawer_{ std::move(drawer) }
   {}

   void draw() const override { drawer_(shape_); }  ❽

   std::unique_ptr<ShapeConcept> clone() const override
   {
      return std::make_unique<OwningShapeModel>( *this );  ❾
   }

 private:
   ShapeT shape_;  ❻
```

```
    DrawStrategy drawer_;  ❼
};

} // detail 命名空間
```

除了名稱更改之外，還有一些其他重要的差異。例如，這兩個類別都移到了 detail 命名空間。命名空間的名稱表明此兩個類別現在已經變成實作細節，也就是說，它們不打算再直接使用[6]。ShapeConcept 類別（❶）仍然引入了純虛擬函數 draw() 來表示繪製形狀的要求（❷）。另外，ShapeConcept 現在也引入了一個純虛擬的 clone() 函數（❸）。「我知道這是什麼，這是 Prototype 設計模式！」你驚呼。是的，沒錯。clone() 這個名稱與 Prototype 密切相關，而且是這種設計模式的有力指標（但不是保證）。然而，儘管使用 clone() 函數名稱是十分合理且典型的選擇，但請容我明確地指出，clone() 以及 draw() 函數名稱是我們自己的選擇：這些名稱現在是實作細節，與我們從 ShapeT 類型要求的名稱沒有任何關係。我們也可以將它們命名為 do_draw() 和 do_clone()，這對 ShapeT 類型毫無影響。對 ShapeT 類型的真正要求是由 draw() 和 clone() 函數的實作所定義。

由於 ShapeConcept 再次是外部階層結構的基礎類別，所以 draw() 函數、clone() 函數、以及解構函數表示了對所有種類形狀要求的集合，這意味著所有形狀都必須提供一些繪製的行為——它們必須是可複製和可解構的。注意，這三個函數只是這個例子選擇的需求。特別是，可複製性並不是 Type Erasure 所有實作的一般需求。

OwningShapeModel 類別（❹）再次表示了 ShapeConcept 類別的唯一實作。和之前一樣，OwningShapeModel 在它的建構函數（❺）中接受一個具體的形狀類型和一個繪圖 Strategy，並使用這些來初始化它的兩個資料成員（❻和❼）。因為 OwningShapeModel 繼承自 ShapeConcept，所以它必須實作這兩個純虛擬函數。draw() 函數是透過應用給定的繪圖 Strategy 實作（❽），而 clone() 函數的實作是為了回傳對應的 OwningShapeModel 精確複本（❾）。

如果你現在正在想：「噢不，std::make_unique()。這意味著動態記憶體，那我不能用在我的程式碼中！」——不要擔心，std::make_unique() 只是一個實作細節，是為了保持例子簡單而選擇的。在第 308 頁「指導原則 33：意識到 Type Erasure 優化的潛力」中，你將看到如何用 SBO 來避免動態記憶體。

6 將 ShapeConcept 和 OwningShapeModel 放在一個命名空間中，純粹是這個例子實作的一個細節。不過，就如你將在第 322 頁「指導原則 34：注意擁有 Type Erasure 包裝器的設置成本」中看到的，這個選擇將非常方便。另外，這兩個類別也可以實作為巢狀類別。你會在第 308 頁「指導原則 33：意識到 Type Erasure 優化的潛力」中看到這樣的例子。

「到目前為止，我的印象不太深刻。我們幾乎沒有超過 External Polymorphism 設計模式的實作。」我完全理解這種批評。然而，我們與將 External Polymorphism 轉換成 Type Erasure 只有一步之遙，與從參照語義轉換到值語義也只有一步之遙。我們所需要的是一個值類型，一個圍繞由 ShapeConcept 和 OwningShapeModel 引入的外部階層結構的包裝器，它可以處理所有我們不想手動執行的細節：OwningShapeModel 類別模板的實例化、管理指標、執行分配、以及處理生命期問題。這個包裝器是以 Shape 類別的形式提供：

```
//---- <Shape.h> ----------------

// ...

class Shape
{
 public:
   template< typename ShapeT
           , typename DrawStrategy >
   Shape( ShapeT shape, DrawStrategy drawer )  ⑩
   {
      using Model = detail::OwningShapeModel<ShapeT,DrawStrategy>;  ⑪
      pimpl_ = std::make_unique<Model>( std::move(shape)  ⑫
                                      , std::move(drawer) );
   }

   // ...

 private:
   // ...

   std::unique_ptr<detail::ShapeConcept> pimpl_;  ⑬
};
```

關於 Shape 類別的第一個（也許也是最重要的）細節是，模板化的建構函數（⑩）。這個建構函數的第一個引數接受任何種類的形狀（稱為 ShapeT），對於第二個引數則接受所需的 DrawStrategy。為了簡化對應的 detail::OwningShapeModel 類別模板的實例化，使用一個便利的類型別名被證明很有幫助的（⑪）。這個別名用於由 std::make_unique() 實例化所需要的模型（⑫），形狀和繪圖 Strategy 都被傳遞給新的模型。

新建立的模型被用來初始化 Shape 類別的一個資料成員：pimpl_（⑬）。「我也認得這個，這是個 Bridge！」你高興地宣稱。是的，又對了，這是 Bridge 設計模式的一個應用。在建構中，我們基於實際給定的類型 ShapeT 和 DrawStrategy 建立了一個具體的 OwningShapeModel，但我們把它存成對 ShapeConcept 的指標。透過這樣做，你建立了一個對實作細節的 Bridge，一個對真實形狀類型的 Bridge。然而，在 pimpl_ 的初始化之後，在建構函數完成之後，Shape 不會記得實際的類型。Shape 沒有可以揭露它所儲存具體類型的模板參數或任何成員函數，也沒有任何記住給定類型的資料成員，它所有的只是一個指向 ShapeConcept 基礎類別的指標。因此，它關於真實形狀類型的記憶已經被抹除，這就是設計模式的名稱：Type Erasure。

我們的 Shape 類別中唯一缺少的是真正值類型所需要的功能：複製和移動操作。幸運的是，由於 std::unique_ptr 的應用，我們的工作相當有限。因為編譯器生成的解構函數和兩個移動操作都能作用，所以我們只需要處理兩個複製操作：

```
//---- <Shape.h> ----------------

// ...

class Shape
{
 public:
   // ...

   Shape( Shape const& other )  ⓮
      : pimpl_( other.pimpl_->clone() )
   {}

   Shape& operator=( Shape const& other )  ⓯
   {
      // 複製和交換慣用法
      Shape copy( other );
      pimpl_.swap( copy.pimpl_ );
      return *this;
   }

   ~Shape() = default;
   Shape( Shape&& ) = default;
   Shape& operator=( Shape&& ) = default;

 private:
   friend void draw( Shape const& shape )  ⓰
   {
      shape.pimpl_->draw();
   }

   // ...
};
```

複製建構函數（⓮）可能是非常難以實作的函數，因為我們不知道儲存在 other Shape 中形狀的具體類型。然而，透過在 ShapeConcept 基礎類別中提供 clone() 函數，我們可以在不需要知道關於具體類型任何事的情況下，要求一個確切的複製。實作複製指定運算子（⓯）最簡短、最省事、最方便的方法是建立在複製和交換慣用法上（*https://oreil.ly/Pm1uW*）。

另外，Shape 類別還提供了稱為 draw() 的所謂隱藏的 friend（*https://oreil.ly/ylXGZ*）（⓰）。這個 friend 函數被稱為隱藏的朋友關係，因為雖然它是個自由函數，但它是在 Shape 類別的主體中定義。作為一個 friend，它被授予對 private 資料成員完全的存取權，並將被注入到周圍的命名空間。

「你不是說 friend 不好嗎？」你問。我承認，我在第 26 頁「指導原則 4：為可測試性而設計」中確實這麼說過。不過，我也明確地指出，隱藏的 friend 是可接受的。在這種情況下，draw() 函數是 Shape 類別不可缺少的部分，而且絕對是一個真正的 friend（幾乎是家庭的一部分）。「但是之後它應該是成員函數，對嗎？」你爭辯著。的確，這將是一個有效的替代方案。如果你更喜歡這個，大膽地試試吧。在這種情況下，我更偏好使用自由函數，因為我們的目標之一是透過抽取出 draw() 操作而減少依賴性。這個目標也應該反映在 Shape 的實作中。但由於該函數需要存取 pimpl_ 資料成員，為了不增加 draw() 函數的多載集合，我以隱藏的 friend 實作它。

就是這樣，這就是全部的內容了。一起來看看新功能是如何出色地運作：

```
//---- <Main.cpp> ----------------

#include <Circle.h>
#include <Square.h>
#include <Shape.h>
#include <cstdlib>

int main()
{
   // 建立一個圓形，作為具體形狀類型的一個代表
   Circle circle{ 3.14 };

   // 以 lambda 的形式建立一個繪圖策略
   auto drawer = []( Circle const& c ){ /*...*/ };

   // 在「Shape」抽象化中結合形狀和繪圖策略
   // 這個建構函數呼叫將實例化一個用於
   // 給定「Circle」和 lambda 類型的「detail::OwningShapeModel」
   Shape shape1( circle, drawer );
```

```
    // 繪製形狀
    draw( shape1 );  ⓱

    // 藉由複製建構函數建立一個形狀的複製物
    Shape shape2( shape1 );

    // 繪製複製物將產生相同的輸出
    draw( shape2 );  ⓲

    return EXIT_SUCCESS;
}
```

我們首先建立 shape1，作為 Circle 的抽象化和一個相關的繪圖 Strategy。這感覺很簡單，對吧？不需要手動分配，也不需要處理指標。用 draw() 函數，我們就能繪製這個 Shape（⓱）。緊接著，我們建立這個形狀的複製物。一個真正的複製——「深層複製」，而不只是複製指標。用 draw() 函數繪製這個複製物將產生相同的輸出（⓲）。再次強調，這樣的感覺好極了：你可以依靠值類型的複製操作（在這個情況下，是複製建構函數），而不必手動 clone()。

相當驚人，對吧？而且絕對比手動地使用 External Polymorphism 好得多。我承認，在所有這些實作細節之後，要馬上看到它可能有點困難，但如果你穿過實作細節的叢林，我希望你能意識到這種方法的美妙之處：你不再需要處理指標，不必手動分配，也不再需要處理繼承階層結構。所有這些細節都確實存在，而且所有的物證都被很好地封裝在 Shape 類別中。不過，你並沒有損失任何解耦的好處：你仍然能夠輕鬆地增加新的類型，而且具體的形狀類型對繪製行為仍然一無所知，它們只是經由 Shape 建構函數與想要的功能相連接。

「我在想，」你開始問，「我們不能讓這變得更簡單嗎？我設想了一個 main() 函數，看起來像以下這樣」：

```
//---- <YourMain.cpp> ----------------

int main()
{
    // 建立一個圓形，作為具體形狀類型的一個代表
    Circle circle{ 3.14 };

    // 將圓形綁定到某些繪圖功能
    auto drawingCircle = [=]() { myCircleDrawer(circle); };

    // 類型抹除配備了繪圖行為的圓形
    Shape shape( drawingCircle );
```

```
    // 繪製形狀
    draw( shape );

    // ...

    return EXIT_SUCCESS;
}
```

這是個很棒的想法。記住，你負責 Type Erasure 包裝器的所有實作細節，以及如何將類型和它們的操作實作結合起來。如果你更喜歡這種形式，那就大膽的試試吧！然而，請不要忘記，在我們 Shape 的例子中，為了簡單和程式碼簡潔的原因，我故意只使用了一個有外部依賴性的功能（繪圖）。可能會有更多引入依賴關係的函數，像是形狀的序列化。在這種情況下，因為你需要多個命名的函數（例如 draw() 和 serialize()），因此 lambda 的方法就無法作用。因此，最終它會視情況而定，它取決於你的 Type Erasure 包裝器代表什麼樣的抽象化。但無論你喜歡什麼樣的實作，只要確保你不會在不同的功能片段和 / 或程式碼重複之間引入人為的依賴關係。換句話說，記住第 10 頁的「指導原則 2：為改變而設計」！這就是我贊同基於 Strategy 設計模式解決方案的原因。然而，你不應該認為它是真正的和唯一的解決方案；相反的，你應該努力充分利用 Type Erasure 鬆散耦合的潛力。

分析 Type Erasure 設計模式的缺點

儘管 Type Erasure 很出色，而且你獲得了大量的好處，特別是從設計觀點看，但是我不會假裝這種設計模式沒有缺點。不，對你隱瞞潛在的缺點是不公平的。

對你而言，第一個也可能是最明顯的缺點，可能是這個模式實作的複雜性。如之前所說的，我已經明確地將實作細節保持在合理的範圍內，希望這能幫助你了解這個概念。我希望也提供你它其實沒**那麼**困難的印象：Type Erasure 的基本實作可以在大約 30 行的程式碼中實現。不過，你可能會覺得這太複雜了。而且，一旦你開始超過基本的實作並且考慮到性能、異常安全等問題，實作的細節確實很快就會變得相當棘手。在這些情況下，你最安全和最方便的選擇是用第三方函數庫代替你處理所有這些細節。可能的函數庫包括 Louis Dionne 的 *dyno* 函數庫（*https://oreil.ly/PvVFI*）、Eduardo Madrid 的 *zoo* 函數庫（*https://oreil.ly/rB8uj*）、Gašper Ažman 的 *erasure* 函數庫（*https://oreil.ly/zKwXF*）、以及 Steven Watanabe 的 *Boost Type Erasure* 函數庫（*https://oreil.ly/IGNoq*）。

在解釋 Type Erasure 目的的說明中，我提到了第二個缺點，這個缺點更重要且具有侷限性：雖然我們現在處理的是可以複製和移動的值，但對二元運算使用 Type Erasure 並不簡單。例如，在這些值上進行相等的比較，可能就不像你對常規數值所預期的那麼容易：

```
int main()
{
   // ...

   if( shape1 == shape2 ) { /*...*/ }  // 不能編譯！

   return EXIT_SUCCESS;
}
```

原因是，畢竟 Shape 只是來自具體形狀類型的抽象化，而且只儲存了一個指向基底的指標。如果你直接使用 External Polymorphism，你將面臨完全相同的問題，這在 Type Erasure 絕對不是新問題，而且你甚至可能會認為這不是真正的缺點。不過，當你處理指向基底的指標時，相等比較並不是預期的運算，但它通常是數值上預期的運算。

比較兩種 Type Erasure 包裝器

「這不就是在 Shapes 的介面中揭露必要功能的問題嗎？」你想知道。「例如，我們可以簡單地在形狀的 public 介面中增加 area() 函數，並用它來比較兩個項目」：

```
bool operator==( Shape const& lhs, Shape const& rhs )
{
   return lhs.area() == rhs.area();
}
```

「這很容易做到。所以我漏掉什麼了嗎？」我同意這可能是你需要的全部：如果兩個物件的某些公開屬性是相等的，那麼這個運算子對你就有效。一般而言，這答案應該是「視情況而定」。在這種特殊的情況下，它取決於 Shape 類別所代表的抽象化語義。問題是：兩個 Shape 什麼時候相等？考慮以下有 Circle 和 Square 的例子：

```
#include <Circle.h>
#include <Square.h>
#include <cstdlib>

int main()
{
   Shape shape1( Circle{3.14} );
   Shape shape2( Square{2.71} );

   if( shape1 == shape2 ) { /*...*/ }

   return EXIT_SUCCESS;
}
```

這兩個 Shape 什麼時候相等？如果它們的面積相等，它們是否相等？或者如果抽象化背後的實例相等，這意味著兩個 Shape 是相同類型並具有相同的屬性，那它們是否相等？這視情況而定。以同樣的精神，我可以問這個問題，兩個 Person 什麼時候相等？如果他們的名字相同，他們是否相等？或者，如果他們所有的特徵都相等，那他們就相等嗎？這取決於想要的語義。而且雖然第一個比較很容易完成，但第二個卻不是那麼容易。在在一般情況下，我假設第二種情況更像是想要的語義，因此我認為使用 Type Erasure 來進行相等比較，以及更一般地，用於二元運算，並不直覺。

然而，注意我並不是說相等比較是不可能的。技術上來說，你還是可以讓它辦到，儘管這個解決方案最後可能不太好看。因此，你必須保證不告訴任何人你是從我這裡得到這個想法的。「你讓我更好奇了，」你俏皮地笑著。好吧，它長這樣：

```
//---- <Shape.h> ----------------

// ...

namespace detail {

class ShapeConcept
{
 public:
   // ...
   virtual bool isEqual( ShapeConcept const* c ) const = 0;
};

template< typename ShapeT
        , typename DrawStrategy >
class OwningShapeModel : public ShapeConcept
{
 public:
   // ...

   bool isEqual( ShapeConcept const* c ) const override
   {
      using Model = OwningShapeModel<ShapeT,DrawStrategy>;
      auto const* model = dynamic_cast<Model const*>( c );  ⓳
      return ( model && shape_ == model->shape_ );
   }

 private:
   // ...
};

} // detail 命名空間
```

```
class Shape
{
   // ...

 private:
   friend bool operator==( Shape const& lhs, Shape const& rhs )
   {
      return lhs.pimpl_->isEqual( rhs.pimpl_.get() );
   }

   friend bool operator!=( Shape const& lhs, Shape const& rhs )
   {
      return !( lhs == rhs );
   }

   // ...
};


//---- <Circle.h> ----------------

class Circle
{
   // ...
};

bool operator==( Circle const& lhs, Circle const& rhs )
{
   return lhs.radius() == rhs.radius();
}


//---- <Square.h> ----------------

class Square
{
   // ...
};

bool operator==( Square const& lhs, Square const& rhs )
{
   return lhs.side() == rhs.side();
}
```

要使相等比較有作用，你可以使用 dynamic_cast（⓳）。然而，這種相等比較的實作有兩個嚴重缺點。首先，如你在第 127 頁「指導原則 18：謹防非循環 Visitor 的性能」中所看到的，dynamic_cast 絕對不是一個快速運算。因此，你必須為每一次比較付出相當大的執行時間成本。第二，在這個實作中，你只能成功地比較兩個配備了相同 DrawStrategy 的 Shape。雖然這在某種背景下可能是合理的，但在另一種背景下，它也可能被認為是一種不幸的侷限。我所知道唯一的解決方案是回傳到 std::function 來儲存繪圖 Strategy，然而這將造成另一個性能上的損失[7]。總之，依據背景，相等比較是可能的，但要辦到通常既不容易也不便宜，這證明了我之前對於 Type Erasure 不支援二元運算的說法。

Type Erasure 包裝器的介面隔離

「那介面隔離原則（ISP）呢？」你問。「當使用 External Polymorphism 時，在基礎類別中很容易分離關注點。看來我們已經失去了這種能力，對嗎？」很好的問題。所以你記得我在第 271 頁「指導原則 31：為非干擾性執行期使用 External Polymorphism」中，使用 JSONExportable 和 Serializable 基礎類別的例子。事實上，用 Type Erasure，我們就不能夠再使用隱藏的基礎類別，只能用抽象的值類型。因此，可能會顯現 ISP 似乎是無法實現了：

```
class Document  // 類型抹除「Document」
{
 public:
   // ...
   void exportToJSON( /*...*/ ) const;
   void serialize( ByteStream& bs, /*...*/ ) const;
   // ...
};

// 人為耦合到「ByteStream」，雖然只需要 JSON 匯出
void exportDocument( Document const& doc )
{
   // ...
   doc.exportToJSON( /* 傳遞必要的引數 */ );
   // ...
}
```

然而，幸運的是，這種印象是錯的，你可以透過提供一些類型抹除的抽象化來輕鬆遵守 ISP 原則[8]：

---

7 關於基於 std::function 的實作，請參考第 271 頁的「指導原則 31：為非干擾性執行期使用 External Polymorphism」。

8 非常感謝 Arthur O'Dwyer 提供這個例子。

```
Document doc = /*...*/;  // 類型抹除「Document」
doc.exportToJSON( /* 傳遞必要的引數 */ );
doc.serialize( /* 傳遞必要的引數 */ );

JSONExportable jdoc = doc;  // 類型抹除「JSONExportable」
jdoc.exportToJSON( /* 傳遞必要的引數 */ );

Serializable sdoc = doc;  // 類型抹除「Serializable」
sdoc.serialize( /* 傳遞必要的引數 */ );
```

在考慮這個問題之前，看一下第 322 頁「指導原則 34：注意擁有 Type Erasure 包裝器的設置成本」。

「除了實作的複雜性和對一元運算的限制外，似乎沒有什麼缺點了。嗯，我必須說，這的確是個驚人的東西！它的好處顯然超過了缺點。」嗯，當然這總是視情況而定，也就是說，在特定的背景下，這些問題中的一些可能會造成一些痛苦。但我同意，總的來說，Type Erasure 被證明是一個非常有價值的設計模式。從設計的觀點看，你已經得到了一個強大的解耦水準，當改變或擴展你軟體的時候這肯定會導致較少的痛苦。然而，儘管這已經很吸引人了，但還有更多好處。我已經提過性能好幾次了，但還沒有展示任何性能的數據。因此，讓我們看一下性能的結果。

性能基準

在展示 Type Erasure 的性能結果之前，讓我提醒你一下我們也用於 Visitor 和 Strategy 解決方案執行基準測試的測試場景（參考第 107 頁「指導原則 16：用 Visitor 來擴展操作」中的表 4-2，和第 180 頁「指導原則 23：偏好基於值的 Strategy 和 Command 的實作」中的表 5-1）。這次我用基於 `OwningShapeModel` 實作的 Type Erasure 解決方案，擴展了這個基準測試。對於這個基準測試，我們仍然使用四種不同的形狀（圓形、正方形、橢圓形、和矩形）。而且再次的，我在 10,000 個隨機建立的形狀上執行了 25,000 次平移操作。我同時使用了 GCC 11.1 和 Clang 11.1，對於這兩個編譯器，我只增加了 `-O3` 和 `-DNDEBUG` 編譯標誌。我使用的平台是 8 核心 Intel Core i7、3.8 GHz 主記憶體 64 GB 的 macOS Big Sur（11.4 版）。

表 8-1 顯示性能數據，為了你的方便，我複製了 Strategy 基準測試的性能結果。畢竟，Strategy 設計模式是以相同的設計空間為目的的解決方案。不過，最引人關注的一行是最後一行，它顯示了 Type Erasure 設計模式的性能結果。

表 8-1　Type Erasure 實作的性能結果

Type Erasure 實作	GCC 11.1	Clang 11.1
物件導向的解決方案	1.5205 s	1.1480 s
`std::function`	2.1782 s	1.4884 s
手動實作 `std::function`	1.6354 s	1.4465 s
傳統的 Strategy	1.6372 s	1.4046 s
Type Erasure	1.5298 s	1.1561 s

「看起來非常有趣，Type Erasure 似乎相當快。顯然地，只有物件導向的解決方案比它更快。」是的，對 Clang 而言，物件導向解決方案的性能好一點，但只是一點點。然而，請記住，物件導向的解決方案沒有解耦任何東西：`draw()` 函數是實作為 `Shape` 階層結構中的虛擬成員函數，因此對繪圖功能你會經歷嚴重的耦合。雖然這可能會帶來一點性能上的開銷，但從設計的觀點看，這是一種最壞的情況。考慮到這一點，Type Erasure 的性能數據確實令人驚嘆：它的性能比任何 Strategy 實作要好 6% 至 20%。因此，Type Erasure 不只提供了最強烈的解耦，而且執行得比所有其他試圖減少耦合的方法更好[9]。

聊一聊關於術語

總結來說，Type Erasure 是一種令人驚嘆的、可以實現效率和鬆散耦合程式碼的方法，雖然它可能有一些限制和缺點，而且其複雜的實作細節你應該很難忽視。因此，包括我和 Eric Niebler 在內的很多人都認為，Type Erasure 應該成為程式語言的特性[10]：

> 如果我可以回到過去，並且有能力改變 C++ 的話，我會增加支援對類型抹除和概念的程式語言，而不是增加虛擬函數。定義一個單一類型的概念，為它自動生成一個類型抹除的包裝器。

不過，要將 Type Erasure 建立為真正的設計模式，還有很多事情要做。我已經介紹了 Type Erasure 是從 External Polymorphism、Bridge、和 Prototype 建構的複合設計模式；我介紹它是一種為了提供一組類型與它們相關操作強烈解耦的基於值的技術。然而，不幸的是，你可能會看到 Type Erasure 的其他「形式」：隨著時間的推移，*Type Erasure* 這

9　再次強調，請不要認為這些性能數據是完美的真理。這些是在我的機器和我的實作上的性能結果，你的結果肯定會不一樣。然而，重點是，Type Erasure 執行得非常好，如果我們考慮到許多優化的選項，可能還會執行得更好（請參考第 308 頁「指導原則 33：意識到 Type Erasure 優化的潛力」）。

10　2020 年 6 月 19 日 Eric Niebler 在 Twitter 上的發言（*https://oreil.ly/SXeni*）。

個術語已經被誤用和濫用於各種技術和概念。例如，有時候人們會把 `void*` 稱為 Type Erasure。在少數情況下，你也會在繼承階層結構的背景下聽到 Type Erasure，或者更具體地，一個指向基底的指標。最後，你也可能會在 `std::variant` 的背景下聽到 Type Erasure[11]。

這個 `std::variant` 的例子特別顯示出過度使用 *Type Erasure* 這個述語的缺陷有多深。雖然 Type Erasure 背後的主要設計模式 External Polymorphism 是關於使你能夠增加新的類型，而 Visitor 設計模式以及它作為 `std::variant` 的現代實作是關於增加新的操作（參考第 96 頁的「指導原則 15：為增加類型或操作而設計」）。從軟體設計的觀點看，這兩種解決方案彼此是完全正交的：雖然 Type Erasure 真正地從具體的類型中解耦，並且抹除了類型資訊，但 `std::variant` 的模板引數揭露了所有可能的選擇，因此會使你依賴於這些類型。對這兩者使用相同的 *Type Erasure* 這個術語時，會造成傳達的資訊完全為零，並產生以下類型的評論：「我建議我們使用 Type Erasure 來解決這個問題。」「能否請你說得更具體一點？你想增加類型或是操作？」像這樣，這個術語將不會滿足設計模式的品質；它不具有任何目的。因此，它將是無用的。

為了讓 Type Erasure 在設計模式殿堂中獲得應有的地位，並賦予它任何的意義，考慮只在這個指導原則討論的目的中使用這個術語。

指導原則 32：考慮用 Type Erasure 代替繼承階層結構

- 應用 Type Erasure 設計模式的目的是為一組可擴展的不相關、具有相同語義行為的潛在非多型類型提供基於值的非侵入式抽象。
- 將 Type Erasure 看成是從 External Polymorphism、Bridge 和 Prototype 建構的複合設計模式。
- 了解 Type Erasure 的優點，但也要記住它的限制。
- Type Erasure 一詞僅用來傳達它是一種設計模式，可協助人們輕鬆地加入類型，以支援一組固定的操作。

11 關於 `std::variant` 的介紹，請參考第 116 頁的「指導原則 17：考慮用 std::variant 實作 Visitor」。

指導原則 33：意識到 Type Erasure 優化的潛力

本書的主要重點是軟體設計。因此，所有這些關於結構化的軟體、關於設計原則、關於管理依賴性和抽象化工具的討論，當然還有在設計模式上所有的資訊都是關注的內容。不過，我曾經提到過幾次性能很重要，**非常**重要！畢竟，C++ 是一種以性能為中心的程式設計語言。因此，我現在要做一個例外：這個指導原則專注於性能上。是的，我是認真的：不談依賴性，（幾乎）沒有分離關注點的例子，沒有值語義，只有性能。「終於有一些性能的材料——太棒了！」你歡呼著。但要注意後果：這個指導原則在實作細節上相當嚴格。就像在 C++ 中一樣，提到一個細節就會需要你處理另外兩個細節，所以你很快地就會捲入實作細節的領域中。為了避免這種情況（並讓出版社滿意），我不會詳細說明每個實作細節或展示所有的選擇，但我會提供有助於你深入探究的額外參考資料[12]。

在第 288 頁「指導原則 32：考慮用 Type Erasure 代替繼承階層結構」中，你看到了基本的、未經優化的 Type Erasure 實作出色的性能數據。然而，因為我們現在擁有了值類型和包裝器類別，而不只是一個指標，所以我們獲得了很多促進性能的機會。這就是為什麼我們要看一下提升性能的兩個選項：SBO 和手動虛擬調度。

小緩衝區優化

讓我們開始探索如何提升我們 Type Erasure 實作的性能。在談論性能的時候，通常浮現在腦海的第一件事是優化記憶體分配。這是因為獲取和釋放動態記憶體可能是非常緩慢而且不確定的，而且說真的：優化記憶體分配可以決定性能是緩慢還是極快。

然而，研究記憶體還有第二個原因。在第 288 頁「指導原則 32：考慮用 Type Erasure 代替繼承階層結構」中，我可能不小心給了你我們需要動態記憶體來完成 Type Erasure 的印象。事實上，在我們第一個 `Shape` 類別中最初的實作細節之一，就是在建構函數和 `clone()` 函數中無條件地動態分配記憶體，這與給定物件的大小無關，因此對於小物件和大物件，我們總是用 `std::make_unique()` 執行動態記憶體分配。特別是對於小的物件，這種選擇是有侷限性的，不僅僅是因為性能，而且也因為在某些環境下動態記憶體是不可用的。因此，我應該向你證明，對於記憶體有很多你可以做的事情。事實上，你可以完全控制記憶體的管理！因為使用值類型、包裝器，你可以如你所願的處理記憶體。其中一個選項是完全依賴類別內記憶體，而且如果物件太大，就發出一個編譯期錯誤。或者，你可以依據儲存物件的大小，在類別內記憶體和動態記憶體之間切換。這兩種情況都是藉由 SBO 而成為可能。

---

12 不過你應該避免太過深入，因為你可能還記得 Moria 的矮人挖得太深發生了什麼事…。

為了提供你 SBO 是如何工作的概念，我們來看一下絕不會動態分配而只使用類別內記憶體的 Shape 實作：

```
#include <array>
#include <cstdlib>
#include <memory>

template< size_t Capacity = 32U, size_t Alignment = alignof(void*) >  ❷
class Shape
{
 public:
   // ...

 private:
   // ...

   Concept* pimpl()  ❸
   {
      return reinterpret_cast<Concept*>( buffer_.data() );
   }

   Concept const* pimpl() const  ❹
   {
      return reinterpret_cast<Concept const*>( buffer_.data() );
   }

   alignas(Alignment) std::array<std::byte,Capacity> buffer_;  ❶
};
```

這個 Shape 類別不再儲存 std::unique_ptr，而是擁有一個正確對齊的位元組陣列（❶）[13]。為了提供 Shape 使用者調整陣列容量和對齊方式的靈活性，你可以提供 Capacity 和 Alignment 兩個非類型的模板參數給 Shape（❷）[14]。雖然這提高了適應不同情況的靈活性，但這種方法的缺點是將 Shape 類別轉成了類別模板。因此，使用這種抽象化的所有函數都可能會轉成函數模板。這可能是不想要的；例如，因為你可能必須將程式碼從原始檔案移到標頭檔。然而，注意這只是許多的可能性之一。如之前所說的，你有完全的控制權。

13 或者，你可以使用一個位元組陣列，例如，std::byte[Capacity] 或 std::aligned_storage（*https://oreil.ly/nE5SK*）；std::array 的優點是它讓你能夠複製緩衝區（如果適用的話！）。

14 注意，對 Capacity 和 Alignment 預設參數的選擇是合理的，但仍然是隨意的。當然，你可以使用最適合預期實際類型屬性的不同預設值。

為了方便使用 std::byte 陣列，我們增加了一對 pimpl() 函數（基於這仍然實現了 Bridge 設計模式，只是改為使用類別內記憶體的事實而命名）（❸和❹）。「噢不，reinterpret_cast！」你說。「這不是超級危險嗎？」你是對的；一般而言，reinterpret_cast 應該被認為有潛在的危險。然而，在這個特殊情況下，有 C++ 標準（*https://oreil.ly/HKWCv*）為我們撐腰，它說明了我們在這裡所做的都安全無虞。

如你現在可能已經預料到的，我們也需要根據 External Polymorphism 設計模式引入一個外部的繼承階層結構。這一次，我們在 Shape 類別的 private 部分實現這個階層結構。不是因為這樣對這個 Shape 實作更好或更適合，僅是為了顯示另一種選擇：

```
template< size_t Capacity = 32U, size_t Alignment = alignof(void*) >
class Shape
{
 public:
   // ...

 private:
   struct Concept
   {
      virtual ~Concept() = default;
      virtual void draw() const = 0;
      virtual void clone( Concept* memory ) const = 0;  ❺
      virtual void move( Concept* memory ) = 0;  ❻
   };

   template< typename ShapeT, typename DrawStrategy >
   struct OwningModel : public Concept
   {
      OwningModel( ShapeT shape, DrawStrategy drawer )
         : shape_( std::move(shape) )
         , drawer_( std::move(drawer) )
      {}

      void draw() const override
      {
         drawer_( shape_ );
      }

      void clone( Concept* memory ) const override  ❺
      {
         std::construct_at( static_cast<OwningModel*>(memory), *this );

         // 或：
         // auto* ptr =
         //    const_cast<void*>(static_cast<void const volatile*>(memory));
```

```
            // ::new (ptr) OwningModel( *this );
         }

         void move( Concept* memory ) override  ❻
         {
            std::construct_at( static_cast<OwningModel*>(memory), std::move(*this) );

            // 或：
            // auto* ptr =
            //    const_cast<void*>(static_cast<void const volatile*>(memory));
            // ::new (ptr) OwningModel( std::move(*this) );
         }

         ShapeT shape_;
         DrawStrategy drawer_;
      };

      // ...

      alignas(Alignment) std::array<std::byte,Capacity> buffer_;
   };
```

在這種背景下，第一個引人關注的細節是 clone() 函數（❺）。因為 clone() 負有建立複製物的責任，所以它需要改變成類別內的記憶體。因此，它不是透過 std::make_unique() 建立一個新的 Model，而是透過 std::construct_at() 在適當位置建立新的 Model。另外，你也可以為 new 找到合適位置（*https://oreil.ly/6G3bn*）以在給定的記憶體位置建立複製物[15]。

「哇，等一下！這段程式碼有點難理解。這麼多的類型轉換是怎麼回事？它們真的必要嗎？」我承認，這幾行程式碼有些挑戰性。因此，我應該詳細解釋它們。透過為 new 找到合適位置以在適當位置建立一個實例是舊的方法。然而，使用 new 總是帶有一種某人（不經意地或惡意地）為類別特定的 new 運算子提供替代物的危險。為了避免任何類型的問題並可靠地在適當位置建構物件，給定的位址首先會透過 static_cast 轉換為 void const volatile*，然後透過 const_cast 轉換為 void*，產生的位址被傳遞給全域合適位置的 new 運算子。的確，這不是最明顯的一段程式碼。因此，使用 C++20 的演算法 std::construct_at() 是明智的：它提供你完全相同的功能，但有明顯更出色的語法。

15 也許你以前沒見過 new 找到合適位置的方法。如果是這樣的話，請放心，這種形式的 new 不會執行任何記憶體分配，而只是呼叫一個建構函數在指定的位址建立一個物件。唯一語法上的差異是，你提供了一個額外的指標引數給 new。

然而，我們還需要一個函數：clone() 只關心複製操作，它不適用於移動操作。因此，我們用一個純虛擬的 move() 函數擴展 Concept，並在 OwningModel 類別模板中實作它（❻）。

「這真的必要嗎？我們使用的是類別內記憶體，它不能被移動到另一個 Shape 的實例。那個 move() 有什麼意義？」嗯，你是對的，我們不能將記憶體本身從一個物件移動到另一個物件，但我們仍然可以移動儲存在裡面的形狀。因此，move() 函數將 OwningModel 從一個緩衝區移動到另一個緩衝區，而不是複製它。

clone() 和 move() 函數用於複製建構函數（❼）、複製指定運算子（❽）、移動建構函數（❾）和 Shape 的移動指定運算子（❿）：

```
template< size_t Capacity = 32U, size_t Alignment = alignof(void*) >
class Shape
{
 public:
   // ...

   Shape( Shape const& other )
   {
      other.pimpl()->clone( pimpl() );  ❼
   }

   Shape& operator=( Shape const& other )
   {
      // 複製和交換慣用法
      Shape copy( other );  ❽
      buffer_.swap( copy.buffer_ );
      return *this;
   }

   Shape( Shape&& other ) noexcept
   {
      other.pimpl()->move( pimpl() );  ❾
   }

   Shape& operator=( Shape&& other ) noexcept
   {
      // 複製和交換慣用法
      Shape copy( std::move(other) );  ❿
      buffer_.swap( copy.buffer_ );
      return *this;
   }

   ~Shape()  ⓫
```

```
   {
      std::destroy_at( pimpl() );
      // 或 : pimpl()->~Concept();
   }

 private:
   // ...

   alignas(Alignment) std::array<std::byte,Capacity> buffer_;
};
```

值得一提的是 Shape 的解構函數（⓫）。因為我們透過 std::construct_at() 或合適位置的 new 在位元組緩衝區內手動建立了一個 OwningModel，所以我們也要負責明確地呼叫解構函數。最簡單和最巧妙的方法是使用 C++17 演算法 std::destroy_at()（*https://oreil.ly/2FNtm*）。另外，你也可以明確地呼叫 Concept 的解構函數。

Shape 最後一個但也是必不可少的細節，是模板化建構函數：

```
template< size_t Capacity = 32U, size_t Alignment = alignof(void*) >
class Shape
{
 public:
   template< typename ShapeT, typename DrawStrategy >
   Shape( ShapeT shape, DrawStrategy drawer )
   {
      using Model = OwningModel<ShapeT,DrawStrategy>;

      static_assert( sizeof(Model) <= Capacity, "Given type is too large" );
      static_assert( alignof(Model) <= Alignment, "Given type is misaligned" );

      std::construct_at( static_cast<Model*>(pimpl())
                       , std::move(shape), std::move(drawer) );
      // 或 :
      // auto* ptr =
      //    const_cast<void*>(static_cast<void const volatile*>(pimpl()));
      // ::new (ptr) Model( std::move(shape), std::move(drawer) );
   }

   // ...

 private:
   // ...
};
```

在對編譯期檢查 `OwningModel` 是否符合類別內緩衝區並遵守對齊限制的需求之後，一個 `OwningModel` 被 `std::construct_at()` 實例化到類別內緩衝區。

有了這個實作之後，我們現在改寫並重新執行第 288 頁「指導原則 32：考慮用 Type Erasure 代替繼承階層結構」中的性能基準測試。我們執行完全相同的基準測試，但這次不在 `Shape` 內部分配動態記憶體，也不用許多微小的分配來分割記憶體。如同所預期的，性能的結果令人印象深刻（參考表 8-2）。

表 8-2　具有 SBO 的 Type Erasure 實作的性能結果

Type Erasure 實作	GCC 11.1	Clang 11.1
物件導向的解決方案	1.5205 s	1.1480 s
`std::function`	2.1782 s	1.4884 s
手動實作 `std::function`	1.6354 s	1.4465 s
傳統的 Strategy	1.6372 s	1.4046 s
Type Erasure	1.5298 s	1.1561 s
Type Erasure（SBO）	1.3591 s	1.0348 s

「哇，這真快。這…嗯，讓我算算…真令人驚訝，大約比最快的 Strategy 實作快 20%，甚至比物件導向的解決方案還要快。」的確如此，非常令人印象深刻，對吧？不過，你應該記住，這些是在我系統上得到的數據，你的數據一定不同。但是，即使你的數據可能不一樣，整體來說，透過處理記憶體分配，優化性能的潛力是很大的。

然而，雖然性能非凡，但我們失去了很多靈活性：只有小於或等於指定 `Capacity` 的 `OwningModel` 實例可以儲存在 `Shape` 中，更大的模型被排除在外。這讓我回到了我們可以根據給定形狀的大小在類別內和動態記憶體之間切換的概念：小的形狀儲存在類別內的緩衝區，而大的形狀則被動態分配。你現在可以繼續並更新 `Shape` 的實作，以使用這兩種記憶體。然而，此刻再次指出我們最重要的設計原則之一可能是個好主意：分離關注點。不把所有的邏輯和功能都擠到 `Shape` 類別中，而是更容易且更靈活地分割實作的細節，用策略導向的設計實現 `Shape`（參考第 134 頁的「指導原則 19：用 Strategy 來隔離事物如何完成」）。

```
template< typename StoragePolicy >
class Shape;
```

重寫 `Shape` 類別模板來接受 `StoragePolicy`。透過這個策略，你就能夠從外部指定這個類別應該如何獲取記憶體。當然，你會完美地遵守 SRP 和 OCP。其中一種儲存策略可以是 `DynamicStorage` 策略類別：

```
#include <utility>

struct DynamicStorage
{
   template< typename T, typename... Args >
   T* create( Args&&... args ) const
   {
      return new T( std::forward<Args>( args )... );
   }

   template< typename T >
   void destroy( T* ptr ) const noexcept
   {
      delete ptr;
   }
};
```

就如同它的名稱，`DynamicPolicy` 會動態地獲取記憶體，例如透過 `new`。另外，如果你有更強烈的要求，你可以建構 `std::aligned_alloc()`（*https://oreil.ly/oIP3K*）或類似的功能，以提供有指定對齊方式的動態記憶體。與 `DynamicStorage` 類似，你也可以提供 `InClassStorage` 策略：

```
#include <array>
#include <cstddef>
#include <memory>
#include <utility>

template< size_t Capacity, size_t Alignment >
struct InClassStorage
{
   template< typename T, typename... Args >
   T* create( Args&&... args ) const
   {
      static_assert( sizeof(T) <= Capacity, "The given type is too large" );
      static_assert( alignof(T) <= Alignment, "The given type is misaligned" );

      T* memory = const_cast<T*>(reinterpret_cast<T const*>(buffer_.data()));
      return std::construct_at( memory, std::forward<Args>( args )... );

      // 或：
      // void* const memory = static_cast<void*>(buffer_.data());
      // return ::new (memory) T( std::forward<Args>( args )... );
   }

   template< typename T >
   void destroy( T* ptr ) const noexcept
   {
```

```
        std::destroy_at(ptr);
        // 或：ptr->~T();
    }

    alignas(Alignment) std::array<std::byte,Capacity> buffer_;
};
```

所有這些策略類別都提供了相同的介面：實例化 T 類型物件的 create() 函數，和做任何必要清理工作的 destroy() 函數。Shape 類別使用這個介面來觸發建構和銷毀，例如，在它的模板化建構函數（⓬）[16] 和解構函數（⓭）中：

```
template< typename StoragePolicy >
class Shape
{
 public:
   template< typename ShapeT >
   Shape( ShapeT shape )
   {
      using Model = OwningModel<ShapeT>;
      pimpl_ = policy_.template create<Model>( std::move(shape) )  ⓬
   }

   ~Shape() { policy_.destroy( pimpl_ ); }  ⓭

   // ... 不顯示所有其他成員函數，
   //     特別是特定的成員函數

 private:
   // ...
   [[no_unique_address]] StoragePolicy policy_{};  ⓮
   Concept* pimpl_{};
};
```

最後一個不應該被忽視的細節是資料成員（⓮）：Shape 類別現在儲存了給定的 StoragePolicy 實例，不要驚慌，還有一個指向它 Concept 的原始指標。事實上，因為我們再次在自己的解構函數中手動銷毀了這個物件，所以不需要再儲存 std::unique_ptr 了。你也可能注意到存儲策略上的 [[no_unique_address]] 屬性（*https://oreil.ly/5gF5n*），這個 C++20 的功能提供你為儲存策略保存記憶體的機會。如果策略是空的，編譯器現在允許可以不為資料成員保留任何記憶體；如果沒有這個屬性，那就必須為 policy_ 至少保留一個位元組，但由於對齊的限制，可能會保留更多位元組。

16 提醒一下，因為你可能不常看到這種語法：在建構函數中的模板關鍵字是必要的，因為我們試圖在一個依賴名稱（一個含義取決於模板參數的名稱）上呼叫一個函數模板。因此，你必須讓編譯器明白，接著的是一個模板參數清單的開始，而不是一個小於的比較。

總之，SBO 對 Type Erasure 的實作是一個有效而且最有趣的優化之一。為了這個原因，許多像是 std::function 和 std::any 的標準類型，都使用了某種形式的 SBO。不幸的是，C++ 標準函數庫規範並未要求使用 SBO。這就是為什麼你只能希望 SBO 被使用，但你不能指望它。然而，因為性能是如此重要，而且因為 SBO 有決定性的作用，所以已經有一些提案建議將 inplace_function 和 inplace_any 類型標準化。時間將證明這些建議是否會被納入標準函數庫。

手動實作函數調度

「哇，這將證明很有用。為了提升我的 Type Erasure 實作性能還有什麼我可以做的？」你問。哦，是的，還有很多你可以做的。有第二個潛在的性能優化；這一次，我們嘗試改善虛擬函數的性能。是的，我說的是由外部繼承階層結構，也就是由 External Polymorphism 設計模式引入的虛擬函數。

「我們該如何優化虛擬函數的性能？這不是完全取決於編譯器嗎？」一點也沒錯，你是對的。然而，我說的不是用後端擺弄、編譯器特定的實作細節，而是用更有效率的東西取代虛擬函數。而且這確實是可行的。記住，虛擬函數只不過是一個儲存在虛擬函數表中的函數指標，每一種至少有一個虛擬函數的類型都有這樣的虛擬函數表。然而，對每個類型也只能有一個虛擬函數表。換句話說，這個表並不是儲存在每個實例裡面。因此，為了用這個類型的每個實例連接虛擬函數表，這個類別儲存了一個額外的、隱藏的資料成員，我們通常稱為 vptr，它是指向虛擬函數表的原始指標。

當你呼叫一個虛擬函數的時候，你首先會透過 vptr 取得虛擬函數表；一旦取得，你就可以從虛擬函數表中抓取對應的函數指標並呼叫它。因此，總的來說，一個虛擬函數的呼叫牽涉了兩個間接性：vptr 和指向實際函數的指標。基於這個原因，為了這個原因，粗略地說虛擬函數呼叫的代價是常規的、非行內函數呼叫的兩倍。

這兩個間接性提供我們優化的機會：事實上，我們可以將間接性的數量減為一個。為達這個目的，我們將採用一種相當常見的優化策略：用空間換取速度。我們所要做的是透過在 Shape 類別中儲存虛擬函數指標來手動實作虛擬調度。以下程式碼片段已經讓你對這個細節有相當好的了解：

```
//---- <Shape.h> ----------------

#include <cstddef>
#include <memory>

class Shape
{
```

```
public:
  // ...

private:
  // ...

  template< typename ShapeT
          , typename DrawStrategy >
  struct OwningModel  ⓯
  {
     OwningModel( ShapeT value, DrawStrategy drawer )
        : shape_( std::move(value) )
        , drawer_( std::move(drawer) )
     {}

     ShapeT shape_;
     DrawStrategy drawer_;
  };

  using DestroyOperation = void(void*);   ⓰
  using DrawOperation    = void(void*);   ⓱
  using CloneOperation   = void*(void*);  ⓲

  std::unique_ptr<void,DestroyOperation*> pimpl_;  ⓳
  DrawOperation*  draw_ { nullptr };               ⓴
  CloneOperation* clone_{ nullptr };               ㉑
};
```

由於我們正在取代所有的虛擬函數，甚至是虛擬解構函數，所以不再需要 `Concept` 基礎類別了。因此，外部階層結構減少到只有 `OwningModel` 類別模板（⓯），它仍然充當特定種類的形狀（`ShapeT`）和 `DrawStrategy` 的儲存器。不過，它還是遇到了相同的命運：所有的虛擬函數都被移除，唯一剩下的細節是建構函數和資料成員。

虛函數被手動的函數指標取代。因為函數指標的語法用起來不是那麼令人愉快，為了方便我們增加了一些函數類型的別名[17]：`DestroyOperation` 表示之前的虛擬解構函數（⓰），`DrawOperation` 表示之前的虛擬 `draw()` 函數（⓱），`CloneOperation` 表示之前的虛擬 `clone()` 函數（⓲）。`DestroyOperation` 用於配置 `pimpl_` 資料成員的 `Deleter`（⓳）（是的，如此一來它充當 Strategy）。後面的兩個，`DrawOperation` 和 `CloneOperation`，是用於 `draw_` 和 `clone_` 兩個額外的函數指標資料成員（⓴ 和 ㉑）。

17 有些人認為函數指標是 C++ 最好的特性。在 James McNellis 的閃電演講「The Very Best Feature of C++」（*https://oreil.ly/hq15H*）中，他展示了它們語法的巧妙和巨大的靈活性。不過，請不要對這個太認真，而是將它當成一個 C++ 不完美的幽默展示。

「噢不，void* ！這不是一種古老的、超級危險的做事方法嗎？」你倒抽了一口氣。好吧，我承認不解釋的話它看起來會**非常**可疑。然而，跟著我，我保證一切都會非常好而且符合類型規範。現在，讓這個作用的關鍵在於這些函數指標的初始化，它們是在 Shape 類別模板化的建構函數中初始化的：

```
//---- <Shape.h> ----------------

// ...

class Shape
{
 public:
   template< typename ShapeT
           , typename DrawStrategy >
   Shape( ShapeT shape, DrawStrategy drawer )
      : pimpl_(   ㉒
           new OwningModel<ShapeT,DrawStrategy>( std::move(shape)
                                               , std::move(drawer) )
         , []( void* shapeBytes ){  ㉓
              using Model = OwningModel<ShapeT,DrawStrategy>;
              auto* const model = static_cast<Model*>(shapeBytes);  ㉔
              delete model;  ㉕
           } )
      , draw_(  ㉖
           []( void* shapeBytes ){
              using Model = OwningModel<ShapeT,DrawStrategy>;
              auto* const model = static_cast<Model*>(shapeBytes);
              (*model->drawer_)( model->shape_ );
           } )
      , clone_(  ㉗
           []( void* shapeBytes ) -> void* {
              using Model = OwningModel<ShapeT,DrawStrategy>;
              auto* const model = static_cast<Model*>(shapeBytes);
              return new Model( *model );
           } )
   {}

   // ...

 private:
   // ...
};
```

讓我們專注在 pimpl_ 資料成員上，它被指向新實例化 OwningModel 的指標（㉒）和無狀態 lambda 表示式（㉓）初始化。你可能還記得，無狀態的 lambda 可以隱含地轉換成函數指標。這種語言保證是我們使用的優勢：我們直接將 lambda 當成刪除器傳給 unique_ptr 的建構函數，強迫編譯器應用隱含的轉換成 DestroyOperation*，因此將 lambda 函數綁定到 std::unique_ptr。

「好吧，我了解了：lambda 可以用來初始化函數指標，但它是如何運作的？它有什麼作用？」好吧，還記得我們是在模板化的建構函數內建立這個 lambda，這意味著在此刻，我們完全知道傳遞的 ShapeT 和 DrawStrategy 的實際類型。因此，這個 lambda 是在知道 OwningModel 的類型下實例化，並儲存在 pimpl_ 中的情況下生成的。最終將用 void* 呼叫它，也就是透過某個 OwningModel 的位址。然而，基於它對 OwningModel 實際類型的了解，首先它可以執行從 void* 到 OwningModel<ShapeT,DrawStrategy>* 的 static_cast（㉔）。雖然在大多數其他背景下，這種轉換會很可疑，很可能是一種胡亂猜測；但在這種背景下，它是完全地類型安全：我們可以確定 OwningModel 的正確類型。因此，我們可以使用產生的指標觸發正確的清理行為（㉕）。

draw_ 和 clone_ 資料成員的初始化非常類似（㉖和㉗）。當然，唯一的差異是由 lambdas 執行的動作：它們分別執行正確的動作來繪製形狀和建立模型的複製物。

我知道這可能需要一些時間消化。但我們快完成了；唯一缺少的細節是特殊成員函數。對於解構函數和兩個移動操作，我們可以再次要求使用編譯器生成的預設值。然而，我們必須自己處理複製建構函數和複製指定運算子：

```
//---- <Shape.h> ----------------

// ...

class Shape
{
 public:
   // ...

   Shape( Shape const& other )
      : pimpl_( clone_( other.pimpl_.get() ), other.pimpl_.get_deleter() )
      , draw_ ( other.draw_ )
      , clone_( other.clone_ )
   {}

   Shape& operator=( Shape const& other )
   {
      // 複製和交換慣用法
      using std::swap;
```

```
        Shape copy( other );
        swap( pimpl_, copy.pimpl_ );
        swap( draw_, copy.draw_ );
        swap( clone_, copy.clone_ );
        return *this;
     }

     ~Shape() = default;
     Shape( Shape&& ) = default;
     Shape& operator=( Shape&& ) = default;

   private:
     // ...
};
```

這就是我們需要做的全部，現在可以試試看了，我們來測試這個實作吧。我們再一次更新來自第 288 頁「指導原則 32：考慮用 Type Erasure 代替繼承階層結構」中的基準測試，並使用我們手動實作的虛擬函數執行它。我甚至用之前討論的 SBO 結合手動的虛擬調度，表 8-3 顯示了性能的結果。

表 8-3　有手動虛擬調度的 Type Erasure 實作的性能結果

Type Erasure 實作	GCC 11.1	Clang 11.1
物件導向的解決方案	1.5205 s	1.1480 s
`std::function`	2.1782 s	1.4884 s
手動實作 `std::function`	1.6354 s	1.4465 s
傳統的 Strategy	1.6372 s	1.4046 s
Type Erasure	1.5298 s	1.1561 s
Type Erasure（SBO）	1.3591 s	1.0348 s
Type Erasure（手動虛擬調度）	1.1476 s	1.1599 s
Type Erasure（SBO+ 手動虛擬調度）	1.2538 s	1.2212 s

對於 GCC，手動虛擬調度性能的改善令人驚訝；在我的系統上，它下降到 1.1476 秒，與基本的、未優化的 Type Erasure 實作相比，改善了 25%。另一方面，與基本的、未優化的實作相比，在 Clang 上並沒有顯示出任何改善。雖然這可能有些令人失望，但是執行的時間還是相當出色。

不幸的是，SBO 和手動虛擬調度的結合並沒有導致更好的性能。雖然 GCC 顯示了在與純粹的 SBO 方法比較下有小小的改進（這對於沒有動態記憶體的環境可能很有趣），但在 Clang 中，這種組合可能並不像你期望的那樣奏效。

總之，對於 Type Erasure 實作性能的優化存有很多潛力。如果你之前對 Type Erasure 曾經持有懷疑態度，那麼這種性能上的提升應該會提供你自己研究的強烈動機。雖然這很讓人驚嘆，而且毫無疑問地相當令人興奮，但重要的是要記住這是從哪裡來的：只有透過將虛擬行為的關注點分離並將行為封裝成值類型，我們才獲得了這些優化的機會。如果我們所擁有的只是指向基底類別的指標，我們就不能實現這個優化。

> **指導原則 33：意識到 Type Erasure 優化的潛力**
>
> - 用 SBO 避免對小物件進行昂貴的複製操作。
> - 透過手動實作虛擬調度減少間接性的數量。

指導原則 34：
注意擁有 Type Erasure 包裝器的設置成本

在第 288 頁的「指導原則 32：考慮用 Type Erasure 代替繼承階層結構」和 308 頁的「指導原則 33：意識到 Type Erasure 優化的潛力」中，我引導你穿過了基本 Type Erasure 實作的叢林。是的，這很困難，但這努力絕對是值得的：你變得更強大、更明智，而且你的工具箱裡有了一個新的、有效率的、強力解耦的設計模式。太好了！

然而，我們必須回到叢林中。我看到你在翻白眼，但還有更多的事需要了解。而且我必須承認：我撒了一點小謊，不是告訴你一些不正確的事，而是我省略了某些訊息。Type Erasure 還有一個你應該知道的缺點，一個很大的缺點，一個你可能完全不喜歡的缺點。唉。

擁有 Type Erasure 包裝器的設置成本

假設 `Shape` 再次是一個基礎類別，而 `Circle` 是許多衍生類別中的一個。那麼，將 `Circle` 傳給一個期望得到 `Shape const&` 的函數將會是簡單且低成本的（❶）：

```
#include <cstdlib>

class Shape { /*...*/ };  // 傳統的基礎類別

class Circle : public Shape { /*...*/ };  // 衍生類別

void useShape( Shape const& shape )
{
   shape.draw( /*...*/ );
}

int main()
{
   Circle circle{ 3.14 };

   // 自動和便宜的從「Circle const&」轉換到「Shape const&」
   useShape( circle );  ❶

   return EXIT_SUCCESS;
}
```

儘管 Type Erasure Shape 的抽象化有點不一樣（例如，它總是需要一個繪圖 Strategy），但這種轉換仍然是可能的：

```
#include <cstdlib>

class Circle { /*...*/ };  // 非多型的幾何基元

class Shape { /*...*/ };  // 類型抹除包裝器類別如前所示

void useShape( Shape const& shape )
{
   draw(shape);
}

int main()
{
   Circle circle{ 3.14 };
   auto drawStrategy = []( Circle const& c ){ /*...*/ };

   // 建立一個暫時的「Shape」物件，涉及到
   //    複製操作和記憶體分配
   useShape( { circle, drawStrategy } );  ❷

   return EXIT_SUCCESS;
}
```

不幸的是，它不再是低成本了。相反的，基於我們之前的實作，這包括了基本的和優化的，呼叫 `useShape()` 函數將涉及到一些潛在的昂貴操作（❷）：

- 要將 `Circle` 轉成 `Shape`，編譯器用非 `explicit`、模板化的 `Shape` 建構函數建立一個暫時的 `Shape`。
- 建構函數的呼叫導致給定形狀的複製操作（對 `Circle` 不貴，但對其他形狀可能很貴），和給定的繪製 Strategy（如果 Strategy 是無狀態的，基本上這是免費的，但根據物件內所儲存的內容可能會很貴）。
- 在 `Shape` 建構函數中，建立了一個 `new` 形狀模型，這涉及到記憶體分配（隱藏在 `Shape` 建構函數對 `std::make_unique()` 的呼叫中，絕對非常昂貴）。
- 暫時的（右值）`Shape` 是透過參照到 `const` 傳給 `useShape()` 函數。

重要的是指出這並不是我們 `Shape` 實作的具體問題。例如，如果你使用 `std::function` 作為函數引數，你也會遇到同樣的問題：

```
#include <cstdlib>
#include <functional>

int compute( int i, int j, std::function<int(int,int)> op )
{
   return op( i, j );
}

int main()
{
   int const i = 17;
   int const j = 10;

   int const sum = compute( i, j, [offset=15]( int x, int y ) {
      return x + y + offset;
   } );

   return EXIT_SUCCESS;
}
```

在這個例子中，所給的 lambda 轉換成 `std::function` 實例，這個轉換將牽涉到複製操作，並且可能會牽涉到記憶體分配，這完全取決於給定的可呼叫物的大小和 `std::function` 的實作。因此，`std::function` 是一種和 `std::string_view` 和 `std::span` 不同的抽象化。`std::string_view` 和 `std::span` 是非擁有的抽象化，因為它們只包括指向第一個元素的指標和大小，所以它們的複製成本很低。因為這兩種類型執行的是淺層複製，所以它們非常適合作為函數參數。另一方面，`std::function` 是一種具擁有性質的抽象化，執行的是深層複製。因此，不是用作函數參數的完美類型。不幸的是，對我們 Shape 的實作也是如此[18]。

「天啊，我一點也不喜歡這個，太可怕了！我要退費！」你嚷嚷。我必須同意這可能是你程式碼庫中的一個嚴重問題。然而，你明白根本的問題是 Shape 類別的擁有語義：在它值語義背景的基礎上，我們目前 Shape 的實作將始終建立一個給定形狀的複製物，並且始終擁有這個複製物。雖然這完全符合第 170 頁「指導原則 22：偏好值語義超過參照語義」中討論的所有好處，但在這種背景下，它導致了相當不幸的性能損失。但請保持冷靜——有一些事情是我們可以做的：對於這樣的背景，我們可以提供非擁有的 Type Erasure 實作。

簡單非擁有的 Type Erasure 實作

一般而言，基於值語義的 Type Erasure 實作是非常出色的，並完美地遵守現代 C++ 的精神。然而，性能很重要。它可能是太重要了，以致於有時候你可能不在乎值語義的部分，而只關心 Type Erasure 所提供的抽象化。在這種情況下，你可能想要得到 Type Erasure 非擁有的實作，儘管它的缺點是將你拉回到參照語義的領域。

好消息是，如果你只想要簡單的 Type Erasure 包裝器，一個表示對基底參照的包裝器，它是非擁有的，而且可以輕鬆地複製，那麼需要的程式碼就相當簡單。這特別是因為你已經在第 308 頁「指導原則 33：意識到 Type Erasure 優化的潛力」中看到了如何手動實作虛擬調度。用這種技術，一個簡單、非擁有的 Type Erasure 實作就只是幾行程式碼的事了：

```
//---- <Shape.h> ----------------

#include <memory>

class ShapeConstRef
{
 public:
   template< typename ShapeT, typename DrawStrategy >
   ShapeConstRef( ShapeT& shape, DrawStrategy& drawer )  ❻
      : shape_{ std::addressof(shape) }
      , drawer_{ std::addressof(drawer) }
      , draw_{ []( void const* shapeBytes, void const* drawerBytes ){
           auto const* shape = static_cast<ShapeT const*>(shapeBytes);
           auto const* drawer = static_cast<DrawStrategy const*>(drawerBytes);
           (*drawer)( *shape );
```

18 在撰寫本文的時候，有一個關於 std::function 非擁有版本 std::function_ref 類型的主動提案（*https://oreil.ly/p3cFD*）。

```
        } }
    {}

  private:
    friend void draw( ShapeConstRef const& shape )
    {
       shape.draw_( shape.shape_, shape.drawer_ );
    }

    using DrawOperation = void( void const*,void const* );

    void const* shape_{ nullptr };     ❸
    void const* drawer_{ nullptr };    ❹
    DrawOperation* draw_{ nullptr };   ❺
};
```

正如其名，ShapeConstRef 類別表示對一個 const 形狀類型的參照。不儲存給定形狀的複製物，它只持有一個以 void* 形式指向它的指標（❸）。另外，它也持有一個指向相關 DrawStrategy 的 void*（❹），以及指向手動實作虛擬 draw() 函數的函數指標作為第三個資料成員（❺）（參考第 308 頁「指導原則 33：意識到 Type Erasure 優化的潛力」）。

ShapeConstRef 透過參照到非 const 取得它的形狀和繪圖 Strategy 兩個引數，這兩個引數可能都是 cv 限定的（❻）[19]。在這種形式下，它不可能傳遞右值給建構函數，這可以避免暫時值任何種類的生命期問題。不幸的是，這不能保護你避免在左值上所有可能的生命期問題，但仍然提供了非常合理的保護[20]。如果你想要允許右值，你應該重新考慮。如果你真的**非常**願意冒著暫時值生命期問題的風險，那麼你可以簡單地透過參照到 const 獲取引數。只是要記住，你不是從我這裡得到這個建議的。

就是這樣了，這就是完整的非擁有的實作。它有效率、簡短、簡單，而且如果你不需要儲存任何種類相關聯的資料或 Strategy 物件，它甚至可以更簡短、更簡單。有了這個功能之後，現在你能夠建立便宜的形狀抽象化。這在以下的程式碼例子中用 useShapeConstRef() 函數展示，這個函數使你能夠透過簡單地使用 ShapeConstRef 作為函數引數，而用任何可能的繪圖實作繪製任何種類的形狀（Circle、Square 等）。在 main() 函數中，我們透過具體的形狀和具體的繪圖 Strategy（在這情況下是一個 lambda）來呼叫 useShapeConstRef()（❼）：

19 **限定的** *cv* 術語（*https://oreil.ly/TGlBO*）指的是 const 和 volatile 的限定詞。

20 關於左值和右值的提醒，請參考 Nicolai Josuttis 在移動語義上的著作：《*C++ Move Semantics - The Complete Guide*》。

```
//---- <Main.cpp> ----------------

#include <Circle.h>
#include <Shape.h>
#include <cstdlib>

void useShapeConstRef( ShapeConstRef shape )
{
   draw( shape );
}

int main()
{
   // 建立一個圓形，作為具體形狀類型的代表
   Circle circle{ 3.14 };

   // 以 lambda 的形式建立一個繪圖策略
   auto drawer = []( Circle const& c ){ /*...*/ };

   // 透過「ShapeConstRef」抽象化直接繪製圓形
   useShapeConstRef( { circle, drawer } );  ❼

   return EXIT_SUCCESS;
}
```

這個呼叫觸發了想要的效果，尤其是沒有任何記憶體分配或昂貴的複製操作，而只是透過在一組指向給定形狀和繪圖 Strategy 的指標上包裝多型行為。

更強大的非擁有的 Type Erasure 實作

大多數的時候，這個簡單的非擁有的 Type Erasure 實作被證明應該是足夠並滿足你所有的需求。然而，有時候，也只是有時候，它可能不夠用。有時候，你可能會對 Shape 稍微不同的形式感興趣：

```
#include <Cirlce.h>
#include <Shape.h>
#include <cstdlib>

int main()
{
   // 建立一個圓形，作為具體形狀類型的代表
   Circle circle{ 3.14 };

   // 以 lambda 形式建立一個繪圖策略
   auto drawer = []( Circle const& c ){ /*...*/ };
```

```
    // 在一個「Shape」抽象化中結合形狀和繪圖策略
    Shape shape1( circle, drawer );

    // 繪製形狀
    draw( shape1 );

    // 建立對形狀的參照
    // 已經作用了，但形狀參照將儲存一個
    // 指向「shape1」實例的指標，而不是指向「圓形」的指標。
    ShapeConstRef shaperef( shape1 );  ❽

    // 經由形狀參照繪製，導致相同的輸出
    // 這是可行的，但只能藉由兩個間接性的協助！
    draw( shaperef );  ❾

    // 透過形狀參照建立形狀的深層複製
    // 這用簡單非擁有的實作是不可能的！
    // 用簡單的實作，這會建立「shaperef」實體的複製物。
    // 「shape2」本身將作為一個參照，並且會有
    // 三個間接性 ... 唉。
    Shape shape2( shaperef );  ❿

    // 繪製複製物將再次導致相同的輸出
    draw( shape2 );

    return EXIT_SUCCESS;
}
```

假設你有一個稱為 shape1 類型抹除的 circle，你可能想要將這個 Shape 實例轉換為 ShapeConstRef（❽）。在目前的實作中，這是可行的，但是 shaperef 實例將持有一個指向 shape1 實例的指標，而不是指向 circle 的指標。因此，任何對 shaperef 的使用都會導致兩個間接性（一個透過 ShapeConstRef，另一個經由 Shape 抽象化）（❾）。此外，你也可能對將 ShapeConstRef 實例轉換為 Shape 實例有興趣（❿）。在這種情況下，你可能期望建立一個以 circle 為基礎的完整複製物，且產生的 Shape 抽象化包含並表示這個複製物。不幸的是，用目前的實作，Shape 將建立 ShapeConstRef 實例的複製物，因此引入第三個間接性。唉。

如果你需要在擁有的和非擁有的 Type Erasure 包裝器之間進行更有效率的相互作用，且當你複製非擁有的包裝器到擁有的包裝器時需要一個真正的複製，那麼我可以提供你一個可行的解決方案。不幸的是，它比之前的實作更複雜，但幸運的是它不會太複雜。這個解決方案建構在第 288 頁「指導原則 32：考慮用 Type Erasure 代替繼承階層結構」中的基本 Type Erasure 實作上，其中包括了 detail 命名空間中的 ShapeConcept 和

OnwingShapeModel 類別，以及 Shape Type Erasure 包裝器。你會發現它只需要一些補充，而這些補充你之前就已經看過了。

第一個補充發生在 ShapeConcept 基礎類別中：

```
//---- <Shape.h> ----------------

#include <memory>
#include <utility>

namespace detail {

class ShapeConcept
{
 public:
   // ...
   virtual void clone( ShapeConcept* memory ) const = 0;  ⓫
};

// ...

} // detail 命名空間
```

ShapeConcept 類別用第二個 clone() 函數擴展（⓫）。不是回傳一個對應模型新實例化的複製物，這個函數傳遞產生新模型所需要記憶體的位址。

第二個補充是新的模型類別，即 NonOwningShapeModel：

```
//---- <Shape.h> ----------------

// ...

namespace detail {

// ...

template< typename ShapeT
        , typename DrawStrategy >
class NonOwningShapeModel : public ShapeConcept
{
 public:
   NonOwningShapeModel( ShapeT& shape, DrawStrategy& drawer )
      : shape_{ std::addressof(shape) }
      , drawer_{ std::addressof(drawer) }
   {}
```

```
    void draw() const override { (*drawer_)(*shape_); }  ⓮

    std::unique_ptr<ShapeConcept> clone() const override  ⓯
    {
       using Model = OwningShapeModel<ShapeT,DrawStrategy>;
       return std::make_unique<Model>( *shape_, *drawer_ );
    }

    void clone( ShapeConcept* memory ) const override  ⓰
    {
       std::construct_at( static_cast<NonOwningShapeModel*>(memory), *this );

       // 或：
       // auto* ptr =
       //    const_cast<void*>(static_cast<void const volatile*>(memory));
       // ::new (ptr) NonOwningShapeModel( *this );
    }

 private:
    ShapeT* shape_{ nullptr };  ⓬
    DrawStrategy* drawer_{ nullptr };  ⓭
};

// ...

} // detail 命名空間
```

NonOwningShapeModel 與 OwningShapeModel 的實作非常類似，但是，正如其名，它不儲存給定形狀和策略的複製物，而是只儲存指標（⓬ 和 ⓭）。因此，這個類別表示 OwningShapeModel 類別的參照語義版本。還有，NonOwningShapeModel 需要覆寫 ShapeConcept 類別的純虛擬函數：draw() 再次將繪圖要求轉發至給定的繪圖 Strategy（⓮），而 clone() 函數執行複製。第一個 clone() 函數是透過建立一個新的 OwningShapeModel 並且複製儲存的形狀和繪圖 Strategy 而實作（⓯）；第二個 clone() 函數是透過在由 std::construct_at() 指定的位址建立一個新的 NonOwningShapeModel 而實作（⓰）。

此外，OwningShapeModel 類別需要提供新 clone() 函數的實作：

```
//---- <Shape.h> ----------------

// ...

namespace detail {

template< typename ShapeT
        , typename DrawStrategy >
```

```
class OwningShapeModel : public ShapeConcept
{
 public:
   // ...

   void clone( ShapeConcept* memory ) const  ⓱
   {
      using Model = NonOwningShapeModel<ShapeT const,DrawStrategy const>;

      std::construct_at( static_cast<Model*>(memory), shape_, drawer_ );

      // 或：
      // auto* ptr =
      //    const_cast<void*>(static_cast<void const volatile*>(memory));
      // ::new (ptr) Model( shape_, drawer_ );
   }
};

// ...

} // detail 命名空間
```

在 `OwningShapeModel` 中 `clone()` 函數的實作類似於在 `NonOwningShapeModel` 類別中的實作，透過用 `std::construct_at()` 建立一個 `NonOwningShapeModel` 的新實例（⓱）。

接下來增加的是作為外部階層結構 `ShapeConcept` 和 `NonOwningShapeModel` 對應的包裝器類別。這個包裝器應該負有與 `Shape` 類別相同的責任（即 `NonOwningShapeModel` 類別模板的實例化和所有指標處理的封裝），但應該只表示一個對 `const` 具體形狀的參照，而不是一個複製。這個包裝器再次以 `ShapeConstRef` 類別的形式提供：

```
//---- <Shape.h> ----------------

#include <array>
#include <cstddef>
#include <memory>

// ...

class ShapeConstRef
{
 public:
   // ...

 private:
   // ...
```

```
    // 一個模型實例化所預期的大小：
    //     sizeof(ShapeT*) + sizeof(DrawStrategy*) + sizeof(vptr)
    static constexpr size_t MODEL_SIZE = 3U*sizeof(void*);  ⓳

    alignas(void*) std::array<std::byte,MODEL_SIZE> raw_;  ⓲
};
```

如你看到的，ShapeConstRef 類別與 Shape 類別非常類似，但有一些重要的差異。第一個值得注意的細節是，使用正確對齊 std::byte 陣列的 raw_ 儲存器形式（⓲）。這表明 ShapeConstRef 不是動態分配的，而是堅定地構建在類別內的記憶體上。然而在這種情況下，這很容易實現，因為我們可以預測所需的 NonOwningShapeModel 大小等於三個指標的大小（假設虛擬函數表的指標 vptr 與任何其他指標有相同大小）（⓳）。

ShapeConstRef 的 private 部分也包含了一些成員函數：

```
//---- <Shape.h> ----------------

// ...

class ShapeConstRef
{
 public:
   // ...

 private:
   friend void draw( ShapeConstRef const& shape )
   {
      shape.pimpl()->draw();
   }

   ShapeConcept* pimpl()  ⓴
   {
      return reinterpret_cast<ShapeConcept*>( raw_.data() );
   }

   ShapeConcept const* pimpl() const  ㉑
   {
      return reinterpret_cast<ShapeConcept const*>( raw_.data() );
   }

   // ...
};
```

我們也增加 draw() 函數當作隱藏的 friend，就像在第 308 頁「指導原則 33：意識到 Type Erasure 優化的潛力」SBO 實作中，我們增加了一對 pimpl() 函數（⑳和㉑）。這將使我們能夠方便地使用類別中的 std::byte 陣列。

第二個值得注意的細節是，每一個 Type Erasure 實作的簽章函數，即模板化的建構函數：

```
//---- <Shape.h> ----------------

// ...

class ShapeConstRef
{
 public:
   // 「ShapeT」和「DrawStrategy」類型可能是 cv 限定的；
   // 對左值的參照可以避免對右值的參照
   template< typename ShapeT
           , typename DrawStrategy >
   ShapeConstRef( ShapeT& shape
                , DrawStrategy& drawer )  ㉒
   {
      using Model =
         detail::NonOwningShapeModel<ShapeT const,DrawStrategy const>;  ㉓
      static_assert( sizeof(Model) == MODEL_SIZE, "Invalid size detected" );  ㉔
      static_assert( alignof(Model) == alignof(void*), "Misaligned detected" );

      std::construct_at( static_cast<Model*>(pimpl()), shape_, drawer_ );  ㉕

      // 或：
      // auto* ptr =
      //    const_cast<void*>(static_cast<void const volatile*>(pimpl()));
      // ::new (ptr) Model( shape_, drawer_ );
   }

   // ...

 private:
   // ...
};
```

同樣的，你可以選擇透過參照到非 const 來接受引數，以防止暫時變數的生命期問題（強烈推薦！）（㉒）。或者，你可以透過參照到 const 來接受引數，這將允許你傳遞右值，但會使你面臨暫時變數生命週期問題的風險。在建構函數中，我們同樣先使用一個方便的類型別名來表示模型所需的類型（㉓），然後再檢查模型的實際大小和對齊方式（㉔）。如果它不符合預期的 MODEL_SIZE 或指標對齊方式，我們將產生一個編譯期錯誤。然後我們透過 std::construct_at() 在類別內記憶體中建構新的模型（㉕）：

```
//---- <Shape.h> ----------------

// ...

class ShapeConstRef
{
 public:
   // ...

   ShapeConstRef( Shape& other )       { other.pimpl_->clone( pimpl() ); }  ㉖
   ShapeConstRef( Shape const& other ) { other.pimpl_->clone( pimpl() ); }

   ShapeConstRef( ShapeConstRef const& other )
   {
      other.pimpl()->clone( pimpl() );
   }

   ShapeConstRef& operator=( ShapeConstRef const& other )
   {
      // 複製和交換慣用法
      ShapeConstRef copy( other );
      raw_.swap( copy.raw_ );
      return *this;
   }

   ~ShapeConstRef()
   {
      std::destroy_at( pimpl() );
      // 或：pimpl()->~ShapeConcept();
   }

   // 移動操作明確未宣告  ㉗

 private:
   // ...
};
```

除了模板化的 ShapeConstRef 建構函數之外，ShapeConstRef 還提供了兩個建構函數來啟動從 Shape 實例的轉換（㉖）。然而這不是絕對必要的，因為我們也可以為 Shape 建立一個 NonOwningShapeModel 的實例，但這些建構函數直接為對應的底層形狀類型建立 NonOwningShapeModel，而因此減少了一個間接性，有助於提高性能。請注意，要讓這些建構函數工作，ShapeConstRef 需要成為 Shape 類別的 friend。不過別擔心，因為這是一個友誼的好例子：Shape 和 ShapeConstRef 真正是一體的，攜手並進，而且甚至在同一個標頭檔中提供。

最後一個值得注意的細節是，這兩個移動操作既沒有明確地宣告，也沒有刪除的事實（㉗）。因為我們已經明確地定義了這兩個複製操作，所以編譯器既不會建立也不會刪除這兩個移動操作，因此它們就消失了。完全消失的意思是這兩個函數永遠不會參與多載解析。是的，這與明確地刪除它們不一樣：如果它們被刪除，它們將參與多載解析，而且如果被選中，它們將導致編譯錯誤。但是隨著這兩個函數的消失，當你嘗試移動一個 ShapeConstRef 的時候，就會使用複製操作代替，這樣既便宜又有效率，因為 ShapeConstRef 只表示一個參照。因此，這個類別刻意地實現了 3 的規則（*https://oreil.ly/hYYiq*）。

我們快完成了。最後一個細節是再多增加一項，在 Shape 類別中多加一個建構函數：

```
//---- <Shape.h> ----------------

// ...

class Shape
{
 public:
   // ...

   Shape( ShapeConstRef const& other )
      : pimpl_{ other.pimpl()->clone() }
   {}

 private:
   // ...
}
```

透過這個建構函數，Shape 的一個實例會建立儲存在傳遞的 ShapeConstRef 實例中形狀的深層複製。沒有這個建構函數的話，Shape 會儲存 ShapeConstRef 實例的複製物，因此自己成為一個參照。

總的來看，無論是簡單或更複雜的兩種非擁有的實作，都為您提供了 Type Erasure 設計模式的所有設計優點，但同時也將你拉回到它有所不足的參照語義領域。因此，利用這種非擁有的 Type Erasure 形式的強處，但也要注意到常見的生命期問題。將它視為與 `std::string_view` 和 `std::span` 相同的層次。所有這些都是作為函數引數非常有用的工具，但不要用它們長期儲存任何東西，例如以資料成員的形式，生命期相關問題的風險實在太高了。

指導原則 34：意識到擁有 Type Erasure 包裝器的設置成本

- 記住，擁有 `Type Erasure` 包裝器的設置可能牽涉到複製操作和分配。
- 注意非擁有的 `Type Erasure`，但也要了解它參照語義的不足。
- 偏好簡單的 `Type Erasure` 實作，但要了解它們的侷限。
- 優先對函數引數使用非擁有的 `Type Erasure`，但不要用於資料成員或回傳類型。

第九章

Decorator 設計模式

本章專注於另一種經典的設計模式：Decorator 設計模式。多年來，當涉及到組合和重用不同的實作時，Decorator 已經被證明是最有用的設計模式之一。所以，它經常被使用，甚至用於 C++ 標準函數庫功能中最令人印象深刻的修訂之一，這些都不會令人感到意外。這一章我的主要目標是提供你為什麼，以及什麼時候，Decorator 是設計軟體的絕佳選擇。另外，我將向你展示現代的、更基於值的 Decorator 形式。

在第 337 頁的「指導原則 35：使用 Decorator 分層添加客製化的階層結構」中，我們將探索 Decorator 設計模式的設計面向。你將看到什麼時候它是正確的設計選擇，以及透過使用它你會獲得哪些好處。另外，你將了解到它和其他設計模式相比的差異，以及它潛在的缺點。

在第 355 頁的「指導原則 36：了解執行期和編譯期抽象化之間的取捨」中，我們將看看 Decorator 設計模式的另外兩個實作。雖然這兩個實作都穩固地扎根在值語義的領域，但第一個實作將以靜態多型為基礎，而第二個實作將以動態多型為基礎。即使兩個實作都有相同的目的，因此都實作了 Decorator，但這兩者之間的對比將讓你感受到設計模式設計空間的浩瀚。

指導原則 35：
使用 Decorator 分層添加客製化的階層結構

自從你透過提出基於 Strategy 設計模式的解決方案，解決了團隊二維圖形工具的設計問題之後（記得 134 頁的「指導原則 19：用 Strategy 來隔離事物如何完成」），你的設計模式專家名號便傳遍整個公司，因此，其他團隊尋求你的指導也就不足為奇了。有一天，你公司商品管理系統的兩位開發者來到你的辦公室，並請求你的幫助。

你同事的設計問題

這兩位開發者的團隊正在處理很多不同的 `Item`（參考圖 9-1），所有這些項目都有一個共同點：它們有一個 `price()` 標籤。這兩位開發者試圖透過從 C++ 商品商店中取得的兩個項目說明他們的問題：一個表示 C++ 書籍的類別（`CppBook` 類別），和一個 C++ 研討會門票（`ConferenceTicket` 類別）。

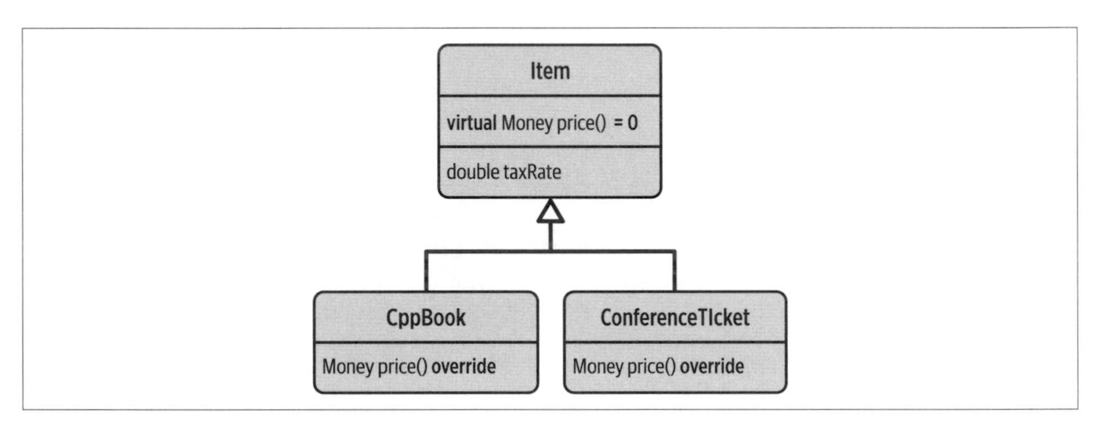

圖 9-1　初始的 Item 繼承階層結構

當開發者概略地敘述他們的問題時，你開始了解，他們的問題似乎是有許多不同的方法來修改價格。最初，他們告訴你，他們只需要考慮到課稅，因此 `Item` 基礎類別配有一個 `protected` 資料成員來表示稅率：

```
//---- <Money.h> ----------------

class Money { /*...*/ };

Money operator*( Money money, double factor );
Money operator+( Money lhs, Money rhs );


//---- <Item.h> ----------------

#include <Money.h>

class Item
{
 public:
   virtual ~Item() = default;

   virtual Money price() const = 0;
```

```
  // ...

protected:
  double taxRate_;
};
```

這顯然在一段時間內運作得還不錯，直到有一天，他們被要求也要考慮到不同的折扣率。這顯然需要花費大量的精力來為他們眾多不同項目重構大量的現有類別，因為所有的衍生類別都會存取 `protected` 資料成員，所以你可輕易想見這是必要的。「是的，你應該總是為改變而設計…」你心裡想[1]。

他們繼續坦承自己不幸的錯誤設計。當然，他們應該在 `Item` 基礎類別中封裝稅率，然而，隨著這種認知而來的理解是，當用基礎類別中的資料成員表示價格修飾器時，任何一種新的價格修飾器始終都是一個干擾性的動作，而且總是會直接影響 `Item` 類別。為了這個原因，他們開始思考在未來如何避免這種大規模的重構，以及如何能輕易增加新修飾器。「這就是該做的事！」你心裡想。不幸的是，他們想到的第一個方法是透過繼承階層結構來分解出不同種類價格修飾器的因素（參考圖 9-2）。

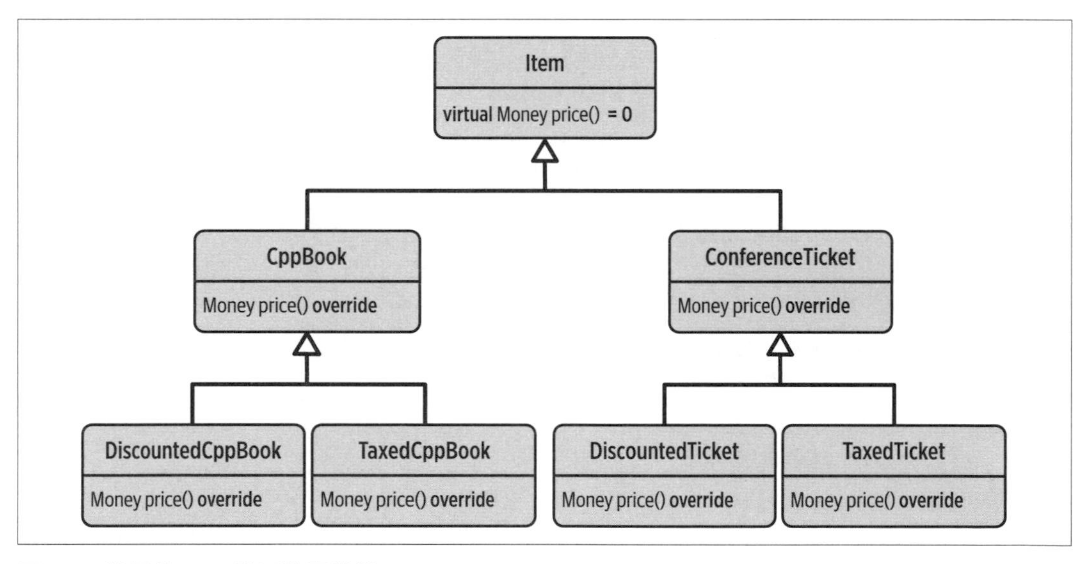

圖 9-2　擴展的 `Item` 繼承階層結構

1　記住第 10 頁的「指導原則 2：為改變而設計」和核心指導原則 C.133（*https://oreil.ly/SrAkz*）：「避免 `protected` 資料。」

與其在基礎類別中封裝課稅和折扣，這些修飾器被分解到衍生類別中，執行需要的價格調整。「哎呀⋯」你開始思考。顯然地，你的表情已經透露出你不喜歡這個想法，所以他們立即告訴你他們已經放棄這個想法了。很明顯地，他們自己也已經意識到這甚至將造成更多問題：這個解決方案將迅速導致類型急遽擴大，並且只能提供很差的功能重用。不幸的是，因為對於每一個具體的 `Item`，課稅和折扣的程式碼都必須重複，所以大量程式碼的數量將會加倍。然而，最麻煩的是處理受到課稅和受到折扣兩種影響的 `Item`：他們既不喜歡提供類別來處理這兩種情形，也不想在繼承階層結構中引入另一個層次（參考圖 9-3）。

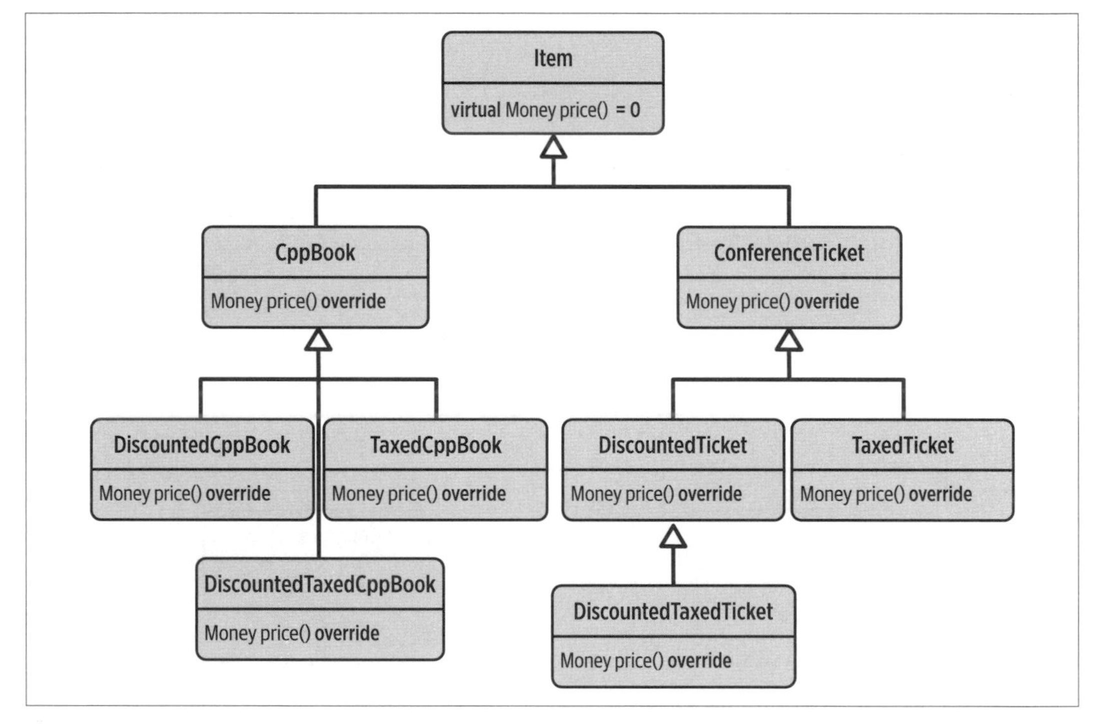

圖 9-3　有問題的 `Item` 繼承階層結構

顯然地，而且讓他們感到驚訝的是，他們不能透過直接繼承在基礎類別或衍生類別中的價格修飾器處理。然而，在你有機會對分離關注點發表任何意見之前，他們解釋說他們最近聽說過你的 Strategy 解決方案，這終於提供他們一個如何正確重構問題的想法（參考圖 9-4）。

透過將價格修飾器抽取到一個分離的階層結構，並且透過 `PriceStrategy` 在建構時配置 `Item`，他們終於找到了一個不會干擾性地增加新價格修飾器的可行解決方案，這將省下他們大量的重構工作。「嗯，這就是分離關注點的好處，而且偏好於組合而不是繼承，」你心裡想[2]。你出聲問：「這太棒了，我真為你們感到高興。現在似乎一切都能運作了，你們已經自己找到了解決方案！那你們為什麼來這裡呢？」

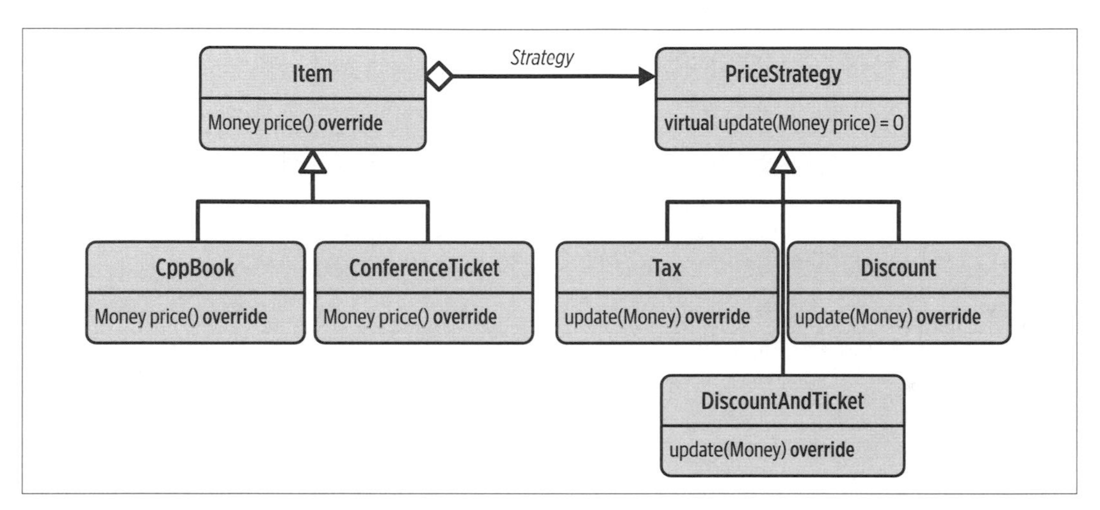

圖 9-4　基於 Strategy 的 `Item` 繼承階層結構

他們告訴你，你的 Strategy 解決方案是到目前為止他們擁有的最好方法（包括感謝的表情）。然而，他們承認他們對這個方法並不是很滿意，從他們的觀點來看仍然有兩個問題，並且希望你能修正它們。他們看到的第一個問題是，即使沒有用到價格修飾器，每個 `Item` 實例都需要一個 Strategy 類別。雖然他們同意這可以透過某種**空物件**（*https://oreil.ly/9RX5N*）解決，但他們覺得應該有更簡單的解決方案[3]：

```
class PriceStrategy
{
 public:
   virtual ~PriceStrategy() = default;
   virtual Money update( Money price ) const = 0;
   // ...
};
```

2　對於為什麼這麼多設計模式從組合而不是繼承中獲得它們力量的討論，請參考第 156 頁的「指導原則 20：對組合的偏好超過繼承」。

3　一個**空物件**表示一個具有不明確（空）行為的物件。因此，它可以被視為是 Strategy 實作的預設物件。

```
class NullPriceStrategy : public PriceStrategy
{
 public:
   Money update( Money price ) const override { return price; }
};
```

他們的第二個問題似乎有些難解決。很明顯地，他們對結合不同種類的修飾器（例如，將 `Discount` 和 `Tax` 結合成 `DiscountAndTax`）感興趣。不幸的是，在目前的實作中他們經歷了一些程式碼的重複。例如，`Tax` 和 `DiscountAndTax` 類別都含有與課稅相關的計算。而且雖然現在只有兩個修飾器，手邊有合理的解決方案可以應付重複，但他們預期當增加更多的修飾器和這些修飾器任意的組合時會發生問題。因此，他們想知道是否有處理不同種類價格修飾器的其他更好的解決方案。

這的確是一個耐人尋味的問題，而且你很高興能花時間幫助他們。他們完全正確：Strategy 設計模式不是這個問題的正確解決方案。雖然 Strategy 是一個移除函數完整實作細節的依賴性，並巧妙地處理不同實作很好的解決方案，但它無法輕易組合和重用不同的實作，嘗試這樣做會很快地導致一個不想要的複雜 Strategy 繼承階層結構。

他們所面對的問題需要的似乎更像是 Strategy 的階層形式，一種將不同的價格修飾器解耦，但也允許將它們非常靈活組合的形式。因此，成功的關鍵是分離關注點的結果應用：任何僵硬的、手動編碼的、本著 `DiscountAndTax` 類別的精神都會被禁止。然而，解決方案也應該是非干擾性的，讓他們在不需要修改現有的程式碼下，能夠在任何時候實作新的想法。最後，預設情況應該不需要用人為的**空物件**來處理，較合理的做法是持續使用組合而非繼承，並以包裝器的形式來實作價格修飾器。有了這樣的認識，你開始微笑。是的，有一個非常適合此目的的設計模式：你的兩位客人需要的正是 Decorator 設計模式的實作。

Decorator 設計模式的說明

Decorator 設計模式也是源自於 GoF 的書中，它主要專注在經由組合來靈活地將不同的功能片段結合起來。

Decorator 設計模式

目的：「動態地將額外的責任附加到物件上，Decorator 為擴展功能提供了靈活的子類別化的替代方法。[4]」

---

4 Erich Gamma 等人，《*Design Patterns: Elements of Reusable Object-Oriented Software*》。

圖 9-5 顯示所給 Item 問題的 UML 圖。和以前一樣，Item 基礎類別表示來自所有可能項目的抽象化。另一方面，衍生的 CppBook 類別作為 Item 不同實作的代表。這個階層結構的問題是，很難為現有的 price() 函數增加新的修飾器。在 Decorator 設計模式中，這種新「責任」的增加被確定為一個**變動點**，並且以 DecoratedItem 類別的形式抽取出來。這個類別是 Item 基礎類別的一個單獨、特殊的實作，並且表示任何給定項目一個附加的責任。一方面，DecoratedItem 衍生自 Item，因此必須遵守 Item 抽象化的所有期望（參考第 42 頁「指導原則 6：遵循抽象化預期的行為」）；另一方面，它也包含一個 Item（經由組合或聚合）。因此，DecoratedItem 充當圍繞每一個項目的包裝器，因此可能是一個自己可以擴展功能的包裝器。為了這個原因，它為修飾器的階層結構應用提供了基礎。兩個可能的修飾器由表示特定項目折扣的 Discounted 類別，以及表示某種稅的 Taxed 類別表示[5]。

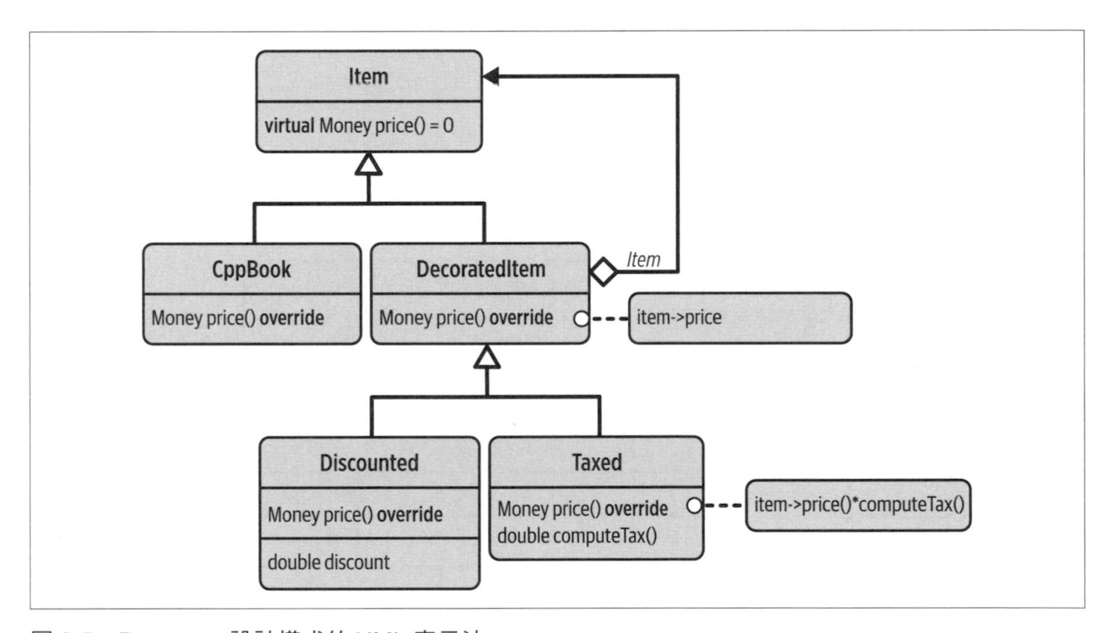

圖 9-5　Decorator 設計模式的 UML 表示法

藉由引入 DecoratedItem 類別並分離需要改變的面向，你遵守了 SRP。藉由分離這個關注點，因此允許輕易地增加新的價格修飾器，你也遵守了**開放 - 封閉原則**（*OCP*）。由於 DecoratedItem 類別的階層性、遞迴性，以及由於獲得了輕易地重用和組合不同修飾

5　你可能想知道這是否是處理課稅最合理的方法。不，很不幸它不是。這是因為首先，像往常一樣，現實會比這個簡單的、有教育意義的例子更複雜；其次，因為在這種形式下，它很容易錯誤地應用課稅。雖然我對第一點無能為力（我只是一個凡人），但關於第二點我將在這個指導原則的最後詳細敘述。

器的能力，你也遵循了**不要重複自己**（*DRY*）原則的建議。最後但同樣重要的是，因為 Decorator 的包裝器方法，不需要以**空物件**的形式定義任何預設的行為，所以任何不需要修飾器的 `Item` 都能夠按原樣使用。

圖 9-6 展示了 Decorator 設計模式的依賴關係圖。在這個圖中，`Item` 類別位於架構的最高層次，所有其他的類別都依賴它，包括位於下一層次的 `DecoratedItem` 類別。當然，這不是一個要求：如果 `Item` 和 `DecoratedItem` 都被引入到相同的架構層次，那是完全可以接受的。然而，這個例子證明了任何時候、任何地方都有可能在不需要修改現有程式碼下引入一個新的 Decorator。`Item` 的具體類型在架構的最低層次實作，注意在這些項目之間沒有依賴關係：包括像 `Discounted` 的修飾器在內的所有項目，都可以被任何人在任何時候獨立引入，並且由於 Decorator 的結構所以可以靈活地和任意地組合。

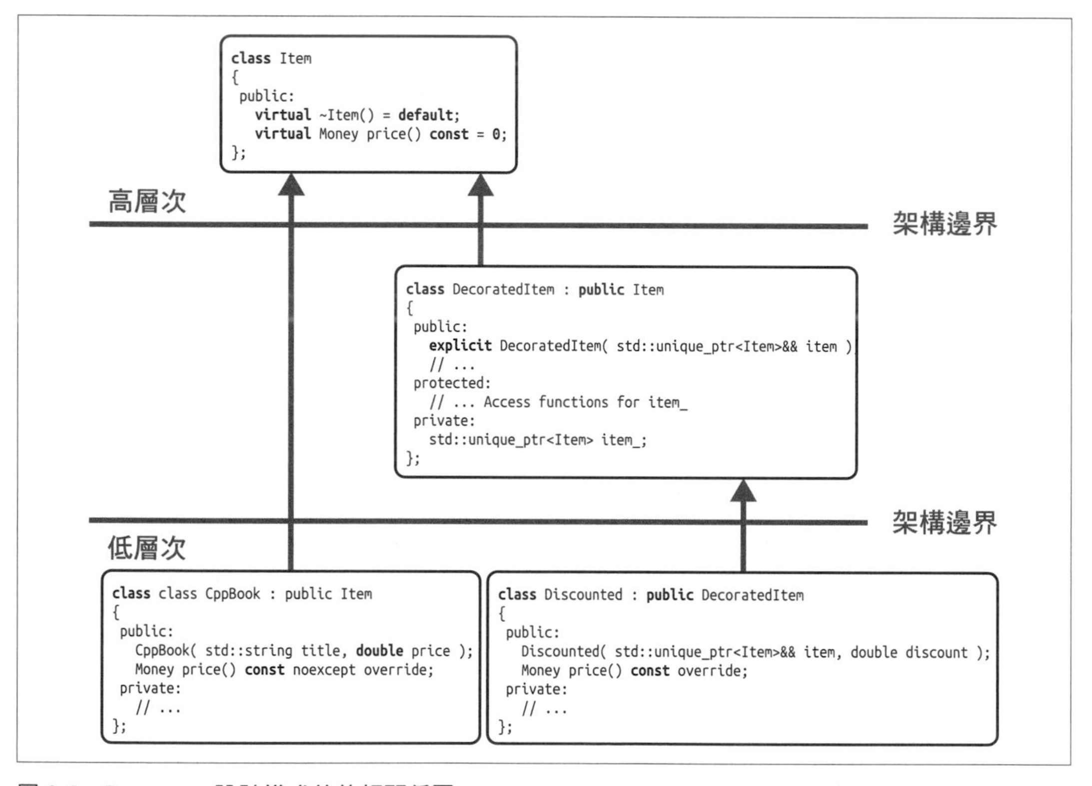

圖 9-6　Decorator 設計模式的依賴關係圖

Decorator 設計模式傳統的實作

來看看透過所給的 `Item` 例子對 Decorator 設計模式的一個完整、GoF 風格的實作：

```
//---- <Item.h> ----------------

#include <Money.h>

class Item
{
 public:
   virtual ~Item() = default;
   virtual Money price() const = 0;
};
```

`Item` 基礎類別表示所有可能項目的抽象化，唯一的要求是由可以用來查詢所給項目價格的純虛擬 `price()` 函數定義。`DecoratedItem` 類別表示 `Item` 類別一個可能的實作（❶）：

```
//---- <DecoratedItem.h> ----------------

#include <Item.h>
#include <memory>
#include <stdexcept>
#include <utility>

class DecoratedItem : public Item  ❶
{
 public:
   explicit DecoratedItem( std::unique_ptr<Item> item )  ❸
      : item_( std::move(item) )
   {
      if( !item_ ) {
         throw std::invalid_argument( "Invalid item" );
      }
   }

 protected:
   Item&       item()       { return *item_; }  ❹
   Item const& item() const { return *item_; }

 private:
   std::unique_ptr<Item> item_;  ❷
};
```

DecoratedItem 衍生自 Item 類別，但也含有一個 item_（❷）。這個 item_ 是經由建構函數指定的，它接受指向另一個 Item 任何非空的 std::unique_ptr（❸）。注意這個 DecoratedItem 類別仍然是抽象的，因為純虛擬的 price() 函數還沒有被定義。DecoratedItem 只提供了儲存一個 Item 的必要功能，並經由 protected 成員函數存取這個 Item（❹）。

配有了這兩個類別，就可以實作具體的 Item：

```
//---- <CppBook.h> ---------------

#include <Item.h>
#include <string>
#include <utility>

class CppBook : public Item  ❺
{
 public:
   CppBook( std::string title, Money price )
      : title_{ std::move(title) }
      , price_{ price }
   {}

   std::string const& title() const { return title_; }
   Money price() const override { return price_; }

 private:
   std::string title_{};
   Money price_{};
};


//---- <ConferenceTicket.h> ---------------

#include <Item.h>
#include <string>
#include <utility>

class ConferenceTicket : public Item  ❻
{
 public:
   ConferenceTicket( std::string name, Money price )
      : name_{ std::move(name) }
      , price_{ price }
   {}

   std::string const& name() const { return name_; }
   Money price() const override { return price_; }
```

```
 private:
   std::string name_{};
   Money price_{};
};
```

CppBook 和 ConferenceTicket 類別表示可能的特定 Item 實作（❺和❻）。當一本 C++ 書籍是透過書名表示時，一場 C++ 研討則是透過會議名稱表示，最重要的是，這兩個類別都用回傳指定的 price_ 覆寫了 price() 函數。

CppBook 和 ConferenceTicket 都對任何形式的課稅或折扣視而不見。很明顯地，兩種 Item 都有可能受制於這兩者。這些價格修飾器是透過 Discounted 和 Taxed 類別實作：

```
//---- <Discounted.h> ----------------

#include <DecoratedItem.h>

class Discounted : public DecoratedItem
{
 public:
   Discounted( double discount, std::unique_ptr<Item> item )  ❼
      : DecoratedItem( std::move(item) )
      , factor_( 1.0 - discount )
   {
      if( !std::isfinite(discount) || discount < 0.0 || discount > 1.0 ) {
         throw std::invalid_argument( "Invalid discount" );
      }
   }

   Money price() const override
   {
      return item().price() * factor_;  ❽
   }

 private:
   double factor_;
};
```

Discounted 類別（❼）是透過傳遞一個指向 Item 的 std::unique_ptr，和一個由 0.0 到 1.0 範圍內的雙精度浮點數表示的折扣值初始化。當給定的 Item 被立即傳遞給 DecoratedItem 基礎類別時，用所給的折扣值計算一個折扣 factor_。這個因子被用於實作 price() 函數，以修改所給項目的價格（❽）。這可以是一個像 CppBook 或 ConferenceTicket 的特定項目，或是像 Discounted 反過來修改另一個 Item 價格這樣的任何 Decorator。因此，price() 函數是 Decorator 階層結構被完全利用的地方：

```
//---- <Taxed.h> ----------------

#include <DecoratedItem.h>

class Taxed : public DecoratedItem
{
 public:
   Taxed( double taxRate, std::unique_ptr<Item> item )  ❾
      : DecoratedItem( std::move(item) )
      , factor_( 1.0 + taxRate )
   {
      if( !std::isfinite(taxRate) || taxRate < 0.0 ) {
         throw std::invalid_argument( "Invalid tax" );
      }
   }

   Money price() const override
   {
      return item().price() * factor_;
   }

 private:
   double factor_;
};
```

Taxed 類別與 Discounted 類別非常類似，主要的差異是在建構函數中評估與課稅有關的因子（❾）。同樣的，這個因子在 price() 函數中用以修改被包裝 Item 的價格。

所有這些功能都集中在 main() 函數內：

```
#include <ConferenceTicket.h>
#include <CppBook.h>
#include <Discounted.h>
#include <Taxed.h>
#include <cstdlib>
#include <memory>

int main()
{
   // 7% 的稅：19*1.07 = 20.33
   std::unique_ptr<Item> item1(  ❿
      std::make_unique<Taxed>( 0.07,
         std::make_unique<CppBook>( "Effective C++", 19.0 ) ) );

   // 20% 的折扣，19% 的稅：(999*0.8)*1.19 = 951.05
   std::unique_ptr<Item> item2(  ⓫
      std::make_unique<Taxed>( 0.19,
```

```
        std::make_unique<Discounted>( 0.2,
           std::make_unique<ConferenceTicket>( "CppCon", 999.0 ) ) ) );

   Money const totalPrice1 = item1->price();  // 結果是 20.33
   Money const totalPrice2 = item2->price();  // 結果是 951.05

   // ...

   return EXIT_SUCCESS;
}
```

作為第一個 Item，我們建立一個 CppBook。假設這本書要課 7% 的稅，這個稅是透過包裝在項目的 Taxed 裝飾器而應用的。因此，產生的 item1 表示一本課過稅的 C++ 書（⑩）。作為第二個 Item，我們建立一個 ConferenceTicket 實例，它表示 CppCon（*https://cppcon.org*）。我們很幸運地取得一張早鳥票，這意味著我們獲得了 20% 的折扣，這個折扣是透過 Discounted 類別包裝在 ConferenceTicket 實例上。這張票也需要繳 19% 的稅，和之前一樣，它是透過 Taxed 裝飾器應用。因此，產生的 item2 表示一張打過折扣而且課過稅的 C++ 研討會門票（⑪）。

第二個 Decorator 例子

另一個令人印象深刻的例子顯示了 Decorator 設計模式的好處，它可以在 C++17 對 STL 分配器的修訂中找到。因為分配器的實作是基於 Decorator，所以建立任意複雜的分配器階層是可能的，甚至可以滿足最特殊的記憶體需求。例如，以下使用 std::pmr::monotonic_buffer_resource（*https://oreil.ly/UPPxK*）（⑫）的例子：

```
#include <array>
#include <cstddef>
#include <cstdlib>
#include <memory_resource>
#include <string>
#include <vector>

int main()
{
   std::array<std::byte,1000> raw;  // 注意：未初始化！

   std::pmr::monotonic_buffer_resource
      buffer{ raw.data(), raw.size(), std::pmr::null_memory_resource() }; 12

   std::pmr::vector<std::pmr::string> strings{ &buffer };

   strings.emplace_back( "String longer than what SSO can handle" );
   strings.emplace_back( "Another long string that goes beyond SSO" );
```

```
    strings.emplace_back( "A third long string that cannot be handled by SSO" );

    // ...

    return EXIT_SUCCESS;
}
```

std::pmr::monotonic_buffer_resource 是 std::pmr 命名空間中幾個可用的分配器之一。在這個例子中，它的配置使得每當字串向量要求記憶體的時候，它將只分配所給位元組陣列的 raw 區塊。無法處理的記憶體要求，例如因為緩衝區記憶體不足，則會透過拋出一個 std::bad_alloc 異常來處理，這種行為是在建構過程中透過傳遞 std::pmr::null_memory_resource（*https://oreil.ly/E1t7V*）而指定。不過，對 std::pmr::monotonic_buffer_resource 還有許多其他可能的應用。例如，它也可以建立動態記憶體，並透過 std::pmr::new_delete_resource()（*https://oreil.ly/0oSzS*）（⓭）經由 new 和 delete 讓它重新分配額外的記憶體區塊：

```
// ...

int main()
{
    std::pmr::monotonic_buffer_resource
       buffer{ std::pmr::new_delete_resource() };  ⓭

    // ...
}
```

這種分配器的靈活性和階層結構的配置，是透過 Decorator 設計模式成為可能。std::pmr::monotonic_buffer_resource 衍生自 std::pmr::memory_resource（*https://oreil.ly/8A1sk*）基礎類別，但同時也充當了另一個衍生自 std::pmr::memory_resource 分配器的包裝器。當緩衝區記憶體不足時就會使用的上游分配器，是在構建 std::pmr::monotonic_buffer_resource 時指定的。

然而，最令人印象深刻的是，你可以輕易地、非干擾性地客製化分配策略。例如，讓你能夠以不同的方式處理小塊記憶體要求和大塊記憶體的要求，這可能很有趣。你所要做的就是提供你自己的、自定義的分配器。考慮以下 CustomAllocator 的概述：

```
//---- <CustomAllocator.h> ----------------

#include <cstdlib>
#include <memory_resource>

class CustomAllocator : public std::pmr::memory_resource  ⓮
{
```

```
public:
  CustomAllocator( std::pmr::memory_resource* upstream )  ⑯
     : upstream_{ upstream }
  {}

private:
  void* do_allocate( size_t bytes, size_t alignment ) override;  ⑰

  void do_deallocate( void* ptr, [[maybe_unused]] size_t bytes,  ⑱
                      [[maybe_unused]] size_t alignment ) override;

  bool do_is_equal(
     std::pmr::memory_resource const& other ) const noexcept override;  ⑲

  std::pmr::memory_resource* upstream_{};  ⑮
};
```

為了被認可為 C++17 的分配器，CustomAllocator 類別衍生自表示所有 C++17 分配器需求集合的 std::pmr::memory_resource 類別（⑭）。巧合的是，CustomAllocator 也擁有一個指向 std::pmr::memory_resource 的指標（⑮），這個指標是透過它的建構函數初始化（⑯）。

C++17 分配器的需求集合包括虛擬函數 do_allocate()、do_deallocate()、和 do_is_equal()。其中 do_allocate() 函數負責獲取記憶體，可能是透過它上游的分配器（⑰），而 do_deallocate() 函數是每當需要歸還記憶體的時候被呼叫（⑱）。最後但同樣重要的是，每當需要檢查兩個分配器是否相等的時候，會呼叫 do_is_equal() 函數（⑲）[6]。

僅透過引入 CustomAllocator 而不需要改變任何其他程式碼，特別是標準函數庫中的程式碼，這種新的分配器可以很容易地插在 std::pmr::monotonic_buffer_resource 和 std::pmr::new_delete_resource() 之間（⑳），因此允許你非干擾性地擴展分配的行為：

```
// ...
#include <CustomAllocator.h>

int main()
{
   CustomAllocator custom_allocator{ std::pmr::new_delete_resource() };

   std::pmr::monotonic_buffer_resource buffer{ &custom_allocator };  ⑳

   // ...
}
```

6　如果你想了解不完整的實作：這裡的重點完全在於如何**設計**分配器，而不是如何**實作**分配器。關於如何實作 C++17 分配器的詳盡介紹，請參考 Nicolai Josuttis 的《*C++17 - The Complete Guide*》。

Decorator、Adapter 和 Strategy 之間的比較

從 *Decorator* 和 *Adapter* 的名稱來看，這兩種設計模式聽起來似乎有類似的目的，但仔細觀察後，可以發現這兩種模式其實非常不同，而且幾乎沒有任何關係。Adapter 設計模式的目的是適應和改變一個給定的介面，使它成為一個預期的介面。它關注的不是加入任何功能，而僅僅是將一組函式對映到另一組（參考第 190 頁的「指導原則 24：將 Adapter 用於標準化介面」）。另一方面，Decorator 設計模式保留了給定的介面，並且完全不關心如何改變它；相反的，它提供了增加責任以及擴展和客製化現有一組函數的能力。

Strategy 設計模式比較像 Decorator，這兩種模式都提供了客製化功能的能力，但它們分別適用於不同的應用，因此提供的好處也不同。Strategy 設計模式專注於移除特定功能實作細節上的依賴性，讓你能夠從外部定義這些細節。因此，從這個觀點看，它表示這個功能的核心——「心臟」。這種形式讓它很適合用來表示不同的實作，並在它們之間切換（參考第 134 頁「指導原則 19：用 Strategy 來隔離事物如何完成」）。相比之下，Decorator 設計模式專注於移除實作可附加片段之間的依賴性。由於它包裝器的形式，Decorator 代表了功能的「皮膚」[7]；在這種形式下，它很適合結合不同的實作，讓你能夠增強和擴展功能，而不是取代它或在實作之間切換。

很明顯地，Strategy 和 Decorator 兩種設計模式都有各自的強處，應視實際情況選擇。然而，也可以將這兩種設計模式結合，以充分發揮兩者的優勢。例如，可以用 Strategy 設計模式來實作 `Item`，但透過 Decorator 來對 Strategy 進行更精緻的配置：

```
class PriceStrategy
{
 public:
   virtual ~PriceStrategy() = default;
   virtual Money update( Money price ) const = 0;
   // ...
};

class DecoratedPriceStrategy : public PriceStrategy
{
 public:
   // ...
 private:
   std::unique_ptr<PriceStrategy> priceModifier_;
};
```

7 Strategy 是物件的心臟，而 Decorator 是物件的皮膚，這個隱喻源自於 GoF 書籍。

```
class DiscountedPriceStrategy : public DecoratedPriceStrategy
{
 public:
   Money update( Money price ) const override;
   // ...
};
```

如果你已經有了 Strategy 的實作，那這種設計模式的組合就更有趣了：雖然 Strategy 是干擾性的，需要修改一個類別，但你總是可以非干擾性地增加一個像是 `DecoratedPriceStrategy` 類別的 Decorator。但當然，這要視情況而定：此是否為正確的解決方案，需要視個案判定。

分析 Decorator 設計模式的缺點

因為它能夠階層地擴展和客製化行為的能力，Decorator 設計模式在設計模式目錄中很明顯的是最有價值和最靈活的模式之一。然而，先不論它的好處，它也有一些缺點。首先，Decorator 的靈活性是有代價的：在給定階層結構中的每一層都會增加一個程度的間接性。舉一個具體的例子，在 `Item` 階層結構的物件導向實作中，這種間接性是以每個 Decorator 呼叫一個虛擬函數的形式出現。因此，廣泛地使用 Decorator 可能會招致潛在重大的性能開銷。這種可能的性能損失是否會造成問題，要取決於背景，你必須視實際情況使用基準測試以決定 Decorator 的靈活性和結構面向是否比性能問題更重要。

另一個缺點是，以一種無意義方式組合 Decorator 的潛在危險。例如，很容易地將 `Texed` 的 Decorator 包裝在另一個 `Texed` 的 Decorator 上，或者在一個已經課過稅的 `Item` 上應用一個 `Discounted` 的 Decorator。雖然這兩種情況都會讓你的政府感到高興，但仍然不應該發生，因此應該在設計上就避免。Scott Meyers 的通用設計原則很好地表達了這個道理[8]：

> *使介面易於正確地使用，而難以錯誤地使用。*

因此，Decorator 的巨大靈活性是驚人的，但也可能是危險的（這當然取決於情景）。在這種情景下，課稅似乎有特殊的作用，不把它們當成 Decorator 處理，而是以不同的方式處理，似乎是非常合理的。因為在現實中，課稅是一個相當複雜的主題，所以藉由 Strategy 設計模式分離這個關注點似乎是合理的：

```
//---- <TaxStrategy.h> ----------------

#include <Money.h>
```

8 Scott Meyers，《*Effective C++*》，第三版（Addison-Wesley，2005）。

```
class TaxStrategy  ㉑
{
 public:
   virtual ~TaxStrategy() = default;
   virtual Money applyTax( Money price ) const = 0;
   // ...
};


//---- <TaxedItem.h> ----------------

#include <Money.h>
#include <TaxStrategy.h>
#include <memory>

class TaxedItem
{
 public:
   explicit TaxedItem( std::unique_ptr<Item> item
                     , std::unique_ptr<TaxStrategy> taxer )  ㉒
      : item_( std::move(item) )
      , taxer_( std::move(taxer) )
   {
      // 檢查一個有效的項目和課稅策略
   }

   Money netPrice() const  // 不含稅的價格  ㉓
   {
      return price();
   }

   Money grossPrice() const  // 含稅價格  ㉔
   {
      return taxer_.applyTax( item_.price() );
   }

 private:
   std::unique_ptr<Item> item_;
   std::unique_ptr<TaxStrategy> taxer_;
};
```

TaxStrategy 類別表示對一個 Item 課稅的多種不同方式（㉑）。這樣的 TaxStrategy 與 TaxedItem 類別中的 Item 結合（㉒）。注意 TaxedItem 本身不是 Item，因此不能透過另一個 Item 裝飾。因此，它充當一種終止 Decorator，只能用作最後一個 Decorator。它也不提供 price() 函數，而是提供 netPrice()（㉓）和 grossPrice()（㉔）函數，以查詢 Item 含稅價格和原來的價格[9]。

你可能會看到的唯一其他問題是，Decorator 設計模式基於參照語義的實作：包括 nullptr 檢查和懸置指標危險的許多指標，透過 std::unique_ptr 和 std::make_unique() 的顯式生命期管理，以及許多小的、手動的記憶體分配。然而，幸運的是你還有一張祕密王牌，可以向他們展示如何根據值語義實作 Decorators（參考以下的指導原則）。

總之，Decorator 設計模式是必不可少的設計模式之一，而且儘管有一些缺點，但它仍被證明是你工具箱中非常有價值的補充，只是要確保你對於 Decorator 不要太過興奮而將它用於一切。畢竟，對於每個模式，在妥善使用和過度使用之間都有一條界線。

指導原則 35：使用 Decorator 分層添加客製化的階層結構

- 要理解繼承很少是答案。
- 應用 Decorator 設計模式的目的是非干擾性地和階層地擴展和客製化行為。
- 考慮使用 Decorator 來組合和重用獨立的行為片段。
- 理解 Decorator、Adapter 和 Strategy 設計模式之間的差異。
- 利用 Decorator 極端的靈活性，但也要了解它的缺點。
- 避免無意義的 Decorator，但更偏好易於正確使用的設計。

指導原則 36：了解執行期和編譯期抽象化之間的取捨

在第 337 頁「指導原則 35：使用 Decorator 分層添加客製化的階層結構」中，我介紹了 Decorator 設計模式，並且希望提供你將這種設計模式加入你工具箱強烈的動機。然而，到目前為止我只是透過傳統的、物件導向的實作說明 Decorator，且沒有遵循第 170 頁「指導原則 22：偏好值語義超過參照語義」的建議。既然我假設你迫不急待地想看看如何基於值語義實作 Decorator，現在就是向你展示兩種可能方法的時機了。是的，*兩種*方法：我將透過展示兩種非常不同的實作以彌補我的推延。這兩種方法都基於值語義，但相比之下，它們幾乎處於設計空間的兩端。第一種方法是基於靜態多型的實作，

9 如果你認為原來的 price() 函數應該改名為 netPrice()，以反映它真正的目的，那麼我同意。

它讓你能夠利用你可能會得到的所有編譯期資訊，而第二種方法則是利用動態多型的所有執行期優點。這兩種方法都有它們的優點，當然也有它們特有的缺陷。因此，這些例子將展示出你可以選擇的設計廣度。

基於值編譯期的 Decorator

我們從基於靜態多型的 Decorator 實作開始。「我認為這又會需要大量的模板，對嗎？」你問。是的，我將使用模板作為主要的抽象機制；而且是的，我將使用 C++20 的概念，甚至轉發參照。但也不是，我將儘量不使它特別偏重於模板。相反的，主要的重點仍然在於 Decorator 設計模式的設計面向，以及目標是使它容易增加新種類的 Decorator 和新種類的常規項目，其中一個項目是 `ConferenceTicket` 類別：

```
//---- <ConferenceTicket.h> ----------------

#include <Money.h>
#include <string>
#include <utility>

class ConferenceTicket
{
 public:
   ConferenceTicket( std::string name, Money price )
      : name_{ std::move(name) }
      , price_{ price }
   {}

   std::string const& name() const { return name_; }
   Money price() const { return price_; }

 private:
   std::string name_;
   Money price_;
};
```

`ConferenceTicket` 完全實現了對值類型的期望：未牽涉到基礎類別，也沒有虛擬函數。這表明項目不再透過指向基底的指標來裝飾，而是透過組合的方式或是直接透過非 `public` 繼承的方式。以下是 `Discounted` 和 `Taxed` 類別的兩個實作例子：

```
//---- <PricedItem.h> ----------------

#include <Money.h>

template< typename T >
concept PricedItem =  ❸
   requires ( T item ) {
```

```
      { item.price() } -> std::same_as<Money>;
   };


//---- <Discounted.h> ----------------

#include <Money.h>
#include <PricedItem.h>
#include <utility>

template< double discount, PricedItem Item >
class Discounted  // 使用組合  ❶
{
 public:
   template< typename... Args >
   explicit Discounted( Args&&... args )
      : item_{ std::forward<Args>(args)... }
   {}

   Money price() const {
      return item_.price() * ( 1.0 - discount );
   }

 private:
   Item item_;
};


//---- <Taxed.h> ----------------

#include <Money.h>
#include <PricedItem.h>
#include <utility>

template< double taxRate, PricedItem Item >
class Taxed : private Item  // 使用繼承  ❷
{
 public:
   template< typename... Args >
   explicit Taxed( Args&&... args )
      : Item{ std::forward<Args>(args)... }
   {}

   Money price() const {
      return Item::price() * ( 1.0 + taxRate );
   }
};
```

`Discounted`（❶）和 `Taxed`（❷）都是充當其他種類 `Item` 的 Decorator：`Discounted` 類別表示所給項目的某種折扣，而 `Taxed` 類別表示某種課稅。然而，這次兩者都是以類別模板的形式實作。第一個模板引數分別指定了折扣和稅率，第二個模板引數指定了被裝飾 `Item` 的類型 [10]。

然而，最值得注意的是在第二個模板引數上 `PricedItem` 的約束（❸）。這個約束表示語義要求的集合，也就是預期的行為。由於這個約束，你只能提供代表具有 `price()` 成員函數項目的類型，使用任何其他類型將立即導致編譯錯誤。因此，`PricedItem` 和第 337 頁「指導原則 35：使用 Decorator 分層添加客製化的階層結構」中傳統 Decorator 實作的 `Item` 基礎類別扮演相同的角色。基於相同的原因，它也表示基於**單一責任原則**（*SRP*）的分離關注點。此外，如果這個約束是被你架構中的某個高層次所擁有，那麼你和其他任何人都能夠在任何較低的層次上增加新種類的項目**和**新種類的 Decorator。這個特色完美地實現了**開放 - 封閉原則**（*OCP*），並且由於抽象化正確的所有權，也實現了**依賴反轉原則**（*DIP*）（參考圖 9-7）[11]。

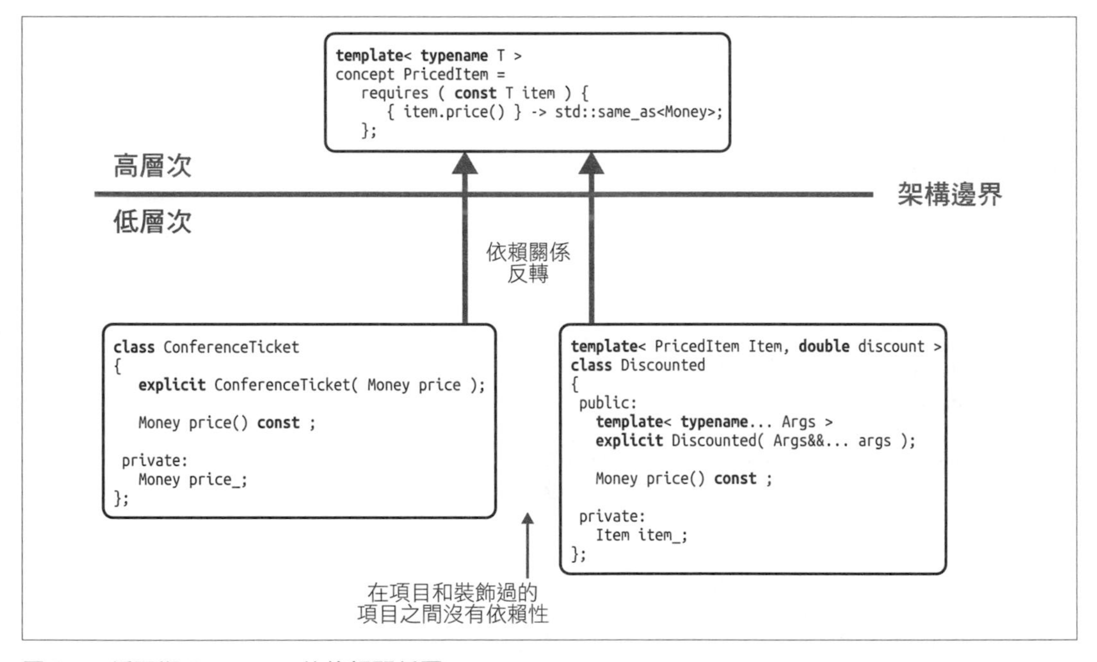

圖 9-7　編譯期 Decorator 的依賴關係圖

10 注意，從 C++20 開始只能使用浮點數作為非類型模板參數（NTTPs）（*https://oreil.ly/peHM2*）。另外，你可以用資料成員的形式儲存折扣率和稅率。

11 另外，特別是如果你還不能使用 C++20 的概念，這是使用**奇異遞迴模板模式**（*CRTP*）的機會；請參考第 217 頁「指導原則 26：使用 CRTP 引入靜態類型分類」。

除了處理裝飾過 Item 的方式不同以外，Discounted 類別模板和 Taxed 類別模板非常相似：Discounted 類別模板以資料成員的形式儲存 Item，因此遵循了第 156 頁的「指導原則 20：對組合的偏好超過繼承」，而 Taxed 類別模板則私下繼承自所給的 Item 類別。這兩種方法都是可能的、合理的，而且都有各自的優勢，但是你應該把 Discounted 類別模板所採取的組合方法當成更普遍的方法。如在第 190 頁「指導原則 24：將 Adapter 用於標準化介面」中所說明的，偏好非 public 繼承超過組合只有五個理由（其中一些非常罕見）：

- 如果你必須覆寫一個虛擬函數
- 如果你需要存取一個 protected 成員函數
- 如果你要求適應的類型在另一個基礎類別之前被建構
- 如果你需要共用一個共同的虛擬基礎類別，或覆寫一個虛擬基礎類別的建構
- 如果你可以從空的基礎優化（*EBO*）中獲得顯著的優勢（*https://oreil.ly/nvqMn*）

可以說，對於大量的配接器，*EBO* 也許是偏好繼承的理由，但你應該確保你的選擇有數據的支撐（例如，透過代表性的基準測試）。

有了這三個類別之後，你就能夠指定具有 20% 折扣、課 15% 稅的 ConferenceTicket：

```
#include <ConferenceTicket.h>
#include <Discounted.h>
#include <Taxed.h>
#include <cstdlib>

int main()
{
   // 20% 折扣，課 15% 稅：(499*0.8)*1.15 = 459.08
   Taxed<0.15,Discounted<0.2,ConferenceTicket>> item{ "Core C++", 499.0 };

   Money const totalPrice = item.price();  // 結果是 459.08

   // ...

   return EXIT_SUCCESS;
}
```

這種編譯期方法最大的優點是顯著的性能改善：因為沒有指標間接性，而且由於有行內函數的可能性，編譯器能夠全力以赴地優化產生的程式碼。還有，所產生的程式碼可以更簡短，並且不會像任何樣板程式碼的過於龐大，因此更容易閱讀。

「關於性能結果你能說得更具體一點嗎？在 C++ 中，開發者對 1% 的性能差異爭論不休，並稱它是*顯著*。所以，說真的：編譯期的方法有多快？」我明白了，你似乎對 C++ 社群對性能的追求很熟悉。好吧，只要你再次向我承諾，你不會認為我的結果是決定性的答案，而只是一個例子，而且如果我們同意這個比較不會演變成為性能研究，我可以向你展示一些數據。但在這之前，讓我很快地概述一下我將採用的基準。我用所描述的編譯期版本，比較來自第 337 頁「指導原則 35：使用 Decorator 分層添加客製化的階層結構」中傳統的物件導向實作。當然，有任意數量裝飾器的組合，但我將自己限制在以下四種項目的類型[12]：

```
using DiscountedConferenceTicket = Discounted<0.2,ConferenceTicket>;
using TaxedConferenceTicket = Taxed<0.19,ConferenceTicket>;
using TaxedDiscountedConferenceTicket =
   Taxed<0.19,Discounted<0.2,ConferenceTicket>>;
using DiscountedTaxedConferenceTicket =
   Discounted<0.2,Taxed<0.19,ConferenceTicket>>;
```

因為在編譯期的解決方案中，這四種類型沒有共同的基礎類別，我用這些類型填充四個特定的 `std::vector`。相比之下，對傳統的執行期解決方案，我使用 `std::unique_ptr<Item>` 的單一 `std::vector`。總共，我為兩種解決方案用隨機價格建立了 10000 個項目，並呼叫 `std::accumulate()`5000 次以計算所有項目的總價格。

有了這些背景資訊後，我們看看性能的結果（表 9-1）。再次，我將結果正規化，這次是根據執行期實作的性能。

表 9-1　編譯期 Decorator 實作的性能結果（正規化性能）

	GCC 11.1	Clang 11.1
傳統的 Decorator	1.0	1.0
編譯期 Decorator	0.078067	0.080313

如前所述，編譯期解決方案的性能明顯快於執行期解決方案：對 GCC 和 Clang 而言，它只需要執行期解決方案大約 8% 的時間，因此快了一個多數量級大小。我知道，這聽起來很驚人。然而，雖然編譯期解決方案的性能非凡，但它也有一些潛在的重大限制：由於完全專注在模板上，所以沒有留下執行期的靈活性。因為即使折扣和稅率也是經由模板參數實現的，所以需要為每個不同的稅率建立一個新的類型。這可能會導致較長的編譯時間和生成更多的程式碼（亦即，較大的可執行檔）。另外，顯而易見的所有類別

12 為了避免稅務機關來訪，我應該明確地指出我知道 `Discounted<0.2,Taxed<0.19,ConferenceTicket>>` 類別的可疑性質（另請參考第 337 頁「指導原則 35：使用 Decorator 分層添加客製化的階層結構」結尾 Decorator 潛在問題的列表。為自己辯護一下：這是裝飾器的明顯排列，很適合進行這種基準測試。

模板都存在於標頭檔中，這又增加了編譯時間，而且可能會比想要的洩露出更多實作細節。更重要的是，改變實作細節廣泛可見，並可能會導致大規模的重新編譯。然而，最大的限制因素似乎是，只有在所有的資訊在編譯期可用時，才能以這種形式使用這個解決方案。因此，你可能只有在少數特殊情況下才能達到這種性能水準。

基於值的執行期 Decorator

因為編譯期 Decorator 可能很快，但在執行期非常不靈活，讓我們將注意力轉向第二個基於值的 Decorator 實作。透過這個實作，我們將回到動態多型的領域，擁有它所有執行期的靈活性。

如你現在所知的 Decorator 設計模式，你意識到我們需要能夠輕易地增加新的類型：新的 `Item` 種類，以及新的價格修飾器。因此，將 Decorator 的實作從第 337 頁「指導原則 35：使用 Decorator 分層添加客製化的階層結構」轉變成基於值語義的實作，選擇的設計模式是 Type Erasure[13]。以下的 `Item` 類別為我們有價格項目的例子實作了一個擁有的 Type Erasure 包裝器：

```
//---- <Item.h> ----------------

#include <Money.h>
#include <memory>
#include <utility>

class Item
{
 public:
   // ...

 private:
   struct Concept  ❹
   {
      virtual ~Concept() = default;
      virtual Money price() const = 0;
      virtual std::unique_ptr<Concept> clone() const = 0;
   };

   template< typename T >
   struct Model : public Concept  ❺
   {
      explicit Model( T const& item ) : item_( item ) {}
      explicit Model( T&& item ) : item_( std::move(item) ) {}
```

13 關於 Type Erasure 徹底的概述，請參考第 8 章，尤其是第 288 頁的「指導原則 32：考慮用 Type Erasure 代替繼承階層結構」。

```
        Money price() const override
        {
           return item_.price();
        }

        std::unique_ptr<Concept> clone() const override
        {
           return std::make_unique<Model<T>>(*this);
        }

        T item_;
     };

     std::unique_ptr<Concept> pimpl_;
  };
```

在這個實作中，Item 類別在它 private 部分定義了一個巢狀的 Concept 基礎類別（❹）。像往常一樣，Concept 基礎類別代表了被包裝類型要求的集合（即預期行為），這些要求由 price() 和 clone() 成員函數表示。這些要求由巢狀的 Model 類別模板實作（❺）。Model 透過轉發對儲存 item_ 資料成員的 price() 成員函數的呼叫實作 price() 函數，並透過建立儲存項目的複製物實作 clone() 函數。

Item 類別的 public 部分看起來應該很熟悉：

```
  //---- <Item.h> ----------------

  // ...

  class Item
  {
   public:
     template< typename T >
     Item( T item )  ❻
        : pimpl_( std::make_unique<Model<T>>( std::move(item) ) )
     {}

     Item( Item const& item ) : pimpl_( item.pimpl_->clone() ) {}

     Item& operator=( Item const& item )
     {
        pimpl_ = item.pimpl_->clone();
        return *this;
     }

     ~Item() = default;
```

```
    Item( Item&& ) = default;
    Item& operator=( Item&& item ) = default;

    Money price() const { return pimpl_->price(); }  ❼

 private:
    // ...
};
```

除了 5 的規則（*https://oreil.ly/fzS3f*）的通常實作之外，這個類別再次配備了一個接受所有種類項目的模板化建構函數（❻）。最後但同樣重要的是，這個類別提供了模擬所有項目預期介面的 `price()` 成員函數（❼）。

有了這個包裝器類別，你就能輕易地增加新的項目：既不用干擾性地修改現有程式碼，也不需要使用任何的基礎類別，任何提供 `price()` 成員函數且可複製的類別都可以運作。幸運的是，這包括來自我們編譯期 Decorator 實作的 `ConferenceTicket` 類別，它提供了我們需要的一切，並且堅固地基於值語義。不幸的是，這對於 `Discounted` 和 `Taxed` 類別並不正確，因為它們預期以模板引數的形式裝飾項目。因此，我們重新實作 `Discounted` 和 `Taxed`，以便在 Type Erasure 背景下使用：

```
//---- <Discounted.h> ----------------

#include <Item.h>
#include <utility>

class Discounted
{
 public:
   Discounted( double discount, Item item )
      : item_( std::move(item) )
      , factor_( 1.0 - discount )
   {}

   Money price() const
   {
      return item_.price() * factor_;
   }

 private:
   Item item_;
   double factor_;
};
```

```
//---- <Taxed.h> ---------------

#include <Item.h>
#include <utility>

class Taxed
{
 public:
   Taxed( double taxRate, Item item )
      : item_( std::move(item) )
      , factor_( 1.0 + taxRate )
   {}

   Money price() const
   {
      return item_.price() * factor_;
   }

 private:
   Item item_;
   double factor_;
};
```

特別值得注意的是，這兩個類別都不是衍生自任何基礎類別，但都完美地實作了 Decorator 設計模式。一方面，它們實作了被 `Item` 包裝器看成是項目所要求的操作（特別是 `price()` 成員函數和複製建構函數），但另一方面，它們擁有一個 `Item`。因此，這兩者都能夠讓你任意地組合 Decorator，就如同以下 `main()` 函數所展示的：

```
#include <ConferenceTicket.h>
#include <Discounted.h>
#include <Taxed.h>

int main()
{
   // 20% 折扣、課 15% 稅：(499*0.8)*1.15 = 459.08
   Item item(Taxed(0.19, Discounted(0.2, ConferenceTicket{"Core C++",499.0})));

   Money const totalPrice = item.price();

   // ...

   return EXIT_SUCCESS;
}
```

「哇，這真精彩：沒有指標，沒有手動分配，感覺非常自然和直覺，但同時它又極為靈活。這好得令人難以置信——一定有問題，那性能呢？」你說。好吧，你的語氣聽起來像是期待性能全面崩潰，那我們就來對這個解決方案執行基準測試吧。當然，我使用與 Decorator 編譯期版本相同的基準測試，只是增加了基於 Type Erasure 的第三個解決方案。性能的數據顯示在表 9-2。

表 9-2　Type Erasure Decorator 實作的性能結果（正規化性能）

	GCC 11.1	Clang 11.1
傳統 Decorator	1.0	1.0
編譯期 Decorator	0.078067	0.080313
Type Erasure Decorator	0.997510	0.971875

如你所看到的，性能不會比其他傳統執行期解決方案差。事實上，性能甚至似乎還好一些，這雖然是多次執行的平均值，但我也不會太強調這個數據。然而，請記住有多種可以改善 Type Erasure 解決方案的選擇，如在第 308 頁「指導原則 33：意識到 Type Erasure 優化的潛力」中所展示的。

雖然性能可能不是執行期解決方案的主要優勢（至少與編譯期解決方案相比），但是當涉及到執行期靈活性時它絕對十分出色。例如，它可以在執行期決定將任何 `Item` 包裝在另一個 Decorator 中（基於使用者的輸入、基於計算的結果…等）。當然，這將再次產生一個 `Item`，它可以和許多其他的 `Item` 一起儲存在單一容器內，這確實為你帶來極大的執行期靈活性。

另一個優勢是更容易在原始檔案中隱藏實作細節。雖然這可能會造成執行期性能的損失，但它很可能會導致較好的編譯時間。最重要的是：對隱藏程式碼的任何修改都不會影響任何其他的程式碼，而且因為實作細節已被更牢固地封裝，因此為你省下了許多重新編譯的工作。

總之，編譯期和執行期的解決方案都是基於值的，而且導致較為簡單、更易於理解的使用者程式碼。然而，它們有各自的優勢和劣勢：雖然執行期方法提供了更多的靈活性，但就性能而言編譯期方法擁有優勢。事實上，你很少最後會採用純粹的編譯期或執行期方法，但是你經常會發現自己是處在這兩個極端之間。請確保你了解自己的選擇：將它們相互權衡，找到一個完美結合兩者的優點、並適合你特殊情況的折衷方法。

指導原則 36：了解執行期和編譯期抽象化之間的取捨

- 意識到 Decorator 設計模式執行期和編譯期的實作。
- 了解編譯期解決方案通常執行性能較好，但侷限了執行期的靈活性和封裝。
- 了解執行期解決方案比較靈活，而且善於隱藏細節，但執行性能較差。
- 偏好值語義解決方案，而不是參照語義的解決方案。

第十章

Singleton 模式

本章，我們將看一下著名（或聲名狼藉）的 *Singleton* 模式。我知道，你可能早已熟悉 Singleton 而且對它已經有了強烈的看法。甚至有可能你認為 Singleton 是一種反模式，因此好奇我是如何鼓起勇氣把它囊括到這本書內。好吧，我知道 Singleton 並不是很受歡迎，而且在許多圈子裡惡評如潮，主要是因為 Singleton 的全域性質。然而，從這個觀點來看，你可能會非常驚訝地發現，在 C++ 標準函數庫中竟然有幾個類似「Singleton」的實例。我是認真的！而且，老實說，它們運作得非常出色！因此，我們應該認真的談論 Singleton 是**什麼**，Singleton 在**什麼時候**運作，以及**如何**適當的處理 Singleton。

在第 368 頁「指導原則 37：將 Singleton 當成實作模式對待，而不是設計模式」中，我將解釋 Singleton 模式，並透過一個叫做「*Meyers' Singleton*」的常用實作來展示它如何運作。然而，我也將提出**不要**把 Singleton 視為設計模式，而是當成**實作模式**強而有力的論點。

在第 373 頁「指導原則 38：為改變和可測試性設計 Singleton」中，我們接受有時候我們需要一個解決方案來表示我們程式碼中少數全域面向的事實，這就是 Singleton 模式經常被用到的地方。這也意味著我們要面對 Singleton 的常見問題：全域狀態；許多強烈的、人為的依賴關係；以及受阻的可改變性和可測試性。雖然這些聽起來像是避免使用 Singleton 的絕佳理由，但我將向你展示，透過適當的軟體設計，你可以用 Singleton 的好處結合出色的可改變性和可測試性。

指導原則 37：
將 Singleton 當成實作模式對待，而不是設計模式

我先從大家不願意提及但卻顯而易見的棘手問題開始：

> Singleton 不是一種設計模式。

如果你以前沒有聽過 Singleton，那麼這可能沒什麼意義，但請忍耐一下，我保證會很簡短的解釋 Singleton；如果你以前聽過 Singleton，那麼我認為你不是臉上帶著「我知道」的表情點頭同意，就是完全驚訝到說不出話來。「但為什麼不是？」最後，你可能會鼓起勇氣問。「它不是來自四人幫書中原始的設計模式之一嗎？」是的，你說得對：Singleton 是 GoF 書中記載 23 種原始的模式之一。在寫這這本書的時候，維基百科（*https://oreil.ly/jzuFw*）稱它是設計模式，它甚至在 Steve McConnell 的暢銷書《*Code Complete*》中被列為設計模式[1]。儘管如此，它仍然不是設計模式，因為它沒有設計模式的屬性。請讓我說明一下。

Singleton 模式的說明

有時候你可能希望保證特定類別有一個而且**確實**只有一個的實例。換句話說，你遇到一個 Highlander 情況：「只能有一個。[2]」這對全系統的資料庫、唯一的登入器、系統時鐘、系統組態，或簡言之，任何不應該多次實例化的類別都有意義，因為它表示只存在一次的東西，這就是 Singleton 模式的目的。

Singleton 模式

目的：「確保一個類別只有一個實例，並提供一個對它的全域存取點」[3]。

這個目的被四人幫用圖 10-1 的 UML 圖形象化，它引入了 `instance()` 函數作為對唯一實例的全域存取點。

1 Steve McConnell，《*Code Complete:A Practical Handbook of Software Construction*》第二版（Microsoft Press，2004）。

2 「只能有一個。」（There can be only one.）是 1986 年電影 *Highlander*（*https://oreil.ly/XT6uF*，中譯為「時空英豪」）的標語，Christopher Lambert 主演。

3 Erich Gamma 等人，《*Design Patterns: Elements of Reusable Object-Oriented Software*》。

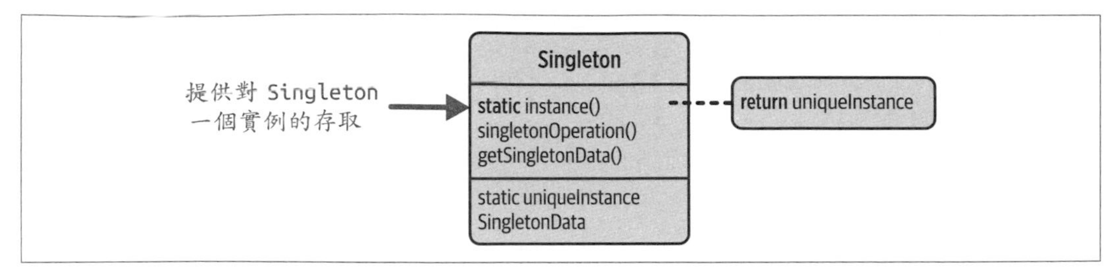

圖 10-1　Singleton 模式的 UML 表示法

有多種方法將實例化的數量限制為剛好一個，毫無疑問最有用、因此也最常被使用的 Singleton 形式是 Meyers' Singleton [4]。以下的 Database 類別便是以 Meyers' Singleton 實作的：

```
//---- <Database.h> ----------------

class Database final
{
 public:
   static Database& instance()  ❶
   {
      static Database db;  // 一個唯一的實例
      return db;
   }

   bool write( /* 一些引數 */ );
   bool read( /* 一些引數 */ ) const;
   // ... 更多資料庫特定的功能

   // ... 潛在地存取資料成員

 private:
   Database() {}  ❷
   Database( Database const& ) = delete;
   Database& operator=( Database const& ) = delete;
   Database( Database&& ) = delete;
   Database& operator=( Database&& ) = delete;

   // ... 潛在的一些資料成員
};
```

4　Meyers' Singleton 在 Scott Meyers 的《*Effective C++*》Item 4 中有解釋。

Meyers' Singleton 是基於這個事實，就是它只能透過 `public` 的 `static instance()` 函數（❶）存取 `Database` 類別的單一實例：

```
#include <Database.h>
#include <cstdlib>

int main()
{
   // 第一次存取，建立資料庫物件
   Database& db1 = Database::instance();
   // ...

   // 第二次存取，回傳對相同物件的參照
   Database& db2 = Database::instance();
   assert( &db1 == &db2 );

   return EXIT_SUCCESS;
}
```

事實上，這個函數是獲得 `Database` 的唯一方法：可能用於建立、複製或移動實例的所有功能要麼在 `private` 部分宣告，要麼被明確的 `deleted`[5]。雖然這似乎是很直接的，但有一個實作細節特別值得關注：請注意，預設的建構函數是明確定義的，而不是 `defaulted`（❷）。原因是如果它是 `defaulted`，那麼直到 C++17，才有可能用一組空的大括弧建立一個 `Database`，也就是經由單值初始化（*https://oreil.ly/9h4IB*）：

```
#include <cstdlib>

class Database
{
 public:
   // ... 和以前一樣

 private:
   Database() = default;  // 編譯器生成的預設建構函數

   // ... 和以前一樣
};

int main()
{
   Database db;     // 不編譯：預設初始化作用，
   Database db{};   // 由於單值初始化導致了聚合初始化，
                    //    因為 Database 是聚合類型
```

5 我知道明確地處理複製和移動指定運算子似乎有些矯枉過正，但這讓我有機會提醒你 5 的規則（*https://oreil.ly/fzS3f*）。

```
    return EXIT_SUCCESS;
}
```

一直到 C++17，Database 類別都算作是**聚合類型**，這意味著**單值初始化**將透過**聚合初始化**（*https://oreil.ly/HSuYl*）執行。反過來說，**聚合初始化**會忽略預設的建構函數，包括它是 private 的事實，而只執行物件的**零初始化**。因此，單值初始化使你仍然能夠建立一個實例，但如果你提供了預設的建構函數，那麼這個類別就不能算作是聚合類型，這阻止了聚合初始化[6]。

instance() 函數是按照**靜態局部變數**（*https://oreil.ly/mqUoK*）實作，這意味著在第一次控制穿過宣告時，這個變數以執行緒安全的方式初始化，而在所有後續呼叫中都會忽略初始化[7]。在每次的呼叫中，無論是第一次還是所有後續的呼叫，函數都會回傳對靜態區域變數的參照。

Database 類別的其餘部分與你對表示資料庫類別所期望的差不多：有一些 public，與資料庫有關的函數（例如，write() 和 read()），也可能有一些包括存取函數在內的資料成員。換句話說，除了 instance() 成員函數和特殊的成員以外，Database 只是一個普通的類別。

Singleton 不能管理或減少依賴性

現在，考慮到 Singleton 一個可能的實作，讓我們回到我之前的主張——「Singleton 不是設計模式」。首先，讓我們回想一下設計模式的屬性，這些屬性我定義在第 76 頁的「指導原則 11：了解設計模式的目的」：

設計模式：

- 有一個名稱
- 帶有一個目的
- 引入一個抽象化
- 已經被證明

6 這種行為在 C++20 中已經改變，因為使用者所宣告的任何建構函數現在都足以使一個類型成為非聚合。

7 為了精確並且避免抱怨，如果靜態區域變數是零或常數初始化，那麼初始化可能在進入函數之前就發生了。在我們的例子中，這變數確實是在第一次通過時建立的。

Singleton 模式確實有一個名稱，而且它確實有一個目的，這點毫無疑問。我也主張它多年來已經被證明了（雖然可能有懷疑的聲音指出，Singleton 是相當聲名狼藉的）。然而，它沒有任何的抽象化：沒有基礎類別，沒有模板參數，什麼都沒有。Singleton 本身不表示抽象化，它也不會引入抽象化。事實上，它不關心程式碼的結構，或與實體的相互作用和依賴性，因此它的目的不是管理或減少依賴性[8]。不過，這正是我所定義軟體設計的組成部分。相反，Singleton 專注於將實例的數量限制在剛好一個。因此，Singleton 不是設計模式，而只是實作模式。

「那為什麼它在這麼多重要的資訊來源中被列為設計模式？」你問。這是一個公平而且很好的問題，這個問題可能有三個答案。首先，在其他程式設計語言中，特別是在每個類別都能自動地表示一個抽象化的語言中，情況可能會有所不同。雖然我承認這點，但我仍然認為 Singleton 模式的目的主要是針對實作細節，而不是針對依賴性和解耦。

第二，Singleton 是非常常用的（雖然也經常被誤用），所以它絕對是一種模式。因為在許多不同的程式設計語言中都有 Singleton，所以它似乎不只是 C++ 程式設計語言中的一個慣用法。因此，稱它為設計模式似乎蠻合理的。這一連串的理由對你而言聽起來可能很合理，但我覺得它不能區別出軟體設計和實作細節。這就是為什麼在第 76 頁的「指導原則 11：了解設計模式的目的」中，我引入了**實作模式**這個術語，來區別不同種類語言像是 Singleton 這種不可知的模式[9]。

第三，我認為我們仍然是在理解軟體設計和設計模式的過程中，對於軟體設計還沒有共同的定義，因此，我在第 2 頁「指導原則 1：理解軟體設計的重要性」中提出了一個定義。設計模式也沒有共同的定義，這就是為什麼我在第 76 頁的「指導原則 11：了解設計模式的目的」中也對它提出一個定義。我堅信，我們必須討論更多軟體設計和模式，以便對必要的術語達成共識，特別是在 C++ 中。

總之，你不能用 Singleton 解耦軟體實體，因此儘管它在著名的 GoF 書籍中，或在《*Code Complete*》中被描述為設計模式，甚至在維基百科上也被列為設計模式（*https://oreil.ly/i8lyX*），但它沒有達到設計模式的目的。Singleton 只處理實作細節，因此你應該將它當成實作模式。

---

8 事實上，Singleton 單純的實作本身就建立了許多人為的依賴性；請參考第 373 頁「指導原則 38：為改變和可測試性設計 Singleton」。

9 不詳細的敘述，我認為還有一些所謂的「設計模式」落入實作模式的範疇，如維基百科（*https://oreil.ly/qD1L8*）列為設計模式的 *Monostate* 模式、*Memento* 模式和 *RAII* 慣用法等。雖然這些在 C++ 以外的程式語言中可能說得通，但 RAII 的目的絕對不是減少依賴性，而是自動清理和封裝責任。

指導原則 37：
將 Singleton 當成實作模式對待，而不是設計模式

- Singleton 的目標不是解耦或管理依賴關係，因此它沒有實現設計模式的期望。
- 應用 Singleton 模式的目的是將特定類別實例的數量限制為剛好一個。

指導原則 38：為改變和可測試性設計 Singleton

Singleton 確實是一個相當惡名昭彰的模式：外界有很多聲音將 Singleton 描述為程式碼中的一個普遍問題，是一種反模式，是危險甚至是邪惡的。因此，外界有很多避免這種模式的建議，其中之一就是核心指導原則 I.3（*https://oreil.ly/Mai2n*）[10]：

> 避免 Singleton。

大家不喜歡 Singleton 的主要原因之一是，它經常會造成人為依賴性，並且防礙了可測試性。因此，它違背了本書中兩個最重要和最普遍的指導原則：第 10 頁的「指導原則 2：為改變而設計」和第 26 頁的「指導原則 4：為可測試性而設計」。從這個觀點看，Singleton 的確是程式碼中的問題，應該避免使用。然而，儘管有這麼多善意的警告，這種模式還是被許多開發者持續使用。其中雖然有種種的原因，但主要可能還是與兩個事實有關：首先，有時候（我們同意是*有時候*），它想要表示某個東西只存在一次，而且應該在程式碼中可以被許多實體使用的事實。第二，有時候 Singleton 似乎是適當的解決方案，因為確實需要表示的全域面向。

那麼，讓我們這麼做：與其爭論 Singleton 總是又壞又邪惡，不如專注在那些我們需要在程式中表示全域面向的少數情況，並且討論如何適當地表示這個面向，但仍然為改變和可測試性而設計。

10 另一個建議是 Peter Muldoon 在 2020 年 CppCon 上的演講「Retiring the Singleton Pattern: Concrete Suggestions for What to Use Instead」（*https://oreil.ly/su4Xb*），其中提供了許多有關如何在你的程式碼庫中處理 Singleton 的有用技術。

Singleton 表示全域狀態

Singleton 最常用來表示程式中在邏輯上和 / 或實體上只存在一次，而且應該被許多其他類別和函數使用的實體[11]。常見的例子有全系統的資料庫、登入器、時鐘或組態。這些例子，包括**全系統**這個術語，都提供了這些實體性質的指示：它們通常表示全域可用的功能或資料，也就是全域狀態。從這個觀點看，Singleton 模式似乎是說得通的：透過防止每個人建立新的實例，並且強迫每個人使用**這一個**實例，你可以保證在所有使用的實體中對這個全域狀態統一和一致的存取。

然而，這種對全域狀態的描述和介紹，說明了為什麼 Singleton 通常被認為是個問題。如同 Michael Feathers 表達的[12]：

> 單例模式是人們用來製作全域變數的機制之一。一般而言，有幾個原因使全域變數成為壞主意，其中之一是不透明。

全域變數確實是個壞主意，主要是因為：**變數**這個術語暗示我們正在談論**可變的**全域狀態。而這種狀態確實造成了很多麻煩。具體而言，因為它很困難、很昂貴，而且很可能既要控制存取又要保證正確性，所以人們普遍不贊成使用可變的全域狀態（一般而言，特別是在多執行緒的環境中）。此外，全域（可變的）狀態是很難推理的，因為對這種狀態的讀寫通常無形的發生在以它介面為基礎的某個函數中，而這個函數不會顯示它使用了全域狀態的事實。最後但同樣重要的是，如果你有一些全域變數，它們的生命期相互依賴，並且分佈在幾個編譯單元中，你可能會面臨**靜態初始化順序慘敗**（*SIOF*）[13]。顯然地，盡可能地避免全域狀態是有益的[14]。

然而，我們無法透過避免 Singleton 來解決全域狀態的問題。這是個普遍的問題，與任何特定的模式無關。例如，相同的問題也存在於 Monostate 模式中，它強制實行單一的全域狀態，但允許任何數量的實例化[15]。所以相反的，Singleton 可以透過限制對全域狀態的存取來幫助處理全域狀態。例如，如 Miško Hevery 在他 2008 年的文章中所說明的，

---

11 如果 Singleton 用於其他的目的，你應該非常懷疑，並認為這是 Singleton 模式的誤用。

12 Michael Feathers，《*Working Effectively with Legacy Code*》。

13 我所知到對 SIOF 最好的總結，是由 Jonathan Müller 在他相應命名的演講「Meeting C++ 2020」（*https://oreil.ly/nvkHT*）中提出的。

14 「全域是不好的，明白嗎？」是 Guy Davidson 和 Kate Gregory 在《*Beautiful C++: 30 Core Guidelines for Writing Clean, Safe, and Fast Code*》（Addison-Wesley）一書中陳述的。

15 據我所知，Monostate 模式是在 1996 年 9 月頒布的《*C++ Report*》中，由 Steve Ball 和 John Crawford 所寫的文章「Monostate Classes: The Power of One」首次提到的（請參考 Stanley B. Lippmann, ed.，《*More C++ Gems*》（Cambridge University 出版））。在 Martin Reddy 的《*API Design for C++*》（Morgan Kaufmann）中也有描述。與 Singleton 相反，Monostate 允許一個類型任意數量的實例，但要確保所有實例只有單一的狀態。因此，這個模式應該不會與在 `std::variant` 中被用作一個表現良好的空選擇的 `std::monostate` 混淆。

提供單向資料流給全域狀態**或**取自全域狀態的 Singleton 是可以接受的[16]：實作登入器的 Singleton 只允許你寫入資料但不允許你讀取。表示全系統組態或時鐘的 Singleton 只允許你讀取資料但不能寫入，因此表示一個全域**常數**。限制單向資料流有助於避免全域狀態的許多常見問題。或者引用 Miško Hevery 的話來說（粗體部分是我加的）[17]：

> **適當地**使用「全域」或半全域狀態，可以大大簡化應用程式的設計 [...]。

Singleton 防礙了可改變性和可測試性

全域狀態是 Singleton 固有的問題。然而，即使我們覺得使用 Singleton 表示全域狀態感到自在，但後果會很嚴重：使用 Singleton 的函數依賴於所表示的全域資料，因此變得更難改變以及更難測試。為了更好地理解這一點，讓我們重提第 368 頁「指導原則 37：將 Singleton 當成實作模式對待，而不是設計模式」中 `Database` 的 Singleton，它現在被一些任意的類別主動使用，即 `Widget` 和 `Gadget`：

```
//---- <Widget.h> ---------------

#include <Database.h>

class Widget
{
 public:
   void doSomething( /* 一些引數 */ )
   {
      // ...
      Database::instance().read( /* 一些引數 */ );
      // ...
   }
};


//---- <Gadget.h> ---------------

#include <Database.h>

class Gadget
{
 public:
   void doSomething( /* 一些引數 */ )
   {
```

16 Miško Hevery，「Root Cause of Singletons」（*https://oreil.ly/wQgJC*），*The Testability Explorer*（部落格），2008 年 8 月。

17 同上。

```
        // ...
        Database::instance().write( /* 一些引數 */ );
        // ...
    }
};
```

Widget 和 Gadget 都需要存取全系統的 Database。因此，它們呼叫了 Database::instance() 函數，以及隨後的 read() 和 write() 函數。

由於它們使用了 Database 並因此依賴它，我們希望它們在架構中位於 Database 的 Singleton 層次以下的層次。這是因為，如你所記得的在第 10 頁「指導原則 2：為改變而設計」中，只有當所有依賴關係的箭頭都朝向高層次時，我們才能稱它是適當的架構（參考圖 10-2）。

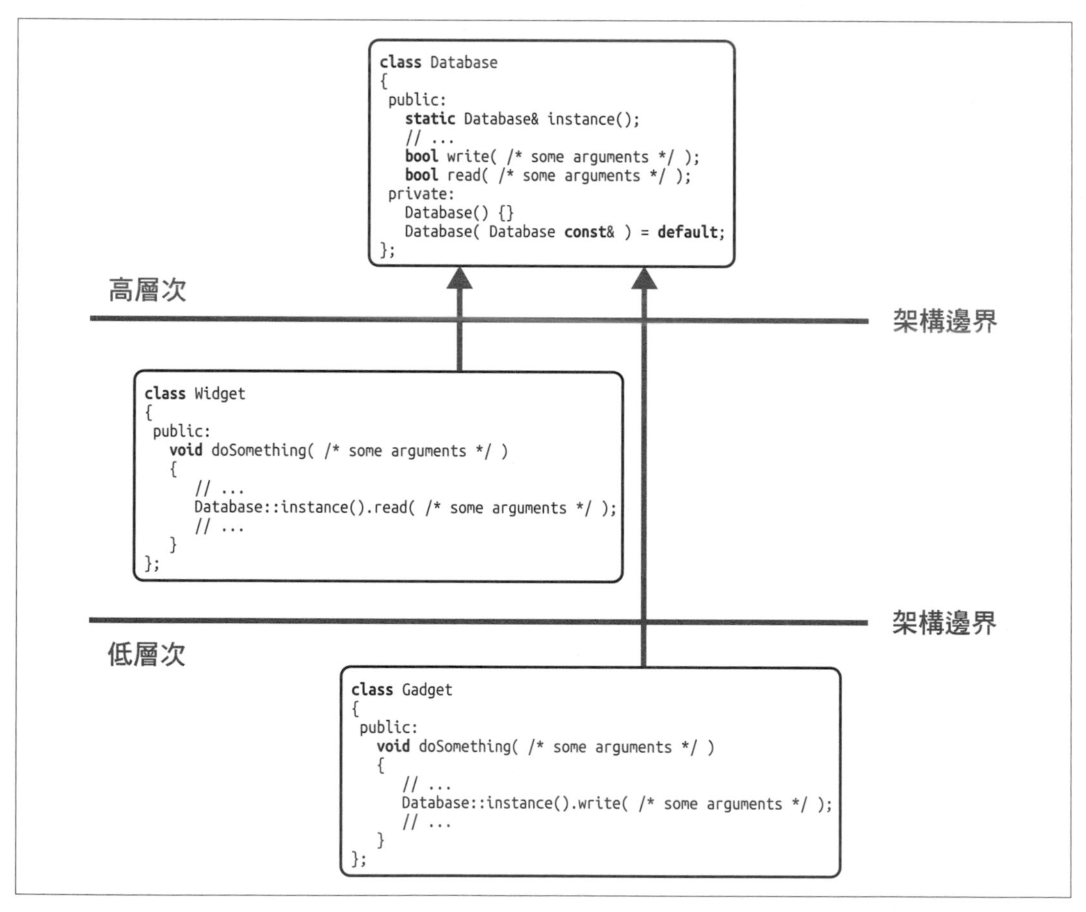

圖 10-2　作為 Singleton 實作的 Database 所需要的依賴關係圖

雖然這種依賴關係結構可能是理想的，但不幸地它只是一個假象：`Database` 類別不是一個抽象化，而是一個具體的實作，表示在一個非常特定資料庫上的依賴性！因此，**真正的依賴性結構是倒置的**，看起來如圖 10-3。

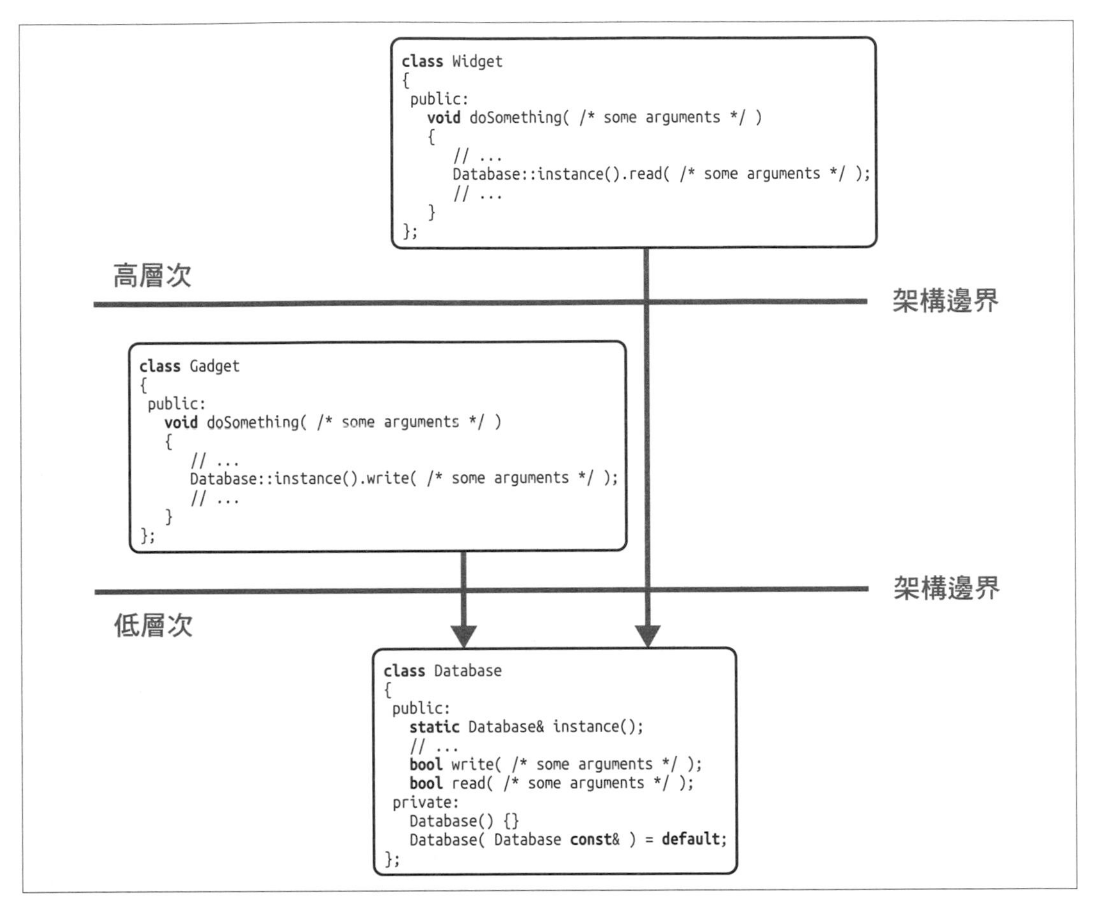

圖 10-3　作為 Singleton 實作的 `Database` 實際的依賴關係圖

實際的依賴性結構完全地違背了依賴反轉原則（DIP）（參考第 60 頁的「指導原則 9：注意抽象化的所有權」）：所有依賴關係的箭頭都指向低層次。換句話說，現在根本沒有軟體架構！

由於 Database 是一個具體的類別而不是抽象化，從整個程式碼到 Database 類別的具體實作細節和設計選擇中，都有很強烈、且不幸地甚至是看不見的依賴關係。這可能——在最壞的情況下——包括在供應商特定細節上的依賴性，這種依賴性在整個程式碼中變成可見的，表現在許多不同的地方，並在以後使改變變得極困難或根本不可能。因此，程式碼變得更難以改變。

還要考慮測試被這種依賴性影響有多深。使用依賴於 Database 的 Singleton 函數之一的所有測試，都會變成依賴於 Singleton。例如，這意味著對於每一個使用 `Widget::doSomething()` 函數的測試，你都必須提供唯一的 Database 類別。不幸但也很簡單的原因是，這些函數都沒有提供你用其他東西取代 Database 的方法：任何種類的存根、模仿或偽造[18]。他們都將 Database 的 Singleton 當成他們閃耀、珍貴的祕密。因此，可測試性嚴重受到阻礙，而且撰寫測試變得困難到可能會勾起你根本就不想撰寫測試的念頭[19]。

這個例子確實展示了 Singleton 的常見問題，以及它們所引入不幸的人為依賴性。這些依賴性使系統更不靈活而且更僵化，因此更難改變和測試。當然，這是不應該的。相反的，應該很容易的將一個數據庫實作替換成另一個，而且應該很容測試使用資料庫的功能。為了這些確切的原因，我們必須確保 Database 成為適當架構低層次上真正的實作細節[20]。

「但等一下，你剛才說如果 Database 是實作細節，就沒有架構了，對嗎？」是的，我是說過，而且我們也無能為力：Database 的 Singleton 不表示任何的抽象化，而且根本不能讓我們處理依賴性。Singleton 並不是設計模式。因此，為了移除在 Database 類別上的依賴性並使架構正常運作，我們必須透過引入一個抽象化並使用一個真正的設計模式，來為改變和可測試性而設計。為了達到這個目的，我們來看一個具有處理全域面向好方法的使用來自 C++ 標準函數庫 Singleton 的例子。

反轉 Singleton 上的依賴關係

我回到了設計模式真正的寶山，我曾多次用它來展示不同的設計模式：C++17 多型記憶體資源：

18 關於不同種類測試替身的解釋，請參考 Martin Fowler 的文章「Mocks Aren't Stubs」(*https://oreil.ly/K4vR3*)。對於如何在 C++ 中使用這些例子，請參考 Jeff Langr 的《*Modern C++ Programming with Test-Driven Development*》。

19 但我確定你不會被嚇到不敢撰寫測試，儘管它很困難。

20 在 Robert C. Martin 的《*Clean Architecture*》中，也有一個有力的論證。

```
#include <array>
#include <cstddef>
#include <cstdlib>
#include <memory_resource>
#include <string>
#include <vector>
// ...

int main()
{
   std::array<std::byte,1000> raw;  // 注意：未初始化！

   std::pmr::monotonic_buffer_resource
      buffer{ raw.data(), raw.size(), std::pmr::null_memory_resource() };  ❶

   std::pmr::vector<std::pmr::string> strings{ &buffer };

   // ...

   return EXIT_SUCCESS;
}
```

在這個例子中，我們配置了稱為 buffer 的 std::pmr::monotonic_buffer_resource（*https://oreil.ly/uVQoS*），只使用所給的 std::array raw（❶）中包含的靜態記憶體工作。如果這些記憶體耗盡了，buffer 將嘗試透過它上游的分配器獲得新的記憶體，我們指定它為 std::pmr::null_memory_resource()（*https://oreil.ly/p0V3c*）。透過這個分配器進行分配將永遠不會回傳任何記憶體，而總是以 std::bad_alloc() 異常而宣告失敗。因此，buffer 被限制在由 raw 提供的 1000 個位元組內。

雖然你應該立即回憶起並辨識出這是一個 Decorator 設計模式的例子，但這也是一個 Singleton 模式的例子：std::pmr::null_memory_resource() 函數在每次被呼叫時都會回傳一個指向相同分配器的指標，從而作為對 std::pmr::null_memory_resource 唯一實例的單一存取點。因此，回傳的分配器充當了 Singleton。儘管這個 Singleton 不提供單向的資料流（畢竟我們可以分配記憶體，也可以歸還它），但感覺 Singleton 仍然像是個合理的選擇，因為它表示了一種全域狀態：記憶體。

特別引人關注且重要的是，這個 Singleton 沒有讓你依賴於分配器的具體實作細節。而恰恰相反的是：std::pmr::null_memory_resource() 函數回傳一個指向 std::pmr::memory_resource（*https://oreil.ly/9wYhs*）的指標。這個類別代表了各種分配器的基礎類別（至少在 C++17 的領域），因此作為一個抽象化。不過，std::pmr::null_memory_resource() 表示我們現在所依賴的一個特定的分配器，一個特定的選擇。因為這個功能是在標準函數庫中，所以我們傾向於不認定它是依賴性，但從一般角度來說，它確實是：我們沒有提供取代特定標準實作的機會。

如果我們用呼叫 `std::pmr::get_default_resource()`（*https://oreil.ly/chMJ7*）取代對 `std::pmr::null_memory_resource()` 的呼叫，情況就會改變（❷）：

```
#include <memory_resource>
// ...

int main()
{
   // ...

   std::pmr::monotonic_buffer_resource
      buffer{ raw.data(), raw.size(), std::pmr::get_default_resource() };  ❷

   // ...

   return EXIT_SUCCESS;
}
```

`std::pmr::get_default_resource()` 函數也回傳一個指向表示全系統預設分配器抽象化的 `std::pmr::memory_resource` 的指標。預設情況下，回傳的分配器是由 `std::new_delete_resource()` 函數（*https://oreil.ly/w4lHB*）回傳。然而，令人驚訝的是，這個預設分配器可以由 `std::pmr::set_default_resource()` 函數（*https://oreil.ly/wQBy6*）客製化：

```
namespace std::pmr {

memory_resource* set_default_resource(memory_resource* r) noexcept;

} // std::pmr 命名空間
```

使用這個函數，我們可以將 `std::pmr::null_memory_resource()` 定義為新的全系統預設分配器（❸）：

```
// ...

int main()
{
   // ...

   std::pmr::set_default_resource( std::pmr::null_memory_resource() );  ❸

   std::pmr::monotonic_buffer_resource
      buffer{ raw.data(), raw.size(), std::pmr::get_default_resource() };
```

```
    // ...

    return EXIT_SUCCESS;
}
```

用 std::pmr::set_default_resource()，你能夠客製化全系統分配器。換句話說，這個函數提供你在這個分配器上注入依賴性的能力。覺得似曾相識嗎？這聽起來很熟悉嗎？我非常希望這能讓你想到另一種重要的設計模式…叮…是的，沒錯：Strategy 設計模式[21]。

的確，這是 Strategy。使用這種設計模式是一個極好的選擇，因為它在架構上有驚人的效果。雖然 std::pmr::memory_resource 表示所有可能的分配器抽象化，因此可以位於架構的高層次，但分配器的任何具體實作，包括所有（供應商）特定的實作細節，都可以位於架構的最低層次。作為一個示範，考慮這個 CustomAllocator 類別的簡單描述：

```
//---- <CustomAllocator.h> ----------------

#include <memory_resource>

class CustomAllocator : public std::pmr::memory_resource
{
 public:
   // 不需要強制單一的實例
   CustomAllocator( /*...*/ );
   // 沒有明確地宣告複製或移動操作

 private:
   void* do_allocate( size_t bytes, size_t alignment ) override;

   void do_deallocate( void* ptr, size_t bytes,
                       size_t alignment ) override;

   bool do_is_equal(
      std::pmr::memory_resource const& other ) const noexcept override;

   // ...
};
```

請注意，CustomAllocator publicly 繼承自 std::pmr::memory_resource，以便有資格成為 C++17 的分配器。因此，你可以用 std::pmr::set_default_resource() 函數建立 CustomAllocator 的實例，作為新的全系統預設分配器（❹）：

21 對於設計模式的專家，我應該明確地指出，std::pmr::get_default_resource() 函數本身實現了另一種設計模式的目的：*Façade* 設計模式。不幸的是，關於 Façade 我在本書中沒有詳談。

```
#include <CustomAllocator.h>

int main()
{
   // ...
   CustomAllocator custom_allocator{ /*...*/ };

   std::pmr::set_default_resource( &custom_allocator );  ❹
   // ...
}
```

儘管 std::pmr::memory_resource 基礎類別位於架構的最高層次，而 CustomAllocator 在邏輯上被引入到架構的最低層次（參考圖 10-4）。因此，Strategy 模式造成了依賴關係反轉（參考第 60 頁「指導原則 9：注意抽象化的所有權」）：不管分配器的 Singleton 性質，儘管它表示全域狀態，你還是依賴於抽象化而不是具體的實作細節。

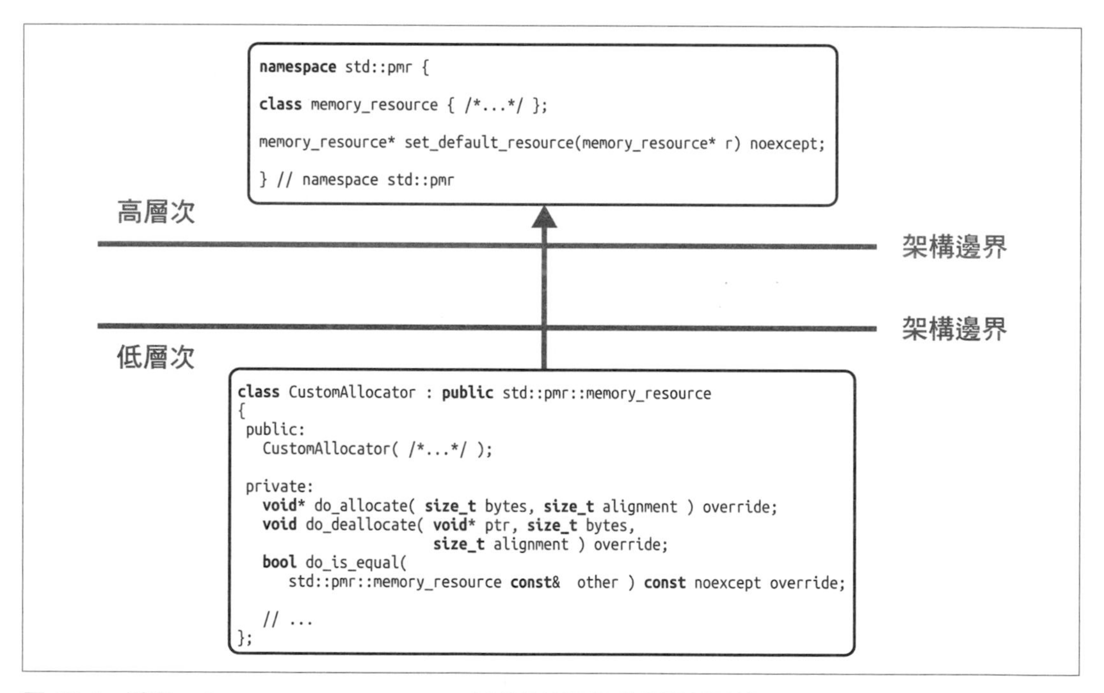

圖 10-4　透過 std::pmr::memory_resource 抽象化實現的依賴關係反轉

值得一提的是，用這種方法，你可以毫不費力地避免在全域初始化順序上的依賴（即 SIOF），因為你可以透過在堆疊上和單一編譯單元中建立所有的 Singleton 而明確地管理初始化順序：

```
int main()
{
   // 全系統唯一的時鐘沒有生命期依賴性。
   // 因此先建立它
   SystemClock clock{ /*...*/ };

   // 全系統唯一的組態依賴於時鐘。
   SystemConfiguration config{ &clock, /*...*/ };

   // ...
}
```

應用 Strategy 設計模式

基於前面的例子，現在你應該對於如何修復我們 Database 例子有概念了。提醒你，我們的目標是保持 Database 類別作為預設的資料庫實作，但要讓它成為實作細節，也就是說，要移除在具體實作上所有的依賴性。你所需要做的是應用 Strategy 設計模式，在我們架構的高層次，與在全域的存取點和全域的**依賴性注入**點旁邊引入一個抽象化。這將使任何人（我真的是說任何人，因為你也遵循了開放 - 封閉原則（OCP）；參考第 33 頁的「指導原則 5：為擴展而設計」）在最低層次引入一個自訂的資料庫實作（含具體的實作以及測試存根、模仿或偽造）。

所以讓我們介紹以下 PersistenceInterface 抽象化（❺）：

```
//---- <PersistenceInterface.h> ----------------

class PersistenceInterface  ❺
{
 public:
   virtual ~PersistenceInterface() = default;

   bool read( /* 一些引數 */ ) const  ❻
   {
      return do_read( /*...*/ );
   }
   bool write( /* 一些引數 */ )  ❼
   {
      return do_write( /*...*/ );
   }

   // ... 更多資料庫特定的功能

 private:
   virtual bool do_read( /* 一些引數 */ ) const = 0;  ❻
   virtual bool do_write( /* 一些引數 */ ) = 0;  ❼
```

```
};

PersistenceInterface* get_persistence_interface();  ❽
void set_persistence_interface( PersistenceInterface* persistence );  ❾

// 宣告「實例」變數
extern PersistenceInterface* instance;  ❿
```

PersistenceInterface 基礎類別為所有可能的資料庫實作提供了介面。例如，它引入了 read() 和 write() 函數，基於 std::pmr::memory_resource 類別（❻和❼）例子的設定，分開成 public 介面部分和 private 實作部分 [22]。當然，實際上它會引入一些資料庫更為特定的函數，但對於這個例子，read() 和 write() 就足以滿足了。

除了 PersistenceInterface 以外，你也會引入稱為 get_persistence_interface() 的全域存取點（❽）和稱為 set_persistence_interface()（❾）的函數以賦予依賴性注入，這兩個函數讓你存取和設定全域持續系統（❿）。

現在 Databas 類別繼承自 PersistenceInterface 基礎類別，並實作了需要的介面（希望能遵守 Liskov 替換原則（LSP）；參考第 42 頁「指導原則 6：遵循抽象化預期的行為」）：

```
//---- <Database.h> ---------------

class Database : public PersistenceInterface
{
 public:
   // ... 潛在地存取資料成員

   // 透過刪除複製和移動操作，使這個類別不能移動
   Database( Database const& ) = delete;
   Database& operator=( Database const& ) = delete;
   Database( Database&& ) = delete;
   Database& operator=( Database&& ) = delete;

 private:
   bool do_read( /* 一些引數 */ ) const override;
   bool do_write( /* 一些引數 */ ) override;
   // ... 更多資料庫特定的功能

   // ... 潛在的一些資料成員
};
```

22 分開成一個 public 介面和一個 private 實作是 Template Method 設計模式的一個例子。不幸的是，在這本書中，我無法詳細敘述這種設計模式的諸多好處。

在我們的特殊設定中，Database 類別代表預設的資料庫實作。在沒有透過 set_persistence_interface() 函數指定其他持續系統的情況下，我們需要建立一個資料庫的預設實例。然而，如果在建立 Database 之前，有任何其他持續系統被建立為全系統的資料庫，我們就不能建立實例，因為這將造成不必要的和不幸的開銷。這種行為是透過實作 get_persistence_interface() 函數與兩個**靜態區域變數**和一個**立即調用初始化 *Lambda* 表示式**（*IILE*）而達成（⓫）：

```
//---- <PersistenceInterface.cpp> ----------------

#include <Database.h>

// 一個「實例」變數的定義
PersistenceInterface* instance = nullptr;

PersistenceInterface* get_persistence_interface()
{
   // 區域物件，由一個
   //    「立即調用初始化 Lambda 表示式 (IILE)」初始化
   static bool init = [](){  ⓫
      if( !instance ) {
         static Database db;
         instance = &db;
      }
      return true;  // 或 false，因為實際值不重要。
   }();  // 注意在 lambda 表示式後面的「()」，這將呼叫 lambda。

   return instance;
}

void set_persistence_interface( PersistenceInterface* persistence )
{
   instance = persistence;
}
```

執行流程第一次進入 get_persistence_interface() 函數時，init 靜態區域變數被初始化。在這個時間點上，如果這個 instance 已經設定，那麼就不會建立 Database；然而，如果不是這樣，那 Database 實例就會在 lambda 內部建立為另一個靜態區域變數，並綁定到 instance 變數：

```
#include <PersistenceInterface.h>
#include <cstdlib>

int main()
{
   // 第一次存取，建立資料庫物件
```

```
    PersistenceInterface* persistence = get_persistence_interface();

    // ...

    return EXIT_SUCCESS;
}
```

這種實作達到了想要的效果：Database 成為實作細節，沒有其他程式碼會依賴它，而它可以在任何時候由一個自訂的資料庫實作所取代（參考圖 10-5）。因此，不管 Database 的 Singleton 性質如何，它沒有引入依賴性，而且改變它很容易，換掉它來進行測試也很簡單。

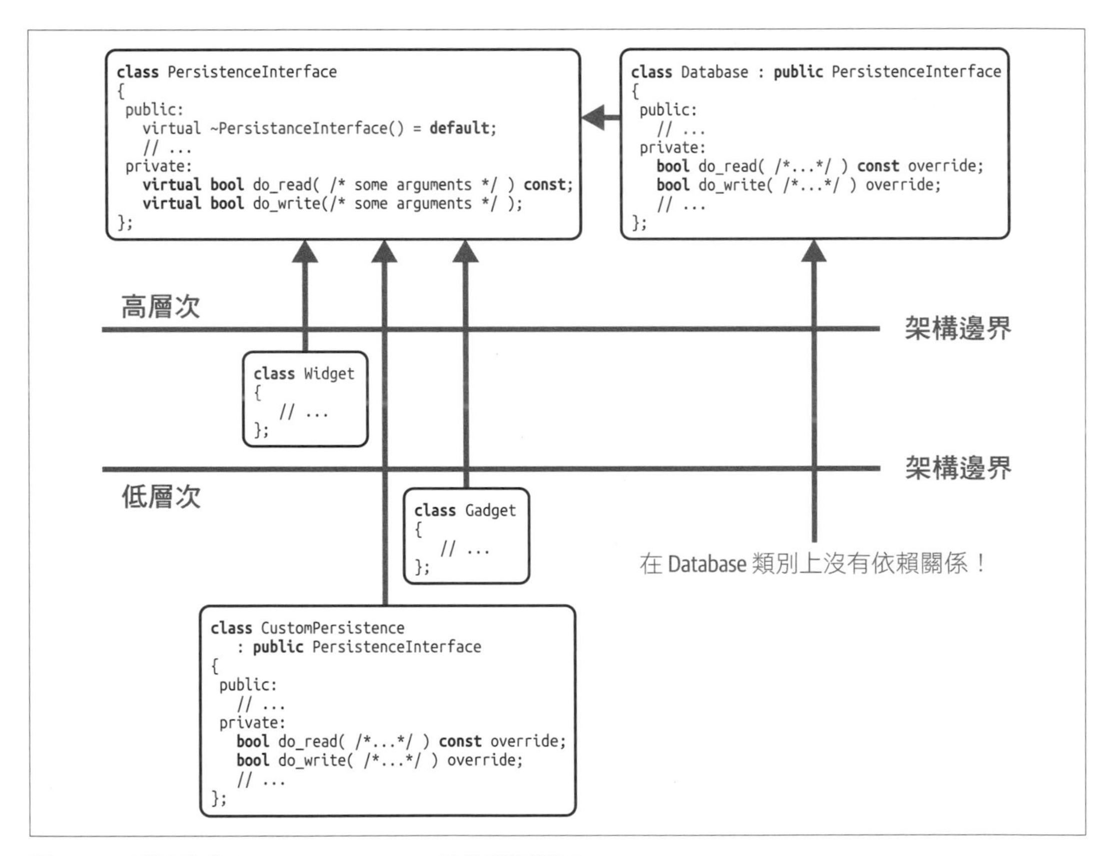

圖 10-5　重構後非 Singleton *Database* 的依賴關係圖

「哇，這真是個好方法。我敢打賭我可以在自己的程式碼庫中的某些地方使用它！」你臉上露出驚訝和欣賞的表情說。「但是我看到一個潛在的問題：因為我必須從一個介面類別中繼承，所以這是一個干擾性的解決方案。如果我不能改變一個給定的 Singleton 類別，那我應該怎麼做？」嗯，在這種情況下，你有兩種非干擾性的設計模式可以選擇。要麼你已經有了一個繼承階層結構，在這種情況下你可以引入一個 Adapter 來包裝給定的 Singleton（參考第 190 頁的「指導原則 24：將 Adapter 用於標準化介面」）；要麼你還沒有一個繼承階層結構，在這種情況下你可以善加利用 External Polymorphism 設計模式（參考第 271 頁的「指導原則 31：為非干擾性執行期使用 External Polymorphism」）。

「好吧，但我看到另一個更嚴重的問題：這段程式碼真的是執行緒安全嗎？」老實說，不是。舉一個可能有問題的例子：在第一次呼叫 get_persistence_interface() 的時候，因為 Database 實例的設定可能需要一些時間，就有可能會發生呼叫 set_persistence_interface() 的現象。在這種情況下，要麼 Database 被徒勞無功地建立，要麼對 set_persistence_interface() 的呼叫會漏失。然而，也許會令人驚訝的是，這不是我們需要解決的問題。原因如下：記住，這個 instance 表示全域狀態。如果我們假設 set_persistence_interface() 可以在任何時候從程式碼的任何位置呼叫，一般我們就不能預期在呼叫 set_persistence_interface() 之後，對 get_persistence_interface() 的呼叫會回傳設定的值。因此，從程式碼任何位置呼叫 set_persistence_interface() 函數，就像停止了對它的援助，這相當於在任何左值上呼叫 std::move()。

```
template< typename T >
void f( T& value )
{
   // ...
   T other = std::move(value);  // 非常糟糕的移動（名符其實地）！
   // ...
}
```

從這個觀點看，set_persistence_interface() 函數應該用在程式的最開始或單一測試開始的位置，而不是在任意位置上。

「我們不是應該確保 set_persistence_interface() 函數只能被呼叫一次嗎？」你問。我們當然可以這樣做，但這將人為地限制它用於測試的目的：我們將不能在每個單一測試開始的時候重置持續系統。

邁向區域依賴性注入

「好，我明白了。最後一個問題：既然這個解決方案涉及到可以改變的全域狀態，那麼使用更直接、更區域的依賴性注入到低層次類別中不是更好嗎？考慮以下 Widget 類別的修改，它是在建構時給了它的依賴性：」

```
//---- <Widget.h> ----------------

#include <PersistenceInterface.h>

class Widget
{
 public:
   Widget( PersistenceInterface* persistence )  // 依賴性注入
      : persistence_(persistence)
   {}

   void doSomething( /* 一些引數 */ )
   {
      // ...
      persistence_->read( /* 一些引數 */ );
      // ...
   }

 private:
   PersistenceInterface* persistence_{};
};
```

我完全同意你的看法。這可能是解決全域狀態問題的下一個步驟。然而，在我們分析這個方法之前，請記住，這個想法只是一個選項，因為我們已經反轉了依賴關係。由於在我們架構的高層次引入了一個抽象化，我們突然有了多種選擇，而且可以討論其他可替代的解決方案。因此，第一步也是最重要的步驟是適當地管理依賴關係。但是回到你的建議：我真的很喜歡這個方法。Widget 類別的介面變得更加「誠實」，並且清楚地顯示它所有的依賴關係。而且，因為依賴性是透過建構函數引數傳遞，所以依賴性注入變得更直覺和更自然。

或者，你也可以直接在 Widget::doSomething() 函數上傳遞依賴性：

```
//---- <Widget.h> ----------------

#include <PersistenceInterface.h>

class Widget
{
 public:
```

```
    void doSomething( PersistenceInterface* persistence, /* 一些引數 */ )
    {
       // ...
       persistence->read( /* 一些引數 */ );
       // ...
    }
};
```

雖然這種方法對成員函數可能不是最好的，但這可能是你對自由函數的唯一選擇。而且，透過明確指出它的依賴性，這個函數變得更「誠實」。

然而，這種直接的依賴性注入也有其缺點：這種方法在大型呼叫堆疊中可能很快就會變得難以操作。透過你軟體堆疊的一些層次傳遞依賴性，使得它們在有需要的時候可用，這樣既不方便也不直覺。另外，特別是對存在一些 Singleton 的情況下，解決方案很快就會變得難以處理：例如，透過許多層函數呼叫來傳遞 `PersistenceInterface`、一個 `Allocator` 和全系統的組態，只是為了能夠在最低層次使用它們，這真的不是最巧妙的方法。因此，你可能想要結合提供全域存取點和區域依賴性注入的想法，例如，透過引入一個包裝器函數：

```
//---- <Widget.h> ---------------

#include <PersistenceInterface.h>

class Widget
{
 public:
   void doSomething( /* 一些引數 */ )  ⓬
   {
      doSomething( get_persistence_interface(), /* 一些引數 */ );
   }

   void doSomething( PersistenceInterface* persistence, /* 一些引數 */ )  ⓭
   {
      // ...
      persistence->read( /* 一些引數 */ );
      // ...
   }
};
```

雖然我們仍然提供了之前的 `doSomething()` 函數（⓬），但我們現在額外地提供了接受以 `PersistenceInterface` 作為函數引數的多載（⓭）。第二個函數做了所有的工作，而現在第一個函數只是充當一個包裝器，它注入全域設定的 `PersistenceInterface`。在這個結合中，它可能會做出區域的決定，並且區域地注入想要的依賴性，但同時它不需要透過許多層的函數呼叫來傳遞依賴性。

然而，老實說，雖然這些解決方案在這個資料庫的例子中可能運作得很好，而且在管理記憶體的背景下也是如此，但它可能不是每個 Singleton 問題的正確方法，所以不要相信這是唯一可能的解決方案。畢竟，這要視情況而定。然而，它是軟體設計一般過程很好的例子：確認改變或造成依賴性的面向，然後透過抽取出一個合適的抽象化而分離關注點。根據你的目的，你可能只是應用了一種設計模式。所以，考慮相應地命名你的解決方案，並且藉此留下你推理的痕跡，讓其他人採用。

總的來說，Singleton 模式確實不是一個有魅力的模式，它有太多缺點，而最重要的是全域狀態的常見問題。但是，儘管有很多負面的面向，如果審慎地使用，Singleton 在某些情況下也可以成為代表你程式碼中少數全域面向的正確解決方案。若是如此，優先使用具有單向資料流的 Singleton，同時，為了方便變更和提升可測試性，在設計 Singleton 時，你要透過依賴反轉，以及使用 Strategy 設計模式來啟用依賴性注入。

指導原則 38: 為改變和可測試性設計 Singleton

- 意識到 Singleton 表示全域狀態，有它所有的缺陷。
- 盡可能地避免全域狀態。
- 審慎地使用 Singleton，而且只用於你程式碼中少數的全域面向。
- 偏好選擇具有單向資料流的 Singleton。
- 用 Strategy 設計模式反轉你 Singleton 上的依賴關係，以移除對可改變性和可測試性通常的障礙。

第十一章

最後一個指導原則

只剩下一個指導原則，一個我可以贈予你的建議。就是這個：最後一個指導原則。

指導原則 39：繼續學習設計模式

「就這些？這就是你所知的全部嗎？拜託，還有那麼多的設計模式存在，我們只觸及到表面而已！」你說。嗯，老實說，你完全正確；沒有什麼我可以補充的了。但我必須為自己辯解，我原計劃要介紹更多的模式，直到現實敲醒了我：在一本 400 頁的書中，你所能容納的資訊有限。但是不要焦慮：在這 400 頁中，我已經帶你踏上了在你軟體發展生涯中，隨時隨地都會需要的對任何設計最重要的建議之旅：

使依賴性最少化

處理依賴性是軟體設計的核心，而且無論你撰寫的是哪種軟體，如果你真的有志於讓它能持久，你將必須處理依賴性：必要的依賴性，但主要是人為的依賴性。當然，你主要的目標是減少依賴性，甚至希望使它們最少化。為了達到這個目標，你將不可避免地與設計模式打交道。

分離關注點

這可能是你能從本書中獲得最重要、最核心的設計指導原則。分離關注點，而你的軟體結構將會通順並變得更容易理解、改變、和測試。所有設計模式無一例外的，都提供你一些分離關注點的方法。模式之間的主要差異是它們分離關注點的方式，它們的目的。雖然設計模式在結構上可能類似，但它們的目的始終是獨特的。

喜歡組合多於繼承

雖然繼承是個強大的特色，但許多設計模式真正的優勢是源自於組合。例如，Strategy 設計模式是廣泛使用的模式之一（希望這點現在這已經很明顯了），它主要是以組合為基礎的分離關注點，但也提供你使用繼承來擴展功能的選擇。Bridge、Adapter、Decorator、External Polymorphism、和 Type Erasure 也是如此。

偏好非干擾性的解決方案

真正的靈活性和可擴展性是在不需要修改現有程式碼下，只用增加新的程式碼就可以產生的。因此，任何非干擾性的設計都比干擾性地修改現有程式碼的設計更理想。因此，像 Decorator、Adapter、External Polymorphism、和 Type Erasure 這樣的設計模式，都是你設計模式工具箱中非常有價值的補充。

偏好值語義超過參照語義

要保持程式碼精簡、易懂，並遠離像是 nullptrs、懸置指標、生命期依賴性等等的黑暗角落，你應該傾向於用值來代替指標和參照。而 C++ 是用於此目的的絕佳程式語言，因為 C++ 認真的對待值語義。它允許身為開發者的你，在值語義的領域裡悠游自在。令人驚訝的是，就如同我們在 `std::variant` 和 Type Erasure 中所見，這種理念未必會對性能有負面的衝擊，反而甚至可能會提高性能。

除了這些關於軟體設計一般的建議以外，你還對設計模式的目的有了深入的了解。現在你知道什麼是設計模式了。

一個設計模式：

- 有一個名稱
- 帶有一個目的
- 引入一個抽象化
- 已經被證明有效

具備這個資訊之後，你就不會再被某些聲稱是實現細節的設計模式誤導（就像我在職業生涯中多次遇到的），例如，有人聲稱智慧型指標（`std::unique_ptr`、`std::shared_ptr` 等），或像是 `std::make_unique()` 的工廠函數是設計模式的實作。此外，現在你已經熟悉了一些最重要和最有用的設計模式，這些模式將不斷地被證明是有用的。

Visitor

要在類型的封閉集合上擴展操作，可以使用 Visitor 設計模式（可能由 `std::variant` 實作）。

Strategy

要配置行為並從外部「注入」它，選擇 Strateg 設計模式（又稱策略導向的設計）。

Command

要從不同種類的操作中抽取出來，可能是不能取消的操作，則利用 Command 設計模式。

Observer

要觀察某些實體的狀態改變，選擇 Observer 設計模式。

Adapter

要以非干擾性的，在不改變程式碼的情況下，將一個介面調整成另一個介面，使用 Adapter 設計模式。

CRTP

對於沒有虛擬函數的靜態抽象化（而且你還不能使用 C++20 的概念）可以應用 CRTP 設計模式；CRTP 也可能被證明在建立編譯期混合類別是有用的。

Bridge

要隱藏實作細節並減少實體依賴性，採用 Bridge 設計模式。

Prototype

要建立虛擬的複製物，Prototype 設計模式是正確的選擇。

External Polymorphism

為了透過在外部增加多型行為以促進鬆散耦合，請記得 External Polymorphism 設計模式。

Type Erasure

為了將 External Polymorphism 的力量與值語義的優勢相結合，請考慮使用 Type Erasure 設計模式。

Decorator

要非干擾性地為一個物件增加責任，可以選擇 Decorator 設計模式的優勢。

然而，還有更多的設計模式，真的很多！還有很多重要且有用的設計模式。因此，你應該繼續學習設計模式，而有兩種方法可以做到這一點。首先是了解更多的模式：弄清楚它們的目的，以及它們對照於其他設計模式的異同處。另外，不要忘了，設計模式是關於依賴性結構的，而不是關於實作細節的。其次，你還應該更深入了解每種模式，體驗它們的優點和缺點。為此，請留意你工作的程式碼庫中所使用的設計模式。我向你保證，你會發現有很多設計模式：任何試圖管理和減少依賴性都很可能是設計模式的證明。所以，沒錯，設計模式無處不在。

指導原則 39：繼續學習設計模式

- 認識更多的設計模式並理解它們的目的。
- 深入了解每種設計模式的優點和缺點。
- 在實際應用尋找設計模式，並親自動手體驗它們。

索引

※ 提醒您：由於翻譯書排版的關係，部分索引名詞的對應頁碼會和實際頁碼有一頁之差。

A

B

C

D

E

F

G

H

I

K

L

M

N

O

P

R

S

T

U

V

W

Y

關於作者

Klaus Iglberger 是一名自由 C++ 培訓師和顧問的工作者。他在 2010 年獲得了計算機科學博士學位，隨後便專注在大型 C++ 軟體設計。他透過世界各地廣受歡迎的 C++ 培訓課程分享他的專業知識，他也是 Blaze C++ 數學函數庫（*https://bitbucket.org/blaze-lib/blaze*）的創建者和首席設計者，Munich C++ 使用者群組（MUC++）的發起人之一（*https://www.meetup.com/MUCplusplus*），以及 CppCon 的 Back-to-Basics（*https://cppcon.org/b2b*）和 Software Design 路徑（*https://cppcon.org/softwaredesign*）的（共同）發起人。

出版記事

本書封面上的動物是灰鶴（*Grus grus*，或 crane crane）。灰鶴也被稱為歐亞鶴，灰鶴主要分布在包括北歐、北亞和北非在內的整個 Paleartic 區域，但愛爾蘭東部、日本西部也有發現孤立的鶴群；每年在俄羅斯和 Scandinavia 都能發現最大築巢的鶴群。

灰鶴是大型、雄偉的鳥類，在鶴類中屬於中等大小，體長約有 39-51 英寸、翼展約 71-94 英寸，而平均體重約 10-12 磅；它有石板灰色的身體、黑色的臉、黑白相間的脖子、以及一個紅色的冠。每兩年左右，這種候鳥就會完全蛻去羽毛，在新羽毛成長的六週不能飛行。在遷徙的過程中，可能會有四百隻或以上的鳥群一同參與；這些鳥群曾被觀察到在約 33,000 英尺的高度飛行，是所有鳥類中第二高的。

像所有鶴一樣，灰鶴是雜食性，除了吃植物以外，也吃昆蟲、兩棲動物、齧齒動物和其他小動物。鶴通常小群的在陸地上或站在淺水中覓食，用喙尋找食物。

自古以來，鶴就是人類藝術和圖像誌的主要角色，在《伊索寓言》中出現過，激發了像是自西元 646 年以來在韓國表演的傳統舞蹈，並且與古代南阿拉伯和希臘的神也有關聯，以上只是幾個例子。一些武術的風格，特別是功夫，也從灰鶴的優雅動作中獲得靈感，如 1984 年熱門的電影**小子難纏**（*The Karate Kid*）中就有出現。

截至 2014 年止，全球灰鶴的數量約有 60 萬，被國際自然保護聯盟（IUCN）歸類為「無危」的物種，成為僅有的四種被認為不會受到威脅或需要依賴保護的鶴種之一。O’Reilly 書籍封面上的許多動物都面臨瀕臨絕種的危機；牠們都是這個世界重要的一份子。

封面插圖由 Karen Montgomery 所創作，是以 *British Birds* 的一幅古代線雕畫為基礎。

C++軟體設計｜高品質軟體的設計原則和模式

作　　者：Klaus Iglberger
譯　　者：劉超群
企劃編輯：蔡彤孟
文字編輯：王雅雯
設計裝幀：陶相騰
發 行 人：廖文良

發 行 所：碁峰資訊股份有限公司
地　　址：台北市南港區三重路 66 號 7 樓之 6
電　　話：(02)2788-2408
傳　　真：(02)8192-4433
網　　站：www.gotop.com.tw
書　　號：A728
版　　次：2023 年 11 月初版
建議售價：NT$780

國家圖書館出版品預行編目資料

C++軟體設計：高品質軟體的設計原則和模式 / Klaus Iglberger 原著；劉超群譯. -- 初版. -- 臺北市：碁峰資訊, 2023.11
面；　公分
譯自：C++ software design : design principles and patterns for high-quality software
ISBN 978-626-324-613-3(平裝)
1.CST：C++(電腦程式語言)　2.CST：軟體研發
312.32C　　112013660